高等学校新工科计算机类专业"十三五"规划教材

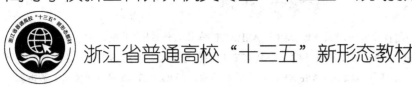

浙江省普通高校"十三五"新形态教材

Web应用程序设计(.NET)

主　编　林　菲　龚晓君

副主编　马　虹　孙丹凤

主　审　孙　勇

U0159713

西安电子科技大学出版社

内 容 简 介

本书围绕 Web 应用程序开发，系统地介绍了 ASP.NET 技术。全书共 11 章，主要内容包括：ASP.NET 简介、Visual Studio 集成开发环境、ASP.NET 应用程序基础、服务器控件与用户控件、Web 应用的状态管理、主题与母版页、ASP.NET 站点导航技术、ADO.NET 数据访问技术、数据源控件与数据绑定控件、ASP.NET 的三层架构及 ASP.NET 项目开发实例。本书是一本立体化教材，围绕每一个知识单元配有短视频讲解，方便读者学习。同时，每章均配有上机实训和习题，可帮助读者对该章所学知识进行巩固。

本书结构清晰，实例丰富，图文对照，浅显易懂，可作为高等院校计算机及相关专业 ASP.NET 开发课程的教材，还可作为有一定的面向对象编程和数据库基础，想利用 ASP.NET 技术开发 Web 应用程序的软件开发人员的入门参考书籍。

本书的 MOOC 教学视频、电子教案、示例源代码、习题答案和上机实训源代码可以登录出版社网站(www.xduph.com)下载。

图书在版编目(CIP)数据

Web 应用程序设计：.NET / 林菲，龚晓君主编. —西安：西安电子科技大学出版社，2020.3
ISBN 978-7-5606-5417-1

Ⅰ. ①W⋯ Ⅱ. ①林⋯ ②龚⋯ Ⅲ. ①网页制作工具—程序设计—高等学校—教材
Ⅳ. ①TP393.092.2

中国版本图书馆 CIP 数据核字(2019)第 252861 号

策划编辑 陈婷
责任编辑 刘霜 陈婷
出版发行 西安电子科技大学出版社(西安市太白南路 2 号)
电 话 (029)88242885 88201467 邮 编 710071
网 址 www.xduph.com 电子邮箱 xdupfxb001@163.com
经 销 新华书店
印刷单位 陕西天意印务有限责任公司
版 次 2020 年 3 月第 1 版 2020 年 3 月第 1 次印刷
开 本 787 毫米×1092 毫米 1/16 印 张 26.375
字 数 630 千字
印 数 1~3000 册
定 价 58.00 元

ISBN 978‐7‐5606‐5417‐1 / TP

XDUP 5719001‐1

前　言

ASP.NET 作为 Web 应用程序开发的主流技术之一，为建立和部署企业级 Web 应用程序提供所必需的服务。近年来，伴随着 ASP.NET 技术的不断发展，与之对应的开发工具也在更新换代。使用 Visual Studio 和 C#开发 ASP.NET 应用程序是最佳选择，颇受开发人员青睐。Visual Studio 提供了多种 Web 应用程序的开发模式，开发者能够方便快速地实现各种复杂的页面设计和后台代码处理功能。

本书系统地介绍了 ASP.NET 技术。全书共 11 章，各章内容如下：

第 1 章为 ASP.NET 简介。本章介绍 B/C 和 C/S 体系架构的区别及其使用场景、C#语言与.NET 框架的特点，重点介绍 ASP.NET 的三种开发模式。本书后续章节主要围绕 Web Forms 开发模式进行介绍。

第 2 章为 Visual Studio 集成开发环境。本章通过一个简单的 "HelloWorld" 项目的开发，介绍 Visual Studio 集成开发环境的使用及其常用的窗口功能。

第 3 章为 ASP.NET 应用程序基础。本章介绍 ASP.NET 应用程序与页面生命周期、ASP.NET Web 页面、Page 类的内置对象和应用程序的异常处理机制。

第 4 章为服务器控件与用户控件。本章主要介绍 HTML 服务器控件、Web 服务器控件和验证控件的使用，以及用户控件的创建和应用。

第 5 章为 Web 应用的状态管理。本章主要介绍客户端状态管理技术和服务器端状态管理技术的功能及其异同。客户端状态管理技术包括视图状态、查询字符串和 Cookie 技术；服务器端状态管理技术包括会话状态管理和应用程序状态管理。同时，通过购物篮的实现方法，介绍几种状态管理技术的区别。

第 6 章为主题与母版页。本章首先介绍主题的使用方法，利用主题可以为网页提供一致的外观；然后介绍母版页的创建和使用方法，通过母版页可以为网页创建一致的布局；最后介绍母版页的多层嵌套方法。

第 7 章为 ASP.NET 站点导航技术。本章首先介绍站点地图的创建；然后介绍站点导航控件的使用，包括 SiteMapPath 控件、SiteMapDataSource 控件、Menu 控件和 TreeView 控件的使用。

第 8 章为 ADO.NET 数据访问技术。本章首先介绍 ADO.NET 数据访问组件和数据访问模式；然后介绍连接模式对数据库的增、删、改、查方法；最后介绍 DataSet 数据集和非连接模式访问数据库的方法。

第 9 章为数据源控件与数据绑定控件。本章首先介绍数据源控件的使用，包括 SqlDataSource 控件、ObjectDataSource 控件和 LinqDataSource 控件的使用；然后介绍数据绑定控件的使用，包括 GridView 控件、DetailsView 控件、FormView 控件、ListView 控件和 DataPager 控件的使用。

第 10 章为 ASP.NET 的三层架构。本章首先介绍三层架构的原理、搭建方法和各层的代码实现方法；然后介绍代码自动生成工具的使用以及简化三层架构的搭建过程。

第 11 章为 ASP.NET 项目开发实例。本章通过基于三层架构开发的学生作品管理平台介绍 ASP.NET Web 项目的开发过程，从而对本书进行总结，让读者学会在项目中应用前面所学的各章知识。

为了进一步帮助读者更好地学习，本书配套了一系列具有 MOOC 特征的教学微视频。读者可以在出版社网站(www.xduph.com)上查阅到本书的配套学习资源，从而快速掌握本书的知识。同时，每个章节知识点都配有二维码，读者通过扫描二维码的方式，就可以直接观看对应章节的教学视频。

本书以易学易用为重点，充分考虑实际的开发需求，使用大量实例，引导读者掌握 ASP.NET 页面设计与网站开发的方法和技巧。读者在学习本书各章知识点时，可以通过各章所配套的实训和习题巩固所学内容。同时，本书可作为高校计算机类专业的教材，通过 MOOC 平台的配合使用，可以帮助教师采用翻转课堂或混合教学两种教学模式。

本书编者长期从事计算机类专业的教学科研工作，具有丰富的项目实战经验。全书由杭州电子科技大学林菲和龚晓君担任主编，马虹和孙丹凤担任副主编。本书第 1~9 章由林菲和龚晓君共同编写，第 10 章和第 11 章由马虹和孙丹凤共同编写。浙江交通职业技术学院的孙勇教授负责全书的主审工作；许宇迪、杨阳和张聪主要负责本书的文字校对、习题参考答案及实训参考源代码的整理工作。本书的配套教学视频得到了杭州电子科技大学 MOOC 社团成员的大力支持，在此深表感谢！

由于编者水平有限，书中难免存在不当之处，敬请读者批评指正！

编　者

2019 年 11 月

目　　录

1

第 1 章

ASP.NET 简介

Web 应用和相关技术的飞速发展，给人们的工作、学习和生活带来了重大变化，人们可以利用网络处理数据、获取信息，工作效率得到了极大的提高。目前，Web 应用已经成为企业应用得最广泛的一种形式。本章将重点介绍 Web 应用的基本概念、发展历程及相关技术。

1.1　B/S 与 C/S 架构模式

B/S 与 C/S 架构

关于应用软件，若按系统部署的体系结构来分，往往可将其分为 B/S(Browser/Server) 和 C/S(Client/Server)两种架构模式。

C/S 架构模式是指在客户端安装一个软件，通过该软件访问服务端资源的一种结构体系，如图 1-1 所示。例如，网络游戏《魔兽世界》基本就基于 C/S 结构，C 代表通常提到的胖客户端。这种结构的好处是很多服务可以不在服务端进行处理，而由客户端直接处理，因此受网络的影响较小；但不足是对客户端的要求较高，而且需要在客户端安装较大的客户端程序。

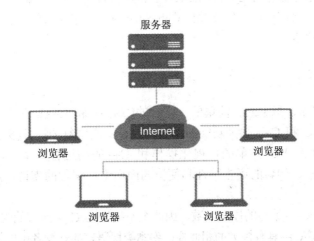

图 1-1　C/S 架构模式

B/S 架构模式是指在服务端安装一些应用程序，在客户端只要通过浏览器访问服务器，就可以查看相关内容，如图 1-2 所示。例如，新浪、搜狐等网站就属于 B/S 结构，也就是通常提到的瘦客户端。在这个结构中，几乎所有的服务都在服务端处理。其好处就是对客户端要求不高，一般只需要浏览器就可以，而且便于进行权限验证、安全维护；缺陷在于任何内容可能都要送到服务器端去处理，因此需要经常刷新页面，受网络条件的影响很大，如果网络不好，刷新速度会很慢。

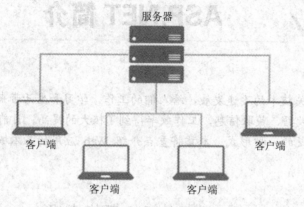

图 1-2　B/S 架构模式

　　Web 应用就是指在 B/S 架构体系下的应用软件系统，除前面所提到的网站外，还有很多电子商务网站、Hotmail、百度、企业应用中的 OA(Office Automation，办公自动化系统)等，这些都属于 Web 应用的范畴。

1.2　C#语言与.NET 框架

　　C# 是微软公司发布的一种面向对象的、运行于.NET Framework 之上的高级程序设计语言，可帮助开发者生成在.NET Framework 上运行的各种安全可靠的应用程序。C# 可用于创建 Windows 客户端应用程序、XML Web Service、分布式组件、客户端服务器应用程序、数据库应用程序等。

1.2.1　C#语言

　　C# 是一种安全的、稳定的、简单的、优雅的，由 C 和 C++衍生出来的面向对象的编程语言。它在继承 C 和 C++ 强大功能的同时，去掉了一些复杂特性(例如，没有宏和不允许多重继承)，综合了 VB 简单的可视化操作和 C++的高运行效率，以其强大的操作能力、优雅的语法风格、创新的语言特性和便捷的面向组件编程的支持，成为.NET 开发的首选语言。

　　C# 可调用由 C/C++ 编写的原生函数，因此绝不损失 C/C++ 原有的强大的功能。因为这种继承关系，C#与 C/C++具有极大的相似性，熟悉类似语言的开发者可以很快地转向C#。

　　C# 看起来与 Java 有着惊人的相似之处，它包括了诸如单一继承、接口等，以及与Java 几乎同样的语法和编译成中间代码再运行的过程。但其实，C# 与 Java 有着明显的不同，它借鉴了 Delphi 的一个特点，与 COM(组件对象模型)是直接集成的。

C# 是面向对象的编程语言。它使得程序员可以快速地编写各种基于 .NET 平台的应用程序。.NET 提供了一系列工具和服务来最大程度地开发利用计算与通信领域。

作为面向对象的语言，C# 具有封装、继承和多态性等特点。所有变量和方法(包括作为应用程序入口点的 Main 方法)都封装在类定义中。虽然类可能会直接继承一个父类，但可以实现任意数量的接口。若要用方法重写父类中的虚方法，必须使用 override 关键字，以免发生意外重定义。在 C# 中，结构就像轻量级类，可以实现接口但不支持继承。

1.2.2 .NET Framework 平台体系结构

C#程序在.NET Framework 上运行，这是 Windows 不可或缺的一部分，包括名为"公共语言运行时"(Common Language Runtime，CLR)的虚执行系统和一组统一的类库。CLR 是由 Microsoft 执行的公共语言基础结构(Common Language Infrastructure，CLI)的商业实现，CLI 被作为执行和开发环境(语言和库在其中无缝协作)创建依据的国际标准。

用 C# 编写的源代码被编译成符合 CLI 规范的中间语言(Intermediate Language，IL)。IL 代码和资源(如位图和字符串)存储在磁盘上名为"程序集"的可执行文件(扩展名通常为 .exe 或 .dll)中。程序集包含一个介绍程序集的类型、版本、区域性和安全要求的清单。

当 C#程序执行时，程序集会被加载到 CLR 中，会根据清单中的信息执行各种操作。如果满足安全要求，CLR 会直接执行实时(JIT)编译，将 IL 代码转换成本机指令。CLR 还提供其他与自动垃圾回收、异常处理和资源管理相关的服务。CLR 执行的代码有时被称为"托管代码"(而不是"非托管代码")，被编译成面向特定系统的本机语言。C# 源代码文件、.NET Framework 类库、程序集和 CLR 在编译及运行时的关系如图 1-3 所示。

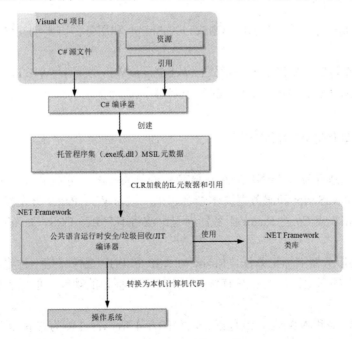

图 1-3 C# 代码编译及运行过程

由于 C#编译器生成的 IL 代码符合公共类型规范(CTS)，因此，C# 生成的 IL 代码可以与 .NET 版本 Visual Basic、Visual C++ 或其他任何符合 CTS 的超过 20 种语言生成的代码进行交互。一个程序集可能包含多个用不同.NET 语言编写的模块，且可以相互引用，就像是用同一种语言编写的一样。

除了运行时服务之外，.NET Framework 还包括一个由 4000 多个已整理到命名空间中的类构成的扩展库，这些类提供各种实用功能，包括文件输入输出、字符串控制、XML 分析和 Windows 窗体控件。常用类库及其命名空间如表 1-1 所示。C# 应用程序广泛使用 .NET Framework 类库来编写各种应用程序。

表 1-1　常用类库及其命名空间

核心类库说明	命名空间
使用泛型	System.Collections.Generic
对文件的基本操作	System.IO
对网络协议进行编程	System.Net
对数据库的访问	System.Data
开发 Windows 应用程序	System.Windows.Forms
对 GDI+基本图形的操作	System.Drawing

1.3　ASP.NET 的开发模式

ASP.NET 是一个使用 HTML、CSS、JavaScript 和服务器脚本创建网页和网站的开发框架。

ASP.NET 支持三种不同的开发模式：Web Pages(Web 页面)、Web Forms(Web 窗体)和 MVC(Model View Controller，模型-视图-控制器)。

1.3.1　Web Pages 开发模式

Web Pages 是开发 ASP.NET 网站最简单的开发模式。它提供了一种简单的方式将 HTML、CSS、JavaScript 和服务器脚本结合起来，学习 Web Pages 开发模式，也就是学习如何使用 VB.NET 或 C# 的 Razor 服务器标记语法将 HTML、CSS、JavaScript 和服务器代码结合起来。

Razor 一种服务器端标记语法，Razor 与 ASP 和 PHP 很像，是一种将基于服务器的代码添加到网页中的标记语法。它具有传统 ASP.NET 标记的功能，但更容易使用并且更容易学习。

Razor 支持 C#和 VB.NET 编程语言，如图 1-4 所示，左侧为带有 Razor 标记的 Web Pages 的源代码，右侧为运行的结果。其中，@DateTime.Now 就是服务器端 Razor 标记。

```
<!DOCTYPE html>
<html>
<body>
     <h1>Hello Web Pages</h1>
     <p>The time is @DateTime.Now</p>
</body>
</html>
```

Hello Web Pages

The time is 9/21/2013 4:19:13 AM

图 1-4　Web Pages 的源代码及运行结果

1.3.2　Web Forms 开发模式

Web Forms 是传统的 ASP.NET 事件驱动开发模型，添加了服务器控件、服务器事件和服务器代码。它是整合了 HTML、服务器控件和服务器代码的事件驱动网页。Web Forms 有数以百计的 Web 控件和 Web 组件，用来创建带有数据访问的用户驱动网站，在服务器上编译和执行，并且由服务器生成 HTML 显示为网页。

ASP.NET 文件中的 HTML 元素，默认是作为文本进行处理的。要想让这些元素可编程，需向 HTML 元素中添加 runat="server" 属性，这个属性表示该元素将被作为服务器控件进行处理。例如，HtmlInputText 控件可以表示文本框<input type="text">和密码框<input type="password">元素。下面代码展示了在 Web Forms 模式中对 Html 元素进行编程的方法，运行效果如图 1-5 所示。

```
<script runat="server">
    voidsubmit(Object sender, EventArgs e)
    {
        if (name.Value != "")
        {
            pShow.InnerHtml = "Welcome " + name.Value + "!";
        }
    }
</script>

<!DOCTYPE html>
<html>
<body>
<form runat="server">
        输入你的姓名: <input id="name" type="text" size="30" runat="server"/>
<br><br>
<input type="submit" value="提交" OnServerClick="submit" runat="server"/>
<p id="pShow" runat="server"/>
</form>
    </body>
</html>
```

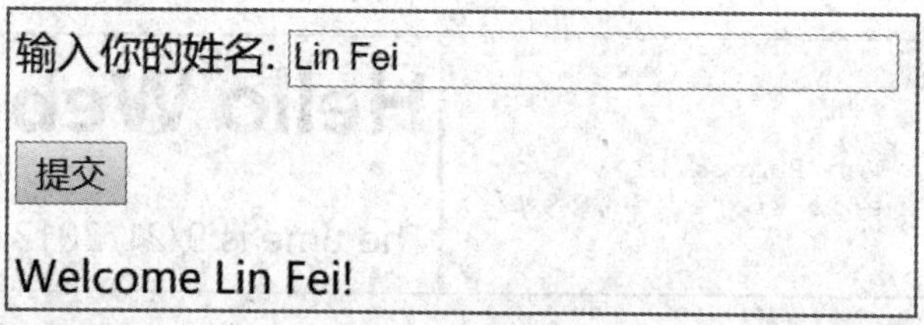

输入你的姓名: Lin Fei

提交

Welcome Lin Fei!

图 1-5　运行效果图

Web 服务器控件是服务器可理解的特殊 ASP.NET 标签。

就像 HTML 服务器控件，Web 服务器控件也是在服务器上创建的，它们同样需要 runat="server" 属性才能生效。然而，Web 服务器控件没有必要映射任何已存在的 HTML 元素，它们可以表示更复杂的元素。

例如，<asp:TextBox id="txt1" runat="server" />表示文本框控件；<asp:Button OnClick= "submit" Text="Submit" runat="server" />表示提交按钮控件；<asp:Label id="lbl1" runat= "server" />表示文本标签控件。

下面代码展示了在 Web Forms 模式中对 Web 服务器控件进行编程的方法，运行效果如图 1-6 所示。

```
<script runat="server">
    void submit(Object sender, EventArgs e)
    {
        LName.Text = "你的名字是" + txtName.Text;
    }
</script>


<!DOCTYPE html>
<html>
<body>
<for mrunat="server">
        输入你的名字:
<asp:TextBox id="txtName" runat="server"/>
<asp:Button OnClick="submit" Text="提交" runat="server"/>
<p><asp:Label id="LName" runat="server"/></p>
</form>
</body>
</html>
```

输入你的名字: Lin Fei　　　　　　　提交

你的名字是Lin Fei

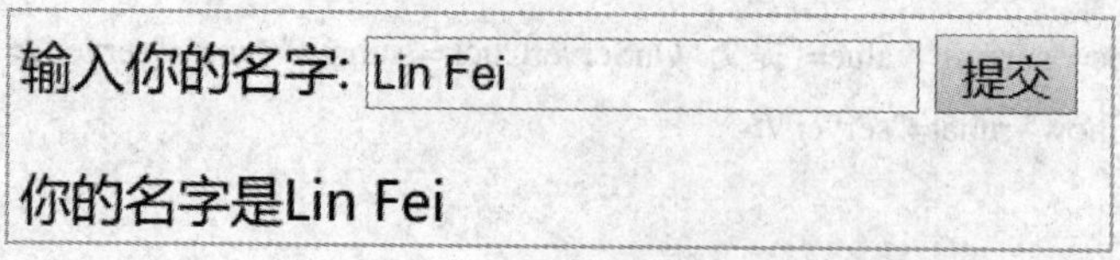

图 1-6　运行效果图

1.3.3　MVC 开发模式

MVC 是一种使用模型-视图-控制器设计创建 Web 应用程序的模式。MVC 开发模式带有三个逻辑层，即业务层(模型逻辑 Model)、显示层(视图逻辑 View)、输入控制(控制器逻辑 Controller)，如图 1-7 所示。

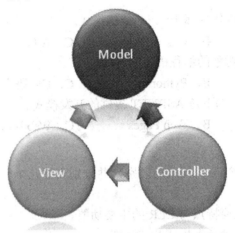

图 1-7　MVC 开发模式

Model(模型逻辑)：处理应用程序数据逻辑的部分。通常模型对象负责在数据库中存取数据。

View(视图逻辑)：处理数据显示的部分。通常视图是依据模型数据创建的。

Controller(控制器逻辑)：处理用户交互的部分。通常控制器负责从视图读取数据，控制用户输入，并向模型发送数据。

MVC 分层有助于管理复杂的应用程序，因为可以在同一个时间内专门关注一个方面。例如，用户可以在不依赖业务逻辑的情况下专注于视图设计。MVC 分层也让应用程序的测试更加容易。

MVC 分层使得协同开发更便捷。不同的开发人员可同时开发视图、控制器逻辑和业务逻辑。

与 Web Forms 相比，MVC 编程模式是对传统 Web Forms 的一种轻量级的替代方案。它是轻量级的、可测试性高的框架，同时整合了所有已有的 ASP.NET 特性，如母版页、安全性和认证等。

本书作为 ASP.NET 的入门教材，将以传统的 ASP.NET Web Forms 模式来讲解 Web 应用程序开发。在本书内容的基础上，读者可以继续学习 ASP.NET MVC 模式开发。

本 章 小 结

本章主要介绍了 B/S 和 C/S 的体系架构，并从客户端和服务端技术两个方面介绍了 Web 应用相关技术的发展，其中重点介绍了 ASP.NET 技术的发展。

习 题

一、单选题

1. 电脑上安装的 QQ 软件属于(　　)架构模式。
   A．B/S　　　　　　　B．C/S　　　　　　　C．A/C　　　　　D．S/B
2. 下列不属于面向对象的编程语言的是(　　)。
   A．C 语言　　　　　B．Python 语言　　　C．C# 语言　　　D．Java 语言
3. 下列选项中，(　　)不是 ASP.NET 提供的开发模式。
   A．J2EE　　　　　　B．Web Pages　　　　C．Web Forms　　D．MVC

二、问答题

1. 简述 B/C 与 C/S 架构模式的区别，并分别列举几个软件，阐述这两种架构的优缺点。
2. 简述 C#语言的主要特点与 CLR 的主要功能。
3. 简述 ASP.NET 三种开发模式及其区别。

第2章

Visual Studio 集成开发环境

对于.NET 开发而言，Visual Studio 集成开发环境无疑是最好的选择。随着.NET 技术的不断发展，目前 Visual Studio 可用于创建 Windows 应用程序、Web 应用程序、Android 应用程序、iOS 应用程序和云服务。利用此开发工具可以创建混合语言解决方案，同时可以简化 ASP.NET Web 应用程序的开发难度。本书将以 Visual Studio 2015 集成开发环境为例进行讲解，对于开发 ASP.NET 的 Web Forms 应用程序而言，其他版本的使用方式类似。

2.1　Visual Studio 集成开发环境的安装和配置

安装之前，需要检查电脑配置是否符合 Visual Studio 集成开发环境要求，安装 Visual Studio 2015 的推荐安装环境如下：

操作系统：Windows 7 或更高版本。

硬件要求为：

(1) 主频 1.6 GHz 或更高的处理器。

(2) 1 GB 以上内存(如果是在虚拟机上运行，则至少需要 1.5 GB 内存)。

(3) 10 GB 以上的硬盘可用存储空间。

(4) 5400 转以上的硬盘驱动器。

(5) 能够运行 1024×768 或更高解析度并且支持 DirectX 9 的视频卡。

下面以安装 Visual Studio 2015 为例，介绍 Visual Studio 集成开发环境的安装过程。

(1) 先从 Microsoft 官网下载所需版本。下载到的文件为 ISO 镜像文件，如 vs2015.com_chs.iso ，单击右键解压到当前文件夹。

(2) 在解压后的文件中找到 vs_community.exe(根据版本不同可能有所差别)，如 vs_community.exe，双击运行，等待一段时间后会出现如图 2-1 所示的界面，在此可以更改安装位置，选择安装类型。选择"自定义"安装类型，点击"安装"。

(3) 在功能选择界面(如图 2-2 所示)中，选择需要自定义安装的功能。默认编程语言为 C#语言，勾选 Microsoft Web 开发人员工具。注意：请同时勾选 Microsoft SQL Server Data Tools 选项和 GitHub Extension for Visual Studio 选项(在后面的章节中会用到)，其他功能可根据需要选择安装。选择"下一步"，单击"安装"按钮，开始安装。注意：安装过程需要较长的时间。

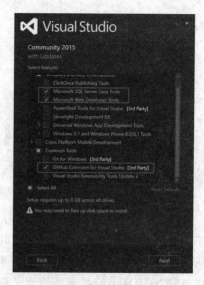

图 2-1　安装路径选择界面　　　　　　　　图 2-2　功能选择界面

(4) 安装完成后，在桌面或程序菜单中找到 Visual Studio 2015(如图 2-3 所示)，点击打开。

(5) 第一次打开 Visual Studio 集成开发环境时，需要做相关配置。如果没有 Microsoft 账户，就选择"以后再说"。

(6) 在初始设置界面(如图 2-4 所示)中进行开发设置，选择自己喜欢的颜色主题，单击"启动 Visual Studio"，便可以打开 Visual Studio 集成开发环境了。

图 2-3　打开 Visual Studio 2015 集成开发环境　　　　图 2-4　初始设置界面

2.2　创建一个简单的 ASP.NET 应用程序

使用 Visual Studio 2015 可以方便地创建控制台应用、Windows 窗体应用、ASP.NET Web 应用程序等。下面介绍如何使用 Visual Studio

创建一个简单的
HelloWorld 网站

2015 创建一个最简单的 ASP.NET Web 项目"HelloWorld"。具体步骤如下：

(1) 打开 Visual Studio 2015，显示如图 2-5 所示的起始窗口。

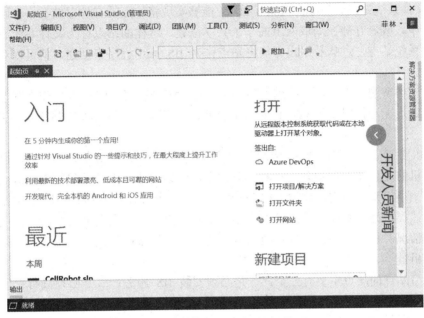

图 2-5　Visual Studio 2015 起始窗口

(2) 新建网站。在 Visual Studio 2015 起始窗口的文件菜单中选择"新建网站"，弹出"新建网站"对话框。在该对话框的"模板"列表中选择"Visual C#"，再选择 ASP.NET 空网站；在"Web 位置"下拉列表中选择"文件系统"(默认)，在路径后面单击"浏览"按钮，定位到需要保存该网站的文件路径，并在路径后面输入网站的名称，如图 2-6 所示。例如，这里输入网站名称为"HelloWorld"。

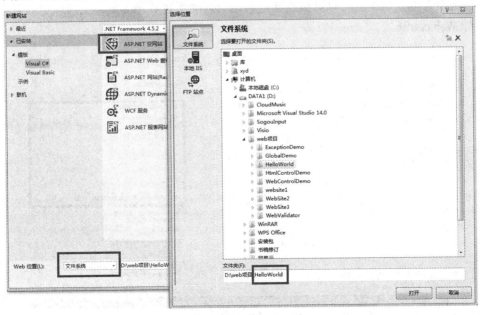

图 2-6　新建网站对话框

在如图 2-6 所示的新建网站对话框中，可以创建和配置以下几种类型的 Web 应用程序(也称为 ASP.NET 站点)：文件系统站点、IIS 站点和文件传输协议(FTP)站点。

① 文件系统站点。Visual Studio 2015 能够实现将站点的文件存储在本地硬盘上的一个文件夹中，或者存储在局域网上的一个共享位置，这样的站点称为文件系统站点。使用这种文件系统站点，意味着用户无需将站点作为 IIS 应用程序来创建，就可以对其进行开发或调试。

使用该类型的站点，可以不用安装 IIS，并且可以将一组 Web 文件作为网站打开。但该类型的站点无法使用基于 HTTP 的身份验证、应用程序池和 ISAPI 筛选器等 IIS 功能进行测试。

② IIS 站点。一个 IIS Web 应用程序即可以建立在本地计算机的 IIS 上，也可以建在远程计算机的 IIS 上。如果建在远程计算机上，则远程计算机必须配置 FrontPage 服务器扩展且在站点级别启用它。这样，Visual Studio 2015 通过使用 HTTP 协议与该站点通信。

使用该类型站点的优点是：可以用 IIS 测试站点，从而逼真地模拟站点在正式服务器中运行的情况。相对于使用文件系统站点，这种模式的路径将按照其在正式服务器上的方式进行解析。

该类型站点的缺点主要有三个：一是必须安装 IIS 服务；二是必须具有管理员权限才能创建或调试 IIS 站点；三是一次只有一个计算机用户可以调试 IIS 站点。

③ 文件传输协议站点。当某一站点已位于配置为 FTP 服务器的远程计算机上时，可使用 FTP 部署的站点。使用该类型站点的优点是，可以在其中部署 FTP 站点的服务器上测试该站点。

使用该类型站点的缺点主要有两个：一是没有 FTP 部署的站点文件的本地副本，除非自己复制这些文件；二是不能创建 FTP 部署的站点，只能打开一个这样的站点。

(3) 单击"确定"按钮，出现如图 2-7 所示的网站设计主窗口。在该窗口右侧的解决方案资源管理器窗口中，可以看到新建的网站会自动新建解决方案，空网站中只有一个配置文件 Web.config。

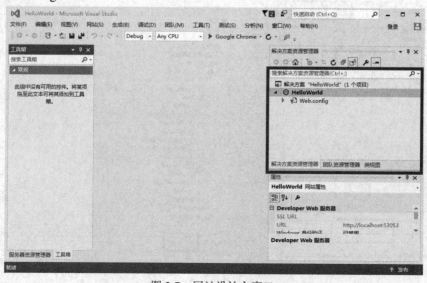

图 2-7　网站设计主窗口

(4) 在解决方案资源管理器窗口(如图 2-8 所示)中选择项目名称，右击"HelloWorld"，在弹出的菜单中选择"添加"→"Web 窗体"。给新添加的 Web 窗体取名为"Default.aspx"，点击"确定"按钮。

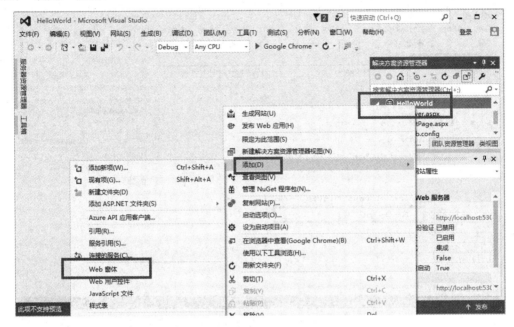

图 2-8　添加 Web 窗体

(5) 设计 Web 页面。在图 2-9 中单击窗口左下角的"设计"按钮，出现 Default.aspx 页面设计窗口。在该窗口中，从左边工具箱的标准栏中拖曳一个 Button 按钮到页面设计窗口(如果工具箱窗口未出现，可通过"视图"→"工具箱"菜单打开)。

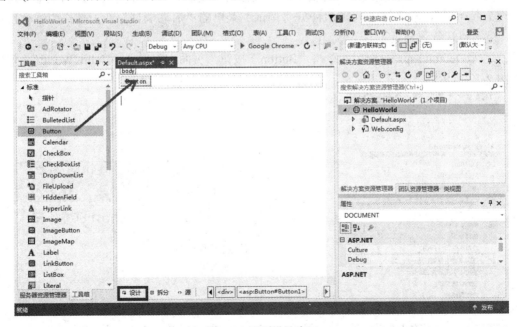

图 2-9　网页设计窗口

(6) 添加事件。双击"Button"按钮，出现后台代码(Default.aspx.cs)编写窗口，并自动产生该按钮的 Click 事件，如图 2-10 所示。在 Button1_Click 事件过程中添加如下代码：
Response.Write("Hello World");

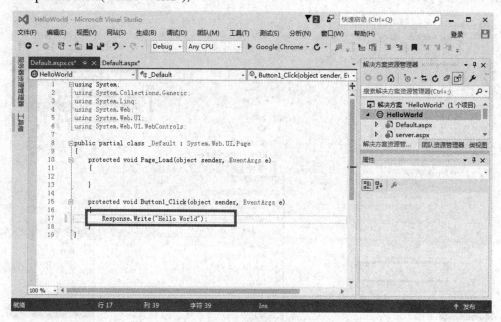

图 2-10　后台代码窗口

(7) 保存后运行 Default.aspx 页面。可以通过两种方法运行该页面。

方法 1：在解决方案资源管理器中，用鼠标右击 Default.aspx，在弹出的菜单中选择"在浏览器中查看"(如图 2-11 所示)。

方法 2：在解决方案资源管理器中，用鼠标右击要运行的页面，在弹出的菜单中选择"设为起始页"，然后按 F5、Ctrl+F5、"调试"菜单的"启动调试"或工具栏的运行按钮，就可以运行该网页了。

运行 Default.aspx 页面后，单击"Button"按钮，页面上将出现"Hello World"，效果如图 2-12 所示。

图 2-11　在浏览器中查看选项

图 2-12　Default.aspx 页面运行效果

最终，对于通过测试的 ASP.NET 应用程序，如果要使远程用户访问该网站，必须将 ASP.NET 应用程序部署到 Web 服务器上。关于如何部署 ASP.NET 应用程序的方法，可以参见第 11 章第 7 节系统部署与发布。

2.3　Visual Studio 集成开发环境的常用窗口

Visual Studio 集成开发环境的常用窗口

本节重点介绍使用 Visual Studio 集成开发环境开发 Web 应用程序时的几个常用窗口。

2.2.1　服务器资源管理器

从菜单栏选择"视图"→"服务器资源管理器"菜单项，可以打开"服务器资源管理器"窗口，如图 2-13 所示。通过该窗口，可以查看当前添加到服务器列表中的各个服务器信息，如服务、事件日志、消息队列；也可以通过数据连接，查看被连接的数据库服务实例。通过数据连接可以直接查看数据库的表，以及编写存储过程等。

图 2-13　服务器资源管理器

2.2.2　解决方案资源管理器

选择"视图"→"解决方案资源管理器"菜单项，可以打开解决方案资源管理器窗口，如图 2-14 所示。

图 2-14　解决方案资源管理器

通过该窗口可以查看解决方案中的全部文件信息，包括项目、项目中的类文件以及其他资源文件；可以任意选择并打开各个项目中的文件，并对该文件进行编辑。

ASP.NET 应用程序可能包含如下类型的一个或多个文件：

(1) aspx 文件：标准的 Web 窗体文件，即用户界面。

(2) ascx 文件：ASP.NET 用户控件。用户控件与 Web 页面类似，但是用户不能直接运行，必须将用户控件添加到 Web 页面中才能运行。

(3) asmx 文件：ASP.NET Web 服务文件。Web 服务可以提供一系列方法供其他应用程序进行远程调用。

(4) web.config 文件：基于 XML 的 ASP.NET 配置文件。在这个文件中可以包含很多配置信息，如数据连接、安全设置、状态管理和内存管理等。

(5) Global.asax 文件：全局应用程序文件。可以用来定义在整个应用程序范围内可用的全局变量，并响应全局事件。

(6) .cs 文件：后台代码文件。允许开发人员分离 Web 设计页面与后台代码逻辑。

除此以外，应用程序可能还会包含其他资源文件，如图片文件、CSS 文件和纯 HTML 文件等。

ASP.NET 应用程序除包含上述文件外，还具有规划良好的目录结构。ASP.NET 提供了几个特定的子目录来组织不同类型的文件。在 Visual Studio 2015 中，用户将会被提醒可能需要将特定文件存放在特定文件夹中；也可以在解决方案资源管理器中右击项目名称，在弹出的菜单中选择"添加 ASP.NET 文件夹"菜单项，如图 2-15 所示。

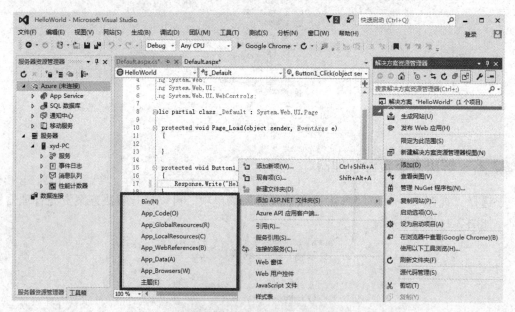

图 2-15　添加 ASP.NET 文件夹

对这些文件夹所代表的含义如下：

(1) Bin 文件夹：包含网站所需的已编译好的.NET 组件程序集，例如，用户创建的自定义数据访问组件，或者引用第三方数据访问组件。ASP.NET 将自动检测该文件夹中的程序集，并且 Web 站点中的任何页面都可以使用这个文件夹中的程序集。

(2) App_Code 文件夹：包含源代码文件，如.cs 文件。该文件夹中的源代码文件将被动态编译。该文件夹与 Bin 文件夹有点相似，不同之处在于 Bin 放置的是编译好的程序集，而该文件夹放置的是未编译的源代码文件。

(3) App_GlobalResources 文件夹：保存 ASP.NET 网站中对所有页面都可见的全局资源。在开发一个多语言版本的 ASP.NET 网站时，可用该目录进行本地化。

(4) App_LocalResources 文件夹：与 App_GlobalResources 文件夹具有相同的功能，只是该目录下的资源仅限单个页面访问。

(5) App_WebReferences 文件夹：存储 ASP.NET 网站需要使用的 Web 服务文件。

(6) App_Data 文件夹：当添加数据文件时，会自动添加该文件夹，用于存储数据，包含 SQL 数据库文件和 XML 文件。当然，也可以将这些数据文件存储在其他任何地方。

(7) App_Browsers 文件夹：包含.browser 文件，这些.browser 文件是 XML 文件，用于标识向应用程序发出请求的浏览器，并识别这些浏览器具备的功能。在.NET 的安装目录下有可全局访问的.browser 文件列表。如果要修改这些默认浏览器定义文件中的任意部分，只需把相应的.browser 文件从 Browsers 文件夹复制到应用程序的\App_Browsers 文件夹中，并修改定义即可。

(8) 主题文件夹：存储 ASP.NET 网站中使用的主题，用于控制 Web 应用程序的外观。

不是所有的 Web 应用程序都必须包含这些文件夹。在需要时，Visual Studio 会提醒开发人员，并自动创建特定的文件夹，开发人员也可以使用菜单手动创建。

2.2.3　工具箱

选择"视图"→"工具箱"菜单项，可以打开"工具箱"窗口，如图 2-16 所示。"工具箱"窗口在设计 aspx 页面时，可以将各个控件直接添加到页面的设计视图中。"工具箱"窗口中的控件可分为几大类，单击每个大类可以定位到具体的每个控件，有关各个大类中的控件介绍，参见后续章节。另外，工具箱中，除了.NET 本身提供的控件外，还可以添加自定义控件。

图 2-16　工具箱窗口

2.2.4 Web 页面设计窗口

在解决方案资源管理器中选择要设计的 aspx 网页文件，点击鼠标右键选择"查看设计器"菜单，如图 2-17 所示。主窗口中将会出现该页面的设计窗口，如图 2-18 所示。

在页面设计窗口中，用户可以直接将工具箱中的各个控件以拖曳的方式添加到设计页面。例如，在页面中添加一个按钮(Button)。同时，可以通过"属性窗口"设置页面控件的外观。例如，鼠标选中按钮，在"属性窗口"中将按钮的 Text 属性改为"点击"。

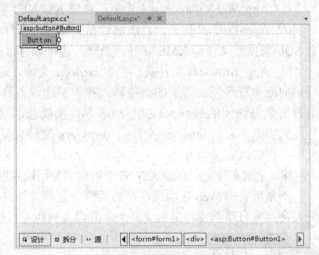

图 2-17　打开视图设计器　　　　　　　　　　图 2-18　页面设计窗口

2.2.5 属性窗口

选择"视图"→"属性窗口"菜单项，可以打开"属性窗口"，如图 2-19 所示。在 Web 页面中选中不同控件，属性窗口显示该控件的各个设置属性，此时可通过设置该控件的属性来改变控件的外观。

图 2-19　Text 属性为"点击"的 Button 控件属性窗口

2.2.6 HTML 源代码编辑窗口

在进行页面设计的同时，页面对应的 HTML 源代码也会动态发生变化，如果开发人员对 HTML 源代码比较熟悉，可以切换到 HTML 源代码编辑窗口进行编辑，单击页面设计窗下端的"源"选项卡，可以切换到页面对应的 HTML 源代码编辑窗口，如图 2-20 所示。

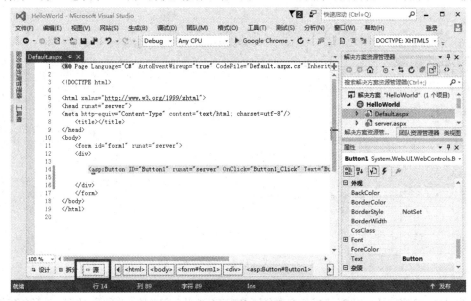

图 2-20 HTML 源代码编辑窗口

在 Visual Studio 中还有一种视图方式——拆分。单击页面设计窗下端的"拆分"选项卡，可以同时看到设计视图和 HTML 源视图，如图 2-21 所示。在设计视图中选择一个控件，HTML 源视图中就会选中相应控件的 HTML 代码。

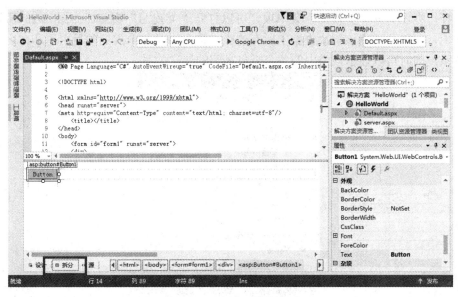

图 2-21 "拆分"视图窗口

2.2.7 **后台代码编辑窗口**

建立一个 aspx 页面时，可以选择将页面设计文件和后台 cs 代码文件建立到一个文件中，也可以选择将两者分开建立。每个 cs 文件可以通过解决方案资源管理器打开，进入后台代码编辑窗口，如图 2-22 所示。

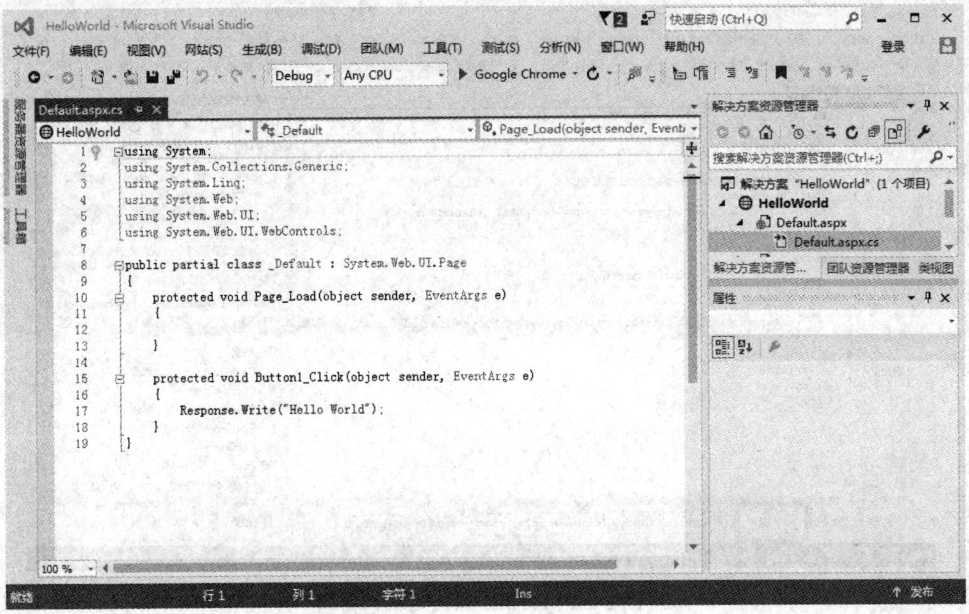

图 2-22　后台代码编辑窗口

2.2.8 **类视图**

选择"视图"→"类视图"菜单项，可以打开"类视图"窗口，如图 2-23 所示。在类视图中，可以显示出该解决方案中所有的类结构，以及各个类的项目引用和命名空间的引用关系，同时可以显示该类中的各个类包之间的层次关系。

图 2-23　类视图窗口

2.2.9 对象浏览器

选择"视图"→"对象浏览器"菜单项，可以打开"对象浏览器"窗口，如图 2-24 所示。如果事先在解决方案中创建了类和对象，那么在对象浏览器窗口中，可以显示出该解决方案的所有命名空间结构，单击树节点的命名空间的类名称后，可以在右侧的类描述窗口中，显示该类的各个方法以及属性，单击具体的方法和属性后，右侧窗口的底部会显示方法或属性的具体情况介绍。

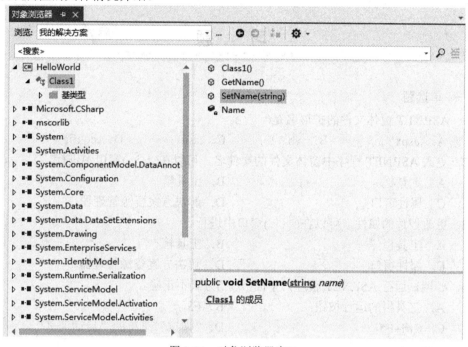

图 2-24　对象浏览器窗口

本 章 小 结

本章首先介绍如何安装 Visual Studio 集成开发环境；其次，通过创建一个 "HelloWorld"的 Web 项目，了解 ASP.NET 网站的开发；最后，重点介绍了 Visual Studio 集成开发环境的常用窗口。

本章实训　Visual Studio 集成开发环境

1. 实训目的

(1) 熟悉 ASP.NET 的集成开发环境 Visual Studio 2015。

(2) 使用 Visual Studio 2015 集成开发环境创建简单的 ASP.NET 应用程序。

2．实训内容和要求

(1) 熟悉 Visual Studio 2015 的集成开发环境。

(2) 使用 Visual Studio 2015 新建一个网站 Practice1。

(3) 新建一个 Web 窗体，命名为 Default.aspx，在该页面的设计窗口中添加一个 Label 标签。在 Label 标签的属性窗口中，找到 Text 属性，并将其值设置为：这是我的第一个 ASP.NET 应用程序。

(4) 运行 Default.aspx 页面。

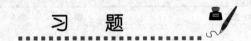

习 题

一、单选题

1．ASP.NET 窗体文件的扩展名是(　　)。

    A．.aspx   B．.vb   C．.asax   D．.config

2．更改 ASP.NET 程序中窗体文件的文件名，可以在(　　)窗口中进行。

    A．工具栏   B．工具箱

    C．属性窗口   D．解决方案资源管理器

3．更改控件的属性，可以在(　　)窗口中进行。

    A．工具栏   B．工具箱

    C．属性窗口   D．解决方案资源管理器

4．要调试运行 ASP.NET 程序，下面(　　)方式不正确。

    A．工具栏的运行按钮   B．F5

    C．Ctrl+F5   D．"调试"菜单的"启动调试"

二、问答题

1．开发 ASP.NET 应用程序大致分哪几个步骤？简述其主要内容。

2．ASP.NET 应用程序可以包含哪几种类型的文件？

3．ASP.NET 提供哪几个特定的子目录？简述其主要内容。

ASP.NET 应用程序基础

通过第 2 章的学习，我们熟悉了 Visual Studio 的安装与集成开发环。在此基础上，本章将介绍 ASP.NET Web Forms 开发模式的一些基础知识，包括 ASP.NET 应用程序与页面生命周期、ASP.NET Web 页面、Page 类的内置对象、应用程序的异常处理机制。

3.1　ASP.NET 应用程序与页面生命周期

了解应用程序和页面的生命周期非常重要，因为这样才能在生命周期的合适阶段编写相应的代码，以达到预期效果。例如，如果需要

ASP.NET 应用程序与
页面生命周期

统计网站访问总人数，则需要了解应用程序生命周期，以便正确地对统计变量进行操作。如果要开发自定义控件，就必须熟悉 Web 页面的生命周期，以便正确地进行控件初始化，并使用视图状态数据填充控件属性以及运行控件行为代码。本节主要讲述 ASP.NET 应用程序和页面的生命周期。

3.1.1　应用程序生命周期

所谓应用程序生命周期，是指从客户端向 Web 服务器发出资源请求开始，到 Web 服务器反馈结果返回给客户端的整个在服务器端执行的过程。ASP.NET 应用程序生命周期可分为五个阶段。

(1) 用户向 Web 服务器请求应用程序资源。例如，请求访问一张网页。

当用户请求到达 Web 服务器时，由 HTTP.SYS(Windows 进行 http 协议信息通信的核心组件)负责接收请求，并对所请求文件的扩展名进行检查，确定应由哪个 ISAPI(Internet Server Application Programming Interface)扩展处理该请求，然后将该请求传递给合适的 ISAPI 扩展。ASP.NET 处理已映射到其上的文件扩展名有.aspx、.ascx、.ashx 和.asmx 等。

如果文件扩展名尚未映射到 ASP.NET，则 ASP.NET 将不会接收该请求。对于使用 ASP.NET 身份验证的应用程序，理解这一点非常重要。例如，由于.htm 文件通常没有映射到 ASP.NET，因此 ASP.NET 将不会对.htm 文件请求执行身份验证或授权检查。因此，即使文件仅包含静态内容，如果希望 ASP.NET 检查身份验证，也应使用映射到 ASP.NET 的文件扩展名创建该文件，如采用文件扩展名.aspx。

(2) ASP.NET 接收对应用程序的第一个请求。

当 ASP.NET 接收到对应用程序中任何资源的第一个请求时，应用程序管理器 (ApplicationManager)将会创建一个应用程序域；应用程序域为全局变量提供应用程序隔离，并允许单独卸载每个应用程序。在应用程序域中，将创建宿主环境(HostingEnvironment 类的实例)，该实例提供对有关应用程序的信息(如存储该应用程序文件夹的名称等)的访问，如图 3-1 所示。

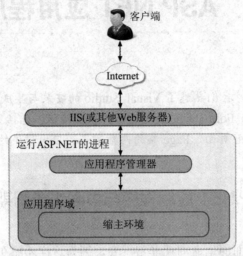

图 3-1　ASP.NET 接收对应用程序的第一个请求

说明：同一个 ASP.NET 应用程序只在第一次请求时才会执行该阶段。

(3) 为每个请求创建 ASP.NET 核心对象。

创建了应用程序域并实例化了宿主环境之后，ASP.NET 将创建并初始化核心对象(如 HttpContent、HttpRequest 和 HttpResponse)。HttpContent 类包含特定于当前应用程序请求的对象，如 HttpRequest 和 HttpResponse 对象。HttpRequest 对象包含有关当前请求的信息，如 Cookie 和浏览器信息。HttpResponse 对象包含发送到客户端的响应，即所有呈现的输出和 Cookie。

(4) 将 HttpApplication 对象分配给请求。

初始化所有核心应用程序对象之后，将通过创建 HttpApplication 类的实例启动应用程序。如果应用程序具有 Global.asax 文件，则 ASP.NET 会创建 Global.asax 类(从 HttpApplication 类派生)的一个实例，并使用该派生类表示应用程序。同时，ASP.NET 将创建所有已配置的模块(如状态管理模块、安全管理模块)，在创建完所有已配置的模块后，将调用 HttpApplication 类的 Init 方法，如图 3-2 所示。

说明：第一次在应用程序中请求 ASP.NET 页或进程时，将创建 HttpApplication 的一个新实例。不过，为了尽可能地提高性能，可对多个请求重复使用 HttpApplication 实例。

(5) 由 HttpApplication 管线处理请求。

在该阶段，将由 HttpApplication 类执行一系列事件(如 BeginRequest、ValidateRequest 等)，并根据所请求资源的文件扩展名，选择 HttpHandler 类来处理请求。如果该请求是从 Page 类派生的页，则 ASP.NET 会在创建该页的实例前对其进行编译，在装载后用该实例处理这个请求，处理完后通过 HttpResponse 输出，并返回给客户端的用户，最后释放该实例。

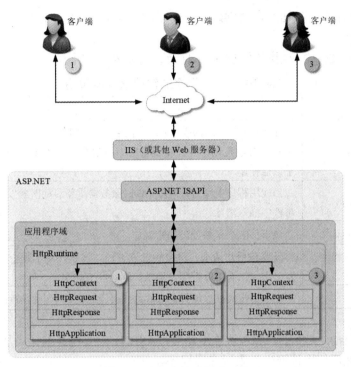

图 3-2　为每个请求创建对象

当应用程序启动或终止时，都会触发一些事件，使得这些事件可以完成一些特殊的处理工作，如错误处理、日志撰写、状态变量初始化等。这些事件位于 Global.asax 文件中，开发人员可以在该文件中编写代码以响应这些应用程序事件。

【例 3-1】　新建网站的 Global.asax 文件，熟悉应用程序生命周期事件。

(1) 打开 Visual Studio 集成开发环境，新建名为 GlobalDemo 的网站，在"解决方案资源管理器"中，右击项目名称 GlobalDemo，选择"添加新项"菜单，在弹出的添加新项模板中选择"全局应用程序类"，如图 3-3 所示。

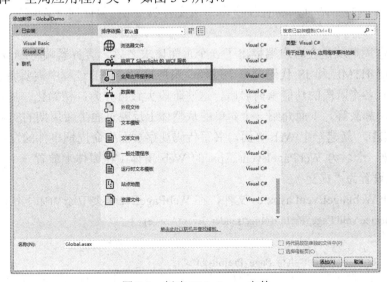

图 3-3　创建 Global.asax 文件

(2) 单击"添加"按钮后，就创建了一个 Global.asax 文件。注意：千万不要修改文件名称。

Global.asax 文件中应用程序的常用事件及说明如表 3-1 所示。

表 3-1　应用程序的常用事件及说明

事　件	说　明
Application_Start()	在应用程序启动后，当第一个用户请求时触发这个事件，后继的用户请求将不会触发该事件。在该事件中通常用于创建或缓存一些初始信息，便于以后使用
Application_End()	当应用程序关闭时，比如 Web 服务器重新启动时触发事件，可以在这个事件中插入清除代码
Application_Error()	该事件响应未被处理的错误
Session_Start()	只要有用户请求，就会触发该事件。该事件对于每个请求的用户都会触发一次，如有 100 个用户请求，则触发 100 次
Session_End()	当会话超时或以编程的方式终止会话时，这个事件被触发

当 Global.asax 文件中的脚本块被编译时，ASP.NET 会将其编译为从 HttpApplication 类派生的类，然后使用该派生类表示应用程序。

注意：在一个 Web 网站中只能有一个 Global.asax 文件。

除此之外，Global.asax 还有很多其他应用程序事件。后续章节中将具体介绍 Global.asax 文件及应用程序事件的使用。

3.1.2　Web 页面生命周期

一个 ASP.NET Web 项目主要是由许许多多 Web 页面(也称为 Web 窗体)组成的，用户可以在浏览器中直接看到这些 Web 窗体的运行效果。ASP.NET 的页面生命周期是应用程序生命周期的一部分，而且仅仅当请求文件为.aspx 页面时才能触发该页面的生命周期。

页面生命周期就是在客户端提出了一个页面请求之后，服务器端将.aspx 页面源代码转化为正确的 HTML 和 JS 代码的整个过程。服务端在转化的过程中需要调用设计好的若干个阶段，且各个阶段的功能承前启后。这些阶段大致可分为：初始化、加载、回发事件处理、呈现、卸载等。下面介绍一个简单的从整体上反映页面生命周期的实例。

【例 3-2】　新建一个 Web 页面，书写代码观察页面生命周期事件的发生顺序。

(1) 新建一个名为 WebPageEvent.aspx 的 Web 窗体。在窗体上放置一个按钮控件，将其 Text 属性设置为"提交"。

(2) 打开 WebPageEvent.aspx.cs 文件，在 WebPageEvent 类中添加如下代码：

```
protected void Page_PreInit(objectsender, EventArgs e)
{
    Response.Write("执行 Page_PreInit<br/>");
}
```

```
protected void Page_Init(object sender, EventArgs e)
{
    Response.Write("执行 Page_Init<br/>");
}
protected void Page_InitComplete(object sender, EventArgs e)
{
    Response.Write("执行 Page_InitComplete<br/>");
}
protected void Page_PreLoad(object sender, EventArgs e)
{
    Response.Write("执行 Page_PreLoad<br/>");
}
protected void Page_Load(object sender, EventArgs e)
{
    Response.Write("执行 Page_Load<br/>");
}
protected void Page_LoadComplete(object sender, EventArgs e)
{
    Response.Write("执行 Page_LoadComplete<br/>");
}
protected void Page_PreRender(object sender, EventArgs e)
{
    Response.Write("执行 Page_PreRender<br/>");
}
protected void Page_PreRenderComplete(object sender, EventArgs e)
{
    Response.Write("执行 Page_PreRenderComplete<br/>");
}
protected void Page_SaveStateComplete(object sender, EventArgs e)
{
    Response.Write("执行 Page_SaveStateComplete<br/>");
}
protected void Page_Unload(object sender, EventArgs e)
{
//这里是页面卸载阶段，不能使用 Response.Write 方法，一般该事件内执行释放本页面控制的
系统资源
}
```

运行该页面，结果如图 3-4 所示。根据运行结果不难看出上面代码中的事件处理顺序。

(3) 在页面设计视图中，双击"提交"按钮，产生该按钮的服务端 Click 事件，并在 Click 事件中添加如下代码：

```
Response.Write("执行 Button 控件的 Click 事件<br/>");
```

再运行该页面，首次运行页面结果与图 3-4 一致。此时，点击"提交"按钮，运行结果如图 3-5 所示。根据运行结果，发现在 Page_Load 事件与 Page_LoadComplete 事件之间执行了按钮的事件。

执行Page_PreInit
执行Page_Init
执行Page_InitComplete
执行Page_PreLoad
执行Page_Load
执行Page_LoadComplete
执行Page_PreRender
执行Page_PreRenderComplete
执行Page_SaveStateComplete
提交

执行Page_PreInit
执行Page_Init
执行Page_InitComplete
执行Page_PreLoad
执行Page_Load
执行Button控件的Click事件
执行Page_LoadComplete
执行Page_PreRender
执行Page_PreRenderComplete
执行Page_SaveStateComplete
提交

图 3-4　页面首次加载 　　　　图 3-5　"提交"按钮回发页面后的运行效果

从这个例子中可以看出，页面生命周期过程中会顺序执行从 Init 到 Unload 的 10 个事件。但 Page_Error (发生未处理的异常时执行)、Page_AbortTransaction(事务处理被终止)等是页面在满足特定条件下才会触发的事件。

下面详细讲解页面生命周期的各个阶段。

(1) 启动阶段：设置页面基本属性，如 Request 和 Response。在此阶段，页面还将确定请求是回发请求还是新请求，并设置 IsPostBack 属性。如果 IsPostBack 属性为 false，则表示是新请求，也就是第一次请求这个页面，否则是回发请求。

(2) 预初始化阶段(启动阶段完成到触发 PreInit 事件)：设置页面一些最基本的特性，如加载个性化信息和主题等。

(3) 初始化阶段(触发 PreInit 事件到触发 Init 事件)：根据页面的服务器标签及其属性设置，生成各个服务器控件的实例，给这些服务器控件的实例的属性进行赋值。

(4) 完成初始化阶段(触发 Init 事件到触发 InitComplete 事件)：这是一个典型的过渡阶段，该阶段的结束标志着整个初始化阶段的完成。该阶段会自动调用 ViewState 的 TrackViewState 方法，开启对视图状态更改的跟踪。

(5) 预加载阶段(触发 InitComplete 事件到触发 PreLoad 事件)：这里要加载的对象主要包括视图状态值、控件状态值以及回传数据。自动调用页面的 LoadViewState、LoadControlState、ProcessPostData 方法，调用服务器控件的 LoadViewState 和 LoadPostData 方法。

(6) 加载阶段(触发 PreLoad 事件到触发 Load 事件)：该阶段结束后，将进入页面及各个控件的 Load 事件。

(7) 完成加载阶段(触发 Load 事件到触发 LoadComplete 事件)：先调用 Page 的 OnLoad 方法，然后递归调用各个服务器控件的 OnLoad 方法。如果请求是回发请求，则调用所有验证控件的 Validate 方法，此方法将设置各个验证控件和页的 IsValid 属性。同时，将调用所有回发事件处理程序。这时服务器控件和页面已经加载完毕，可以按照需求对页面和控件进行逻辑处理，所以大多数页面后台代码是写在这个阶段并执行的。

(8) 预呈现阶段(触发 LoadComplete 事件到触发 PreRender 事件)：该阶段标志各个控件都即将调用 PreRender 方法。

(9) 预呈现完成阶段(触发 PreRender 事件到触发 PreRenderComplete 事件)：先调用 Page 的 PreRender 方法，然后递归地调用各个服务器控件内的 PreRender 方法。在服务器控件编程中，PreRender 是非常重要的方法，因为可在该方法内对控件最终呈现的内容进行最后更改。

(10) 保存状态阶段(触发 PreRenderComplete 事件到触发 SaveStateComplete 事件)：这个阶段用于保存页面与所有控件的视图状态和控件状态，自动调用 SaveViewState 方法保存视图状态，调用 SaveControlState 方法保存视图状态。

(11) 呈现阶段(触发 SaveStateComplete 事件之后)：该阶段用于最终生成 HTML 代码，首先调用 Page 的 Render 方法，然后递归调用服务器控件的 Render，最终组合成完整的 HTML 代码。

(12) 清理阶段：服务器控件调用完 Render 方法之后，就会调用 Unload 方法，该方法内部执行最后清理，如关闭控件特定数据库连接等操作。所有服务器控件都清理完后，再调用 Page 的 Unload 方法。最后，Page 和服务器控件的实例都将被.NET 的垃圾回收器回收，页面和控件在呈现阶段生成的文本将形成字符流响应给客户端。需要注意的是：在这个阶段，页面及其控件已被呈现，不能再使用如 Response.Write 的呈现方法来对响应文本流做进一步修改了。

在启动阶段，设置了 IsPostBack 属性。这个属性非常重要，正确地应用它，能提高代码运行效率。该属性表示页面是否被首次访问。也就是说，当 IsPostBack 为 true 时，表示该请求是回发页面；当 IsPostBack 为 false 时，表示该请求是首次访问。将例 3-2 中的 Page_Load 代码修改如下：

```
protected void Page_Load(object sender, EventArgs e)
{
    if (!IsPostBack)
    {
        Response.Write("第一次访问");
    }
    else
    {
        Response.Write("非第一次访问");
    }
}
```

运行页面，观察首次加载页面和回发页面时有什么不同。可以看出，首次加载页面，显示"第一次访问"，点击"提交"按钮后，显示"非第一次访问"。

3.2 ASP.NET Web 页面

ASP.NET Web 页面

在 ASP.NET Web Forms 模式中，开发人员可以基于控件方式来开发 Web 项目。当 ASP.NET Web 窗体运行时，ASP.NET 引擎读取整个.aspx 文件，生成相应的对象，并触发一系列事件。

3.2.1 Web 窗体代码模型

在开始讲解 ASP.NET 窗体之前，先来构建一个简单的 HTML 页面，该页面将在浏览器中显示 "Hello World!"，代码如下：

```
<html>
    <body bgcolor="yellow">
        <center>
            <h2>Hello World!</h2>
        </center>
    </body>
</html>
```

如果需要显示当前时间，那么上述的 HTML 页面就无法完成，简单的 HTML 代码只能显示静态的信息。因此，可以将这个简单的 HTML 页面稍作修改，变成 ASP.NET 页面。

```
<html>
    <body bgcolor="yellow">
        <center>
            <h2><%Response.Write(now())%></h2>
        </center>
    </body>
</html>
```

上述程序中，只有<%Response.Write(now())%>是服务器端可执行代码，其他都是 HTML 代码。

从根本上讲，ASP.NET 页面与 HTML 是完全相同的。HTML 页面的扩展名是 .htm。如果浏览器向服务器请求一个 HTML 页面，服务器可以不进行任何修改，就直接发送页面给浏览器。ASP.NET 页面的扩展名是 .aspx。如果浏览器向服务器请求 ASP.NET 页面，则服务器在将结果发回给浏览器之前，需要先处理页面中的可执行代码。

因此，ASP.NET Web 窗体由可视元素和页的编程逻辑两部分组成。

(1) 可视元素：包括标记、服务器控件和静态文本。

(2) 页的编程逻辑：包括事件处理程序和其他代码。

ASP.NET 提供两个用于管理可视元素和代码的模型，即单文件页模型和代码隐藏页模型。这两个模型功能相同，但存储方式不同，两种模型中可以使用相同的控件和代码。

在新建一个 Web 窗体时，如图 3-6 所示，在"添加新项"窗口中，右下角的"将代码放在单独的文件中"复选框用于选择网页的代码模型。如果不勾选，则表示单文件页模型，否则为代码隐藏页模型。

图 3-6　选择网页的代码模型

下面分别介绍两个模型的工作方式，并就如何选择模型给出建议。

1. 单文件页模型

在单文件页模型中，页的标记及其编程代码位于同一个物理文件.aspx 中。编程代码位于 script 块中，<script>的开始标记包含 runat="server"属性，此属性表示代码块运行于服务器端，客户端不可见。

新建一个单文件页模型的 MyPage.aspx 窗体，此页面中包含一个 Button 控件和一个 TextBox 控件，如图 3-7 所示。

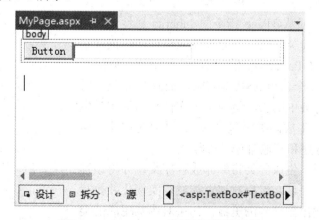

图 3-7　MyPage.aspx 窗体页面设计视图

双击"Button"按钮，为 Button 按钮添加服务器端 Click 事件及事件处理代码后，单文件页代码如下：

```
<%@ Page Language="C#" %>
<!DOCTYPE html>
<script runat="server">
    protected void Button1_Click(object sender, EventArgs e)
    {
        TextBox1.Text = System.DateTime.Now.ToString();
    }
</script>
<html xmlns="http://www.w3.org/1999/xhtml">
<head runat="server">
<meta http-equiv="Content-Type" content="text/html; charset=utf-8"/>
<title></title>
</head>
<body>
    <form id="form1" runat="server">
        <div>
            <asp:Button ID="Button1" runat="server" onclick="Button1_Click" Text="Button" />
            <asp:TextBox ID="TextBox1" runat="server" Text="TextBox1"></asp:TextBox>
        </div>
    </form>
</body>
</html>
```

具有 runat = "server"属性的 script 元素中包含了服务器端代码，如事件处理代码、方法、属性及通常在类文件中使用的任何其他代码。

在单文件页模型中，标记、服务器端元素以及事件处理代码全都位于同一个.aspx 文件中。在对该页进行编译时，编译器将生成和编译一个从 Page 基类派生的，或从@Page 指令的 Inherits 属性定义的自定义基类派生的新类。例如，如果在应用程序的根目录中创建一个名为 MyPage.aspx 的 ASP.NET 页面，则随后将从 Page 类派生一个名为 ASP. MyPage_aspx 的新类。对于应用程序子文件夹中的页，将使用子文件夹名称作为生成的类的一部分。生成的类中包含.aspx 页中的控件的声明以及事件处理程序和其他自定义代码。

在生成类之后，生成的类将编译成程序集，并将该程序集加载到应用程序域，然后对该页类进行实例化并执行该页类，从而将输出呈现到浏览器。如果对影响生成的类的页进行更改(无论是添加控件还是修改代码)，则已编译的类代码将失效，并生成新的类。图 3-8 所示为单文件页类继承模型。

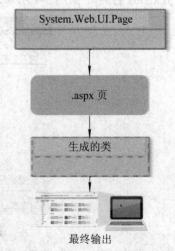

图 3-8　单文件页类继承模型

2．代码隐藏页模型

通过代码隐藏页模型，可以在一个文件(.aspx)中保存标记，并在另一个文件(.aspx.cs)中保存服务器端代码，这就使得页面显示部分和代码逻辑分离。因此，将前面使用的单文件模型的示例改写后，MyPage.aspx 中标记如下：

```
<%@ Page Language="C#" AutoEventWireup="true" CodeFile="MyPage.aspx.cs"
    Inherits="MyPage" %>
<!DOCTYPE html >
<html xmlns="http://www.w3.org/1999/xhtml">
  <head runat="server">
    <title></title>
  </head>
  <body>
    <form id="form1" runat="server">
      <div>
      <asp:Button ID="Button1" runat="server" onclick="Button1_Click" Text="Button" />
      <asp:TextBox ID="TextBox1" runat="server" Text="TextBox1"></asp:TextBox>
      </div>
    </form>
  </body>
</html>
```

在单文件页模型和代码隐藏页模型之间，.aspx 文件有两处差别：

(1) 代码隐藏页模型中，不存在具有 runat="server"属性的 script 块；

(2) 代码隐藏页模型中，@Page 指令包含服务器代码文件属性 CodeFile="MyPage.aspx.cs"和类的继承属性(Inherits)。

MyPage.aspx.cs 中服务器端代码如下：

```
using System;
using System.Collections.Generic;
using System.Linq;
using System.Web;
using System.Web.UI;
using System.Web.UI.WebControls;
public partial class MyPage : System.Web.UI.Page
{
    protected void Button1_Click(object sender, EventArgs e)
    {
        TextBox1.Text = System.DateTime.Now.ToString();
    }
}
```

MyPage.aspx.cs 代码中包含一个关键字 partial 声明的分部类，表示该代码文件只包含构成该页的完整类的一部分。在分部类中，可以添加该页所需的各种服务端代码。

代码隐藏页的继承模型比单文件页的继承模型要稍微复杂一些。模型如下：

(1) 代码隐藏文件包含一个继承自基页类的分部类。基页类可以是 Page 类，也可以是从 Page 类派生的其他类。

(2) .aspx 文件在@Page 指令中包含一个指向代码隐藏分部类的 Inherits 属性。

(3) 在对该页进行编译时，ASP.NET 将基于.aspx 文件生成一个分部类；该分部类包含页控件的声明。因此，在代码隐藏文件的分部类中无需显示声明控件。

(4) 将这两个分部类合并成一个最终类并编译成程序集，运行该程序集就可将输出呈现到浏览器。

代码隐藏页类的继承模型如图 3-9 所示。

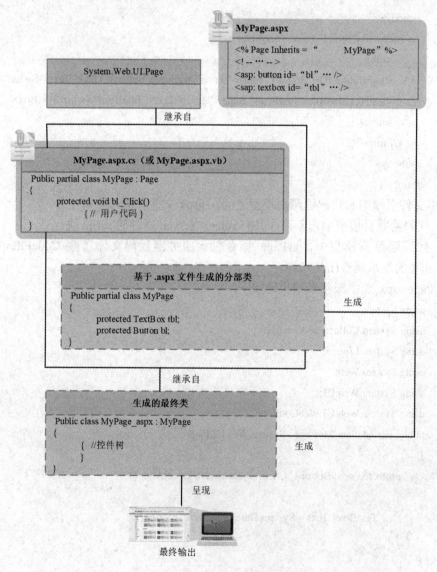

图 3-9 代码隐藏页类的继承模型

单文件页模型和代码隐藏页模型功能相同。在运行时，这两个模型以相同的方式执行，而且它们之间没有性能差异。因此，页模型的选择取决于其他因素，例如，在应用程序中组织代码的方式、将页面设计与代码编写是否分开等。下面分析一下两种页模型的优点。

单文件页模型的优点如下：

(1) 适用于没有太多代码的页中，可以方便地将代码和标记保留在同一个文件中。

(2) 因为只有一个文件，所以使用单文件模型编写的页更容易部署或发送给其他程序员。

(3) 由于文件之间没有相关性，因此更容易对单文件页进行重命名。

代码隐藏模型的优点如下：

(1) 适用于包含大量代码或多个开发人员共同创建网站的 Web 应用程序。

(2) 代码隐藏页可以清楚地分隔标记(用户界面)和代码。这一点很实用，可以在程序员编写代码的同时让设计人员处理标记。

(3) 代码并不会向仅使用页标记的页设计人员或其他人员公开。

(4) 代码可在多个页中重用。

3.2.2　Web 窗体的添加

为网站添加新的或现有的 Web 窗体的方法如下：

(1) 添加新的 Web 窗体。

① 在解决方案资源管理器中，右击网站名称，然后单击"添加新项"。

② 在"添加新项"对话框中选择"Visual C#"和"Web 窗体"。

③ 如果希望窗体代码放在单独的文件中，请确保选中"将代码放在单独的文件中"复选框。如果要将代码和标记保存在同一文件中，则取消此复选框。

④ 在"名称"框中键入新窗体的名称，然后单击"添加"。新的 Web 窗体创建完毕。

(2) 将现有 Web 窗体添加到网站项目中。

① 在解决方案资源管理器中，右击网站名称，然后单击"添加现有项"。

② 在"添加现有项"对话框中浏览到要添加的窗体所在的目录，选择该窗体文件，然后单击"打开"。该 Web 窗体就被添加到了网站项目中。

(3) 更改 Web 窗体的名称。

创建新的 Web 窗体或将 Web 窗体添加到网站项目之后，可能需要更改该窗体文件的名称。在解决方案资源管理器中可以方便地对 Web 窗体进行重命名。

① 在解决方案资源管理器中，右键单击要更改名称的文件，然后单击"重命名"。

② 键入新的文件名，然后按 Enter 键，更名完成。

3.2.3　Web 窗体基本语法结构

Web 窗体文件的扩展名为.aspx。该类文件主要由指令、head、form(窗体)元素、Web 窗体的控件、客户端脚本、服务端脚本等构成。下面分析第 1 章 HelloWorld 项目的 Default.aspx 窗体的代码。

```
[1] <%@Page Language="C#" AutoEventWireup="true" CodeFile="Default.aspx.cs" Inherits=
    "_Default"%>
[2] <!DOCTYPEhtml>
[3] <html xmlns="http://www.w3.org/1999/xhtml">
[4] <head runat="server">
[5] <meta http-equiv="Content-Type" content="text/html; charset=utf-8"/>
[6] <title></title>
[7] </head>
[8] <body>
[9] <form id="form1" runat="server">
[10] <div>
[11] <asp:Button ID="Button1" runat="server" OnClick="Button1_Click" Text="Button"/>
[12] </div>
[13] </form>
[14] </body>
[15] </html>
```

上述代码中，第[1]句@Page 表示这是 Web 窗体。在这个指令中可以为 Web 窗体指定多个配置项：

① Language="C#"：表示 Web 窗体的服务器编程语言为 C#。

② AutoEventWireup="true"：表示该 Web 窗体框架将自动调用页事件，即自动调用 Page_Init 和 Page_Load 等方法。在这种情况下，不需要任何显式的 Handles 子句或委托。

③ CodeFile="Default.aspx.cs"：表示服务器代码放在单独的 Default.aspx.cs 文件中。

④ Inherits="_Default"：表示当前 Web 窗体继承的代码隐藏类_Default。这个 Inherits 属性只用于采用代码隐藏方式编写的 Web 窗体。也就是说，如果代码全都在 Web 窗体的 <script runat="server"></script>标签中，就不需要这个属性了。

第[2]句<!DOCTYPE>声明必须是 HTML 文档的第一行，位于<html>标签之前。 <!DOCTYPE>声明不是 HTML 标签，告知浏览器文档使用哪种 HTML 或 XHTML 规范。

第[3]句<html>到第[15]句</html>标签之间限定了 HTML 文档的开始点和结束点，在它们之间是文档的头部<head>…</head>和主体<body>…</body>。

第[3]句的 xmlns(XHTML namespace 的缩写)属性是用来定义 xml 命名空间的。如果需要使用符合 XML 规范的 XHTML 文档，则应该在文档中的<html>标签中使用 xmlns 属性，指定整个文档所使用的命名空间。

第[5]句的 meta 是 html 中的元标签，包含了对应 html 的相关信息，客户端浏览器或服务器端的程序会根据这些信息进行处理。http-equiv 类似于 HTTP 的头部协议，帮助浏览器正确和精确地显示网页内容。这个网页的内容(content)格式是文本的网页模式 (text/html)；这个网页的编码(charset)是 utf-8 中文编码。需要注意的是，这个是网页内容的编码，而不是文件本身的编码。为其他类型的编码格式时，中文可能会出现乱码。

第[9]句和第[13]句之间限定了 form(窗体)的开始标记和结束标记。如果页面包含允许用户与页面交互并提交该页面的控件，则该页面必须包含一个 form 元素，使用 form 元素必须遵循下列原则：

① form 元素必须包含 runat="server"，它允许在服务器代码中以编程方式引用页面上的窗体和控件。

② 页面只能包含一个具有 runat="server"属性的 form 元素。

③ 要执行回发的服务器控件必须位于 form 元素之内。

第[11]句是 Web 服务器按钮控件。设计 ASP.NET 窗体时，需要添加允许用户与页面交互的控件，包含按钮、文本框、列表等。下面的代码演示了在 form 中添加了文本框和按钮两个 Web 服务器控件。

```
<form id="form1" runat="server">
    <asp:TextBox ID="TextBox1" runat="server"></asp:TextBox>
    <asp:Button ID="Button1" runat="server" onclick="Button1_Click" Text="Button" />
</form>
```

除 Web 服务器控件外，可以为任何 HTML 元素添加 runat="server"和 id 属性，从而把 HTML 元素变为服务器控件。例如：<body runat="server" id="Body">。

当然，也可以为 Web 窗体添加客户端代码和服务端代码。客户端代码是在浏览器中执行的，因此，执行客户端代码不需要回发 Web 窗体。客户端代码语言支持 JavaScript、VBScript 等。服务端代码是在服务器上运行的。服务端代码语言包括 C#、VB.NET 等。

3.3　Page 类的内置对象

Page 类的内置对象

Page 类的属性提供了可以直接访问 ASP.NET 的内部对象的编程接口，即通过这些属性可以方便地获得如会话状态信息、全局缓存数据、应用程序状态信息和浏览器提交信息等内容。Page 类的常用内置对象如表 3-2 所示。

表 3-2　Page 类的常用内置对象

对象名	说　明	ASP.NET 类
Request	提供对当前页请求的访问，其中包括请求的 URL、Cookie、客户端证书、查询字符串等。可以用它来读取浏览器已经发送的内容	HttpRequest
Response	提供对输出流的控制，如可以向浏览器输出信息、Cookie 等	HttpResponse
Context	提供对整个当前上下文(包括请求对象)的访问，可用于共享页之间的信息	HttpContext
Server	提供用于在页之间传输控件的实用方法，获取有关最新错误的信息，对 HTML 文本进行编码和解码，获取服务器信息等	HttpServerUtility
Application	用于在不同用户会话之间共享信息	HttpApplicationState
Session	用于在同一用户会话访问的不同页面之间共享信息	HttpSessionState
Trace	提供在 HTTP 页输出中显示系统和自定义跟踪诊断消息的方法	TraceContext
User	提供对发出页请求的用户身份访问，可以获得该用户的标识及其他信息	IPrincipal

本节主要介绍 Page 类的 3 个内置对象的常用属性和方法，即 Response、Request、Server。

3.3.1 Response 对象

Response 对象主要是将 HTTP 响应数据发送到客户端。该对象派生自 HttpResponse 类，是 Page 对象的成员，所以在程序中无需做任何说明即可直接使用。它的主要功能是输出数据到客户端。Response 对象提供了许多属性和方法，常用属性如表 3-3 所示。

表 3-3　Response 对象的常用属性

属　性	说　明	类　型
BufferOutput	获得或设置一个值，该值指示是否缓冲输出，并在完成处理整个响应之后将其发送	Boolean
Cache	获得网页的缓存策略(过期时间、保密性等)	HttpCachePolicy
Charset	获取或设置输出流的 HTTP 字符集	String
Cookies	获得响应 Cookie 集合	HttpCookieCollection
IsClientConnected	获取一个值，通过该值指示客户端是否仍连接在服务器上	Boolean
StatusCode	获取或设置返回给客户端的输出的 HTTP 状态代码	Integer
StatusDescription	获取或设置返回给客户端的输出的 HTTP 状态字符串	String
SuppressContent	获取或设置一个值，该值指示是否将 HTTP 内容发送到客户端	Boolean

Response 对象的常用方法列于表 3-4 中。

表 3-4　Response 对象的常用方法

方　法	说　明
AppendToLog	将自定义日志信息添加到 IIS 的日志文件中
ClearContent	将缓冲区的内容清除
ClearHeaders	将缓冲区的所有页面标头清除
Close	关闭客户端的联机
End	将目前缓冲区中所有的内容发送到客户端，停止该页的执行，并引发 EndRequest 事件
Flush	将缓冲区中所有的数据送到客户端
Redirect	将客户端重定向到新的 URL
Write	将信息写入 HTTP 响应输出流
WriteFile	将一个文件直接输出到客户端
BinaryWrite	将一个二进制的字符串写入 HTTP 输出流

下面介绍 Response 对象的几个常用方法和属性的使用。

1. 利用 Write 方法直接向客户端输出信息

Response 对象最常用的方法是 Write，用于向浏览器发送信息。使用 Response.Write()

方法可以将数据发送到浏览器，可以混合使用 HTML 标记将内容格式化。例如：

```
Response.Write("<H1>Response 对象</H1>");
```

上面的语句可以使浏览器按照<H1>标记的格式显示字符串"Response 对象"。

2．将文件内容输出到客户端

利用 Response 对象的 WriteFile 方法，可以将指定的文件直接写入 HTTP 内容输出流。例如：

```
Response.WriteFile("c:\\test1.txt");
```

文本文件 c:\test1.txt 的内容将在浏览器中输出。

3．实现网页重定向功能

Response 对象的 Redirect 方法可以实现将链接重新导向到其他地址，Response 对象的 Redirect 方法可以将当前网页导向指定页面，称为重定向。使用时只要传入一个字符串的 URL 即可，格式如下：

```
Response.Redirect(URL)                  //将网页重定向到指定的 URL
```

例如：

```
Response.Redirect("Page1.htm");         //将网页重定向到当前目录的 Page1.htm
Response.Redirect("http://www.sina.com"); //将网页重定向到新浪主页
```

4．结束网页的执行

Response.End 方法是将当前所有缓冲的输出发送到客户端，停止该页的执行，并引发 Application_EndRequest 事件。

【例 3-3】　获取当前日期的星期(结果为数字，1～5 为星期一至五，0、6 分别为星期天和星期六)，如果结果是 1～5，则显示"今天是工作日，欢迎您的光临！"，否则显示"今天是假日，十分遗憾，请在工作日再来!"，并结束网页。

添加一个新网页，在网页的后台代码页中添加如下代码：

```
protected void Page_Load(object sender, EventArgs e)
{
        DayOfWeek weekday = DateTime.Now.DayOfWeek;
        if ((int)weekday >= 1 && (int)weekday <= 5)
        {
            Response.Write("今天是工作日，欢迎您的光临！");
        }
        else
        {
            Response.Write("今天是假日，十分遗憾，请在工作日再来!");
            Response.End();
            Response.Write("End 后面的语句!");
        }
}
```

5．使用缓冲区

可以将程序的输出暂时存放在服务器的缓冲区中，等到程序执行结束或接收到 Flush 或 End 指令后，再将输出数据发送到客户端浏览器。Response 对象的 BufferOutput 和 Buffer 属性用于设置是否进行缓冲。IIS5.x 默认其为 True。

在一些情况下，使用缓冲区可带来一定好处。例如，在一个网页中，需要暂时不显示网页的某些内容到网页上，就可将这些内容写入缓冲区。当确定该浏览者已登录时，才将这些内容显示到网页上。

Response 对象提供了 ClearContent、Flush 和 ClearHeaders 三种方法用于缓冲的处理。ClearContent 方法将缓冲区的内容清除；Flush 方法将缓冲区中所有的数据发送到客户端；ClearHeaders 方法将缓冲区中所有的页面标头清除。

图 3-10 登录页面设计视图

【例 3-4】 设计如图 3-10 所示的登录页面，当用户输入的口令正确时，将显示"欢迎您访问本网站，您已通过身份验证！"字符串；否则，将不显示该字符串。

双击"登录"按钮，进入后台代码页，添加如下代码：

```
protected void btnLog_Click(object sender, EventArgs e)
{
    Response.BufferOutput = true;
    Response.Write("欢迎您访问本网站，您已通过身份验证！");
    if (txtPwd.Text == "123")
        Response.Flush();
    else
        Response.ClearContent();
}
```

3.3.2 Request 对象

Request 对象主要提供对当前页面请求的访问，其中包括请求标题、Cookies、客户端证书、查询字符串等。该对象派生自 HttpRequest 类，是 Page 类的成员。它的主要功能是从客户端浏览器取得数据，包括浏览器种类、用户输入表单中的数据、Cookies 中的数据和客户端认证等。Request 对象提供了许多属性和方法，常用属性如表 3-5 所示。

表 3-5 Request 对象的常用属性

属　性	说　明	类　型
ApplicationPath	获取目前正在执行程序的服务器的虚拟根路径	String
Browser	获取正在请求的客户端的浏览器功能相关信息	HttpBrowsercapabilities
Cookies	获取客户端发送的 Cookie 集合	HttpCookieCollection
FilePath	获取当前请求的虚拟路径	String
Files	获取客户端上传的文件集合	HttpCookieCollection
Form	获取窗体变量集合	NameValueCollection

属　　性	说　　　　明	类　　型
Headers	获取 HTTP 头集合	NameValueCollection
HttpMethod	获取客户端使用的 HTTP 数据传输方法	String
Params	获取 QueryString、Form、ServerVariables 和 Cookies 项的组合集合	NameValueCollection
Path	获取当前请求的虚拟路径	String
PhysicalApplicationPath	获取当前正在执行的服务器应用程序根目录的物理路径	String
PhysicalPath	获取当前请求网页在服务器端的物理路径	String
QueryString	获取附在网址后面的参数信息	NameValueCollection
ServerVariables	获取 Web 服务器变量的集合	NameValueCollection
Url	获取有关目前请求的 URL 信息	HttpUrl
UserAgent	获取客户端浏览器的原始用户代理信息	String
UserHostAddress	获取远方客户端机器的主机 IP 地址	String
UserHostName	获取远方客户端机器的 DNS 名称	String
UserLanguages	获取客户端语言首选项的排序字符串数组	String

　　Request 对象主要用于获取客户端表单数据、服务器环境变量、客户端浏览器的能力及客户端浏览器的 Cookies 等。这些功能主要利用 Request 对象的集合数据。Request 对象包含多个数据集合，包括 Cookies 集合、Form 集合、QueryString 集合等，它们在程序设计中比 Request 的其他属性更为常用。这些对象集合的值是只读的。

　　Request 对象的常用方法有以下两个：

　　(1) MapPath(virtualPath)：将参数 virtualPath 指定的虚拟路径转化为实际路径。

　　(2) SaveAs(filename,includeHeaders)：将 HTTP 请求保存到磁盘，filename 是保存的文件路径，includeHeaders 指定是否保存 HTTP 标头。

　　下面介绍 Request 对象的常用方法和属性的使用。

1. 获取文件的路径信息

　　Request 对象的 Url、UserHostAddress、PhysicalApplicationPath、CurrentExecutionFile-Path 和 PhysicalPath 属性能够分别获取当前请求的 URL、远程客户端的 IP 主机地址、当前正在执行的服务器应用程序的根目录的物理文件系统路径、当前请求的虚拟路径及获取与请求的 URL 相对应的物理文件系统路径。

　　【例 3-5】　利用 Request 对象的相关属性获取文件相关信息。

　　添加一个新网页，在网页的后台代码页中添加如下代码：

```
protected void Page_Load(object sender, EventArgs e)
{
    Response.Write("客户端 IP 地址：");
    Response.Write(Request.UserHostAddress + "<br>");
```

```
        Response.Write("当前程序根目录的实际路径：");
        Response.Write(Request.PhysicalApplicationPath +"<br>");
        Response.Write("当前页的虚拟目录及文件名称：");
        Response.Write(Request.CurrentExecutionFilePath +"<br>");
        Response.Write("当前页的实际目录及文件名称：");
        Response.Write(Request.PhysicalPath+"<br>");
        Response.Write("当前页面的 Url");
        Response.Write(Request.Url);
    }
```

程序运行结果如图 3-11 所示。

图 3-11　获取文件相关信息的页面运行效果

2．利用 Form 集合接收表单数据

表单是网页中最常用的组件，用户可以通过表单向服务器提交数据。表单中可以包含标签、文本框、列表框等，表单中控件的数据可以通过 Request 对象的 Form 集合获取。

例如，Request.Form["TxtName"]表示获取表单中名为 TxtName 控件的值。

3．利用 Browser 对象获取浏览器信息

Request 对象的 Browser 属性能够返回一个 HttpBrowserCapabilities 类型的集合对象。该集合对象可以取得目前连接到 Web 服务器的浏览器的信息。例如，可以利用这个对象的属性获取客户端操作系统的信息。

【例 3-6】　演示如何利用 Browser 对象获取浏览器信息。

添加一个新网页，在后台代码页中添加如下代码：

```
protected void Page_Load(object sender, EventArgs e)
{
    HttpBrowserCapabilities bc = Request.Browser;
    Response.Write("Browser Capabilities:<br>");
    Response.Write("Type=" + bc.Type + "<br>");          //浏览器类型
    Response.Write("Name=" + bc.Browser + "<br>");        //浏览器的描述
    Response.Write("Version=" + bc.Version + "<br>");     //浏览器版本号
    Response.Write("Platform=" + bc.Platform + "<br>");   //客户端操作系统信息
}
```

页面运行效果如图 3-12 所示。

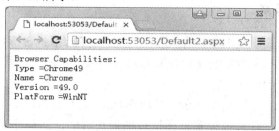

图 3-12　Browser 对象运行效果

4．利用 ServerVariables 集合列出服务器端环境变量

Request 对象的 ServerVariables 集合返回一个 NameValueCollection 对象。在这个集合中，可以读取服务器端的环境变量信息。它由一些预定义的服务器环境变量组成，如发出请求的浏览器的信息、构成请求的 HTTP 方法、用户登录 Windows 的账号、客户端的 IP 地址等。

获取服务器端环境变量的方法如下：

> Request.ServerVariables["关键字"]

例如，Request.ServerVariables["URL"]将返回当前网页的虚拟路径。

【例 3-7】　演示如何使用 ServerVariables 集合列出服务器端环境变量。

添加一个新网页，在后台代码页中添加如下代码：

```
protected void Page_Load(object sender, EventArgs e)
{
    Response.Write("当前网页虚拟路径: " + Request.ServerVariables["URL"] + "<br>");
    Response.Write("实际路径: " + Request.ServerVariables["PATH_TRANSLATED"] + "<br>");
    Response.Write("服务器名或IP: " + Request.ServerVariables["SERVER_NAME"] + "<br>");
    Response.Write("软件: " + Request.ServerVariables["SERVER_SOFTWARE"] + "<br>");
    Response.Write("服务器连接端口: " + Request.ServerVariables["SERVER_PORT"] + "<br>");
    Response.Write("HTTP 版本: " + Request.ServerVariables["SERVER_PROTOCOL"] + "<br>");
    Response.Write("客户主机名: " + Request.ServerVariables["REMOTE_HOST"] + "<br>");
    Response.Write("浏览器: " + Request.ServerVariables["HTTP_USER_AGENT"] + "<br>");
}
```

页面运行效果如图 3-13 所示。

图 3-13　服务器端环境变量的页面运行效果

3.3.3 Server 对象

Server 对象提供了对服务器上的方法和属性的访问。Server 对象由 HttpServerUtility 派生而来，可以通过 Page 对象的属性获取 Server 对象，进而访问其属性和方法。

Server 对象有以下两个属性：

(1) MachineName：获取服务器的计算机名称，为只读属性。

(2) ScriptTimeout：获取或设置程序执行的最长时间，即程序必须在该段时间内执行完毕，否则将自动终止，时间以秒为单位。

Server 对象的方法较多，表 3-10 列出了 Server 对象的常用方法。

表 3-10 Server 对象的常用方法

方　　法	说　　　　明
CreateObject	创建 COM 对象的一个服务器实例
Execute	执行对另一页的请求，执行完毕后仍继续执行原程序
HtmlDecode	将 HTML 编码的字符串按 HTML 语法进行解释
HtmlEncode	对字符串进行编码，使它不会被浏览器按 HTML 语法进行解释，按字符串原样显示
Transfer	终止当前页的执行，并开始执行新页
UrlDecode	对 URL 编码的字符串进行解码
UrlEncode	编码字符串，以便通过 URL 从 Web 服务器到客户端进行可靠的 HTTP 传输
UrlPathEncode	对 URL 字符串的路径部分进行 URL 编码，并返回已编码的字符串
MapPath	返回与 Web 服务器上的指定虚拟路径相对应的物理文件路径

下面举例介绍 Sever 对象的几个常用方法。

1. 用 Execute 方法执行对另一页的请求

用 Execute(URL)执行另一个 ASP.NET 网页，执行完成后返回原来的网页继续执行。该方法提供了与函数调用类似的功能。

【例 3-8】 演示 Server.Exectue()的使用。

向网站添加新网页 Server.aspx，在窗体上添加一个按钮，Text 属性设置为"用 Execute 方法执行对另一页的请求"，双击此按钮，在按钮的 Click 事件处理方法中输入以下代码：

```
Response.Write("<p>调用 Execute 方法之前</p>");
Server.Execute("TestPage.aspx");
Response.Write("<p>调用 Excute 方法之后</p>");
```

添加另一个新网页 TestPage.aspx，在 Page_Load 事件中输入下面代码：

```
Response.Write("<p>这是一个测试页</p>");
```

运行 Server.aspx 页面，点击"用 Execute 方法执行对另一页的请求"按钮后，出现如图 3-14 所示的页面。

图 3-14　Server.aspx 页面运行效果

2. 用 Transfer 方法实现网页重定向

Transfer(url)：终止当前网页，执行新的网页 url，即实现重定向。与 Execute 不同的是，它转向新网页后不再将控件权返回，而是交给了新网页，而且所有内置对象的值都会保留到重新定向的网页。

【例 3-9】　在上面实例的基础上，在 Server.aspx 页面中再添加一个按钮，并设置 Text 属性为"用 Transfer 方法实现网页重定向"，在按钮的 Click 事件处理方法中添加以下代码：

```
Response.Write("<p>调用 Transfer 方法之前</p>");
Server.Transfer("TestPage.aspx");
Response.Write("<p>调用 Transfer 方法之后</p>");
```

运行 Server.aspx 页面，点击"用 Transfer 方法实现网页重定向"按钮后，页面运行效果如图 3-15 所示。

图 3-15　Transfer 方法页面运行效果

Transfer 方法与 Redirect 方法都可以实现网页重定向功能，不同的是用 Redirect 方法实现网页重定向后，地址栏会变成转移后的网页的地址，而用 Transfer 方法重定向后地址栏不会发生变化，仍是原来的地址。另外，Transfer 方法比用 Redirect 方法执行网页的速度要快，因为内置对象的值会保留下来而不需要重新创建。

从上例结果中可以看出，原网页中执行的数据 Response.Write("<p>调用 Transfer 方法之前</p>")会被保留下来，转向 TestPage.aspx 网页后，后面的语句 Response.Write("<p>调用 Transfer 方法之后</p>")就不再执行，因此得到的结果中没有此语句的结果。

3. 将虚拟路径转化为实际路径

Server.MapPath(Web 服务器上的虚拟路径)返回的是与 Web 服务器上的指定虚拟路径相对应的物理文件路径。

【例 3-10】　在上面实例的基础上，在 Server.aspx 页面中添加一个按钮，并设置 Text 属性为"将虚拟路径转化为实际路径"，双击按钮添加事件代码如下：

```
Response.Write("网页实际路径为："+Server.MapPath("Server.aspx")+"<br>");
Response.Write("根目录为： " + Server.MapPath("~/"));
```

运行 Server.aspx 页面，点击"将虚拟路径转化为实际路径"按钮，页面运行效果如图 3-16 所示。

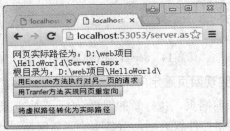

图 3-16　显示实际路径的页面运行效果

3.4　应用程序的异常处理机制

3.4.1　为什么要进行异常处理

应用程序的异常处理机制

对于一个 Web 应用程序来说，出错是在所难免的。当应用程序发布后，可能由于代码本身的缺陷、网络故障或其他问题，导致用户请求得不到正确的响应，出现一些对用户而言毫无意义的错误信息，甚至泄漏了一些重要信息，让恶意用户有了攻击系统的可能。例如，当应用程序试图连接数据库却不成功时，显示出的错误信息里包含了正在使用的用户名、服务器名等敏感信息。一个成熟、稳定的企业级应用，不应该出现上述情况，而应该给用户以友好的提示信息，并防止敏感信息的泄露，充分保证系统的安全性，应该未雨绸缪，为可能出现的错误提供恰当的处理。

图 3-17 所示是试图访问网页而发生未处理异常时的显示信息。由于发生未处理异常，因此直接返回了一个错误页面，页面上显示了将要访问的文件路径、数据库名称等敏感信息。很明显，对于一般访问者，得到这样一个页面是非常不友好的；而对于黑客而言，这正是他想要的。

图 3-17　错误页面

因此，当错误发生时，必须做好两件事情：

(1) 将错误信息记录日志，发邮件通知网站维护人员，方便技术人员对错误进行跟踪处理。

(2) 以友好的方式提示最终用户页面发生了错误，而不能将未处理的错误信息显示给用户。

ASP.NET 提供了五种异常处理机制，按优先级从高到低排序如下：

(1) 通过 try-catch 异常处理块处理异常。

(2) 通过页面级的 Page_Error 事件处理异常。

(3) 通过页面级的 ErrorPage 属性处理异常。

(4) 通过应用程序级的 Application_Error 事件处理异常。

(5) 通过配置应用程序<customErrors>配置项处理异常。

3.4.2　try-catch 异常处理块

对于异常处理的原则是：编写代码时应该尽可能地捕获可能发生的异常，合理地释放资源。因此，在编写代码时应尽量使用 try-catch 模块来处理有可能发生的异常。

【例 3-11】　演示 try-catch 异常处理块的使用。

(1) 新建一个 ExceptionDemo 网站，添加一个名为 TryCatchDemo.aspx 的 Web 窗体。

(2) 在该窗体的后台代码页的 Page_Load 事件过程中，添加如下代码：

```
protected void Page_Load(object sender, EventArgs e)
{
    int x = 5;
    int y = 0;
    //故意除 0，产生异常
    int r=x / y;
}
```

(3) 运行该页面，出现除 0 异常，效果如图 3-18 所示。

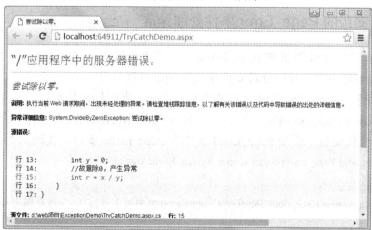

图 3-18　除零异常

(4) 将 Page_Load 事件代码进行修改，使用 try-catch 捕获异常，并向用户显示友好的错误信息。

```
protected void Page_Load(object sender, EventArgs e)
{
    int x = 5;
    int y = 0;
    try
    {
        //故意除 0，产生异常
        int r = x / y;
    }
    catch (Exception ex)
    {
        Response.Write("发生异常，原因是："+ex.Message);
    }
}
```

(5) 再次运行该页面，不再出现系统的错误页面，效果如图 3-19 所示。

图 3-19 错误页面运行效果

3.4.3 页面级的 Page_Error 事件处理异常

Page 类有个异常处理事件(Page_Error)，当页面引发了未处理的异常时触发该事件。因此，可在该事件中添加代码处理页面中发生的未处理异常。

【例 3-12】 演示如何使用页面级的 Page_Error 事件处理异常。

(1) 在 ExceptionDemo 网站，添加一个名为 PageErrorEventDemo.aspx 的 Web 窗体。

(2) 在后台代码页中添加 Page_Load 事件和 Page_Error 事件，代码如下：

```
private void Page_Load(object sender, System.EventArgs e)
{
    throw new Exception("PageErrorEventDemo 页面发生异常");   //故意抛出异常
}

protected void Page_Error(object sender, EventArgs e)
```

```
        {
            Exception objErr = Server.GetLastError();    //获取未处理的异常
            Response.Write("Error:" + objErr.Message);    //输出异常信息
            Server.ClearError();    //清除异常，避免上一级异常处理
        }
```

由于页面代码中添加了 Page_Error 事件，因此只要该页面发生未处理的异常，就会触发该事件。在该事件中，通过 Server.GetLastError()方法获取未处理的异常，并在浏览器中显示详细的错误信息。调用函数 Server.ClearError()清除异常信息，如果没有调用 Server.ClearError()，异常信息会继续向上抛，由上一级继续处理该异常。

(3) 运行该页面，效果如图 3-20 所示。

图 3-20　PageErrorEventDemo.aspx 页面运行效果

3.4.4　页面级的 ErrorPage 属性处理异常

通过设置页面的 ErrorPage 属性，可以让页面发生错误的时候重定向至友好的错误描述页面。例如，this.ErrorPage = "~/Error.htm"。注意，要让 ErrorPage 属性发挥作用，web.config 文件中的<customErrors>配置项中的 mode 属性必须设为"On"。

【例 3-13】　演示如何使用页面级的 ErrorPage 属性处理异常。

(1) 在 ExceptionDemo 网站，添加一个名为 ErrorPage.aspx 的 Web 窗体和一个名为 Error.htm 的 HTML 页。

(2) 在 ErrorPage.aspx 的后台代码页中添加 Page_Load 事件，代码如下：

```
    protected void Page_Load(object sender, EventArgs e)
    {
        this.ErrorPage = "~/Error.htm";    //如果发生异常，则跳转到 Error.htm 页
        throw new Exception("ErrorPage 页面发生异常");    //故意抛出异常
    }
```

(3) 打开根目录下的 web.config 文件，在 system.web 配置节中添加<customErrors>配置项，并将 mode 属性设为"On"，配置代码如下：

```
    <customErrors mode="On"/>
```

(4) 运行 ErrorPage.aspx 页，由于发生异常，因此自动跳转到 Error.htm 页。

注意：如果 Page_Error 和 ErrorPage 都存在，则当该页抛出异常时，页面执行顺序为：首先执行 Page_Error 事件处理方法，如果 Page_Error()事件中调用 Server.ClearError()方法清除异常信息，则不会跳转到 ErrorPage 属性指定页面；如果没有调用 Server.ClearError()，则异常信息会继续向上抛，页面会跳转到 ErrorPage 指定页面。这也就证明了优先级顺序：Page_Error 事件优先于 ErrorPage 属性。

3.4.5 应用程序级的 Application_Error 事件异常处理

与 Page_Error 事件相类似，可以使用 Global.asax 文件中的 Application_Error 事件捕获发生在应用程序中的所有未处理的异常。由于在整个应用程序范围内发生异常，并且都没有使用前面的方法处理这些异常，因此会触发 Application_Error 事件处理这些应用程序级别的错误。

【例 3-14】 演示如何使用 Application_Error 事件捕获发生在应用程序中所有未处理的异常，并将捕获的异常信息写入 Windows 事件日志。

(1) 在 ExceptionDemo 网站，添加一个名为 ApplicationPage.aspx 的 Web 窗体。

(2) 在后台代码页中添加 Page_Load 事件，代码如下：

```
protected void Page_Load(object sender, EventArgs e)
{
    throw new Exception("ApplicationError 页面发生异常");    //故意抛出异常
}
```

(3) 在网站的根目录下添加 Global.asax 文件，在该文件中添加 Application_Error 事件处理方法的代码如下：

```
void Application_Error(object sender, EventArgs e)
{
    //获取应用程序中未处理的异常
    Exception ex = Server.GetLastError();
    //将异常写入日志
    System.Diagnostics.EventLog log = new System.Diagnostics.EventLog();
    log.Source = "应用程序级异常处理";
    log.WriteEntry(ex.Message, System.Diagnostics.EventLogEntryType.Error);
    //清除异常
    Server.ClearError();
}
```

(4) 运行 ApplicationPage.aspx 窗体，发生的异常由应用程序级的 Application_Error 事件处理，并将异常信息写入 Windows 日志。

(5) 打开管理工具中的"事件查看器"，启动 Windows 事件查看器窗口。在该窗口中选择应用程序，可以看到刚写入的日志信息，如图 3-21 所示。

图 3-21   Windows 事件查看器窗口

3.4.6   配置应用程序的异常处理

如果既没有设置页面级异常处理，也没有设置应用程序级异常处理，那么还可以通过在配置文件 web.config 中设置配置来处理整个应用程序中未处理的异常。

具体方法是修改应用程序根目录下的 web.config 文件，在 system.web 下面对 customErrors 元素进行以下更改：

```
<customErrors mode="RemoteOnly" defaultRedirect="ErrorPage.htm">
    <error statusCode="403" redirect="NoAccess.htm" />
    <error statusCode="404" redirect="FileNotFound.htm" />
</customErrors>
```

上述代码中，mode 用于设置错误页面的显示模式，有如下 3 个可选项：

(1) RemoteOnly：如果应用程序发生未处理的异常，则对远程用户显示一个通用的错误页面，对本地用户将显示详细的错误页面。

(2) Off：如果应用程序发生未处理的异常，则无论请求是本地还是远程，对所有用户都显示详细的错误信息。

(3) On：如果应用程序发生未处理的异常，则无论请求是本地还是远程，对所有用户都显示通用的错误信息。

如果只要在本地测试 Web 应用程序，则使用默认的 RemoteOnly 选项；如果位于多人开发测试的环境，则使用 Off 选项；如果应用程序部署后，则使用 On 选项。

上述代码中，将 mode 属性设置为 RemoteOnly。这就将应用程序配置为仅向本地用户(如开发人员)显示详细的错误，而对远程用户则启用异常处理，并自动转到显示处理错误信息的页面，即 defaultRedirect 所指定的页面。<error>元素表示发生指定错误时，页面重定向到 redirect 所指定的页面，例如，发生 404 错误(即未找到页)时，重定向到 FileNotFound.htm 错误页。

同样，如果 Application_Error 和<customerErrors>同时存在，也存在执行顺序的问题。因为 Application_Error 事件的优先级高于<customErrors>配置项，所以发生应用程序级错误时，优先执行 Application_Error 事件中的代码，如果 Application_Error 事件中调用了 Server.ClearError()函数，则<customerErrors>配置节中的 defaultRedirect 不起作用，因为异常已经被清除；如果 Application_Error 事件中没有调用 Server.ClearError()函数，则会重新定位到 defaultRedict 指定的 URL 页面，为用户显示友好出错信息。

本 章 小 结

本章主要介绍 ASP.NET 的基础知识，包括：ASP.NET 应用程序与页面生命周期，ASP.NET Web 页面，Page 类的内置对象，应用程序的异常处理机制。

本章实训　ASP.NET 应用程序基础

1．实训目的

通过实践练习，进一步理解本章知识，了解 ASP.NET 页面的运行机制和配置文件管理方式，掌握 ASP.NET 各种对象的使用方法及异常处理方法。

2．实训内容和要求

(1) 使用 Visual Studio 新建一个网站 Practice3。

(2) 在根目录下，添加一个名为 Request.aspx 的 Web 窗体，利用 Request 对象的 Url、UserHostAddress、PhysicalApplicationPath、CurrentExecutionFilePath 和 PhysicalPath 属性分别获取当前请求的 URL、远程客户端的 IP 主机地址、当前正在执行的服务器应用程序的根目录的物理路径、当前请求的虚拟路径及获取当前请求的 URL 的物理路径，然后通过 Response 将上述属性值输出到网页上。

(3) 添加一个名为 RequestForm.aspx 的 Web 窗体，该窗体包含 3 个文本框和 1 个按钮，利用 Form 集合接收表单中 3 个文本框中的数据，然后通过 Response 将这些数据输出到网页上。

(4) 在 web.config 文件的 appSettings 区段中存储一些自定义信息，然后在 Default.aspx 页面中获取并显示这些配置信息。

(5) 实现应用程序级的异常处理，在 Global.asax 文件中的 Application_Error 事件方法中添加代码，将应用程序中未处理的异常信息记录到 Windows 事件日志中。注意，要测试代码，需要在某个页面(如 Default.aspx)的 Page_Load 事件方法中通过调用 throw 函数抛出一个异常。

习 题

一、单选题

1．下面(　　)文件主要定义应用开始和结束、会话开始和结束、请求开始和结束等事件发生时要做的事情。

  A．web.config   B．Global.inc

  C．Config.asax   D．Global.asax

 2．一个 ASP.NET 应用程序中一般只有(　　)个 Global.asax 文件有效。

  A．0   B．1   C．若干   D．以上都不对

 3．DayStar 公司在它的企业内部网上发布一些重要信息。这些信息包括公司的当前股票价格、企业公告、相关的商业新闻和员工的生日榜及周年纪念日。该网站会在晚上 12 点关闭以进行备份。每天的信息都要从数据库中获取并存储到 XML 文件中，而这些工作都必须在该应用程序的首页显示给第一个用户前完成。你应该把用于创建这个 XML 文件代码放在(　　)文件中。

  A．Global.asax   B．AssemblyInfo.vb

  C．web.config   D．应用程序的起始页

 4．在一个 ASP.NET 应用程序中，希望在每一次新的会话开始时进行一些初始化任务，应该在(　　)事件中编写代码。

  A．Application_Start   B．Application_BeginRequest

  C．Session_Start   D．Session_End

 5．下列选项中，只有(　　)不是 Page 指令的属性。

  A．CodePage   B．Debug

  C．namespace   D．Language

 6．在一个名为 Login 的 Web 网页中，先需要在其 Page_Load 事件中判断该页面是否回发，这时需要使用下列(　　)属性。

  A．Page.IsCallback   B．Page.IsAsync

  C．Page.IsPostBack   D．Login.IsPostBack

 7．(　　)事件在页面被加载的时候，自动调用该事件。

  A．Page_Load   B．Page_UnLoad

  C．Page_OnLoad   D．Page_Submit

 8．下列方法中，不属于 Response 对象的方法或属性的是(　　)。

  A．Clear   B．Write   C．Redirect   D．Text

 9．获取客户端信息可以使用(　　)实现。

  A．Request.Browser   B．Session

  C．Application   D．Response

 10．下面程序段执行完毕后，页面显示的内容是(　　)。

```
Response.Write("Hello");
Response.End();
Response.Write("World");
```

  A．HelloWorld   B．World   C．Hello   D．出错

 11．使用(　　)对象的 SaveAs 方法，可以将 HTTP 请求保存到磁盘上。

  A．Request   B．Response   C．Session   D．Application

 12．一家在线测试中心 TestKing 公司创建一个 ASP.NET 应用程序。在用户结束测试

后，这个应用程序需要在用户不知道的情况下，提交答案给 ProcessTestAnswers.aspx 页。ProcessTestAnswers.aspx 页面处理这个答案，但不向用户提供任何显示消息。当处理完成时，PassFailStatus.aspx 页面提供显示结果给用户。在 PassFailStatus.aspx 页面中加(　　)代码来执行 ProcessTestAnswers.aspx 页面中的功能。

    A．Server.Execute("ProcessTestAnswers.aspx")

    B．Response.Redirect("ProcessTestAnswers.aspx")

    C．Response.WriteFile("ProcessTestAnswers.aspx")

    D．Server.Transfer("ProcessTestAnswers.aspx",True)

13．一个应用程序中一般有(　　)个 web.config 文件有效。

    A．0　　　　　　　B．1　　　　　　　C．若干　　　　　　　D．以上都不对

14．在名为 Login 的页面的 Page_Error 事件中捕获了一个未处理的异常，现需要清除刚产生的异常，请问需要使用下列(　　)语句。

    A．HttpServerUtility.ClearError()　　　　　B．Page.ClearError()

    C．Login.ClearError()　　　　　D．Server.ClearError()

15．在一个 ASP.NET 的网站中，如果需要在应用程序级捕获未处理的异常，应该使用下列(　　)事件。

    A．Response_Error　　　　　B．Server_Error

    C．Application_Error　　　　　D．Page_Error

16．在 ASP.NET 应用程序中发生一个未处理的异常时，希望无论在本地和远程都能看到错误信息，应该采取下面(　　)方法配置。

    A．在 web.config 文件中设置<customErrors>标签的模式的属性值为 On

    B．在 web.config 文件中设置<customErrors>标签的模式的属性值为 RemoteOnly

    C．在 web.config 文件中设置<customErrors>标签的模式的属性值为 Off

    D．在 web.config 文件中设置<customErrors>标签的模式的属性值为 0

二、填空题

1．IsPostBack 属性为 true 时，表示的含义是_____。

2．ASP.NET 网页的代码模型有两种，它们是_____模型和_____模型。

3．应用程序开始时，调用_____事件；应用程序结束时，调用_____事件。

4．一次新的会话开始时，调用_____事件；会话结束时，调用_____事件。

5．Server.MapPath("/")或者_____方法可获得网站根目录的物理路径。

6．Response 对象中用来将客户端重定向到新的 URL 的方法是_____。

三、问答题

1．简述 ASP.NET 应用程序的生命周期及相关事件。

2．简述 Web 页面的生命周期及相关事件。

3．ASP.NET 页面包含哪些内置对象？

4．ASP.NET 应用程序有哪些异常处理方法？

第4章

服务器控件与用户控件

通过前一章的学习，我们对 ASP.NET 应用程序及网页有了初步的了解。但是，一个网页中通常包含许多不同的元素，如图片、文本框、按钮或超链接等，它们都是控件。控件具有属性、方法和事件。本章将学习如何使用 ASP.NET 的服务器控件创建网站的用户界面。

4.1　服务器控件概述

服务器控件概述

在 ASP.NET 中，控件可以按运行在服务器端还是运行在客户端分为两大类。客户端控件就是通常所说的 HTML 标签(对于这类控件，本书不做详细介绍)，当控件运行在服务器端的时候，该类控件就具有了服务器端的属性。在 ASP.NET 中，服务器控件都是带有 runat="server"属性的控件，这些控件经过服务器端编译后，生成 HTML 标签发送到客户端浏览器中呈现。

ASP.NET 是一种基于控件的事件驱动编程模型，因此提供了大量的服务器控件。Visual Studio 2015 的工具箱中提供的服务器控件如图 4-1 所示。

ASP.NET 常用服务器控件主要有以下几类：

(1) 标准控件：通常包含常用的控件，如标签、按钮、文本框、列表框、选择框及日历控件等。

(2) 数据控件：用于显示大量数据的控件，如 GridView、ListView 控件等，这些控件支持很多高级定制功能，如模板、添加、删除和编辑等。数据控件还包括数据源控件，如 SqlDataSource、LinqDataSource 控件等，使开发人员能够在设计阶段通过简单的配置绑定到不同类型的数据源，简化数据绑定的过程。

(3) 验证控件：这些控件可以使开发人员更容易对一些控件中的数据进行验证，如验证控件可以检查必填字段，验证某个输入值是否在限定范围内，等等。

(4) 导航控件：用于显示站点地图，允许用户从一个网页导航到另一个网页，如 Menu 控件、TreeView 控件等。

(5) 登录控件：简化创建用户登录页面的过程，使开发人员更容易编写用户授权和管理的程序。

图 4-1　工具箱中的服务器控件

(6) WebParts 控件：用于构建组件化、高度可配置的 Web 门户的一套 ASP.NET 编程控件。

(7) AJAX 扩展控件：在开发网站时，方便开发人员使用 AJAX 技术，不需要编写大量的客户端脚本。

(8) HTML 控件：对 HTML 标签进行了类封装，添加一个在服务器端运行的属性 runat="server"，便可由客户端 HTML 控件转变为服务器端 HTML 控件，使开发人员可以在后台代码中对其进行编程。

本章将着重讨论 HTML 控件、Web 服务器控件、验证控件和用户控件。本书在后续章节中会介绍导航控件、数据控件，其他控件大家可以在用到时，再去学习。

4.2 HTML 服务器控件

4.2.1 HTML 常用标签

HTML 常用标签

HTML 语言是一种超文本的标记语言，简单地说，就是构建一套标记符号和语法规则，将所要显示出来的文字、图像、声音等要素按照一定的标准、要求排放，形成一定的标题、段落、列表等单元。而 HTML 标签是 HTML 语言中最基本的单位，通过对不同功能标签的应用，可以在页面上展现不同的形式。HTML 的常用标签及其用法如表 4-1 所示。

表 4-1 HTML 的常用标签及其用法

标签介绍及代码	运 行 效 果
<input>标签：通过设置其 type 属性，可用来显示按钮、文本框、下拉列表框、单选按钮、复选框。代码示例如下： 文本框：<input id="Text1" type="text" /> 按钮：<input id="Button1" type="button" value="button" />	可以看到，当把 type 属性设置为"text"时，呈现为一个文本框；当设为"button"时，则显示为一个按钮。设置为不同的属性，可以呈现为不同的界面
<textarea>标签：用于建立一个文本区。代码示例如下： <textareacols="10" name="S1" rows="2"></textarea>	rows 属性表示文本区域的可见行数，cols 表示文本区域的列数
<table>、<tr>和<td>标签：在 HTML 中呈现为一个表格。代码示例如下： <table border="1" style="width:200px"> <tr> <td style="width: 100px">编号</td> <td style="width: 100px">专业</td> </tr> <tr> <td>1</td> <td>计算机应用</td> </tr> <tr> <td>2</td> <td>软件工程</td> </tr> </table>	可以看出，通过使用<tr>和<td>标签创建了 3 行 2 列的表格

续表

标 签 介 绍 及 代 码	运 行 效 果
<img>标签：用来显示一个图片。代码示例如下： <img alt="日出" src="Image/Sunset.jpg" width="100" />	alt 属性用于设置图片不可用时显示的文字；src 属性用于设置要显示图片的地址
<select>标签：用来呈现一个下拉列表框。代码示例如下： <select id="Select1" name="D1"> 　　<option value="0">计算机应用</option> 　　<option value="1">软件工程</option> 　　<option value="2">网络技术</option> </select>	可以看到，通过<option>标签创建了 3 个下拉选项
<hr>标签：呈现为一条水平直线。代码示例如下：<hr />	
<div>标签：该元素呈现为块，在块中包含其他标签。代码示例如下： <div style="background-image: url('Image/Sunset.jpg'); width: 200px;"> 　　<input id="Text1" type="text" /> 　　<input id="Button1"type="button" value="button" /> </div> <div style="border: thin dashed #0000FF; width: 150px"> <select id="Select1" name="D1"> 　　<option value="0">计算机应用</option> 　　<option value="1">软件工程</option> 　　<option value="2">网络技术</option> </select> </div>	可以看出，利用两组<div>标签分别创建了两个不同风格的块

HTML 服务器控件　　HTML 服务器控件综合示例

4.2.2　HTML 服务器控件

1．HTML 服务器控件的基本语法

传统的 HTML 标签是不能被 ASP.NET 服务器端直接使用的，但是通过将这些 HTML 标签的功能进行服务器端的封装，开发人员就可以在服务器端使用这些 HTML 标签。

在 Visual Studio 集成开发环境中，从工具箱的"HTML"选项中拖放一个 Input(submit) 按钮控件到设计页面上，切换到源视图，Input(submit)的 HTML 源代码如下：

```
<input id="Submit1" type="submit" value="submit" />
```

在标记中直接添加 runat="server"属性，可以将 HTML 控件转化为 HTML 服务器控件。设置为服务器控件后，源代码如下：

```
<input id="Submit1" type="submit" value="submit" runat="server"/>
```

id 属性表示控件的名称，在一个 Web 页面中，各控件的 id 必须不同，具有唯一性。在程序中可以通过 id 属性访问该控件。runat="server"表示作为服务器控件运行。

2．HTML 服务器控件的公共属性

HTML 服务器控件的常用公共属性如表 4-2 所示。

表 4-2　HTML 服务器控件的常用公共属性

属　　性	说　　明
Value	表示控件的值，如选择控件、输入控件的值
Attributes	表示服务器控件的所有属性名称和值的集合。使用该属性可以用编程方式访问控件的所有特性，如 Submit1.Attributes["Value"] = "提交"；当然也可以直接使用"控件名.属性"的方式来设置属性的值，如 Submit1.Value ="提交"
Disabled	表示控件是否可用。true 表示被禁用，false 表示未被禁用
Visible	表示控件是否可见。true 表示可见，false 表示不可见

3．HTML 服务器控件的事件

HTML 服务器控件不仅可以添加客户端事件代码，而且可以添加服务端事件代码。

【例 4-1】　演示如何为 HtmlInputSubmit 控件添加事件处理方法。

(1) 创建一个名为 HtmlControlDemo 的 ASP.NET 网站，添加一个名为 HtmlControl-Event.aspx 的 Web 窗体。拖一个 Submit 按钮控件到窗体的设计视图，然后再切换到源代码视图的<title>…</title>标签内，添加如下代码，创建一个 Submit1_onclick 事件：

```
<script language="javascript" type="text/javascript">
    function Submit1_onclick() {
            alert("HTML 控件客户端 OnClick 事件");        //弹出警告窗口
    }
</script>
```

(2) 接着为 Submit 按钮控件添加 onclick="return Submit1_onclick()"，源代码如下：

```
<input id="Submit1" type="submit" value="submit" onclick="return Submit1_onclick()"/>
```

(3) 如果要添加服务端事件，必须先为 Submit 控件添加 runat="server"属性，变为服务器控件，然后为 Submit 控件添加 onserverclick 属性，指定一个事件处理方法的名称，这里取名为 Submit1_ServerClick，代码如下：

```
<input id="Submit1" type="submit" value="submit" runat="server" onserverclick="Submit1_ServerClick"
    onclick="return Submit1_onclick()"/>
```

(4) 在后台代码文件 HtmlControlEvent.aspx.cs 中添加 Submit1_ServerClick 事件方法。该事件需要传递两个参数：第一个参数是触发事件的对象，通常是一个 object 类型的对象；第二个参数通常是 EventArgs 类型，针对不同的控件，此参数会不同。在 Submit1_ServerClick 事件方法中添加相应代码。最终，Submit1_ServerClick 事件代码如下：

```
protected void Submit1_ServerClick(object sender, EventArgs e)
{
    Response.Write("服务器端 ServerClick 事件");
}
```

(5) 运行该页面，点击 submit 按钮，先处理客户端 onclick 事件，然后向服务端回传页面，在服务器端处理 onserverclick 事件，运行效果如图 4-2 所示。

(a) 客户端事件效果　　　　　　　　　　(b) 服务端事件效果

图 4-2　事件响应运行效果

HTML 控件的客户端事件发生在客户端，它不会往返于服务器。HTML 控件的常见客户端事件如表 4-3 所示。

表 4-3　HTML 控件的常见客户端事件

事　件	说　明
onclick	当鼠标单击控件时触发该事件，如按钮的单击
onchange	当内容改变时被触发，如文本框内容发生变化时触发该事件
ondbclick	当鼠标双击控件时触发该事件
onfocus	获得焦点时触发该事件，不过控件必须能够获得焦点
onkeydown	当按下键盘时触发该事件
onkeypress	当按键盘时触发该事件
onkeyup	当放开键盘时触发该事件
onmousedown	当鼠标按下时触发该事件
onmouseup	当鼠标放开时触发该事件
onmousemove	当鼠标在控件区域移动时触发该事件
onmouseover	当鼠标滑过控件区域时触发该事件
onmouseout	当鼠标移出控件区域时触发该事件

4.3　Web 服务器控件

4.3.1　Web 服务器控件概述

Web 服务器控件概述

Web 服务器控件位于 System.Web.UI.WebControls 命名空间中，所有 Web 服务器控件都继承自 WebControl 基类。

1. Web 服务器控件的基本语法

从工具箱中拖放一个标准控件 Button 到页面上，观察源视图中 Button 控件的声明代码：

```
<asp:Button  ID ="Button1" runat="server" Text="Button" />
```

其中，"asp:控件名"是 Web 服务器控件的起始标记，"asp:"指明是 Web 服务器控件。ID

是用于唯一标识控件的字符串，runat="server"表示是服务器端控件。ID 和 runat="server"是所有 Web 服务器控件必须加上的两个属性。最后加上</asp:控件名>作为结束标记。如果不想写结束标记，也可以在控件语法的最后加上"/"。

将 Web 服务器控件添加到 Web 窗体中有 3 种方法：

(1) 从工具箱中把控件拖曳到页面上。

在 Visual Studio 集成开发环境中，打开网页并切换到设计视图，就可以使用鼠标从工具箱中将控件拖曳到 Web 窗体。在设计视图中，可方便地对控件的外观进行调整，如通过鼠标来调整控件的高度或宽度等。通过拖曳控件方式设计简单注册页面的操作如图 4-3 所示。

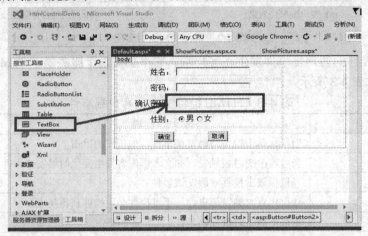

图 4-3　从工具箱拖曳控件方式

(2) 在源视图中直接添加控件声明代码。

从设计视图切换到源视图，在需要添加控件处直接输入控件声明代码。例如，要添加一个按钮控件就直接键入如下代码：

　　　　<asp:Button ID ="Button2" runat="server" Text="确定" />

表示添加了一个 ID 为 Button2 的按钮，Text 属性值也是"确定"。添加文本框控件的过程如图 4-4 所示。

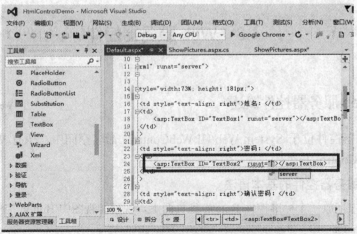

图 4-4　在源视图中直接添加控件

(3) 以编程方式动态创建 Web 服务器控件。

实际应用中，有时需要通过代码动态地创建控件，实现更灵活的控制。下面举例说明如何通过编程方式将控件添加到 Web 窗体中。

```
protected void Page_Load(object sender, EventArgs e)
{
        Label newLabel = newLabel();                        //创建一个 Label 控件
        newLabel.Text = "动态创建 Label 控件";              //设置 Label 控件的 Text 属性
        newLabel.ForeColor = System.Drawing.Color.Red;      //设置字体颜色属性
        this.Controls.Add(newLabel);                        //将新创建的 Label 控件添加到页面中
}
```

要动态创建 Web 服务器控件，首先通过 new 方法创建控件对象，然后设置控件对象的属性，最后通过页面的控件容器属性 Controls 的 Add 方法，将控件对象添加到页面上。

2．Web 服务器控件的公共属性

不同 Web 服务器控件拥有一些公共属性，Web 服务器控件的常用公共属性如表 4-4 所示。

表 4-4   Web 服务器控件的常用公共属性

属　性	说　明
AccessKey	定义控件的快捷键。例如：定义控件的 AccessKey 属性为 A，则表示访问该控件的快捷键为 Ctrl+A
TabIndex	设置页面中各控件的 Tab 键顺序，用户敲击 Tab 键可按顺序在控件之间移动焦点
Attributes	控件属性集合，该属性只能在编程时使用
BackColor	控件的背景颜色
Enabled	控件能否被用户访问
Font	控件中文本字体，如 Font.Name 表示字体名称，Font.Bold 表示是否加粗
ForeColor	控件中文本的颜色
Height	控件的高度，以像素点为单位
Width	控件的宽度，以像素点为单位
ToolTip	当鼠标指针悬停在 Web 服务器控件上时显示的文本
Visible	控件是否可见

可以在设计时通过属性窗口来设置控件的属性，也可以在程序运行时，通过代码的方式设置控件的属性。

3．Web 服务器控件的客户端事件

如果希望鼠标停留在某个按钮或菜单项上时更改该按钮或菜单项的外观，就需要为控件编写客户端事件。为 Web 服务器控件添加客户端事件的方法有多种，可以使用前面给 HTML 控件添加客户端事件的方法，也可通过编程方式向 Web 服务器控件添加客户端事件处理程序。

【例 4-2】   演示如何动态地向 TextBox 控件添加客户端脚本，该客户端脚本显示 TextBox 控件中的文本长度。

(1) 在 WebControlDemo 网站的 ClientDemo.aspx 页面中，添加一个名为 TextBox1 的文本框控件和一个名为 spanCounter 的 span 元素。

在源视图中自动生成的声明代码如下：

```
<asp:TextBoxID="TextBox1" runat="server"></asp:TextBox>
<span id="spanCounter" />
```

(2) 在后台代码页中添加 Page_Load 事件过程。

代码如下：

```
protected void Page_Load(object sender, EventArgs e)
{
    TextBox1.Attributes.Add("onkeyup", "spanCounter.innerText=this.value.length;");
}
```

(3) 运行该页面，在 TextBox1 控件中的文本长度发生任何变化，都会在 spanCounter 中显示出来，运行效果如图 4-5 所示。

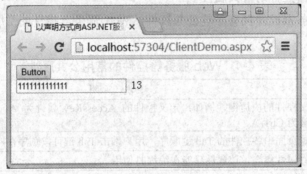

图 4-5   页面运行效果

4．Web 服务器控件的服务端事件

Web 服务器控件的部分服务端事件参见表 4-5 所示。

表 4-5   Web 服务器控件的部分服务端事件

事　件	说　　　明
Init	在页面初始化后激发该事件，用于控件初始化
Load	在页面加载后激发该事件，用于控件加载
Click	当控件被鼠标点击时触发该事件。Button、ImageButton、LinkButton 控件具有该事件
TextChanged	当控件中的文本发生变化时会触发该事件。TextBox 控件具有该事件
CheckedChanged	当控件的选项发生变化时会触发该事件。CheckBox、RadioButton 控件具有该事件
SelectedIndexChanged	当控件的列表选项发生变化时会触发该事件。列表类控件 CheckBoxList、DropDownList、ListBox、RadioButtonList 控件具有该事件
DataBinding	在控件进行数据绑定之前激发
PreRender	在呈现该控件前激发
UnLoad	在卸载该控件时激发
Disposed	控件被释放后激发该事件

在服务器控件中，某些事件(如 Click 事件)会导致网页被立即回传到服务器。回传后，会触发该网页和控件的初始化事件，然后再执行控件事件。

下面介绍如何添加服务端事件。在 Visual Studio 的集成开放环境中，打开页面并切换到设计视图，用鼠标选中服务器控件 Button；在属性窗口上方，点击 🗲 图标切换到事件列表，可以看到该控件的所有事件，在属性窗中双击控件的某个事件，或输入事件名称后双击，即可在页面的后台代码页中自动添加事件处理方法框架，如图 4-6 所示。

图 4-6　设计时在属性窗中添加事件

例如，为 Button1 控件添加 Click 事件，Click 事件名称可以自行命名，也可以不命名，直接双击。如果直接在 Click 事件处双击，则将在后台代码页中生成如下事件处理方法框架：

```
protected void Button1_Click(object sender, EventArgs e)
{
}
```

可以看出，事件处理方法的名称是以"控件名_事件名称"的方式命名的。同时，在源视图中自动修改了控件的 onclick 属性：

```
<asp:Button ID="Button1" runat="server" onclick="Button1_Click" Text="确定"/>
```

其中，onclick="Button1_Click"是自动添加的。当然，也可以手动添加该代码，让该控件的事件和事件处理方法关联。

所有服务端事件都传递两个参数：第一个参数是触发事件的对象，通常是一个 object 类型的对象。第二个参数通常是 EventArgs 类型，针对不同的控件，此参数会不同。例如，对于 ImageButton 控件，第二个参数是 ImageClickEventArgs 类型，该参数包括有关用户单击位置的坐标信息。

除了上面添加事件的方式外，有时也需要以编写代码的方式动态地为控件添加事件处理代码。可以在运行过程中指定控件的某个事件处理方法，为编程带来更多的灵活性。例如，为按钮动态设置单击事件的处理代码，首先在后台代码页中声明事件处理方法，代码如下：

```
protected void Button1_Click(object sender, EventArgs e)
{
    …
}
```

然后，在其他事件(例如 Page_Load 事件)中将该事件处理方法和控件的单击事件关联，代码如下：

```
Button1.Click += new EventHandler(Button1_Click);
```

该代码示例中的 EventHandler 是.NET Framework 提供的一个事件委托类，通过它在控件的事件和事件处理方法之间建立关联。

4.3.2 常用标准控件

Web 服务器控件中的标准控件是 ASP.NET 应用程序中最常使用的控件，与 HTML 服务器控件相比，具有更多内置功能。标准控件包含标签、按钮、文本框、列表框、选择框及日历控件等。常用标准控件及其功能如表 4-6 所示。

表 4-6 常用标准控件及其功能

标准控件	功 能
AdRotator	该控件将随机显示事先定义的一系列可单击的广告图片
BulletedList	创建一个无序或有序(带编号)的项列表，它们分别呈现为 HTML ul 或 ol 元素
Button	按钮，使用户可以发送命令
Calendar	显示一个单月份日历，用户可使用该日历查看和选择日期
CheckBox	单个复选框控件
CheckBoxList	复选框列表控件，含多个复选框
DropDownList	下拉列表框控件
FileUpload	为用户提供一种从用户计算机向服务器上传文件的方法
HiddenField	利用该控件可将信息保留在 ASP.NET 网页中，而不会显示给用户
HyperLink	建立一个超链接
Image	显示一个图片
ImageButton	显示一个可点击的图片按钮
Label	显示文本内容
ListBox	建立一个单选或多选的列表框
MultiView Vew	MultiView 控件可用作 View 控件组的容器。每个 View 控件也可以包含子控件，如按钮、文本框等。应用程序可以根据条件或传入的查询字符串参数，以编程方式向客户端显示特定的 View 控件，实现多视图效果

续表

标准控件	功　能
Panel	该控件在页面内为其他控件提供一个容器
RadioButton	单个单选按钮
RadioButtonList	一组单选按钮列表，包含多个单选按钮
Tabel TabelRow TabelCell	用 Table 控件在网页上创建表 TableRow 控件用于创建表中的行 TableCell 控件则用于创建每一行的单元格
TextBox	建立一个文本框
Wizard	可以生成向用户呈现多步骤过程的网页
Xml	显示一个 XML 文件或者 XSL 转换的结果

下面分别介绍常用的标准控件。

1．Label 控件

Label 控件可用于在网页上显示文本。声明 Label 的语法格式：

Label 控件与
TextBox 控件

```
<asp:Label ID="控件名" runat="server" Text="文本"></asp:Label>
```

Label 控件只能用来显示文本，它具有 Text 属性，用来指定在 Label 控件上显示的文字。

2．TextBox 控件

TextBox 控件可用于制作单行或多行文本框和密码框。声明 TextBox 控件的语法格式：

```
<asp:TextBox ID="控件名" runat="server"></asp:TextBox>
```

Web 服务器控件的共同属性在 4.3.1 中已经介绍，下面主要介绍 TextBox 控件本身特有的属性：

(1) AutoPostBack 属性：表示当 TextBox 控件上的内容发生改变时，是否自动将窗体数据回传到服务器，默认为 False，不回传；为 True 时，则要回传。该属性要与 TextChanged 事件配合使用。

(2) MaxLenth 属性：设置文本框中最多允许的字符数。当 TextMode 属性设为 MultiLine 时，此属性不可用。

(3) ReadOnly 属性：设置 TextBox 控件是否为只读。当设置该属性为 True 时，将禁止用户输入或更改现有值。默认值为 False。

(4) Text 属性：设置文本框的文本内容。

(5) TextMode 属性：设置文本框的类型，可以有多种取值，如图 4-7 所示。根据取值的英文，不难猜出文本框的含义。例如，取值为 Color 时，则表示该文本框为颜色框。

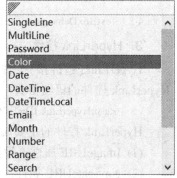

图 4-7　TextMode 属性的取值

TextBox 主要的服务端事件是 TextChanged 事件。当 Text 属性值改变时，会触发该事件。注意，当 AutoPostBack 属性设置为 True 时，用户更改文本框的内容并将焦点移开文本框时，将自动向服务器回传页面并触发 TextChanged 事件。当 AutoPostBack 属性设置为 False 时，即便用户更改文本框的内容并将焦点移开文本框，也不会自动向服务器回传页面，需等到回传页面的事件发生时(如按钮控件的 Click 事件)，才会执行 TextChanged 事件。

【例 4-3】 演示如何将 TextBox 控件的 AutoPostBack 属性与 TextChanged 事件配合使用。

(1) 在 WebControlDemo 网站中添加一个 TextBoxDemo.aspx 网页。设计界面如图 4-8 所示，在网页上添加 3 个 TextBox 控件，ID 属性值分别设置为 txtName、txtPwd、txtResult；分别将这 3 个文本框的 TextMode 属性值设置为 SingleLine、Password、MultiLine；将文本框 txtPwd 的 AutoPostBack 属性值设置为 True，并为该控件添加 TextChanged 事件，设置其事件处理方法名为 txtPwd_TextChanged。在属性窗中双击该事件处理方法，进入后台代码页，并自动产生 txtPwd_TextChanged 事件处理方法框架代码如下：

```
protected void txtPwd_TextChanged(object sender, EventArgs e)
{
}
```

(2) 在 txtPwd_TextChanged 事件处理方法中输入如下代码：

```
txtResult.Text = txtName.Text + "，您输入的密码是：" + txtPwd.Text;
```

(3) 运行 TextBoxDemo.aspx 页面，在 txtName 中输入"张三"，在 txtPwd 中输入"12345"，焦点离开文本框 txtPwd 后，页面运行效果如图 4-9 所示。

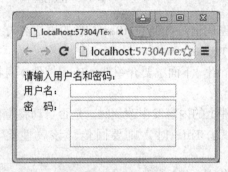
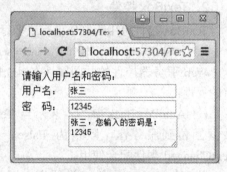

图 4-8 TextBoxDemo.aspx 页面的设计视图   图 4-9 页面运行效果

3. HyperLink 控件

HyperLink(超链接)控件用于创建文本或图片超链接。声明 HyperLink 控件的语法格式：

```
<asp:HyperLink ID="控件名" runat="server"></asp:HyperLink>
```

HyperLink 和 Image 控件

HyperLink 控件的主要属性如下：

(1) ImageURL 属性：设置 HyperLink 控件的图片来源。

(2) NavigateURL 属性：设置 HyperLink 控件所要链接的 URL 地址。

(3) Text 属性：获取或设置 HyperLink 控件的超链接文本。注意，若同时设置了 ImageURL 和 Text 属性，则 ImageURL 属性优先。如果 ImageURL 属性指定的图片不可用，则显示 Text 属性中的文本。

(4) Target 属性：设置单击 HyperLink 控件时在何处打开链接。如表 4-7 所示为以下划线开头的特殊值，它们表示特殊的含义。

表 4-7　Target 属性的特殊值

属性值	说　明
_blank	浏览器会在一个新窗口中显示链接
_parent	在父框架集中打开链接
_self	在被点击的同一框架中打开链接
_top	在当前整个窗口中打开链接
_search	在浏览器的搜索区打开链接

【例 4-4】　演示如何设置 Target 属性来指定显示目标 URL 的窗口或框架。

(1) 在 WebControlDemo 网站中，添加一个 HyperLinkDemo.aspx 页，在该页上添加一个 HyperLink 控件，并设置其相关属性：设置 Text 属性值为 "微软网站"；设置 NavigateUrl 属性值为 http://www.microsoft.com；设置 Target 属性值为_blank，表示在新窗口中打开链接。

(2) 运行 HyperLinkDemo.aspx 页面，点击 "微软网站" 的超链接，将会在一个新窗口中打开 http://www.microsoft.com 网页。

4．Image 控件

Image 控件只是简单地完成一个图像显示功能，与 HTML 的 Image 功能相同。声明 Image 控件的语法格式为：

```
<asp:Image　ID="控件名"　runat="server"></asp:Image>
```

该控件的属性有：

(1) AlternateText 属性：设置图像无法显示时显示的替换文字。

(2) ImageUrl 属性：设置图像所在的位置。

(3) ToolTip 属性：将鼠标放置在图片控件上时，显示的工具提示。

5．Button、LinkButton 和 ImageButton 控件

ASP.NET 包含三类用于向服务器端提交表单的控件：Button、LinkButton 和 ImageButton。这三类控件拥有同样的功能，但每类控件的外观截然不同。

Button、LinkButton 和 ImageButton 控件

这三类 Button 控件除 4.3.1 节中介绍的共同属性外，还有自身的特有属性。

(1) CommandArgument：指定传给 Command 事件的命令参数。

(2) CommandName：指定传给 Command 事件的命令名。

(3) OnClientClick：指定点击按钮时执行的客户端脚本。

(4) PostBackUrl：单击按钮时所发送到的目标 URL。

(5) Text：在按钮上呈现的文本。

(6) UseSubmitBehavior：指示按钮是否呈现为提交按钮。

Button 控件支持 Focus()方法，用于把焦点设置为该 Button 控件。

Button 控件还支持下面两个事件：

(1) Click：点击 Button 控件时引发。

(2) Command：点击 Button 控件时引发，但会将按钮的 CommandName 和 CommandArgument 属性值传给该事件。

声明 Button 控件的语法格式：

```
<asp: Button   ID ="控件名"   runat="server"   Text="按钮上的文字"></asp: Button>
```

LinkButton 控件像 Button 控件一样，用于把表单回传给服务器。但是 LinkButton 控件呈现为链接样式。声明 LinkButton 控件的语法格式为：

```
<asp: LinkButton   ID ="控件名"   runat="server">按钮上的文字</asp:LinkButton>
```

ImageButton 控件是以图片的形式提供的按钮控件，功能与 Button 相同，外观与 Image 控件相同。声明 ImageButton 控件的语法格式为：

```
<asp: ImageButton   ID ="控件名" runat="server"></asp: ImageButton>
```

【例 4-5】 在页面中包含一个 ImageButton 和一个 Label 控件，点击该 ImageButton 上的图片，将在 Label 控件中显示点击的位置。

(1) 在 WebControlDemo 网站中新建 ImageButtonDemo.aspx 页面。添加一个 ImageButton 控件，设置其 ID 属性值为"ImageButton1"；添加一个 Label 控件，设置其 ID 属性值为"Label1"。

(2) 为 WebControlDemo 网站添加一个新文件夹"Images"。右侧单击 Images 文件夹，选择"添加—现有项"菜单项。在打开的"添加现有项"窗口中选择需要添加的图片文件，例如，添加一张名为 BtnImage.jpg 的图片文件。

(3) 将 ImageButton1 控件的 ImageUrl 属性值设置为"~/images/BtnImage.jpg"。

(4) 为 ImageButton1 添加 Click 事件代码如下：

```
protected void ImageButton1_Click(object sender,ImageClickEventArgs e)
{
    Label1.Text = "你点击的坐标为 X：" + e.X + "，Y：" + e.Y; //获取点击位置的坐标
}
```

(5) 运行该页面，点击图片按钮的任何位置，将在标签中显示点击图片的位置，效果如图 4-10 所示。

图 4-10　ImageButtonDemo.aspx 页面运行效果

【例4-6】　演示如何用一个事件方法统一处理多个按钮的提交事件。

(1) 在 WebControlDemo 网站中新建一个 ButtonsDemo.aspx 页面，在页面中添加三个 Button 按钮。三个按钮的 CommandName 属性分别为"New"、"Delete"、"Modify"。在属性窗的事件列表中将三个按钮的 Command 事件都设置为相同的事件处理方法 Button_Command。

(2) 双击 Button_Command 事件处理方法，进入后台代码页，自动产生该事件处理方法框架，并添加代码如下：

```
protected void Button_Command(object sender, CommandEventArgs e)
{
    switch(e.CommandName)    //通过按钮的命令名称决定执行的操作
    {
        case "New":
            Response.Write("新增");
            break;
        case"Delete":
            Response.Write("删除");
            break;
        case "Modify":
            Response.Write("修改");
            break;
    }
}
```

在 Button_Command 事件过程中，通过 e.CommandName 的属性值来区分是哪个按钮触发该事件。

(3) 运行该网页，点击"修改"按钮，在页面上输入"修改"字样。运行效果如图 4-11 所示。

图 4-11　ButtonsDemo.aspx 页面运行效果

6. DropDownList 和 ListBox 控件

DropDownList 控件用于创建下拉列表。声明 DropDownList 控件的语法格式为：

```
<asp:DropDownList   ID="控件名"runat="server">
```

```
        <asp:ListItem Value="">列表项 1</asp:ListItem>
        <asp:ListItem Value="">列表项 2</asp:ListItem>
        …
    </asp:DropDownList>
```

DropDownList 控件的主要属性如下：

(1) AutoPostBack 属性：当改变 DropDownList 控件的选择状态时，是否自动回传窗体数据到服务器。默认为 False。

(2) Items 属性：包含该控件所有选项的集合。每个列表项都是一个单独的对象，具有各自的属性。

(3) SelectedIndex 属性：获取当前选择项的下标(下标从 0 开始)。

(4) SelectedItem 属性：获取当前选择项对象。

DropDownList 控件有 SelectedIndexChanged 事件。当用户选择不同项时，DropDownList 控件将引发 SelectedIndexChanged 事件。默认情况下，该控件的选项发生变化时不会向服务器回传页面，但当该控件的 AutoPostBack 属性设置为 True 时，会立即回传页面并执行该事件处理代码。

【例 4-7】 演示 DropDownList 控件的使用。

(1) 在 WebControlDemo 网站中添加 DropDownListDemo.aspx 页面，设计界面如图 4-12 所示。

DropDownList 控件和 ListBox 控件

图 4-12 DropDownListDemo.aspx 页面的设计视图

界面设计说明：添加两个 TextBox 控件(ID 分别为 TextBox1 和 TextBox2)、一个 DropDownList 控件(ID 为 DropDownList1)、三个 Button 控件(ID 为 btnNew、btnDelete 和 btnShow)。

(2) 添加按钮 btnNew 的 Click 事件，在 btnNew_Click 事件处理方法中添加如下代码：

```
protected void btnNew_Click(object sender, EventArgs e)
{
    ListItem item = new ListItem(TextBox1.Text, TextBox2.Text);
    DropDownList1.Items.Add(item);        //添加项
}
```

(3) 添加按钮 btnDelete 的 Click 事件，在 btnDelete_Click 事件处理方法中添加如下代码：

```
protected void btnDelete_Click(object sender, EventArgs e)
{
    DropDownList1.Items.Remove(DropDownList1.SelectedItem);//删除选中项
}
```

(4) 添加按钮 btnShow 的 Click 事件，在 btnShow_Click 事件处理方法中添加如下代码：

```
protected void btnShow_Click(object sender, EventArgs e)
{
    //输出选中项的文本
    Response.Write("选中的文本为："+DropDownList1.SelectedItem.Text+"<br/>");
    Response.Write("选中的值为："+DropDownList1.SelectedValue);//输出选中项的值
}
```

(5) 运行该页面，可以为 DropDownList 控件添加项、删除项和显示选中项，效果如图 4-13 所示。

图 4-13　DropDownListDemo.aspx 页面运行效果

ListBox 控件与 DropDownList 控件的功能基本相似，ListBox 控件是显示所有选项并提供单选或多选的列表框。

ListBox 控件比 DropDownList 控件多两个属性：

(1) Rows 属性：设置 ListBox 控件显示的选项行数，默认值为 4。

(2) SelectionMode 属性：设置 ListBox 控件的选项模式，Single 为单选，Multiple 为多选，默认为 Single。当允许多选时，只需按住 Ctrl 键或 Shift 键并单击要选取的选项，便可完成多选。

【例 4-8】　演示 ListBox 控件的使用。

(1) 在 WebControlDemo 网站中添加 ListBoxDemo.aspx 页面，设计界面如图 4-14 所示。

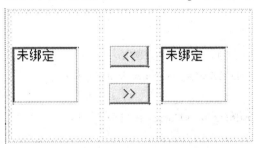

图 4-14　ListBoxDemo.aspx 页面的设计视图

界面设计说明：通过表格控制布局，并在第一列和第三列上分别放置一个 ListBox 控件(ID 为 ListBox1 和 ListBox2，SelectionMode 设置为 Multiple)；在第二列放置 2 个 Button 按钮(ID 为 Button1 和 Button2)。

(2) 单击列表框 ListBox2 右上角的 ">" 按钮，在弹出的 "ListBox 任务" 窗口中选择 "编辑项"，如图 4-15 所示，将弹出 "ListItem 集合编辑器" 对话框，在该对话框中添加如图 4-16 所示的 4 个成员，最后单击"确定"按钮。

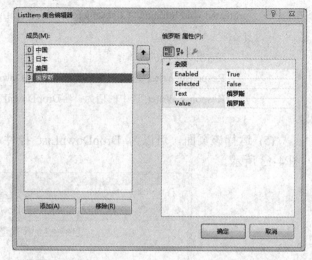

图 4-15　编辑项菜单　　　　　　　　　　　图 4-16　ListItem 集合编辑器

(3) 添加两个按钮的 Click 事件，并添加如下事件处理代码。

```
//将左列表框中选中的项添加到右列表框中
protected void Button1_Click(object sender, EventArgs e)
{
    for(int    i = ListBox1.Items.Count - 1;   i >= 0;   i--)
        if(ListBox1.Items[i].Selected)
        {
            string    sText = ListBox1.Items[i].Text;
            string    sValue = ListBox1.Items[i].Value;
            ListBox2.Items.Add(new    ListItem(sText,sValue));
            ListBox1.Items.RemoveAt(i);
        }
}
//将右列表框中选中的项添加到左列表框中
protected void Button2_Click(object sender, EventArgs e)
{
    for(int    i = ListBox2.Items.Count - 1;   i >= 0;   i--)
        if(ListBox2.Items[i].Selected)
        {
            string    sText = ListBox2.Items[i].Text;
            string    sValue = ListBox2.Items[i].Value;
            ListBox1.Items.Add(new    ListItem(sText, sValue));
            ListBox2.Items.RemoveAt(i);
        }
}
```

(4) 运行该页面，可以将左列表框中的项添加到右列表框，也可以将右列表框中的项添加到左列表框。效果如图 4-17 所示。

图 4-17　ListBoxDemo.aspx 页面运行效果

7. CheckBox 和 CheckBoxList 控件

CheckBox 控件用于创建单个复选框，供用户选择。

声明 CheckBox 控件的语法格式：

　　　<asp: CheckBox　ID="控件名" runat="server"　Text="控件的文字" value=""/ >

CheckBox 控件的常用属性：

(1) Checked 属性：表示选项是否被选中。值为 True 表示被选中，值为 False 表示没有被选中，默认为 False。

(2) TextAlign 属性：控件文本的位置。

(3) Text 属性：设置 CheckBox 控件的文本内容。

(4) Value 属性：设置 CheckBox 控件的值内容。

(5) AutoPostBack 属性：设置当改变 CheckBox 控件的选中状态时，是否自动回传窗体数据到服务器。值为 True 时，表示单击 CheckBox 控件，页面自动回发；值为 False 时，不回发。默认值为 False。

CheckBox 控件具有 CheckedChanged 事件。当 Checked 属性的值改变时，会触发该事件。与 TextBox 控件类似，该事件要与 AutoPostBack 属性配合使用。

【例 4-9】　演示 CheckBox 控件的使用。

(1) 在 WebControlDemo 网站中添加 CheckBoxDemo.aspx 页面，设计界面如图 4-18 所示。

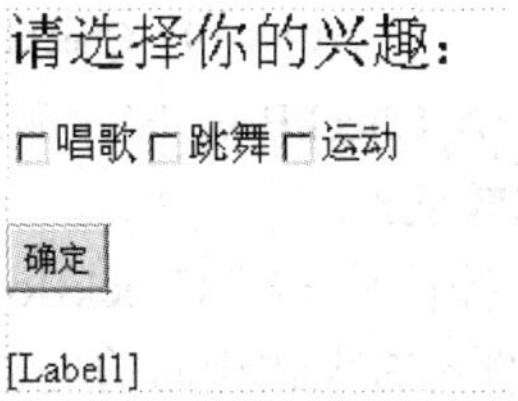

请选择你的兴趣：

☐ 唱歌　☐ 跳舞　☐ 运动

确定

[Label1]

图 4-18　CheckBoxDemo.aspx
页面的设计视图

CheckBox 控件和
CheckBoxList 控件

页面设计说明：设计此页面需要用到三个 CheckBox 控件(ID 为 CheckBox1、CheckBox2、CheckBox3，Text 属性分别设置为"唱歌""跳舞"和"运动")；一个 Button 控件(ID 为 Button1，Text 属性设置为"确定")；一个 Label 控件(ID 为 Label1)。CheckBox 控件的显示文字可以通过 Text 属性进行修改。

(2) 双击"确定"按钮创建 Click 事件，在后台代码页的 Button1_Click 事件方法中添加如下代码：

```
protected void Button1_Click(object sender, EventArgs e)
{
    Label1.Text = "您的兴趣是： ";
    if (CheckBox1.Checked)          //如果 CheckBox1 选中
    {
        Label1.Text += CheckBox1.Text;
    }
    if (CheckBox2.Checked)          //如果 CheckBox2 选中
    {
        Label1.Text += CheckBox2.Text;
    }
    if (CheckBox3.Checked)          //如果 CheckBox3 选中
    {
        Label1.Text += CheckBox3.Text;
    }
}
```

(3) 运行 CheckBoxDemo.aspx 页面，当选择"唱歌"和"运动"的复选框，点击"确定"按钮后，将在 Label 控件中显示选择结果。页面运行效果如图 4-19 所示。

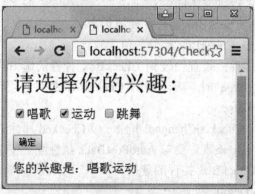

图 4-19　CheckBoxDemo.aspx 页面运行效果

在上例中，每个 CheckBox 控件都是独立的，因此必须逐一判断控件是否被选中，这种方式使用效率比较低。

CheckBoxList 控件是一组 CheckBox 控件。当需要显示多个 CheckBox 控件，并且对多个 CheckBox 控件都有大致相同的处理方式时，使用 CheckBoxList 控件十分方便。

声明 CheckBoxList 控件的语法格式：

```
<asp: CheckBoxList   ID="控件名" runat="server">
    <asp: ListItem    value="">选项 1 </asp: ListItem>
    <asp: ListItem    value="">选项 2 </asp: ListItem>
    ……
</asp: CheckedBoxList>
```

该控件的属性、用法及功能与 ListBox 控件基本相同。除此之外，还有自己的特殊属性。

(1) RepeatDirection：表示是横向还是纵向排列。

(2) RepeatColumns：表示一行排几列。

(3) TextAlign 属性：表示控件文字的位置。

(4) Selected 属性：表示该选项是否选中。

【例 4-10】　使用 CheckBoxList 控件完成例 4-9 的功能。

(1) 在网站中新建 CheckBoxListDemo.aspx 页面。界面设计效果如图 4-18 所示。把例 4-9 中的三个 CheckBox 控件用一个 CheckBoxList 控件替代，并将其 ID 属性值设置为 CheckBoxList1；单击该控件右上角的"＞"按钮，在弹出的"CheckBoxList 任务"窗口中选择"编辑项"，将弹出"ListItem 集合编辑器"对话框。类似例 4-9，为控件添加"唱歌""跳舞"和"运动"三个选项。

(2) 双击 Button1 按钮，自动产生 Click 事件，在后台代码页中的 Button1_Click 事件处理方法中添加如下代码：

```
protected void Button1_Click(object sender, EventArgs e)
{
    Label1.Text="您的兴趣是：";
    for (int i = 0; i < CheckBoxList1.Items.Count; i++)
    {
        if (CheckBoxList1.Items[i].Selected)
        Label1.Text += CheckBoxList1.Items[i].Text;
    }
}
```

(3) 运行该页面，效果与例 4-9 相同。

8. RadioButton 和 RadioButtonList 控件

RadioButton 控件用于创建单个单选框，供用户选择。声明 RadioButton 控件的语法格式：

```
<asp: RadioButton   ID="控件名" runat="server"   Text="控件的文字" value=""/>
```

RadioButton 控件的常用属性和事件与 CheckBox 控件基本相同。RadioButton 控件还有一个特殊的属性 GroupName，用于设置单选按钮所属的组名。当多个单选按钮的组名被设为相同值时，表示它们是一组相互排斥的选项，只能选择其中一项。

【例 4-11】　演示 RadioButton 控件的使用。

(1) 在网站中添加 RadioButtonDemo.aspx 页面，设计界面如图 4-20 所示。

RadioButton 和
RadioButtonList 控件

图 4-20　RadioButtonDemo.aspx 页面的设计视图

此页面中放置了两个 RadioButton 控件，ID 属性值分别为 RadioButton1 和 RadioButton2，Text 属性值分别为"男"和"女"，GroupnName 属性值均为 gender；一个 Button 控件，ID 属性值为 Button1，Text 属性值为"确定"；一个 Label 控件，ID 属性值为 Label1。

(2) 双击 Button1 按钮创建 Click 事件，并在后台代码的 Button1_Click 事件方法中添加如下代码：

```
protected void Button1_Click(object sender, EventArgs e)
{
    if (RadioButton1.Checked)
        Label1.Text = "你选择的是" + RadioButton1.Text;
    else
        Label1.Text = "你选择的是" + RadioButton2.Text;
}
```

(3) 运行 RadioButtonDemo.aspx 页面，选择"男"，单击"确定"按钮，将在标签中显示选择的结果，运行效果如图 4-21 所示。

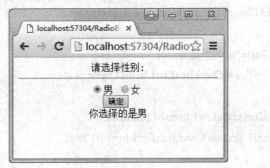

图 4-21　RadioButtonDemo.aspx 页面运行效果

与 CheckBoxList 控件类似，RadioButtonList 控件是一组 RadioButton 控件。当存在多个属于同一组的单选框时，用该控件比 RadioButton 简单。声明 RadioButtonList 控件的语法格式：

```
<asp: RadioButtonList  ID="控件名"  runat="server">
    <asp: ListItem   value="">选项 1</asp: ListItem>
    <asp: ListItem   value="">选项 2</asp: ListItem>
    …
</asp: RadioButtonList>
```

RadioButtonList 控件和 CheckBoxList 控件的属性和事件相同。

【例 4-12】　使用 RadioButtonList 控件完成例 4-11 的功能。

(1) 在网站中新建 RadioButtonListDemo.aspx 页面。将图 4-20 中的 2 个 RadioButton 控件用 1 个 RadioButtonList 控件替换，单击 RadioButtonList 控件右上角的">"按钮，在弹出的"RadioButtonList 任务"窗口中选择"编辑项"，将弹出"ListItem 集合编辑器"对话框，类似例 4-11，为控件添加"男"和"女"2 个选项。

(2) 双击 Button1 按钮创建 Click 事件，在后台代码的 Button1_Click 事件方法中添加如下代码：

```
protected void Button1_Click(object sender, EventArgs e)
{
        Label1.Text = "你选择的是" + RadioButtonList1.SelectedItem.Text;
}
```

(3) 运行 RadioButtonListDemo.aspx 页面，效果与例 4-11 相同。

9．FileUpload 控件

FileUpload 控件的主要作用是向服务器的指定目录上传文件。该控件包含一个文本框和一个浏览按钮。用户可以在文本框中输入完整的文件路径，或者通过浏览按钮选择需要上传的文件。

声明 FileUpload 控件的语法格式：

    `<asp:FileUpload  ID="控件名"  runat="server" />`

FileUpload 常用的属性：

(1) FileBytes 属性：获取上传文件的字节数。

(2) FileContent 属性：获取指向上传文件的 Stream 流对象。

(3) FileName 属性：获取上传文件在客户端的文件名称，不包含路径信息。

(4) HasFile 属性：用于表示 FileUpload 控件是否已经包含一个文件。如果是 true，则表示该控件有文件要上传。

(5) PostedFile 属性：获取一个与上传文件相关的 HttpPostedFile 对象，使用该对象可以获取上传文件的相关属性。HttpPostedFile 对象的属性有：

① ContentLength 属性：获取上传文件的按字节表示的文件大小。

② ContentType 属性：获取上传文件的 MIME 内容类型。

③ FileName 属性：获取文件在客户端的完全名称。

④ InputStream 属性：获取一个指向上传文件的流对象。

FileUpload 控件包含一个核心方法 SaveAs。该方法包含一个输入参数 filename，该参数表示服务器的绝对路径，即将 FileUpload 控件指定的客户端文件上传到 filename 指定的服务器路径下。

【例 4-13】　制作一个简单的图片浏览器，完成图片上传及浏览功能。

新建 Pictures.aspx 页面，设计效果如图 4-22 所示。

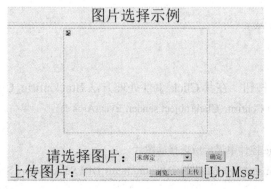

图 4-22　添加了 FileUpload 控件的 ShowPictures.aspx 页面

页面上添加一个 Image 控件(ID 为 Image1)，拉到合适的大小；添加一个 DropDownList 控件(ID 为 DDLSelectPicture)，一个"确定"按钮(ID 为 BtnConfirm，Text 为"确定")，一个 FileUpLoad 控件(ID 为 FileUpload)，一个"上传"按钮(ID 为 BtnUpload，Text 为"上传")，一个 Label1 控件(ID 为 LblMsg，Text 为空字符串)。

(1) 编写一个列表框的数据绑定方法 ImageList()，并在 Page _Load 事件中首次访问这个页面时调用该方法。

```
protected void ImageList()
{
    //获取 images 文件夹的物理路径
    stringstr = Server.MapPath(Request.ApplicationPath) + "\\images";
    //获取 images 文件夹下的所有文件
    string[] strFiles = System.IO.Directory.GetFiles(str);
    //清除 Select 控件下的所有项
    DDLSelectPicture.Items.Clear();
    //将 images 文件夹下所有文件的文件名和路径添加到 Select 控件
    for (int i = 0; i < strFiles.Length; i++)
    {
        ListItem FileItem = new ListItem(System.IO.Path.GetFileNameWithoutExtension(strFiles[i]),
        "~\\images\\" + System.IO.Path.GetFileName(strFiles[i]));
        DDLSelectPicture.Items.Add(FileItem);
    }
    //Image 控件显示第 1 个图片
    Image1.ImageUrl = DDLSelectPicture.Items[0].Value;
}
protectedvoid Page_Load(object sender, EventArgs e)
{
    //判断是否第 1 次访问
    if (!IsPostBack)
    {
        ImageList();
    }
}
```

(2) 双击"确定"按钮，在其 Click 事件处理方法 BtnConfirm_Click 中添加如下代码：

```
protectedvoidbtnConfirm_Click(object sender, EventArgs e)
{
    //在 Image 控件中显示所选择的图片
    Image1.ImageUrl = DDLSelectPicture.Items[DDLSelectPicture.SelectedIndex].Value;
}
```

(3) 双击"上传"按钮，在其 Click 事件处理方法 BtnUpload_Click 中添加如下代码：

```
protectedvoid BtnUpload_Click(object sender, EventArgs e)
{
    if (FileUpload.HasFile)
    {
        try
        {
            //获取上传文件的文件名
            string filename = System.IO.Path.GetFileName(FileUpload.FileName);
            //保存上传文件到服务器根目录下的 images 文件夹
            FileUpload.SaveAs(Server.MapPath("~\\images\\") + filename);
            //重新刷新选择图片列表
            ImageList();
            //新上传图片的虚拟路径
            string path = "~\\images\\" + filename;
            //下拉列表框中显示新上传图片的名称
            DDLSelectPicture.Items[DDLSelectPicture.SelectedIndex].Value = path;
            //显示新上传图片
            Image1.ImageUrl = path;
            LblMsg.Text = "上传成功";
        }
        catch (Exception ex)
        {
            LblMsg.Text = "上传失败";
        }
    }
}
```

(4) 运行 Pictures.aspx 页面，可以通过"浏览"按钮选择本地客户端图片，然后通过"上传"按钮将图片上传到服务器上当前应用程序的 Images 目录下。同时，可以通过下拉列表框控件浏览所有图片。

4.4　验 证 控 件

4.4.1　验证控件概述

验证控件概述

　　输入验证是检验 Web 窗体中用户的输入是否和期望的数据值、范围或格式相匹配的过程，可以减少等待错误信息的时间，降低发生错误的可能性，从而改善用户访问 Web 站点的体验。因此，概括起来，验证具有以下几点好处：

　　(1) 避免非法输入导致错误的结果。如果用户输入了非法的值，如不符合格式的日期，并且服务器端不对这些输入进行进一步的验证，数据可能会存入数据库，从而因为在数据库中存储的数据类型和数据库的字段类型不一致导致错误，最终影响网站的服务质量。

(2) 减少错误处理的等待时间。通过编写客户端验证，立即验证用户输入并反馈错误信息。只有当用户输入的所有值都合法，才将用户输入提交到服务器，可以有效地避免不必要的服务器往返，从而减少用户等待时间。

(3) 对恶意代码的处理。当恶意用户向 Web 页面中无输入验证的控件添加无限制的文本时，就有可能输入了恶意代码。当这个用户向服务器发送下一个请求时，已添加的恶意代码可能对 Web 服务器或任何与之连接的应用程序造成破坏。例如，通过输入一个包含几千个字符的文本，造成缓冲区溢出从而使服务器崩溃；通过发送一个 SQL 注入脚本，来获取一些敏感信息。

下面了解验证的过程。输入验证一般在服务器端进行，但如果客户端浏览器支持 ECMAScript(JavaScript)，也可以在客户端进行验证。因此，在数据发送到服务器之前，验证控件会先在浏览器内执行错误检查并立即给出错误提示，如果发生错误，则不能提交网页，减少错误处理的等待时间。为了防止恶意用户屏蔽客户端验证，出于安全考虑，任何在客户端进行的输入验证，在服务器端必须再次进行验证。图 4-23 说明了验证控件的验证过程。

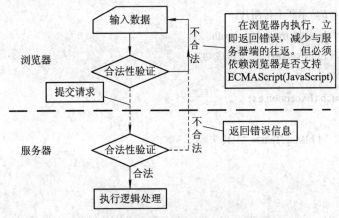

图 4-23　验证过程示意图

客户端验证和服务器端验证的区别如表 4-8 所示。

表 4-8　客户端验证和服务器端验证的区别

客户端验证	服务器端验证
依赖于客户端浏览器版本	与客户端浏览器版本无关
使用 Javascript 和 vbscript 实现	在 ASP.NET 技术中使用基于.NET 的语言实现
即时信息反馈	需要服务器往返以显示错误信息
不能访问服务器资源	可与服务器上存储的数据进行比较验证，如与数据库密码进行比较
不能避免欺骗代码或恶意代码	可以避免欺骗代码和恶意代码
允许禁用客户端验证	必然执行，重复所有客户端验证
安全性较低	安全性较高

在 ASP.NET 中，输入验证是通过向 ASP.NET 网页添加验证控件来完成的。验证控件为所有常用的标准验证类型提供了一种易于使用的机制及自定义验证的方法。此外，验证控件还允许自定义向用户显示错误信息的方法。验证控件可与 ASP.NET 网页上的任何输入控件一起使用。ASP.NET 验证控件及其功能说明如表 4-9 所示。

表 4-9 ASP.NET 验证控件

验证类型	使用的控件	说　　明
必需项	RequiredFieldValidator	验证一个必填字段，确保用户不会跳过某项输入
与某值的比较	CompareValidator	将用户输入与一个常数值或另一个控件或特定数据类型的值进行比较(使用小于、等于或大于比较运算符)
范围检查	RangeValidator	用于检查用户的输入是否在指定的上下限内。可以检查数字对、字母对和日期对的限定范围
模式匹配	RegularExpressionValidator	用于检查输入的内容与正则表达式所定义的模式是否匹配。此类验证可用于检查可预测的字符序列，例如电子邮件地址、电话号码、邮政编码等内容中的字符序列
用户定义	CustomValidator	使用自己编写的验证逻辑检查用户输入
验证总汇	ValidationSummary	该控件不执行验证，与其他验证控件一起用于显示来自网页上所有验证控件的错误信息

所有验证控件的对象模型基本一致。验证控件的共有属性如表 4-10 所示。

表 4-10 验证控件的共有属性

属　　性	说　　明
Display	设置验证控件中错误信息的显示行为
ErrorMessage	设置验证失败时 ValidationSummary 控件中显示的错误信息
Text	设置验证失败时验证控件中显示的文本，如果没有设置该属性，则显示 ErrorMessage 的错误信息
CotrolToValidate	设置要验证的输入控件
EnableClientScript	设置一个值，该值指示是否启用客户端验证
SetFocusOnError	验证失败时是否将焦点设置到 ControlToValidate 属性指定的控件上
ValidationGroup	设置验证控件所属验证组的名称
IsValid	表示被验证的输入控件是否通过验证

说明：

(1) 通过设置验证控件的 Display 属性，可以控制验证控件的布局，该属性的选项有以下 3 项可选：

① Static：在没有可见的错误信息文本时，每个验证控件也将占用空间。这种布局使得多个验证控件无法在页面上占用相同空间，因此必须为每个控件预留单独的位置。

② Dynamic：只有在显示错误信息时，验证控件才占用空间，否则不占用空间。这种布局允许控件共用同一个位置。但在显示错误信息时，页的布局将会更改，有时将导致控件位置更改。

③ None：验证控件不在页上出现。

(2) 当验证失败时，如果设置了 Text 属性，则显示 Text 的信息，否则显示 ErrorMessage 的信息。

(3) 通过使用由各个验证控件和页面公开的对象模型，可以与验证控件进行交互。每个验证控件都会公开自己的 IsValid 属性，可以测试该属性以确定该控件是否通过验证。页面也公开了一个 IsValid 属性，该属性总结页面上所有验证控件的 IsValid 状态，允许执行单个测试，以确定是否可以继续进行处理。页面还公开了一个包含页面上所有验证控件列表的 Validators 集合。可以依次通过这一集合来检查单个验证控件的状态。

除了如表 4-10 所示的属性外，不同类型的验证控件还有一些特殊的属性。

4.4.2 验证控件的使用

下面分别介绍各个验证控件及其使用场合。

1. RequiredFieldValidator 控件

RequiredFieldValidator 控件

使用 RequiredFieldValidator 控件可验证用户是否在指定的控件中输入了数据值。

【**例 4-14**】 演示如何验证用户在文本框中已输入数据。

(1) 新建一个 WebValidator 网站，添加一个新页面 Register.aspx 页面，通过对不同控件的使用，设计视图如图 4-24 所示。

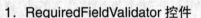

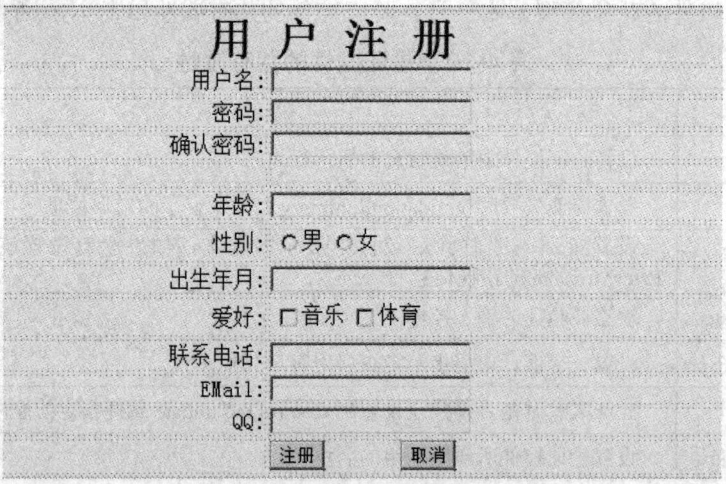

图 4-24 Register.aspx 页面的设计视图

(2) 在注册页面中，用户名、密码和确认密码是一定不能为空的，这里可以用 RequiredFieldValidator 控件来进行验证。因为一个 RequiredFieldValidator 控件只能验证一个 TextBox 控件，所以，分别在用户名、密码和确认密码的 TextBox 控件后面添加一个从工具箱的"验证"菜单下拖曳过来的 RequiredFieldValidator 控件。

(3) 将用户名、密码和确认密码后面的 TextBox 控件的 ID 分别设置成"txtUserName""txtPwd"和"txtRePwd"。同时将每个 TextBox 控件后的 RequiredFieldValidator 控件的 ControlToValidate 属性设置为前面对应 TextBox 控件的 ID；Display 属性为"Dynamic"；ErrorMessage 属性可以根据验证的 TextBox 控件内容填写，比如验证用户名，可以填写

"用户名必须填写"。这些属性都可以在相应控件的属性框中进行更改。

　　(4) 浏览该页面，在 txtUserName、txtPwd 或者 txtRePwd 文本框中未输入任何内容，直接单击"注册"按钮，那么相对应的 RequiredFieldValidator 控件将提示"不允许为空"的错误信息，验证失败，效果如图 4-25 所示。只有当文本框中输入内容后，验证才通过。

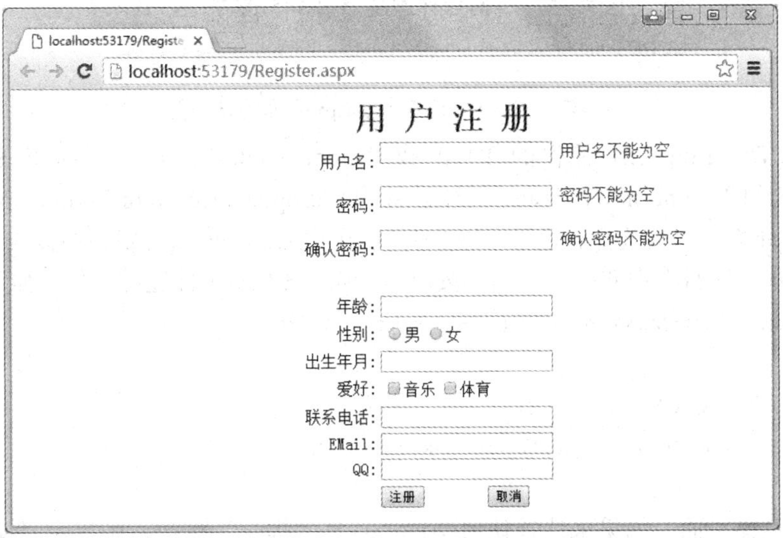

图 4-25　Register.aspx 页面运行效果

　　注：如果运行页面出现异常详细信息 System.InvalidOperationException: WebForms UnobtrusiveValidationMode 需要 "jquery" ScriptResourceMapping。请添加一个名为 jquery (区分大小写)的 ScriptResourceMapping。运行错误信息如图 4-26 所示。

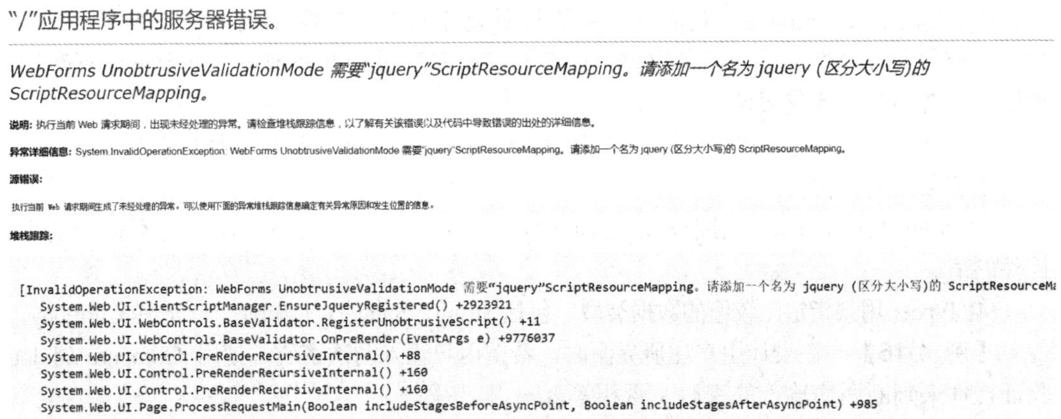

图 4-26　运行错误信息

　　在 Web.Config 文件中删除代码<httpRuntimetargetFramework="4.6.1"/>，就可以解决上述错误。

　　RequiredFieldValidator 控件还有一个重要的属性 InitialValue，该属性用于获取或设置关联的输入控件的初始值，仅当关联的输入控件的值与此 InitialValue 的值不同时，验证通过；反之，控件的值与 InitialValue 的值相同时，验证失败。

【例 4-15】 演示如何使用 RequiredFieldValidator 控件来验证 DropDownList 控件的输入。

(1) 在 WebValidator 网站中新建 ShowInitialValue.aspx 页面。界面设计如图 4-27 所示。

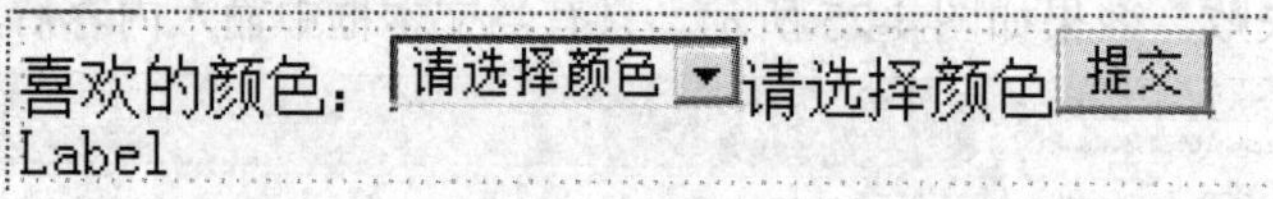

喜欢的颜色： 请选择颜色 ▼ 请选择颜色 提交
Label

图 4-27 ShowInitialValue.aspx 页面的设计视图

(2) 把 DropDownList 控件的 ID 改成 "dropFavoritesColor"，同时将 RequiredField-Validator 控件的 ControlToValidate 属性设置为 "dropFavoriteColor"，InitialValue 属性为 "0"，Text 属性为 "请选择颜色"，这些都可以在相应控件的属性窗口中修改。

(3) 在代码隐藏页中双击 "提交" 按钮，并添加 Click 事件过程，代码如下：

```
protected void btnSubmit_Click(object sender, EventArgs e)
{
    if (Page.IsValid)
        lblResult.Text = dropFavoriteColor.SelectedItem.Text;
}
```

(4) 浏览该页面，如果未选择任何颜色，点击 "提交" 按钮，则提示 "请选择颜色" 的错误信息，验证未通过。如果选择了某种颜色，则验证通过。

2. CompareValidator 控件

除了表 4-9 中列出的共有属性外，CompareValidator 控件还有几个重要属性：ControlToCompare、Operator、ValueToCompare 和 Type。

CompareValidator 控件

(1) ControlToCompare：获取或设置要与所验证的输入控件进行比较的控件。该属性可选，当指定控件内容与某个常数进行比较或对验证数据进行数据类型检查时就不必设置该属性。

(2) Operator：获取或设置要执行的比较操作，包括等于、大于、大于等于、小于、小于等于和数据类型检查。

(3) ValueToCompare：用来指定将输入控件的值与某个常数值比较，而不是比较两个控件的值。

(4) Type：用来指定比较值的数据类型，包括 String、Integer、Double、Date 和 Currency。

【例 4-16】 在设计用户注册界面时，希望用户输入两次密码，使用 CompareValidator 验证控件来判断两次输入的密码是否相等。

在例 4-14 的 Register.aspx 基础上，再在 txtRePwd 文本框后面添加一个 CompareValidator 验证控件，如图 4-28 所示。

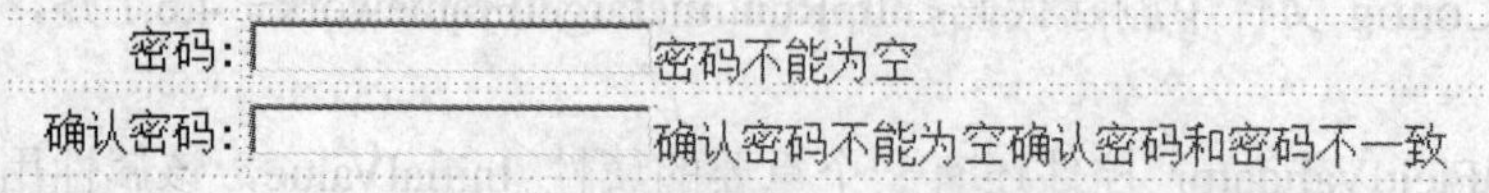

密码： [   ]   密码不能为空
确认密码： [   ]   确认密码不能为空确认密码和密码一致

图 4-28 在 txtRePwd 文本框后面再加上一个 CompareValidator 控件

同时将 CompareValidator 控件的 ControlToValidate 属性改成 txtRePwd；将

ControlToCompare 属性改成"txtPwd";将 Operator 属性改成"Equal";Display 属性为"Dynamic";ErrorMessage 属性为"确认密码和密码不一致"。

上述代码中,对 txtRePwd 控件使用了两个验证控件,即组合验证。首先要求该控件必须输入,然后再判断其值是否与 txtPwd 控件的值相等。如果 txtRePwd 控件值为空,则出现"请输入确认密码"错误信息;如果密码不一致,则出现"两次输入的密码不一致"的错误信息。

此例中,如果不用 RequiredFieldValidator 控件对 txtRePwd 控件进行验证,则用户不输入确认密码,CompareValidator 会认为验证成功。这是因为输入控件为空时,不会调用 CompareValidator 的任何验证函数而认为验证成功。

【例 4-17】　使用 CompareValidator 控件对数据进行类型检查。要求用户输入合法的日期,否则验证失败。

在例 4-14 的 Register.aspx 基础上,在出生年月文本框后面添加一个 CompareValidator 验证控件,如图 4-29 所示。

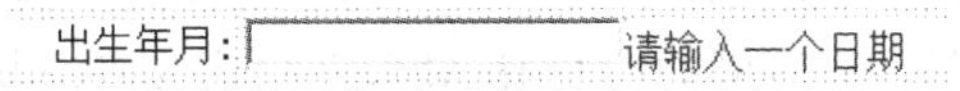

出生年月:[　　　　　　]　请输入一个日期

图 4-29　在 txtBirth 文本框后添加一个 CompareValidator 控件

首先将出生年月后的 TextBox 控件的 ID 属性改成"txtBirth",然后将 CompareValidator 控件的 ControlToValidate 属性改成"txtBirth";将 Operator 属性设为"DataTypeCheck";将 Type 属性设为"Date",注意并没有设置 ControlToCompare 属性。当浏览页面时,在 txtBirth 文本框中输入"123",焦点离开 txtBirth 后立即发生"日期格式不正确"的验证错误。当重新输入正确的日期(如"2009-5-1")后,验证通过。

3. RangeValidator 控件

RangeValidator 控件除了共有属性以外,还有几个特殊属性:MaximumValue、MinimumValue 和 Type。

(1) MaximumValue 和 MinimumValue:用于指定被验证控件中的值的范围。

RangeValidator 控件

(2) Type:用于指定被验证控件中的值的类型(包括 String、Integer、Double、Date 和 Currency)。

【例 4-18】　演示如何通过 RangeValidator 控件验证文本框中的年龄输入在 0～200 之间。

在例 4-14 的 Register.aspx 基础上,在年龄文本框后面添加一个 RangeValidator 验证控件,如图 4-30 所示。

年龄:[　　　　　　]　年龄必须为20~60之间

图 4-30　在 txtAge 文本框后面添加一个 RangeValidator 验证控件

先将年龄后的 TextBox 控件的 ID 属性改为"txtAge"。然后将 RangeValidator 控件的 ControlTovalidator 属性改成"txtAge",Display 属性为"Dynamic",ErrorMessage 属性为"年龄必须为 20～60 之间",MaximumValue 属性为 60,MinimumValue 属性为 20,Type 为 Integer。

运行该页面，当输入 20～60 以外的数据时，发生验证错误。

注意：如果不用 RequiredFieldValidator 控件对 txtAge 控件进行空验证，则用户不输入年龄，RangeValidator 也会认为验证成功。这是因为输入控件为空时，同样不会调用 RangeValidator 的任何验证函数而认为验证成功。

4．RegularExpressionValidator 控件

有些输入具有一定的固定模式，如电话、电子邮件、身份证号码等。要验证这些输入，需要使用 RegularExpressionValidator 控件来实施验证，设置 RegularExpression- Validator 控件的 ValidationExpression 属性，即验证表达式，该控件将按正则表达式设置来判断输入是否满足条件。

RegularExpressionValidator 控件

1）正则表达式

正则表达式提供了功能强大、灵活而又高效的方法来处理文本。正则表达式的全面模式匹配表示可用于快速分析大量文本以找到特定的字符模式；提取、编辑、替换或删除文本的子字符串。对于除了字符串(例如 HTML 处理、日志文件分析和 HTTP 标头分析)的许多应用程序而言，正则表达式是不可缺少的工具。

正则表达式语言由两种基本字符类型组成：原义(正常)文本字符和元字符。元字符使正则表达式具有处理能力。比如，在 DOS 文件系统中使用的? 和*元字符，这两个元字符分别代表任意单个字符和多个字符。DOS 文件命令"COPY *.DOC D:\ "表示将当前目录下所有文件扩展名为.DOC 的文件均复制到 D 盘根目录中。元字符*代表文件扩展名为.DOC 前的任何文件名。正则表达式极大地拓展了此基本思路，提供了大量的元字符组，使通过相对少的字符描述非常复杂的文本匹配表达式成为可能。

常用的控制字符集如表 4-11 所示，用户可以以此创建自定义的正则表达式。

表 4-11　常用控制字符集

字　　符	定　　义
?	零次或一次匹配前面的字符或子表达式
*	零次或多次匹配前面的字符或子表达式
+	一次或多次匹配前面的字符或子表达式
.	匹配任意一个字符
[0-n]	0 到 n 之间的整数值
{n}	长度是 n 的字符串
{n,m}	长度是 n 到 m 的字符串，必须与\d 或\S 合用
|	分隔多个有效的模式
\	后面是一个命令字符，如\a 表示响铃
\w	匹配任何单词字符
\d	匹配数字字符
\.	匹配点字符

例如：

① \S{3,6}表示 3 到 6 位字符。

② [A-Za-z]{2,5}表示由 2～5 个字母组成。

③ \d{5}表示 5 位的整数。

④ .*[@#&].*表示至少包含@、#、&中的一个字符。

⑤ (^(\d{3,4}-)?\d{6,8}$)|(^(\d{3,4}-)?\d{6,8}(-\d{1,5})?$)|(\d{11}) 表示电话号码、手机验证，格式如：0755-24256888；带分机格式：0755-24256888-282；手机：11 位数。

此外，正则表达式还提供了大量的元字符组，结合替换、构造等原则，可以高效地创建、比较和修改字符串，以及迅速地分析大量文本和数据以搜索、删除和替换文本模式。关于这些复杂应用，本书不做讨论。

2) 使用预定义表达式

ASP.NET 提供了一些预定义的格式，如 Internet 地址、电子邮件地址、电话号码和邮政编码。因此，在使用 RegularExpressionValidator 控件进行验证时，可以直接使用这些格式。

【例 4-19】　演示如何使用预定义表达式来验证输入的电子邮件地址。

在例 4-14 的 Register.aspx 基础上，在年龄文本框后面添加一个 RegularExpressionValidator 验证控件，如图 4-31 所示。

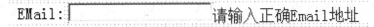

图 4-31　在 txtEmail 文本框后面添加一个 RegularExpressionValidator 验证控件

首先，将 EMail 后的 TextBox 控件 ID 属性改成“txtEmail”，然后将 RegularExpressionValidator 控件的 ControlToValidate 属性改成“txtEmail”；将 ErrorMessage 属性改成“请输入正确 Email 地址”；在属性窗口中选择 ValidationExpression 属性，打开“正则表达式编辑器”对话框，选择“Internet 电子邮件地址”，如图 4-32 所示。

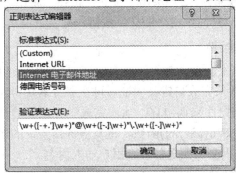

图 4-32　正则表达式编辑器

浏览该页面，在输入框 txtEmail 中输入“123”后，单击“提交”按钮，将出现“请输入正确 Email 地址”的错误信息。当再次输入“aaa@sina.com”后，再单击“提交”按钮，则验证通过。

3) 使用自定义表达式

如果要求用户输入一个在预定表达式中不存在的格式定义数据时。很显然，只能通过自定义正则表达式来完成验证。

【例 4-20】 演示如何使用自定义表达式验证联系电话的正确性。

由于系统自带的中华人民共和国电话号码的正则表达式是错误的，所以只能通过自定义表达式来验证注册页面 Register.aspx 中的联系电话文本框。在联系电话文本框的后面添加一个 RegularExpressionValidator 验证控件，页面设计如图 4-33 所示。

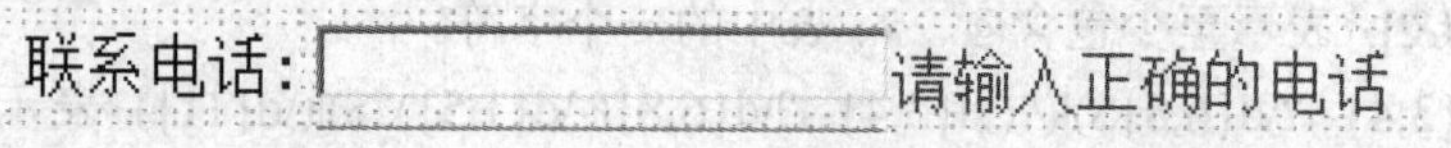

图 4-33　在 txtPhone 文本框后面添加一个 RegularExpressionValidator 验证控件

将联系电话对应的 TextBox 控件的 ID 属性改成"txtPhone"。然后将 Regular-ExpressionValidator 的 ControlToValidator 属性改成"txtPhone"；将 ErrorMessage 属性改成"请输入正确的电话"；在属性窗口中选择 ValidationExpression 属性，打开正则表达式编辑器，填入"(\d{11})|((\d{3,4}-)?\d{7,8})"。

浏览页面，输入"1532456756"后，单击"提交"按钮，将出现"输入不正确"的错误信息。再次尝试输入"15324567561"，单击"提交"按钮，则验证通过。

【例 4-21】 演示如何使用自定义表达式验证输入。

如果要求用户输入一个以大写字母开头，再加 5 位阿拉伯数字的格式化数据。很显然，预定义表达式里没有这样的格式定义，只能通过正则表达式进行自定义。按照上面的格式要求，该正则表达式应该为"[A-Z]\d{5}"。新建一个网页，页面设计如图 4-34 所示。

图 4-34　页面的设计视图

在 TextBox 控件后面添加 RegularExpressionValidator 控件，然后选中它，在属性窗口中选择 ValidationExpression 属性，填入"[A-Z]\d{5}"。

浏览页面，输入"a12345"后，单击"提交"按钮，将出现"输入不正确"的错误信息。再次尝试输入"A12345"，单击"提交"按钮，则验证通过。

5．CustomValidator 控件

如果前面所讲的几种验证控件都无法满足验证要求时，可以通过使用 CustomValidator 控件来完成自定义验证。可在服务器端自定义一个验证函数，然后使用该控件来调用它，从而完成服务器端验证；还可以通过编写 ECMAScript(JavaScript)函数，重复服务器验证的逻辑，在客户端进行验证，即在提交页面之前检查用户输入内容。

CustomValidator 控件

【例 4-22】 下面将编写一个 CustomValidator 控件的验证函数，用来确定 TextBox 控件中的用户输入是否超过 8 个字符。

新建 CustomValidator.aspx 页面，界面设计如图 4-35 所示。

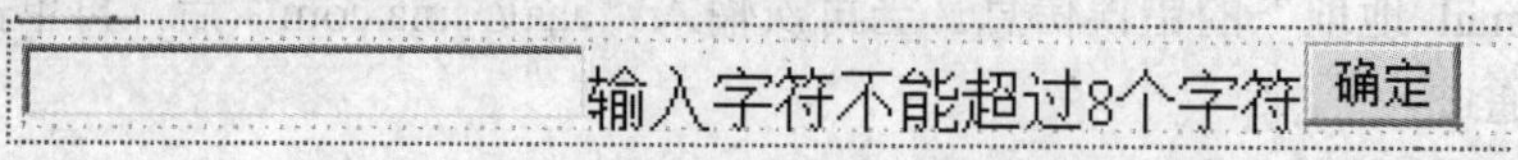

图 4-35　CustomValidator.aspx 页面的设计视图

设置 CustomValidator 控件的 ServerValidate 事件的处理方法为 Server_Validate。打开后台代码页，为 Server_Validate 方法编写服务端验证方法，代码如下：

```
protected void Server_Validate(object source, ServerValidateEventArgs args)
{
    if (args.Value.Length > 8)
        args.IsValid = false;
    else
        args.IsValid = true;
}
```

source 参数是对触发此事件的自定义验证控件的引用。args 参数的 Value 属性将包含要验证的用户输入内容，如果值是有效的，则将 args.IsValid 设置为 true；否则设置为 false。

运行该示例，输入 "1234567891"，单击 "提交" 按钮，提示错误信息，验证未通过。

当输入不超过长度为 8 位的字符串后，单击 "提交" 按钮，验证通过。

除了添加服务器端验证方法外，还可以为 CustomValidator 控件添加客户端验证脚本，步骤如下。

首先，设置 CustomValidator1 控件的 ClientValidationFunction 属性为 "ClientValidate"。

然后，添加客户端验证脚本：

```
<script language="javascript" type="text/javascript">
    function ClientValidate(source,arguments)
    {
        if(arguments.Value.length>8)
            arguments.IsValid =false;
        else
            arguments.IsValid = true;
    }
</script>
```

6. ValidationSummary 控件

ValidationSummary 控件用于在页面中的一处地方显示整个网页中所有验证错误的列表。这个控件在表单比较大时特别有用。如果

ValidationSummary 控件

用户在页面底部的表单字段中输入了错误的值，那么这个用户可能不会注意到这个错误信息。不过，如果使用 ValidationSummary 控件，就可以始终在表单的顶端显示错误列表。

你可能已经注意到每个验证控件都有 ErrorMessage 属性。可以不用 ErrorMessage 属性来表示验证错误信息，而使用 Text 属性。

ErrorMessage 属性和 Text 属性的不同之处在于，赋值给 ErrorMessage 属性的信息显示在 ValidationSummary 控件中，而赋值给 Text 属性的信息显示在页面主体中。通常，需要保持 Text 属性的错误信息简短(例如 "必填!")。另一方面，赋值给 ErrorMessage 属性的信息应能识别有错误的表单字段(例如 "名字是必填项!")。

【例 4-23】　演示如何使用 ValidationSummary 控件显示错误信息摘要。

在 Register.aspx 中添加一个 ValidationSummary 控件来总结页面上的错误信息，如图 4-36 所示。

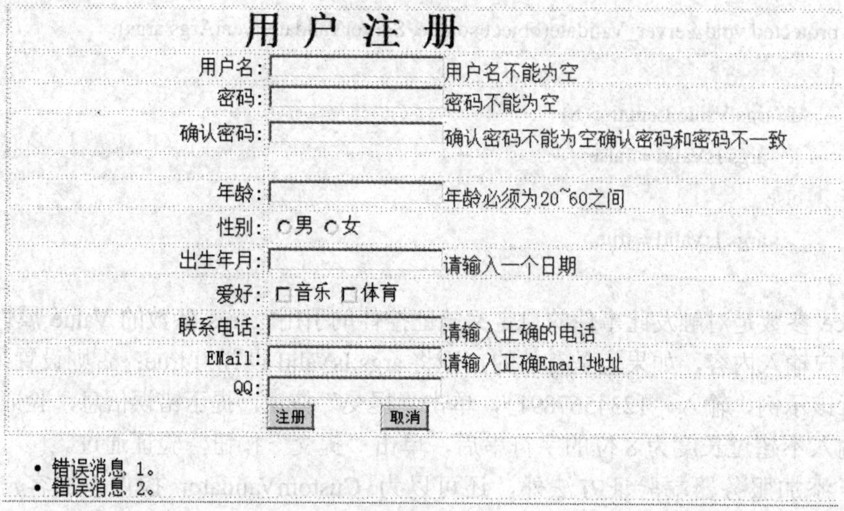

图 4-36　在 Register.aspx 中添加了 ValidationSummary 控件

设置 ValidationSummary 控件的"HeaderText"属性为"错误汇总"。为了不重复显示错误，将除了 ValidationSummary 控件之外的其他控件的属性窗口中的 Text 属性改成"*"。

如果不输入任何内容就提交，那么 ErrorMessage 的错误信息显示在 Validation-Summary 控件中，而页面主体显示 Text 的信息，如图 4-37 所示。

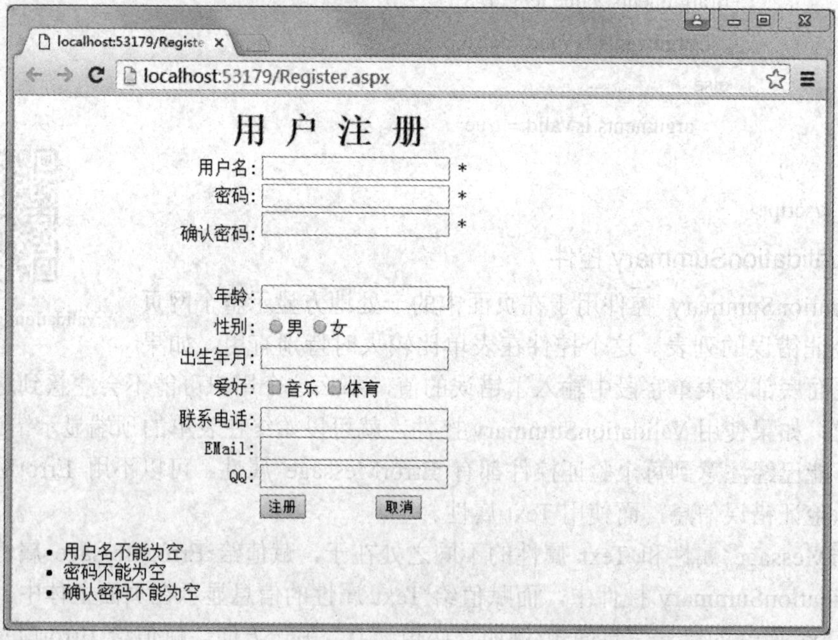

图 4-37　添加 ValidationSummary 控件后的页面运行效果

ValidationSummary 控件支持下列属性：

① DisplayMode：用于指定如何格式化错误信息。可能的值有 BulletList、List 和 SingleParagraph。

② HeaderText：用于在验证摘要上方显示标题文本。

③ ShowMessageBox：用于显示一个弹出警告对话框。

④ ShowSummary：用于隐藏页面中的验证摘要。

如果把 ShowMessageBox 属性设为 True，并把 ShowSummary 属性设为 False，那么验证摘要只显示在弹出的警告对话框中，运行效果如图 4-38 所示。

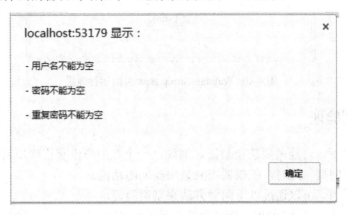

图 4-38　验证摘要对话框

注意：如果验证控件的 Display 属性的值设为 None，验证错误信息只会显示在 ValidationSummary 控件中。

4.4.3　验证组的使用

由于在页面上控件比较多，可以将不同的控件归为一组，ASP.NET 在对每个验证组进行验证时，与同页的其他组无关。通过把要分在一组的所有控件的 ValidationGroup 属性设置为同一个名称，即可创建一个验证组。

验证组的使用

【例 4-24】　演示在 Button 控件回发到服务器时，如何使用 ValidationGroup 属性指定要验证的控件。

新建 ValidateGroup.aspx 页面，界面设计如图 4-39 所示。页面包含 4 个文本框、4 个 RequiredFieldValidator 控件和 2 个 Button 控件。前两个文本框的 RequiredFieldValidator 控件和 Button1 控件位于 Button1Group 验证组中，将三个控件的 ValidationGroup 属性更改为 Button1Group，而后两个文本框的 RequiredFieldValidator 控件和 Button2 控件位于 Button2Group 验证组中，将三个控件的 ValidationGroup 属性更改为 Button2Group。

图 4-39　ValidateGroup.aspx 页面的设计视图

浏览该网页，当单击 Button2 按钮时，只会对 Button2Group 验证组的控件进行验证，效果如图 4-40 所示。

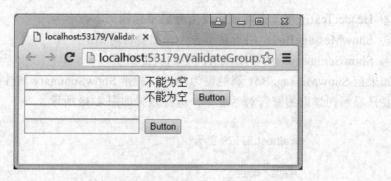

图 4-40　ValidateGroup.aspx 页面运行效果

4.4.4　禁用验证

在特定条件下，可能需要禁止验证。例如，一个在用户没有正确填写所有验证字段的情况，需要提交网页，此时，就需要用到禁用验证的功能。

在实际应用中，可以通过以下两种方法来禁用验证。

方法 1：可以设置 ASP.NET 服务器控件的属性(CauseValidation="false")来禁止客户端和服务器的验证。例如，禁用 Button 控件的验证功能。

方法 2：如果要执行服务器上的验证，而不执行客户端的验证，则可以将验证控件设置为不生成客户端脚本，即将其 EnableClientScript 属性设为 False。

4.4.5　测试验证有效性

当验证控件在客户端验证用户输入时，如果验证未通过，则页面不提交。但当客户端验证代码失效，数据被提交到服务器端，则要执行服务器端验证，此时验证控件在服务器端测试用户输入，设置错误状态，并生成错误信息。无论服务器端验证是否通过，都不会更改页的处理流程。也就是说，即使在服务器端检测到用户输入已经发生错误，但仍会继续执行代码。因此，可以在执行应用程序的特定逻辑之前编写代码测试验证控件的状态，如果检测到错误，代码将不被执行，页将继续处理并返回给用户，向用户显示所有错误信息。

例如，当禁用了客户端验证，单击页面提交按钮后，即使页面中的验证控件没有通过验证，也会继续执行按钮单击事件方法中的代码。

为了防止这种情况的发生，一般可以在代码中测试页的 IsValid 属性，如果为 true，则执行代码；否则不执行。代码如下：

```
protected void Button1_Click(object sender, EventArgs e)
{
    if (Page.IsValid)
    {
        //验证成功后执行的代码
    }
}
```

4.5　用 户 控 件

用户控件

在某些情况下，需要使用一些特殊的控件。例如，在 ASP.NET 的内置服务器控件中没有合适的控件可供使用的情况下，用户可以创建自己的控件。创建控件有两种方法：一是创建自定义控件；二是创建用户控件。

(1) 自定义控件是编写的一个类，此类由 Control 或 WebControl 派生。

(2) 用户控件是能够在其中放置标记和服务器控件的容器。可以将用户控件作为一个单元对待，为其定义属性和方法。

创建用户控件比创建自定义控件方便得多，因此，本节主要讲解用户控件的创建和使用。

用户控件是一种复合控件，可以像创建 ASP.NET 网页一样创建，然后在多个网页上重复使用。例如，在一个电子商务站点中，需要保存客户的联系方式(包括公司地址、电话、联系人等)，这些信息往往会被多个页面引用(如客户查询和编辑、销售员的查询等)。对于这样的需求，可以在每个页面中分别添加多个控件来实现客户联系方式信息的查看和编辑。但是，一旦需求有所变化(如要增加电子邮件地址)，那么只好通过修改每个页面来满足需求。这样做，虽然最终需求得以满足，但是开发量和以后的维护成本都将大大增加，也不符合面向对象的编程思想。对于这类情况，可以使用 ASP.NET 提供的用户控件技术，将客户的联系方式等信息封装成一个用户控件，并实现信息的查看和编辑功能，然后在每个页面中添加对该控件的引用，如图 4-41 所示。

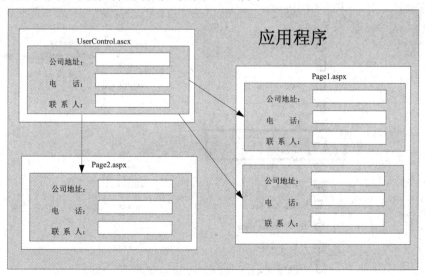

图 4-41　用户控件示意图

用户控件与 ASP.NET 网页(.aspx 文件)相似，具有用户界面页(.ascx)和代码隐藏页。因此，可以采取与创建 ASP.NET 网页相似的方式创建用户控件，然后添加其中所需的子控件和标记，最后添加对控件进行操作的代码。

但用户控件与 ASP.NET 网页有以下区别：

(1) 用户控件的文件扩展名为.ascx。

(2) 用户控件中没有@Page 指令,而是包含@Control 指令,该指令对配置及其他属性进行定义。

(3) 用户控件不能作为独立文件运行,而必须像处理任何控件一样,将它们添加到 ASP.NET 页中才能运行。

(4) 用户控件中没有 html、body 或 form 元素。这些元素必须位于宿主页中。所谓宿主页,即使用用户控件的页面。

可以在用户控件上使用与在 ASP.NET 网页上所用相同的 HTML 元素(html、body 或 form 元素除外)和 Web 控件。例如,如果要创建一个将用作工具栏的用户控件,则可以将一系列 Button 的 Web 服务器控件放在该控件上,并创建这些按钮的事件处理程序。

4.5.1 用户控件的创建

创建用户控件的步骤与创建 Web 窗体的步骤非常相似。下面来看一个例子:

【例 4-25】 演示如何创建一个用户控件。该控件显示一个文本框和两个 Up 和 Down 按钮,用户可单击两个按钮来增加或减少文本框中的值(值的范围可以设置)。

(1) 新建 UserControlDemo 空网站。在解决方案资源管理器中,用鼠标右键单击网站名 UserControlDemo,选择"添加新项"菜单项。在弹出的对话框中选择"Web 用户控件",如图 4-42 所示。将该用户控件命名为 UpDownControl.ascx,单击"添加"按钮,Visual Studio 自动为用户控件添加了一个扩展名为.ascx 的文件和一个扩展名为.cs 的后台代码文件。

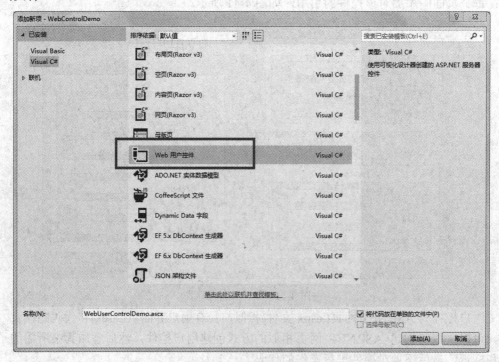

图 4-42 添加用户控件

在解决方案资源管理器中，双击 UpDownControl.ascx 文件，切换到源视图，可以看到自动生成了一行代码：

```
<%@ControlLanguage="C#" AutoEventWireup="true" CodeFile="UpDownControl.ascx.cs
    "Inherits="UpDownControl" %>
```

从该代码中可以看出，除了声明开头以@Control 开始之外，其他的声明都与 Web 窗体类似。此外，该文件和网页文件最大的不同就是它没有<head>、<body>、<form>等元素。可以切换到用户控件的设计视图，直接从工具箱中拖入服务器控件。

(2) 切换到该页面的设计视图。从工具箱中依次拖一个 TextBox 控件、两个 Button 控件到页面中。TextBox 控件的 ID 属性值设置为"txtNum"；两个 Button 控件的 ID 属性值分别设置为"btnUp"和"btnDown"，Text 属性值分别设置为"UP"和"Down。设计界面如图 4-43 所示。

图 4-43　WebUserControlDemo.ascx 的设计视图

(3) 公开用户控件中的属性。在用户控件中公开属性，这样使用该控件设计 Web 窗体时，就可以通过访问和设置用户控件的属性来与用户控件交互。下面的代码为用户控件的每个输入域分别定义一个公共属性。

```
private int minnum = 0;        //最小值
private int maxnum = 100;      //最大值
private int currentnum;        //当前值
public int MaxNum              //公开最大值属性
{
    get
    {
        return maxnum;
    }
    set
    {
        maxnum = value;
    }
}
public int MinNum //公开最小值属性
{
    get
    {
        return minnum;
    }
    set
```

```
            {
                minnum = value;
            }
        }
        public intCurrentValue                      //公开当前值属性
        {
            get
            {
                return currentValue;
            }
            set
            {
                currentValue= value;
                txtNum.Text = currentValue.ToString();
            }
        }
    }
```

在上面代码中，添加了 3 个私有变量 minnum、maxnum 和 currentnum，用来存储文本框的值的范围(整数)和当前值，并对应新增 3 个公共属性：文本框的最大值 Maxnum、最小值 Minnum 和当前值 Currentnum。

(4) 为 Page_Load 事件添加初始化代码：

```
        protected void Page_Load(object sender, EventArgs e)
        {
            CurrentValue= int.Parse(txtNum.Text);
        }
```

Page_Load 事件中需要将 txtNum 文本框中的值取出来，解析成整型后赋值给 CurrentValue 中。

(5) 单击两个按钮，需要实现在文本框内的数字进行增减，并将结果写回到文本框中。因此为两个按钮创建服务器端单击事件，并在事件过程中添加代码如下：

```
        protected void btnUp_Click(object sender, EventArgs e)
        {
            if (currentValue < MaxValue)
                currentValue++;
            txtNum.Text = currentValue.ToString();
        }
        protected void btnDown_Click(object sender, EventArgs e)
        {
            if (currentValue > MinValue)
                currentValue--;
            txtNum.Text = currentValue.ToString();
        }
```

从上面代码可以看出，用户控件中服务器端事件和网页中控件的服务器端事件的声明方法完全一样。

用户控件创建好后，不能直接运行，必须将其添加到 Web 网页中，才能运行。下面就介绍如何使用用户控件。

4.5.2　用户控件的使用

为了在 Web 页面上使用用户控件，需要两个步骤：

(1) 使用@Register 指令在页面顶部注册用户控件。

(2) 在需要使用用户控件的位置放置用户控件。

在 Visual Studio 中，将自动帮助完成这两个步骤。

【例 4-26】　演示用户控件的使用。

(1) 在 UserControlDemo 网站中新建一个名为 UcSample.aspx 的 Web 窗体，直接从解决方案资源管理器中拖动一个用户控件文件 UpDownControl.ascx 到该窗体上，Visual Studio 会自动生成注册用户控件的代码：

```
<%@RegisterSrc="~/UpDownControl.ascx" TagPrefix="uc1" TagName="UpDownControl"%>
```

并在页面上添加一个用户控件的声明：

```
<uc1:UpDownControlrunat="server" id="UpDownControl"/>
```

可以看到：在<%@ Page%>标签下面，Visual Studio 自动添加了<%@ Register%>指令，该指令具有 3 个属性：

① TagPrefix 属性：指定与用户控件关联的命名空间，可以指定任何字符串。

② TagName 属性：指定在 ASP.NET Web 页面中使用的用户控件的名字，可以指定任何字符串。

③ Src 属性：指定用户控件的虚拟路径。

Visual Studio 默认生成的 TagPrefix 以 uc 开头，TagName 则直接使用用户控件的文件名，建议为用户控件取一个具有表示意义的名字，以免难以维护。在用户控件的声明区中，使用<TagPrefix: TagName…>这样的语法来定义用户控件。

(2) 在 UcSample.aspx 页面的设计视图中，选中刚拖过来的用户控件，在属性窗口中可以直接设置用户控件的属性，如图 4-44 所示。

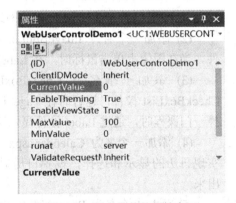

图 4-44　用户控件的属性窗口

另外，也可以通过编程的方式设置用户控件的属性，在 UcSample.aspx.cs 文件的页面加载事件 Page_Load 中添加如下代码：

```
protected void Page_Load(object sender, EventArgs e)
{
    if(!IsPostBack)
    {
        UpDownControl.MaxValue = 50;
```

```
                    UpDownControl.MinValue = 20;

                    UpDownControl.CurrentValue = 20;

            }

      }
```

(3) 运行 UcSample.aspx 页面，可以看到嵌入了用户控件的页面运行效果。用户可单击两个 Up 和 Down 按钮来增加或减少文本框中的值。

本 章 小 结

本章主要讨论了 Visual Studio 的标准控件，首先简单介绍了 HTML 服务器控件；接着详细阐述了 Web 服务器控件及验证控件，并对常用的控件分别举例介绍；最后通过一个简单的用户控件示例讨论了用户控件的创建和使用方法。

本章实训　服务器控件与用户控件

1．实训目的
熟悉 ASP.NET 服务器控件的使用，学会使用 ASP.NET 服务器控件设计 Web 页面。

2．实训内容和要求
(1) 新建一个名为 Practice4 的网站。

(2) 添加一个名为 ImageButton.aspx 的 Web 页面，在该页面上使用 ImageButton 控件，当在图像上单击鼠标时，在 Label 控件中显示鼠标单击的位置。

(3) 添加一个名为 CheckBoxList.aspx 的 Web 页面，在该页面上添加一个 CheckBoxList 控件，运行时在 Page_Load 事件中动态地为该控件添加六门课程，当用户选择一门课程时，通过 Label 控件显示所有被选择的课程名。

(4) 添加一个名为 Calendar.aspx 的 Web 页面，在该页面上添加一个 Calendar 控件来实现日历的显示和选择，设置日历显示样式为彩色型 1，并将选择的日期通过标签显示出来。

(5) 添加一个名为 RangeValidator.aspx 的 Web 页面，在其中添加一个 "考生年龄" 的输入文本框，要求输入的值必须在 18 到 80 之间，使用 RangeValidator 控件验证用户在文本框中输入的内容是否在有效范围内。

(6) 添加一个名为 CompareValidator.aspx 的 Web 页面，在其中添加一个文本框，用于输入日期，要求输入的日期必须是一个 2001 年 9 月 1 日以后的日期，使用 CompareValidator 控件来验证文本框的输入。

(7) 添加一个名为 RegularExpressionValidator.aspx 的 Web 页面，该窗体中包含两个文本框控件，分别用来输入 "姓名(拼音)" 和 "电话"，再创建两个 RegularExpressionValidator 控件来验证文本框的输入是否正确。

(8) 添加一个名为 CustomValidator.aspx 的 Web 页面，编写自定义验证控件的验证代码，用于验证输入的正整数是素数。

(9) 添加一个名为 Login.aspx 的 Web 页面，设计一个登录窗体，并使用合适的验证控件实现登录验证功能，无需编写后台代码。

(10) 在网站上经常看到用户注册页面，请使用本章所学的控件，设计一张用户注册页面 Register.aspx。要求：页面输入需使用合适的验证控件进行验证，无需编写后台代码。

习　题

一、单选题

1. 在 Web 窗体中，放置一个 HTML 控件，采用下列(　　)方法变为 HTML 服务器控件。

A．添加 runat="server"和设置 Attribute 属性

B．添加 id 属性和 Attribute 属性

C．添加 runat="server"和设置 id 属性

D．添加 runat="server"和设置 Value 属性

2. 在 ASP.NET 中，文本框控件 TextBox 允许多种输入模式，包括单行、多行和密码输入模式，这是通过设置其(　　)属性来区分的。

A．Style　　　　　　　　　　　　B．TextMode

C．Type　　　　　　　　　　　　 D．Input

3. 下面(　　)控件不包含 ImageUrl 属性。

A．HyperLink　　　　　　　　　 B．Image

C．ImageButton　　　　　　　　 D．LinkButton

4. 上传文件一般使用(　　)控件。

A．label　　　　　　　　　　　　B．textbox

C．listbox　　　　　　　　　　　D．fileupload

5. 一个 button 控件 ID 为 btn_sumbit，双击后得到的处理时间函数名为(　　)。

A．button_click　　　　　　　　 B．btn_submit_Click

C．btn_submit_push　　　　　　　D．button_push

6. 添加一个服务器 CheckBox 控件，单击该控件不能生成一个回发，如何做才能让 CheckBox 的事件导致页面被提交？(　　)

A．设置 IE 浏览器为可运行脚本　　B．将 AutoPostBack 属性设置为 true

C．将 AutoPostBack 属性设置为 false　D．为 CheckBox 添加 Click 事件

7. 如果希望控件的内容变化后立即回传页面，需要在控件中添加(　　)属性。

A．AutoPostBack="true"　　　　　B．AutoPostBack="false"

C．IsPostBack="true"　　　　　　 D．IsPostBack ="false"

8. 关于 AutoPostBack 属性，下列说法错误的是(　　)。

A．Button 控件的属性列表里可以找到 AutoPostBack 属性

B．TextBox 控件的属性列表里可以找到 AutoPostBack 属性

C. 这个属性表示是否能自动回发信息给服务器

D. 可以设置为 true 和 false

9. 下面控件中, ( )可以将其他控件包含在其中, 所以它常常用来包含一组控件。

    A. Calendar   B. Button

    C. Panel   D. DropDownList

10. 当你在编写一个 ASP.NET 应用程序, 实现一个会员的注册页面, 你要使用 ASP 的内部控件来实现职业的选择, 此时( )控件应该是首选。

    A. CheckBox   B. ListBox

    C. DropDownList   D. TextBox

11. 下面关于服务器验证控件的说法正确的是( )。

    A. 可以在客户端直接验证用户输入, 并显示出错消息

    B. 服务器验证控件种类丰富, 共有十种之多

    C. 服务器验证控件只能在服务器端使用

    D. 各种验证控件不具有共性, 各自完成功能

12. 用户登录界面要求用户必须填写用户名和密码, 才能提交, 应使用( )控件。

    A. RequiredFieldValidator   B. RangeValidator

    C. CustomValidator   D. CompareValidator

13. 在一个注册界面中, 包含用户名、密码、身份证三项注册信息, 并为每个控件设置了必须输入的验证控件。但为了测试的需要, 暂时取消该页面的验证功能, 该如何做? ( )

    A. 将提交按钮的 CausesValidation 属性设置为 true

    B. 将提交按钮的 CausesValidation 属性设置为 false

    C. 将相关的验证控件属性 ControlToValidate 设置为 true

    D. 将相关的验证控件属性 ControlToValidate 设置为 false

14. 现有一课程成绩输入框, 成绩范围为 0~100, 这里最好使用( )验证控件。

    A. RequiredFieldValidator   B. CompareValidator

    C. RangeValidator   D. RegularExpressionValidator

15. 如果需要确保用户输入大于 30 的值, 应该使用( )验证控件。

    A. RequiredFieldValidator   B. CompareValidator

    C. RangeValidator   D. RegularExpressionValidator

16. RegularExpressionValidator 控件中可以加入正则表达式, 下面选项中, 关于正则表达式说法正确的是( )。

    A. "."表示任意数字   B. "*"表示和其他表达式一起, 表示任意组合

    C. "\d"表示任意字符   D. "[A-Z]"表示 A-Z 有顺序的大写字母

17. 下面对 CustomValidator 控件说法错误的是( )。

    A. 控件允许用户根据程序设计需要自定义控件的验证方法

    B. 控件可以添加客户端验证方法和服务器端验证方法

    C. ClientValidationFunction 属性指定客户端验证方法

    D. runat 属性用来指定服务器端验证方法

18．使用 ValidationSummary 控件时需要以对话框的形式来显示错误信息，需要(　　)属性。

    A．设置 ShowSummary 为 true   B．设置 ShowMessage 为 true

    C．设置 ShowMessage 为 false   D．设置 ShowSummary 为 false

19．创建一个 Web 窗体，其中包括多个控件，并添加了验证控件进行输入验证，同时禁止所有客户端验证。当单击按钮提交窗体时，为了确保只有当用户输入的数据完全符合验证时才执行代码处理，需如何处理？(　　)

    A．在 Button 控件的 Click 事件处理程序中，测试 Page.IsValid 属性，如果该属性
       为 true，则执行代码

    B．在页面的 Page_Load 事件处理程序中，测试 Page.IsValid 属性，如果该属性
       为 true，则执行代码

    C．在 Page_Load 事件处理程序中调用 Page 的 Validate 方法

    D．为所有的验证控件添加 runat="server"

20．ASP.NET 中用户控件的扩展名通常为(　　)。

    A．aspx   B．ascx   C．asax   D．resx

21．在 ASP.NET 中，在 Web 窗体页上注册一个用户控件，指定该控件的名称为 "Mike"，正确的注册指令为(　　)。

    A．<%@Register TagPrefix ="Mike" TagName ="Space2" Src ="myX.ascx"%>

    B．<%@Register TagPrefix ="Space2" TagName ="Mike" Src ="myX.ascx"%>

    C．<%@Register TagPrefix ="SpaceX" TagName ="Space2" Src ="Mike"%>

    D．以上皆非

二、填空题

1．RadioButtonList 服务器控件的＿＿＿＿＿＿＿＿属性决定单选按钮是水平还是垂直方式显示。＿＿＿＿＿＿＿＿＿＿属性可以获取或设置在 RadioButtonList 控件中显示的列数。

2．使用＿＿＿＿＿＿＿＿控件可以在页面上显示一个日历。

3．当需要将 TextBox 控件作为密码输入框时(要求隐藏密码的代码)，应该将控件的 TextMode 属性设置为＿＿＿＿＿＿＿＿。

4．ASP.NET 的服务器控件包括＿＿＿＿＿＿＿＿和＿＿＿＿＿＿＿＿。

5．完成下列代码，使其实现当 DropDownList 控件选择项改变时，Calendar 控件的背景颜色发生改变。页面代码：

```
<asp:Calendar ID="Calendar1" runat="server"></asp:Calendar>
<asp:DropDownList ID="DropDownList1" runat="server" AutoPostBack="_____"
    onselectedindexchanged="DropDownList1_SelectedIndexChanged">
    <asp:ListItem Value="White">白色</asp:ListItem>
    <asp:ListItem Value="Red">红色</asp:ListItem>
    <asp:ListItem Value="Yellow">黄色</asp:ListItem>
</asp:DropDownList>
```

DropDownList 控件 SelectInexChanged 事件处理程序代码：

```
protected void DropDownList1_SelectedIndexChanged(object sender, EventArgs e)
{
        Calendar1.DayStyle.BackColor = System.Drawing.Color.FromName
        (DropDownList1._____);
}
```

6. 完成下列代码，以确定多重选择列表控件 ListBox 中的选定内容。

```
string msg = "";
foreach (_____ item in ListBox1.Items)
{
        if (_____)
        {
                msg += item.Text;
        }
}
Label1.Text = msg;
```

7. 完成下列代码，以动态的方式为 RadioButtonList 控件添加项和设置该控件排序方向及显示列数。

```
protected void Button1_Click(object sender, EventArgs e)
{
        string[] colors = { "Red","Blue","Green","Yellow","Orange"};
        for (int i = 0; i < colors.GetLength(0); i++)
        {
                this.RadioButtonList1.Items._____(colors[i]);
        }
        this.RadioButtonList1._____ = RepeatDirection.Horizontal;
        this.RadioButtonList1.RepeatColumns = 3;
}
```

8. Image 控件除了显示图像外，还可以为图像指定各种类型的文本，如使用_____属性设置工具提示显示的文本，使用_____属性指定在无法找到图像时显示的文本。

9. 验证 6 位数字的正则表达式_____。

10. 通过_____控件验证用户是否在文本框中输入了数据；通过_____控件将输入控件的值与常数值或其他输入控件的值相比较，以确定这两个值是否与比较运算符(小于、等于、大于)指定的关系相匹配；通过_____控件可以自定义验证规则；_____控件用于罗列网页上所有验证控件的错误消息。

11. 已知在 WebForm1 窗体中添加一个名为 LoginControl 的用户控件，具体代码如下：

```
<%@ Page Language="C#" AutoEventWireup="true" CodeBehind="WebForm1.aspx.cs"
Inherts="Test.WebForm1">

<%@ Register src="LoginControl.ascx" tagname="LoginControl" tagprefix="_____">
```

```
<form id="form1" runat="Server">
<uc1:_____ ID="LoginControl1" runat="server"/>
</form>
```

三、问答题

1．Button、LinkButton 和 ImageButton 等控件有什么共同点？

2．比较 ListBox 和 DropDownList 控件的相同点和不同点。

3．验证控件有几种类型？分别写出它们的名称。

4．验证控件的 ErrorMessage 和 Text 都可设置验证失败时显示的错误信息，两者有何不同？

5．在使用 RangeValidator 控件或 CompareValidator 控件时，如果相应的输入框中没有输入内容，验证是否能通过？

6．如何创建并使用 Web 用户控件？

7．简述 ASP.NET 中用户控件和 Web 窗体的区别。

第5章

Web 应用的状态管理

在开发 Windows 应用程序时，不会留意应用程序状态维护，因为应用程序本身就在客户端运行，可以直接在内存中维护。但是对于 Web 应用程序来说，因为其在服务器端运行，客户端使用无状态的 HTTP 协议向服务器端发送请求，服务器端响应用户请求，向客户端发送请求的 HTML 代码，但服务器端不会维护任何客户端状态，即一个请求的信息对下一个请求是不可用的。

在实际应用中，完成一个业务往往需要经过很多步骤。例如，在电子商务网站购物时，首先需要找到你想要的商品，并将它添加到购物车，然后继续浏览商品，直到选购完所有商品后提交购物车，完成订单。由于 Web 应用是无状态的，因此需要学习 Web 应用的状态管理技术来维护订购商品过程中的这些信息。

5.1　Web 应用的状态管理概述

Web 应用的状态
管理概述

Web 服务器每分钟对成千上万个用户进行管理的一种方式就是执行所谓的"无状态"连接。只要有一个希望浏览器返回一个页面、图像或其他资源的请求，就触发以下事件：

(1) 连接到服务器。

(2) 告诉服务器想要的页面、图像或其他项。

(3) 服务器发送请求资源。

(4) 服务器切断连接，把用户忘得干干净净。

由于使用无状态的 HTTP 协议作为 Web 应用程序的通信协议，当客户端每次请求页面时，ASP.NET 服务器端都将重新生成一个网页的新实例，这意味着客户端用户在浏览器中的一些状态或修改都将丢失。比如一个客户管理系统，用户在很多文本框中输入了内容，当点击提交按钮到服务器后，从服务器返回的将是一个全新的网页，用户所添加的内容将全部丢失，如图 5-1(a)所示。如果采用了相应的状态管理技术，则即使在全新网页中，也能访问到前一个网页的内容，如图 5-1(b)所示。

状态维护是对同一页或不同页的多个请求维护其状态和页信息的过程。在 ASP.NET 中提供了多种方式用于在服务器往返过程之间维护状态。

(1) 隐藏域：标准的 HTML 隐藏域。

(2) 视图状态：使用一个或多个隐藏域来保存控件的状态。

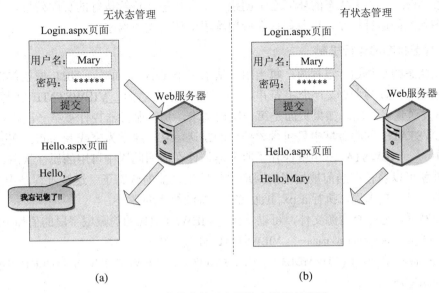

图 5-1　有状态管理和无状态管理效果图

(3) 控件状态：当开发自定义控件时，保存控件的状态数据。

(4) Cookie：用于在客户端保存少量的数据。

(5) 查询字符串：查询字符串是在页 URL 的结尾附加的信息。

(6) 应用程序状态：用于保存服务器端的全局应用程序信息。

(7) 会话状态：保存会话状态信息。

(8) 配置文件属性：ASP.NET 提供了一个被称为配置文件属性的功能，可以保存服务器端的全局应用程序信息。

在这些技术中，隐藏域、视图状态、控件状态、Cookie、查询字符串是基于客户端的状态管理技术，它们以不同的方式将状态信息存储在客户端；而应用程序状态、会话状态、配置文件属性则是基于服务器端的状态管理技术，它们是将状态信息存储在服务器端。

以上这些状态维护技术各有其优缺点，因此，对这些状态管理技术的选择主要取决于应用程序本身。

5.2　客户端状态管理

使用客户端状态维护技术主要在页中或客户端计算机上存储信息，在各往返行程间不会在服务器上维护任何信息。客户端技术的安全性较低，但具有较快的服务器性能。本节主要介绍视图状态、查询字符串以及 Cookie。

5.2.1　视图状态

视图状态是一项非常重要的技术，它能使得页面和页面中的控件在从服务器到客户端、再从客户端返回的往返过程中保持状态信息，这样

视图状态

就可以在 Web 这种无状态的环境之上创建一个有状态并持续执行的页面效果。本节主要介绍视图状态的运行机制，以及如何在应用程序中使用视图状态。

1. 视图状态的运行机制

视图状态的具体运行过程为：每当用户请求某个.aspx 页面时，.NET 框架首先把相关控件的状态数据序列化成一个字符串，然后将其作为名为__VIEWSTATE 的隐藏域的 Value 值发送到客户端。如果页面是第一次被请求，那么服务器控件被第一次执行时，名为__VIEWSTATE 的隐藏域中只包含该控件的默认信息，通常为空或者 null。在随后的回送事件中，__VIEWSTATE 中就保存了服务器控件在前面回送中可用的属性状态。这样服务器控件就可以监视在当前被处理的回送事件发生之前的状态了。这些过程是由.NET 框架负责的，对用户来说，执行.aspx 页面就有了持续执行的效果。

运行网页，通过查看源文件，可以看到__VIEWSTATE 的隐藏域字段的值如下所示：

```
<input type="hidden" name="__VIEWSTATE" id="__VIEWSTATE"
value="/wEPDwULLTE4MDE3NTcxODdkGAEFCUdyaWRWaWV3MQ9nZLyQLH1/a4kqIlPtIon1
GT+4Zq3q"/>
```

下面介绍如何开启或关闭页面的视图状态，具体有两种方法：

(1) 设置页面是否保留视图状态。

可以通过设置@Page 指令或 Page 的 EnableViewState 属性，指示当前请求结束时，该页是否保持其视图状态，以及它所包含的任何服务器控件的视图状态。代码如下：

```
<%@ Page EnableViewState="false"%>
```

该属性默认值为 true。不过，即使为 false，ASP.NET 用于检测回发的页中也可能呈现隐藏的视图状态字段。

另外，该属性还可以通过编程来设置，代码如下：

```
protected void Page_Load(object sender, EventArgs e)
{
    Page.EnableViewState = false;
}
```

如果不需要将整个页面的视图状态都关闭，而只是关闭某一个控件的视图状态，则可以去掉@Page 指令中的 EnableViewState 设置或将它设置为 true,然后设置控件的 EnableViewState 为 false，这样就可以关闭该控件的视图状态，而其他控件仍然启用视图状态，例如，关闭控件的视图状态信息，代码如下：

```
<asp:GridView ID="GridView1" runat="server" EnableViewState="False"></asp:GridView>
```

(2) 在配置文件中设置是否保留视图状态。

在配置文件 web.config 的 system.web 节点下，可以修改 pages 元素的 enableViewState 属性，来控制所有页面是否启用视图状态信息。代码如下：

```
<system.web>
    …
    <pages enableViewState="false">
    …
```

```
</pages>
…
</system.web>
```

这样设置后，所有页面将禁用视图状态，不过可以在单独页面中开启视图状态。

2. 使用视图状态存取数据

视图状态(ViewState)是一个字典对象，通过 Page 类的 ViewState 属性公开，是页用来在往返行程之间保留页和控件属性值的默认方法，只在本页有效。

视图状态中可以存储的数据类型包括：字符串、整数、布尔值、Array 对象、ArrayList 对象、哈希表、自定义类型转换器。只要可以序列化的数据类型(注：使用 Serializable 属性编译的数据类型)，都可以用视图状态来存取，这样视图状态便可以将这些数据序列化为 XML。

【例 5-1】 视图状态示例程序。

(1) 新建 ClientStateDemo 网站，在该网站中添加一个名为 ViewStateDemo.aspx 的 Web 窗体。

(2) 在窗体中放置一个 Button 按钮和一个标签，设置其 ID 属性为"Button1"和"Label1"，其中，设置 Button1 的 text 属性为"点击"。要求：运行页面后，点击该按钮，统计用户点击按钮的次数，并在标签上显示。

(3) 在后台代码页 ViewStateDemo.aspx.cs 中添加 Page_Load 事件和按钮的 Click 事件，代码如下：

```
protected void Page_Load(object sender, EventArgs e)
{
    //判断是否第 1 次访问
    if (!IsPostBack)
    {
        //第 1 次访问时，初始化 this.ViewState["counter"] 变量为 0
        this.ViewState["counter"] = 0;
        Label1.Text = "点击按钮次数： "+this.ViewState["counter"].ToString()+"次";
    }
}

protected void Button1_Click(object sender, EventArgs e)
{
    //用户点击按钮回发页面时，用 this.ViewState["counter"] 变量累计按钮点击次数
    this.ViewState["counter"] = int.Parse(this.ViewState["counter"].ToString()) + 1;
    //在标签上显示点击次数
    Label1.Text = "点击按钮次数： " + this.ViewState["counter"].ToString() + "次";
}
```

(4) 运行该页面，效果如图 5-2 所示。

图 5-2　ViewStateDemo.aspx 页面运行效果

注意：视图状态只能在特定的页面上保留信息。如果需要在不同页上共享信息，或者需要在访问网站时保留信息，则应当使用其他状态管理方法(如应用程序状态、会话状态或 Cookie)来维护状态。

3．使用视图状态的利弊

使用视图状态具有 3 个优点：

(1) 耗费的服务器资源较少(与 Application、Session 相比)。因为，视图状态数据都写入了客户端计算机中。

(2) 易于维护。默认情况下，.NET 系统自动启用对控件状态数据的维护。

(3) 增强的安全功能。视图状态中的值经过哈希计算和压缩，并且针对 Unicode 实现进行编码，其安全性要高于使用隐藏域。

使用视图状态具有三个缺点：

(1) 性能问题。由于视图状态存储在页本身，因此，如果存储的值较大，用户显示页和发送页时的速度可能减慢。

(2) 设备限制。移动设备可能没有足够的内存容量来存储大量的视图状态数据。因此，对于移动设备上的服务器控件，将使用其他的实现方法。

(3) 潜在的安全风险。视图状态存储在页上的一个或多个隐藏域中。虽然视图状态以哈希格式存储数据，但它可以被篡改。如果在客户端直接查看页源文件，可以看到隐藏域中的信息，这导致潜在的安全性问题。

5.2.2　查询字符串

查询字符串提供了一种维护状态信息的方法，它可以很容易地将信息从一页传递给它本身或另一页。这种方式是将要传递的值追加在 URL 后

查询字符串

面，如 http://product.dangdang.com/product.aspx?product_id=8988603。在 URL 路径中，查询字符串以问号(?)开始，后面跟上属性/值对。如果有多个属性/值对，则用&串接。如上面的 URL 传递了 1 个属性/值对：名为 product_id 属性，值为 8988603。

【例 5-2】　演示查询字符串的使用。

(1) 在 ClientStateDemo 网站中添加两个 Web 页面，分别为 QueryString.aspx 和 Hello.aspx，设计视图如图 5-3 和图 5-4 所示。QueryString.aspx 页面中的两个 TextBox 控件，其 ID 属性从上到下分别设置为 "txtName" 和 "txtPassword"；Button 控件 ID 属性设为 "Button1"，text 属性设为 "确定"。Hello.aspx 页面中两个 Label 控件的 ID 属性从上到

下分别设为"lblName"和"lblPassword"。

用户名：[_____]
密　码：[_____]
[确定]

用户名：[lblName]
密码：[lblPassword]

图 5-3　QueryString.aspx 页面设计视图　　　　图 5-4　Hello.aspx 页面设计视图

(2) 双击 QueryString.aspx 页面的"确定"按钮并为其添加 Click 事件，代码如下：

```
protected void Button1_Click(object sender, EventArgs e)
{
    //重定向到 Hello.aspx，将用户名和密码通过查询字符串方法传递给 Hello.aspx
    Response.Redirect("~/Hello.aspx?userName="+txtName.Text.Trim()+"&pwd=
                      "+txtPassword.Text.Trim());
}
```

通过 Response.Redirect 方法实现客户端的重定向。这种方式可以实现在两个页面之间传递信息。

(3) 为 Hello.aspx 页面添加 Page_Load 事件，代码如下：

```
protected void Page_Load(object sender, EventArgs e)
{
    //读取用户名信息
    lblName.Text = Request.QueryString["userName"].ToString();
    //读取密码信息
    lblPassword.Text = Request.QueryString["pwd"].ToString();
}
```

通过 Request.QueryString["属性名"] 可以读取相应字符串的信息，也可以通过 Request.Params["属性名"]或 Request["属性名"]的方法读取相应字符串的信息。

(4) 运行 QueryString.aspx 页面，效果如图 5-5 所示，输入用户名"syman"，密码"123"，点击"确定"按钮后，页面跳转到 Hello.aspx 页面，并在该页面中显示用户名和密码的信息，效果如图 5-6 所示。

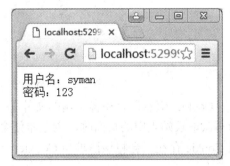

图 5-5　QueryString.aspx 页面运行效果　　　　图 5-6　Hello.aspx 页面运行效果

使用查询字符串的优点：

① 不需要任何服务器资源。查询字符串包含在对特定 URL 的 HTTP 请求中。

② 广泛的支持。几乎所有的浏览器和客户端设备均支持使用查询字符串传递值。

③ 实现简单。ASP.NET 完全支持查询字符串方法，其中包含了使用 HttpRequest 对象的 Params 属性读取查询字符串的方法。

使用查询字符串的缺点：

① 潜在的安全性风险。用户可以通过浏览器直接看到查询字符串中的信息。用户可将此 URL 设置为书签或发送给别的用户，从而通过此 URL 传递查询字符串中的信息。

② 有限的容量。有些浏览器和客户端设备对 URL 的长度有 2083 个字符的限制。

5.2.3　Cookie

Cookie

Cookie 提供了一种在 Web 应用程序中存储用户特定信息的方法，它是一小段文本信息，随着请求和响应在 Web 服务器和客户端之间传递。Cookie 是存储在客户端文件系统的文本文件中，或者存储在客户端浏览器会话的内存中的少量数据。存储在客户端浏览器会话的内存中的 Cookie 是临时的，随着浏览器关闭而自动消失；存储在客户端文件系统的文本文件中的 Cookie 是永久性的，即使浏览器关闭，Cookie 也不会消失，这些文件一般存储在硬盘上，Chrome 浏览器的 Cookies 可以通过在浏览器中选择"设置"→"隐私设置"→"内容设置"→"所有 Cookies 和网站数据"查看，如图 5-7 所示。

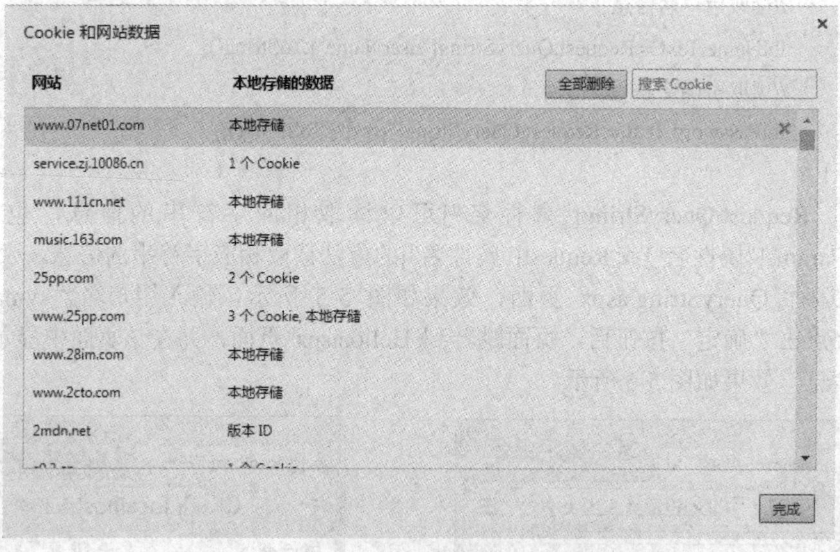

网站	本地存储的数据	全部删除　搜索 Cookie
www.07net01.com	本地存储	
service.zj.10086.cn	1 个 Cookie	
www.111cn.net	本地存储	
music.163.com	本地存储	
25pp.com	2 个 Cookie	
www.25pp.com	3 个 Cookie, 本地存储	
www.28im.com	本地存储	
www.2cto.com	本地存储	
2mdn.net	版本 ID	

图 5-7　Chrome 在本地存储的 Cookie 和网站数据

Cookie 信息保存在客户端的文件中，只要用户没有清除浏览器端的 Cookie 文件，以后再次请求站点中的页面时，浏览器便会在本地硬盘上查找与该 URL 关联的 Cookie，如果 Cookie 存在，会将该请求与 Cookie 一起发送到站点，服务器可以读取 Cookie 的值。

1．编写 Cookie

浏览器负责管理用户系统上的 Cookie。Cookie 通过 HttpResponse 对象发送到浏览器，该对象具有一个名为 Cookies 的集合属性。要发送给浏览器的所有 Cookie 都必须添加到此集合中。创建 Cookie 时，需要指定 Name 和 Value。每个 Cookie 必须有一个唯一的名称，以便以后从浏览器读取 Cookie 时可以识别它。由于 Cookie 按名称存储，因此用相同的名称命名两个 Cookie 会导致其中一个 Cookie 被覆盖。

还可以设置 Cookie 的到期日期和时间。用户访问编写 Cookie 的站点时，浏览器将删除过期的 Cookie。对于永不过期的 Cookie，可将到期日期设置为"从现在起 50 年"。

注意：即便存储的 Cookie 距到期日期还有很长时间，用户也可随时清除其计算机上的 Cookie。

如果没有设置 Cookie 的有效期，仍会创建 Cookie，但不会将其存储在用户的硬盘上，而会将 Cookie 作为用户会话信息的一部分进行维护。当用户关闭浏览器时，Cookie 便会被丢弃。这种非永久性 Cookie 很适合用来保存只需短时间存储的信息，或者保存由于安全原因不应该写入客户端计算机上的磁盘的信息。例如，如果用户在使用一台公用计算机，但不希望将 Cookie 写入该计算机的磁盘中，这时就可以使用非永久性 Cookie。因此，这种 Cookie 也被称为临时 Cookie。

可以通过多种方法将 Cookie 添加到 Cookies 集合中。下面的示例演示了两种编写 Cookie 的方法：

方法 1：

```
Response.Cookies["userName"].Value = "patrick";   //通过键/值添加 Cookie
//设置 Cookie 的过期时间
Response.Cookies["userName"].Expires = DateTime.Now.AddDays(1);
```

上面代码中，向 Cookies 集合添加一个名为 userName 的 Cookie，并设定它的 Expires 属性为当前时间加一天。因此，该 Cookie 将在客户端计算机上保存一天。如果未指定过期时间，则 Cookie 不会被写入计算机的硬盘，而是保存在浏览器进程的内存中，当关闭浏览器后将会丢失。

方法 2：

```
//通过新建 HttpCookie 对象添加 Cookie
HttpCookie aCookie = new HttpCookie("userName");   //新建 HttpCookie 对象
aCookie.Value = "patrick";   //设置相应的值
aCookie.Expires = DateTime.Now.AddDays(1);   //设置 Cookie 的过期时间
Response.Cookies.Add(aCookie);   //将 Cookie 添加到 Cookies 集合
```

上面代码中，先新建一个 HttpCookie 对象，然后再调用 Response.Cookies 集合的 Add 方法来添加 Cookie。

上面这两种方法都完成了同一任务，即向浏览器写入一个 Cookie。它们都是在一个 Cookie 中存储一个值，称为单值 Cookie。另外在一个 Cookie 中可以存储多个名称/值对，称为多值 Cookie。名称/值对称为子键。例如，不用创建两个名为 userName 和 lastVisit 的单值 Cookie，而可以创建一个名为 userInfo 的多值 Cookie，其中包含两个子键：userName 和 lastName。

下面的示例演示两种编写多值 Cookie 的方法，其中的每个 Cookie 都带有两个子键：

方法 1：

```
//直接添加
Response.Cookies["userInfo"]["userName"] = "patrick";
```

```
Response.Cookies["userInfo"]["lastVisit"] = DateTime.Now.ToString();
Response.Cookies["userInfo"].Expires = DateTime.Now.AddDays(1);
```

方法 2：

```
//通过新建 HttpCookie 对象来添加
HttpCookie aCookie = new HttpCookie("userInfo");
aCookie.Values["userName"] = "patrick";
aCookie.Values["lastVisit"] = DateTime.Now.ToString();
aCookie.Expires = DateTime.Now.AddDays(1);
Response.Cookies.Add(aCookie);
```

下面介绍如何读取 Cookie 的信息。浏览器向服务器发出请求时，会随请求一起发送该服务器的 Cookie。在 ASP.NET 应用程序中，可以使用 Request 对象读取 Cookie。Request 对象的结构与 Response 对象的结构基本相同，因此，从 Request 对象中读取 Cookie 的方式与将 Cookie 写入 Response 对象的方式基本相同。下面的代码示例演示两种方法，通过这两种方法可获取名为 username 的 Cookie 的值，并将其值显示在 Label 控件中：

方法 1：

```
if(Request.Cookies["userName"] != null)
        Label1.Text = Server.HtmlEncode(Request.Cookies["userName"].Value);
```

方法 2：

```
if(aCookie != null)
{
        HttpCookie aCookie = Request.Cookies["userName"];
        Label1.Text = Server.HtmlEncode(aCookie.Value);
}
```

在尝试获取 Cookie 的值之前，应确保该 Cookie 存在。注意在页面中显示 Cookie 的内容前，先调用 HtmlEncode 方法对 Cookie 的内容进行编码。这样可以确保恶意用户没有向 Cookie 中添加可执行脚本。

上面的代码是读取单值 Cookie 的方法，下面介绍读取多值 Cookie 的方法，它与读取单值 Cookie 的方法类似，只是需要访问 Cookie 的子键值。代码如下：

```
if(Request.Cookies["userInfo"] != null)
{
        if(Request.Cookies["userInfo"]["userName"]!=null &&
                Request.Cookies["userInfo"]["lastVisit"]!=null)
        Label1.Text = Server.HtmlEncode(Request.Cookies["userInfo"]["userName"]);
        Label2.Text = Server.HtmlEncode(Request.Cookies["userInfo"]["lastVisit"]);
}
```

在上面的示例中，读取了名为 userInfo 的 Cookie 的两个子键 userName 和 lastVisit 的值。获取子键的代码还可以写成 Request.Cookies["userInfo"].Values["userName"]。

2．控制 Cookie 的范围

默认情况下，一个站点的全部 Cookie 都一起存储在客户端上，而且所有 Cookie 都会随着对该站点发送的任何请求一起发送到服务器。也就是说，一个站点中的每个页面都能获得该站点的所有 Cookie。但是，可以通过两种方式设置 Cookie 的范围：

(1) 将 Cookie 的范围限制到服务器上的某个文件夹或应用程序。

(2) 将 Cookie 的范围设置为某个域，即允许指定域中的哪些子域可以访问 Cookie。

下面分别介绍这两种方式的使用。

1) 将 Cookie 限制到某个文件夹或应用程序

若要将 Cookie 限制到服务器上的某个文件夹，可按下面的示例设置 Cookie 的 Path 属性：

```
HttpCookie appCookie = new HttpCookie("AppCookie");
appCookie.Value = "written " + DateTime.Now.ToString();
appCookie.Expires = DateTime.Now.AddDays(1);
appCookie.Path = "/Application1";
Response.Cookies.Add(appCookie);
```

路径可以是站点根目录下的物理路径，也可以是虚拟根目录。所产生的效果是 Cookie 只能用于 Application1 文件夹或虚拟目录中的页面。例如，如果站点名称为 www.contoso.com，则在前面示例中创建的 Cookie 将只能用于路径为 http://www.contoso.com/Application1/的页面以及该文件夹下的所有页面。但是，Cookie 将不能用于其他应用程序中的页面，如 http://www.contoso.com/Application2/ 或 http://www.contoso.com/中的页面。

2) 限制 Cookie 的域范围

默认情况下，Cookie 与特定域关联。例如，如果站点是 www.contoso.com，那么当用户向该站点请求任何页时，该站点的所有 Cookie 就会被发送到服务器。如果站点具有子域(例如，contoso.com、sales.contoso.com 和 support.contoso.com)，则可以将 Cookie 与特定的子域关联。若要执行此操作，可设置 Cookie 的 Domain 属性，代码如下：

```
Response.Cookies["domain"].Value = DateTime.Now.ToString();
Response.Cookies["domain"].Expires = DateTime.Now.AddDays(1);
Response.Cookies["domain"].Domain = "support.contoso.com";
```

这样，Cookie 只能用于指定的子域 support.contoso.com 的页面，而不能用于其他子域的页面。

利用 Domain 属性，还可创建可在多个子域间共享的 Cookie，如下面的示例所示：

```
Response.Cookies["domain"].Value = DateTime.Now.ToString();
Response.Cookies["domain"].Expires = DateTime.Now.AddDays(1);
Response.Cookies["domain"].Domain = "contoso.com";
```

这样，Cookie 将可用于主域，也可用于 sales.contoso.com 和 support.contoso.com 子域。

3．修改和删除 Cookie

由于 Cookie 存储在客户端，不能直接修改 Cookie。因此，要修改一个 Cookie，就必须创建一个具有新值的同名 Cookie，然后将其发送到浏览器来覆盖客户端上的旧版本

Cookie。下面的代码示例演示如何更改存储用户对站点的访问次数的 Cookie 的值:

```
int counter;
//读取 Cookie 值
if (Request.Cookies["counter"] == null)
    counter = 0;
else
{
    counter = int.Parse(Request.Cookies["counter"].Value);
}
//累加 1 后以该累加值重新创建 Cookie，发送到浏览器覆盖旧的 Cookie
counter++;
Response.Cookies["counter"].Value = counter.ToString();
Response.Cookies["counter"].Expires = DateTime.Now.AddDays(1);
```

删除 Cookie(即从用户的硬盘中物理移除 Cookie)是修改 Cookie 的一种形式。由于 Cookie 在用户的计算机中，因此无法将其直接移除。但是，可以让浏览器来删除 Cookie。创建一个与要删除的 Cookie 同名的新 Cookie，并将该 Cookie 的到期日期设置为早于当前日期的某个日期。当浏览器检查 Cookie 的到期日期时，会删除已过期的 Cookie。下面的代码示例演示删除应用程序中所有可用 Cookie 的方法:

```
HttpCookie aCookie;
string cookieName;
int limit = Request.Cookies.Count;
for (int i=0; i<limit; i++)
{
    cookieName = Request.Cookies[i].Name;
    aCookie = new HttpCookie(cookieName);
    aCookie.Expires = DateTime.Now.AddDays(-1);
    Response.Cookies.Add(aCookie);
}
```

在上面代码中，通过循环访问 Cookies 集合，将所有 Cookie 的到期时间设置为昨天，那么当这些 Cookie 发送到浏览器后，浏览器检测到它们都已过期，就会将它们全部删除。

对于多值 Cookie，其修改方法与创建它的方法相同，如下面的示例所示:

```
Response.Cookies["userInfo"]["lastVisit"] = DateTime.Now.ToString();
Response.Cookies["userInfo"].Expires = DateTime.Now.AddDays(1);
```

若要删除单个子键，可以操作 Cookie 的 Values 集合，该集合用于保存子键。首先通过从 Cookies 对象中获取 Cookie 来重新创建 Cookie。然后调用 Values 集合的 Remove 方法，将要删除的子键的名称传递给 Remove 方法。接着，将 Cookie 添回到 Cookies 集合，这样 Cookie 便会以修改后的格式发送回浏览器。下面的代码示例演示如何删除子键。在此示例中，要移除的子键的名称在变量中指定。

```
string subkeyName;

subkeyName = "userName";

HttpCookie aCookie = Request.Cookies["userInfo"];

//调用 Remove 方法从 Values 集合中删除子键

aCookie.Values.Remove(subkeyName);

aCookie.Expires = DateTime.Now.AddDays(1);

Response.Cookies.Add(aCookie);
```

4．Cookie 的应用

一般只要有会员、用户机制的网站或论坛，在登录的时候都会有这么一个复选框——[记住我的名字|两周内不再登录|在此计算机上保存我的信息]。说法较多，实现起来差不多，下面就来实现这样一个简单的例子。

【例 5-3】　演示 Cookie 的使用。

(1) 在 ClientStateDemo 网站中，添加一个名为 CookieDemo.aspx 的页面，界面设计如图 5-8 所示。页面中两个 TextBox 控件的 ID 属性从上到下分别为"txtUserName"和"txtPassword"；CheckBox 的 ID 属性设置为 remUserInfo，text 属性设为"记住状态"；Button 控件的 ID 属性设为"btnLogin"，text 属性设为"登录"。

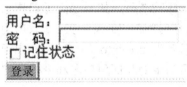

图 5-8　CookieDemo.aspx 页面设计视图

图 5-8 展示的页面用到了两个 Textbox 控件、一个 CheckBox 控件和一个 Button 控件。从工具箱拖曳，按之前例子中的方法设计即可。

(2) 添加 Page_Load 事件和"登录"按钮的 Click 事件，代码如下：

```
protected void Page_Load(object sender, EventArgs e)

{

    if (!IsPostBack)

    {

        //读取名为 UserInfo 的 Cookie

        HttpCookie cookie=Request.Cookies["UserInfo"];

        if (cookie != null)

        {

            txtUserName.Text = cookie.Values["UserName"];

            txtPassword.Text = cookie.Values["Password"];

        }

    }

}

protected void btnLogin_Click(object sender, EventArgs e)
```

```
                    {
                        //验证用户名密码是否正确
                        if(txtUserName.Text.Trim()=="user"&& txtPassword.Text.Trim()=="123")
                        {
                            if (remUserInfo.Checked)
                            {
                                HttpCookie cookie = new HttpCookie("UserInfo");
                                cookie.Values["UserName"] = txtUserName.Text.Trim();
                                cookie.Values["Password"] = txtPassword.Text.Trim();
                                //设置过期时间为 30 天
                                cookie.Expires = System.DateTime.Now.AddDays(30);
                                Response.Cookies.Add(cookie);
                                Response.Redirect("~/Default.aspx");
                            }
                        }
                    }
                }
```

上述代码表明在用户登录成功之后，如果选中了记住状态，就把用户名和密码存入客户端的 Cookie 中，并设置过期时间为 30 天。在 30 天内用户再次在该电脑上访问该网页时，在页面加载的时候将显示名为 userInfo 的 Cookie 中记录的用户名和密码，无需用户重新输入。上面代码中采用了简单的验证用户名和密码的方法，这里可以替换成自己的验证方法。

(3) 运行 CookieDemo.aspx 页，输入用户名"user"，密码"123"，点击"登录"按钮。由于用户名密码正确，因此将保存有用户名和密码信息的 Cookie 发送到客户端，并跳转到 Default.aspx 页。关闭 Default.aspx 页，重新运行 CookieDemo.aspx 页，可以发现 CookieDemo.aspx 页上的用户名和密码都已填好，只要点"登录"按钮，即可快速完成登录。

5．Cookie 的安全性

Cookie 的安全性问题与从客户端获取数据的安全性问题类似。在应用程序中，Cookie 是另一种形式的用户输入，因此很容易被他人非法获取和利用。由于 Cookie 保存在用户自己的计算机上，因此，用户至少能看到存储在 Cookie 中的数据。用户还可以在浏览器向服务器发送 Cookie 之前更改该 Cookie。因此，千万不要在 Cookie 中存储敏感信息，如用户名、密码、信用卡号等等。不要在 Cookie 中放置任何不应由用户掌握的内容，也不要放可能被其他窃取 Cookie 的人控制的内容。

同样，不要轻信从 Cookie 中得到的信息。处理 Cookie 值时采用的安全措施应该与处理网页中用户键入数据时采用的安全措施相同。

Cookie 以明文形式在浏览器和服务器间发送，任何可以截获 Web 通信的人都可以读取 Cookie。可以设置 Cookie 属性，使 Cookie 只能在使用安全套接字层(SSL)的连接上传输。SSL 并不能防止保存在用户计算机上的 Cookie 被读取或操作，但可防止 Cookie 在传输过程中被读取，因为 Cookie 已被加密。

除了安全性的问题外，Cookie 还有以下缺点：

(1) 大小受到限制。大多数浏览器对 Cookie 的大小限制在 4095～4097 字节之间。

(2) 用户配置为禁用。有些用户禁用了浏览器或客户端设备接收 Cookie 的能力，因此限制了这一功能。

同时，Cookie 也具有以下优点：

(1) 可配置到期规则。Cookie 可以在浏览器会话结束时到期，或者可以在客户端计算机上无限期存在，这取决于 Cookie 的到期规则。

(2) 不需要任何服务器资源。Cookie 存储在客户端并在发送后由服务器读取。

(3) 简单性。Cookie 是一种基于文本的轻量结构，包含简单的键值对。

(4) 数据持久性。虽然客户端计算机上 Cookie 的持续时间取决于客户端上的 Cookie 过期处理和用户干预，但 Cookie 通常是客户端上持续时间最长的数据保留形式。

5.2.4　基于 Cookie 的购物篮实现

现如今网络技术飞速发展，电子商务扩张迅速，网购在人们生活中的比重越来越重。当你在购物网站上购物时是否注意过购物篮这个功能，当你在购物篮中添加了商品，即使不立即处理，下次再登录购物网站时，购物篮中的商品依然存在。

下面介绍用 Cookie 技术实现一个简单的购物篮功能。

【例 5-4】　用 Cookie 技术实现购物篮。

(1) 在 ClientStateDemo 网站中添加一个名为 Products_List.aspx 的页面，界面设计如图 5-9 所示(图中按钮边上的框内显示了按钮的 ID 及 Text 值)，再添加一个 ShoppingBasket.aspx 页面。

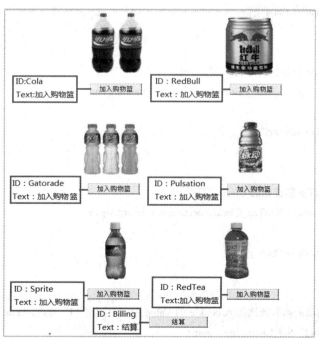

图 5-9　Products_List.aspx 设计效果

(2) 为 Products_List.aspx 页面添加各个"加入购物篮"按钮的 Click 事件,代码如下:

```
//ID 为 Cola 的按钮的 Click 事件代码
protected   void   Cola_Click(object sender, EventArgs e)
{
    Set_List("000001");
}


//ID 为 RedBull 的按钮的 Click 事件代码
protected   void   RedBull_Click(object sender, EventArgs e)
{
    Set_List("000002");
}


//ID 为 Gatorade 的按钮的 Click 事件代码
protected   void   Gatorade_Click(object sender, EventArgs e)
{
    Set_List("000003");
}


//ID 为 Pulsation 的按钮的 Click 事件代码
protected   void   Pulsation_Click(object sender, EventArgs e)
{
    Set_List("000004");
}


//ID 为 Sprite 的按钮的 Click 事件代码
protected   void   Sprite_Click(object sender, EventArgs e)
{
    Set_List("000005");
}


//ID 为 RedTea 的按钮的 Click 事件代码
protected   void   RedTea_Click(object sender, EventArgs e)
{
    Set_List("000006");
}


//将每件商品的编号依次加入 cookie 的 Value 中,中间用"I"分隔,num 为商品编号
private   void   Set_List(string   num)
{
```

```
        if (Request.Cookies["List_Of_Product"] == null)   //如果空就创建
        {
            HttpCookie    cookie = new    HttpCookie("List_Of_Product");
            cookie.Value = num;
            cookie.Expires = System.DateTime.Now.AddDays(7);    //设置 7 天后失效
            Response.Cookies.Add(cookie);
            Response.Write("<script>alert('商品添加成功！')</script>");
        }
        else//如果不为空，便在原来基础上加入
        {
            HttpCookie    cookie = Request.Cookies["List_Of_Product"];
            //建立一个字符数组，存放已存在 cookie 中的商品编号
            string[]    isRepeat = newstring[20];
            isRepeat = cookie.Value.Split('|');    //按“|”拆分字符串，还原商品编号
            bool    isrepeat = false;    //判断是否已存在商品编号的 bool 值，false 是不存在
            for(int i = 0;i< isRepeat.Length;i++)    //开始比较是否存在商品编号
            {
                if ( isRepeat[i] == num)
                    isrepeat = true;
            }
            if (!isrepeat)    //不存在，则添加
            {
                cookie.Value = cookie.Value + "|" + num;
                cookie.Expires = System.DateTime.Now.AddDays(7);    //重新设置 7 天后失效
                Response.Cookies.Add(cookie);
                Response.Write("<script>alert('选择成功！')</script>");
            }
            else//存在则提示
            {
                Response.Write("<script>alert('你已经选择了该商品！')</script>");
            }
        }
}


//结算按钮事件代码
protected    void    Billing_Click(object sender, EventArgs e)
{
    if (Request.Cookies["List_Of_Product"] == null)
        Response.Write("<script>alert('你还没有选择任何商品！')</script>");
    else
```

```
                Response.Redirect("~/ShoppingBasket.aspx");   //跳转到购物篮界面
        }
```

(3) 为 ShoppingBasket.aspx 添加 Page_Load 事件，代码如下：

```
        protected   void   Page_Load(object sender, EventArgs e)
        {
                HttpCookie cookie = Request.Cookies["List_Of_Product"];
                if (Request.Cookies["List_Of_Product"] == null)
                {
                        Response.Write("<script>alert('你没有选择任何商品！')</script>");
                }
                else
                {
                        string[]    list = cookie.Value.Split('|');
                        Response.Write("你选择的商品编号是：");
                        for(int i = 0;i < list.Length;i++)
                        {
                                Response.Write(list[i] + "\n");
                        }
                }
        }
```

(4) 运行 Products_List.aspx，选择商品后，单击"结算"按钮，购物篮的效果如图 5-10 所示。

图 5-10　ShoppingBasket.aspx 页面运行效果

　　请读者思考使用 Cookie 技术实现的购物篮具有什么特征？使用 Cookie 技术实现的购物篮信息保存在客户端，因此，换一台电脑上网时，购物篮里保存的商品就会消失。只有用同一台电脑上该网站，才能看到上次保存在购物篮中的信息。

5.3　服务器端状态管理

　　使用服务器端状态维护技术主要是为了在服务器上存储状态信息。服务器端技术的安全性较高，但会降低服务器性能。本节主要介绍会话状态和应用程序状态维护技术。

5.3.1　会话状态

会话(Session)指的是客户端和服务器建立唯一连接的一个对象。每一个访问者都会单独获得一个会话。在 Web 应用程序中，当一个　　会话 ID 及会话事件
用户访问该应用时，会话可以供这个用户在该 Web 应用的所有页面中共享数据；如果另一个用户也同时访问该 Web 应用，他也拥有自己的会话，但两个用户之间无法通过会话共享信息。

而会话状态是 ASP.NET 中非常重要的服务器端状态管理技术，同时也是功能很强大的状态管理技术。会话状态是特定于会话的，不同用户的会话具有不同的会话状态，如果有一万个用户，将会有一万个会话状态。会话状态在存储与用户相关的信息方面非常有用，如博客登录后就可以使用会话状态存储通过验证的用户信息。

1. 会话 ID

当用户访问站点时，服务器将为该用户建立唯一的会话，会话将一直延续到用户访问结束。由于必须为每个用户维护一个会话状态，ASP.NET 将会为每个新用户请求创建一个唯一的会话 ID。这个会话 ID 使用了唯一的 120 位标识符，ASP.NET 使用一种保密的算法来生成这个值，以保证这个值的唯一性。当客户端持有一个会话 ID，ASP.NET 将搜寻相应的会话，然后提取用户在会话中存储的对象，放入一个指定的集合中让用户进行访问。

浏览器的会话使用存储在 SessionID 属性中的唯一标识符进行标识。会话 ID 使 ASP.NET 应用程序能够将特定的浏览器与 Web 服务器上相关的会话数据和信息相关联。会话 ID 值在浏览器和 Web 服务器间通过 Cookie 进行传输，如果指定了无 Cookie 会话，则通过 URL 进行传输。

在 web.config 文件中，通过将 sessionState 配置节的 cookieless 属性设置为 UseUri 或 true，可以指定不将会话 ID 存储在 Cookie 中，而是存储在 URL 中。sessionState 配置节代码如下：

```
<configuration>
    <system.web>
        <sessionState cookieless="UseUri"/>
    </system.web>
</configuration>
```

这时，浏览 Default.aspx 页面，将看到浏览器地址栏的 URL 中自动添加了一段字符，也就是会话 ID，所示如下：

```
http://localhost:10765/StateManageDemo/(S(hfuvhje2whhmnhyaocja54r0))/Default.aspx
```

可以看出，上面代码中"hfuvhje2whhmnhyaocja54r0"就是会话 ID。

采用无 Cookie 会话，会话 ID 保存在 URL 中，如果用户与他人共享 URL(可能是用户将 URL 发送给其他人，而该用户的会话仍然处于活动状态)，则最终这两个用户可能共享同一个会话，结果将难以预料。

2．配置会话状态

ASP.NET 允许开发人员在 web.config 文件中配置当前应用程序的会话状态，除了上面提到的 cookieless 属性外，还可以配置一些高级的会话状态属性。下面是一个简单的 sessionState 配置节的代码：

配置会话状态

```
<configuration>
    <system.web>
        <sessionState cookieless="UseCookies" cookieName="SessionId" timeout="20" mode="InProc"/>
    </system.web>
</configuration>
```

下面分别对该配置节的主要属性进行详细的讨论。

(1) cookieless 属性。cookieless 属性可以指定 Web 应用程序是否使用 Cookie 的方式保存会话 ID，它是一个 HttpCookieMode 枚举类型的属性值，可选值如下：

① UserCookie：总是使用 Cookie 保存会话 ID，即使浏览器禁用了 Cookie 或者浏览器根本不支持 Cookie。这是默认选项。

② UseUri：绝不使用 Cookie，而是将会话 ID 保存在 URL 中。

③ useDeviceProfile：ASP.NET 将通过检测 BrowserCapability 对象来判断是否应该使用 Cookie。

④ AutoDetect：ASP.NET 通过向浏览器发送和接受 Cookie 来决定浏览器是否支持 Cookie。

(2) timeout 属性。该属性用于指定应用程序会话的超时时间，所谓超时，是指当应用程序在指定时间段内没有任何响应动作时，则自动中断会话状态。该属性以分钟为单位，默认为 20 分钟。

除了在 web.config 配置文件中指定超时时间外，还可以在程序代码中直接设置超时时间，代码如下：

```
Session.Timeout = 10;
```

(3) cookieName 属性。这是一个字符串类型的属性，用于指定存储会话 ID 的 Cookie 名称。默认情况下，cookieName 属性指定为 ASP.NET_SessionId。

(4) mode 属性。mode 属性用于指定如何存储会话状态数据，是一个 SessionStateMode 枚举类型的值。mode 具有如下可选项：

① InProc 模式：默认模式，将会话状态存储在 Web 服务器上的内存中。对于小量用户数的 Web 站点来说，使用该模式将能提供最佳性能。由于会话信息保存在服务器的内存中，当服务器重启或意外停机，将导致会话信息丢失。如果用户访问量很大，或者是在多台服务器上部署了 ASP.NET 程序(也称为 Web 服务场)，则应该考虑使用 StateServer 和 SQL Server 模式将会话状态存储在单独的进程或者独立的数据库服务器中。

② StateServer 模式：将 mode 属性设为 StateServer，也就是将会话数据存储到单独的内存缓冲区中，再由单独一台机器上运行的 Windows 服务来控制这个缓冲区。可以由 web.config 文件中的 stateConnectionString 属性来配置。

显然，使用 StateServer 模式的优点在于进程隔离，并可在 Web 服务场中共享。会话状态的存储不依赖于 IIS 进程的失败或者重启，然而，一旦状态服务中止，所有会话数据都会丢失。换言之，状态服务不像 SQL Server 那样能持久存储数据；它只是将数据存储在内存中。

③ SQL Server 模式：ASP.NET 还允许将会话数据存储到一个数据库服务器中，方法是将 mode 属性设置为 SqlServer。在这种情况下，ASP.NET 尝试将会话数据存储到由 sqlConnectionString 属性指定的 SQL Server 中。

④ Custom 模式：此模式允许指定自定义存储提供程序。如果使用自定义模式，需要为 customProvider 属性指定一个会话提供者，customProvider 属性指向一个位于 App_Code 文件夹中的类，或者是位于自定义程序集或 GAC 中的一个类。

⑤ Off 模式：此模式禁用会话状态。ASP.NET 的会话状态管理是要产生开销的。所以，假如某个网页不需要访问 Session 对象，开发者应将那个页的 Page 预编译指令的 EnableSessionState 属性设为 false。要为整个网站禁用会话状态，可在 web.config 文件中将 sessionState 元素的 mode 属性设为 Off。

3．会话状态的事件

ASP.NET 提供了两个管理用户会话的事件：Session_Start 事件和 Session_End 事件；前者在新会话开始时引发，后者在会话被放弃或过期时引发。

① Session_Start 事件：通过向 Global.asax 文件添加一个名为 Session_Start 的事件过程来处理。如果请求开始一个新会话，Session_Start 事件过程会在请求开始时运行。如果请求不包含 SessionID 值或请求所包含的 SessionID 属性引用一个已过期的会话，则会开始一个新会话。可以使用 Session_Start 事件初始化会话变量并跟踪与会话相关的信息。

② Session_End 事件：通过向 Global.asax 文件添加一个名为 Session_End 的事件过程来处理。Session_End 事件过程在调用 Abandon 方法或会话过期时运行。如果超过了某一会话 Timeout 属性指定的分钟数，并且在此期间内没有请求该会话，则该会话过期。

只有会话状态属性 Mode 被设置为 InProc(默认值)时，才支持 Session_End 事件。如果会话状态属性 Mode 为 StateServer 或 SQLServer，则忽略 Global.asax 文件中的 Session_End 事件。如果会话状态属性 Mode 被设置为 Custom，则由自定义会话状态存储提供程序决定是否支持 Session_End 事件。

可以使用 Session_End 事件清除与会话相关的信息，如由 SessionID 值跟踪的数据源中的用户信息。

4．会话状态变量的使用

在访问网页时，经常在一个页面中需要访问另一个页面的信息。如登录页面，在登录成功后，后续的网页中经常需要显示登录用户的信息。由于 Web 应用本质上是无状态的，因此，这里可以通过会话状态变量来完成这个功能。

会话变量的使用

会话状态采用键/值字典形式的结构来存储特定于会话的信息，这些信息需要在服务器往返行程之间及页请求之间进行维护。可以存储特定的值和对象，该会话状态对象将由服务器来进行管理并可用于浏览器或客户端设备。存储在会话状态变量中的数据，是特定于单独会话的短期的、敏感的数据。

1) 向会话状态中添加项

以键/值对的形式直接向 Session 中添加项以持久保留值。例如，将登录成功的用户名保存在会话状态中，代码如下：

```
Session["UserName"] ="mary";
```

也可以调用 Session 的 Add 方法，传递项名称和项的值，向会话状态集合添加项。代码如下：

```
Session.Add("UserName ","mary");
```

2) 读取会话状态变量的值

添加项以后，就可以在任意页面中访问它们的值。代码如下：

```
if (Session["UserName"] != null)
{
    string strUserName = Session["UserName"].ToString();
}
```

在上面的代码中，首先判断会话状态项是否已经存在，然后再访问该会话状态值。这是访问会话状态值的推荐做法。

3) 删除会话状态的值

通过调用 Session 对象的 Clear 和 RemoveAll 方法，可以清除会话状态集合中的所有项；或调用 Remove 和 RemoveAt 清除其中的某一项；也可以调用 Abandon 方法取消当前会话，即会话立即过期。

例如，要从会话状态中删除 UserName 项，可以调用 Remove 方法，并传递要删除项的名称。代码如下：

```
Session.Remove("UserName");
```

在实际应用中，出于对客户会话状态信息的保护，应该提供让客户注销登录的功能。通过 Abandon 方法可完成注销，其代码如下：

```
Session.Abandon();
```

一旦调用该方法，ASP.NET 会立即注销当前会话，清除所有与该会话有关的数据。如果再次访问网站，将开启新的会话。

【例 5-5】 演示会话状态变量的使用。

(1) 新建 ServerStateDemo 网站，添加 Login.aspx 和 Hello.aspx 两个 Web 页面，Login.aspx 页面设计效果如图 5-11 所示。

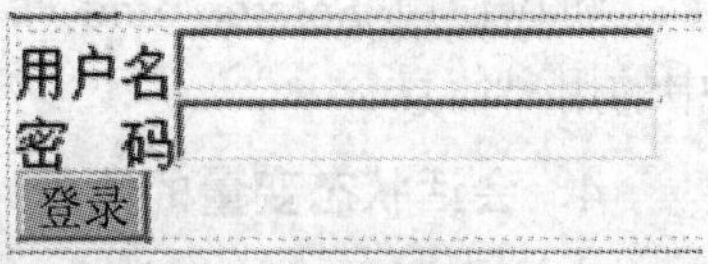

图 5-11 Login.aspx 页面设计视图

Login.aspx 页面中的两个 TextBox 控件从上到下，ID 属性分别设为"txtUserName"和"txtPassword"；Button 控件的 ID 属性设为"btnLogin"，Text 属性设为"登录"。

(2) 为 Login.aspx 页面的"登录"按钮添加 Click 事件，代码如下：

```
protected void btnLogin_Click(object sender, EventArgs e)
{
    string userName = txtUserName.Text.Trim();
    string password = txtPassword.Text.Trim();
```

```
        if (userName == "mary"&& password == "123")
        {
            Session["UserName"] = userName;
            Response.Redirect("~/Hello.aspx");
        }
    }
```

(3) 添加 Hello.aspx 页面的 Page_Load 事件代码如下：

```
    protected void Page_Load(object sender, EventArgs e)
    {
        Response.Write("欢迎" + Session["UserName"].ToString());
    }
```

(4) 运行 Login.aspx 页面，在用户名和密码中分别输入"mary"和"123"，点击"登录"按钮，则跳转到 hello.aspx 页面，并在该页面上输出"欢迎 mary"。

5. 会话状态的利弊

使用会话状态的优点：

(1) 实现简单。会话状态功能易于使用。

(2) 会话特定的事件。会话管理事件可以由应用程序引发和使用。

(3) 数据持久性。放置于会话状态变量中的数据可以经受得住 Internet 信息服务(IIS)重新启动和辅助进程重新启动，而不丢失会话数据，这是因为这些数据可以存储在另一个进程空间中。此外，会话状态数据可跨多进程保持(例如在 Web 场中)。

(4) 平台可伸缩性。会话状态可在多计算机和多进程配置中使用，因而优化了可伸缩性方案。

(5) 无需 Cookie 支持。尽管会话状态最常见的用途是与 Cookie 一起向 Web 应用程序提供用户标识功能，但会话状态可用于不支持 HTTPCookie 的浏览器，而是将会话状态标识符放置在查询字符串中。

(6) 可扩展性。可通过编写自己的会话状态提供程序自定义和扩展会话状态。然后可以通过多种数据存储机制(例如数据库、XML 文件甚至 Web 服务)将会话状态数据以自定义数据格式存储。

但是，使用会话状态时，要注意其性能问题。会话状态变量在被移除或替换前保留在内存中，因而可能降低服务器性能。如果会话状态变量包含诸如大型数据集之类的信息块，则可能会因服务器负荷的增加影响 Web 服务器的性能。

5.3.2 应用程序状态

ASP.NET 应用程序是指单个 Web 服务器上的某个虚拟目录及其子目录范围内的所有文件、页、处理程序、模块和代码的总和。应用程序状态是指在整个应用程序范围内可被任何客户端进行访问的一些全局对象；它是可供 ASP.NET 应用程序中的所有类使用的数据储存库。它存储在服务器的内存中，因此，与在数据库中存储和检索信息相比，它的执行速度更快。与特定于单个用户

应用程序状态

会话的会话状态不同，应用程序状态应用于所有的用户和会话，它是一种全局存储机制，可从 Web 应用程序中的所有页面(或 Global.asax 文件)访问。因此，应用程序状态用于存储那些数量较少、不随用户的变化而变化的常用数据。

应用程序状态基于 System.Web.HttpApplicationState 类，可以在任何位置使用 Page 类内置的 Application 对象来访问应用程序状态，Application 对象的使用方法和 Session 基本一致。

1．添加和读取应用程序状态中的值

应用程序状态存储在一个键/值字典中，可以将特定于应用程序的信息添加到此结构以在页请求期间读取它。通常，可在 Global.asax 文件中的应用程序启动事件中初始化某个应用程序状态变量的值。如在应用程序启动事件中初始化变量的初始值，代码如下：

```
void Application_Start(object sender, EventArgs e)
{
    Application["WebVisitCount"] = 0;
}
```

也可以通过调用 Application 对象的 Add 方法将某个对象值添加到应用程序状态集合中，代码如下：

```
void Application_Start(object sender, EventArgs e)
{
    Application.Add("WebVisitCount", 0);
}
```

由于 Web 应用程序是多线程的，因此应用程序状态变量可以同时被多个线程访问。为了防止产生无效的数据，必须在设置值前先锁定应用程序状态，限制其只能由一个线程写入。具体方法是通过 Application 对象的 Lock 和 UnLock 方法进行锁定和取消锁定。代码如下：

```
Application.Lock();
Application["WebVisitCount"] = (int)Application["WebVisitCount"] + 1;
Application.UnLock();
```

上面代码中，首先调用了 Lock 方法，锁定对应用程序状态的访问，然后读取 WebVisitCount 的值加 1 后再写入，最后调用 Unlock 方法解除锁定。除了像上面一样直接读取应用程序变量的值外，还可以通过调用 Application 对象的 Get 方法进行读取。代码如下：

```
Application["WebVisitCount"] = (int)Application.Get("WebVisitCount") + 1;
```

上面代码直接读取 WebVisitCount 变量的值。不过，在实际应用中，还是要先判断该应用程序状态集合中是否存在该变量，然后再读取。

2．修改和删除应用程序状态的值

要修改应用程序状态变量的值，可采用上面所示的直接更改的方法，也可以通过调用 Application 对象的 Set 方法，传递变量名和变量值来更新已添加的变量的值。代码如下：

```
Application.Set("WebVisitCount", (int)Application.Get("WebVisitCount") + 1);
```

如果传递的变量不在应用程序状态集合中，则需使用前面的方法添加该变量后，才能用 Set 方法进行修改。

　　要删除应用程序状态变量，可以通过调用 Application 对象的 Clear 或 RemoveAll 方法删除应用程序状态集合中所有变量；也可以通过调用 Remove 或 RemoveAt 方法来删除一个变量。代码如下：

```
Application.Remove("WebVisitCount");//通过指定变量名来删除

Application.RemoveAt(0);//通过指定序号来删除
```

3．应用程序状态举例

　　使用应用程序变量的一个最典型的例子就是网站计数器。

　　【例 5-6】　　下面利用应用程序状态变量实现网站在线人数和访问总人数的统计功能。

　　(1) 在 ServerStateDemo 网站中添加一个 Global.asax 文件，在该文件中的应用程序启动事件中初始化两个应用程序状态变量的值，分别为 total 和 online。代码如下：

```
void Application_Start(object sender, EventArgs e)
{
        //在应用程序启动时运行的代码
        Application["total"] = 0;
        Application["online"] = 0;
}
```

　　当第一个用户访问该网站时，首先运行该事件过程，初始化 total 和 online 两个变量为 0。

　　(2) 初始化后，只要有一次会话开始，就会执行 Session_Start 事件过程，在该事件过程中将在线人数和访问总人数加 1，代码如下：

```
void Session_Start(object sender, EventArgs e)
{
        //在新会话启动时运行的代码
        Application.Lock();
        Application["total"] = (int)Application["total"] + 1;
        Application["online"] = (int)Application["online"] + 1;
        Application.UnLock();
}
```

　　(3) 每当一次会话结束，就必须将在线人数减 1，因此在 Session_End 事件过程中添加如下代码：

```
void Session_End(object sender, EventArgs e)
{
        //在会话结束时运行的代码
        //注意: 只有在 web.config 文件中的 sessionstate 模式设置为 InProc 时，才
        //会引发 Session_End 事件。如果会话模式设置为 StateServer 或 SQLServer，
        //则不会引发该事件
        Application.Lock();
        Application["online"] = (int)Application["online"] - 1;
        Application.UnLock();
}
```

(4) 在 Default.aspx 文件中读取在线人数和访问总人数的信息并显示，代码如下：

```
protected void Page_Load(object sender, EventArgs e)
{
        Label1.Text = "网站访问总人数：" +(int)Application["Total"];
        Label2.Text = "当前在线人数：" + (int)Application["online"];
}
```

(5) 运行 Default.aspx 页面，可以看到网站访问总人数及当前在线人数分别都为 1。再重新开启 IE 运行该页面，网站访问总人数及当前在线人数分别都为 2。网站访问总人数随着会话次数的增加而增加，当前在线人数和会话过期时间有关，当会话过期时，人数会减少。

4. 应用程序状态的利弊

下面介绍一下使用应用程序状态的优缺点。

使用应用程序状态的优点如下：

(1) 实现简单。应用程序状态易于使用，通过键/值对进行存储和访问。

(2) 应用程序的范围广。由于应用程序状态可供应用程序中的所有页来访问，因此，在应用程序状态中存储信息，可能意味着仅保留信息的一个副本。

使用应用程序状态的缺点如下：

(1) 对资源有要求。由于应用程序状态存储在内存中，因此比将数据保存到磁盘或数据库中速度更快。但是，在应用程序状态中存储较大的数据块，可能会耗尽服务器内存，这会导致服务器将内存分页到磁盘。

(2) 易失性。由于应用程序状态存储在服务器内存中，因此每当停止或重新启动应用程序时，应用程序状态都将丢失。例如，如果更改了 web.config 文件，则要重新启动应用程序，此时除非将应用程序状态值写入非易失性存储媒体(如数据库)中，否则所有应用程序状态都将丢失。上例中的网站总人数如果不写入数据库中，一旦重新启动应用程序时，总人数数据丢失，重新从 0 开始计数。因此，通常是在应用程序启动时，从数据库中读取网站访问人数并保存在 Apllication 状态变量中，只要应用程序正常运行，网站访问人数就会保存在 Apllication 状态变量中；一旦应用程序发生异常或停止，就会将网站访问人数重新写入数据库进行保存。

(3) 可伸缩性。应用程序状态不能在为同一应用程序服务的多个服务器间(如在网络场中)共享，也不能在同一服务器上为同一应用程序服务的多个辅助进程间(如在网络园中)共享。因此，应用程序不能依靠应用程序状态来实现在不同的服务器或进程间包含相同的应用程序状态数据。如果应用程序要在多处理器或多服务器环境中运行，可以考虑对必须在应用程序中准确保存的数据使用伸缩性更强的选项(如数据库)。

从以上的叙述中可以看出，通过对应用程序状态进行精心设计和实现，可以提高 Web 应用程序的性能。但是，这里存在一种性能平衡，当服务器负载增加时，包含大块信息的应用程序状态变量就会降低 Web 服务器的性能。

5.3.3 基于 Session 的购物篮实现

前面例 5-4 使用客户端状态管理技术 Cookies 实现购物篮，这里使用 Session 来实现。

【例 5-7】　用 Session 技术实现购物篮。

(1) 在 ServerStateDemo 网站中添加 ClientStateDemo 网站中的 Product_List.aspx 和 ShoppingBacket.aspx，页面设计参考例 5-4。

(2) Products_List.aspx 代码与例 5-4 的区别在于 Set_List 函数和 Billing_Click 事件，具体代码如下：

```
private   void   Set_List(string   num)
{
    //将每件商品的编号依次加入 Session 的 Value 中，中间用“,”分隔，num 为商品编号
    if (Session["list"] == null)
    {
        Session["list"] = num;
        Response.Write("<script>alert('商品添加成功！')</script>");
    }
    else
    {
        string[]   list = Session["list"].ToString().Split(',');
        bool   repeat = false;
        for (int i = 0; i < list.Length; i++)
        {
            if (list[i] == num) repeat = true;
        }
        if (!repeat)
        {
            Session["list"] = Session["list"] + "," + num;
            Response.Write("<script>alert('商品添加成功！')</script>");
        }
        else
        {
            Response.Write("<script>alert('商品已存在！')</script>");
        }
    }
}
protected void Billing_Click(object sender, EventArgs e)
{
    if (Session["list"] == null)
    {
        Response.Write("<script>alert('你还没有选择任何商品！')</script>");
    }
    else
        Response.Redirect("~/ShoppingBasket.aspx");
}
```

(3) ShoppingBacket.aspx 的 Page_Load 事件修改如下：

```
protected void Page_Load(object sender, EventArgs e)
{
    if (Session["list"] == null)
    {
        Response.Write("<script>alert('你没有选择任何商品！')</script>");
    }
    else
    {
        string[] list = Session["list"].ToString().Split(',');
        Response.Write("你选择的商品编号是：");
        for (int i = 0; i < list.Length; i++)
        {
            Response.Write(list[i] + "\n");
        }
    }
}
```

(4) 最后运行的效果与例 5-4 相同。

请读者思考使用 Session 技术实现的购物篮具有什么特征？使用 Session 技术实现的购物篮信息以会话形式保存在服务器端的内存里，因此，一旦会话结束，购物篮就会消失。

本 章 小 结

本章主要介绍了客户端状态管理技术和服务器端状态管理技术。其中，客户端状态管理技术包括视图状态、查询字符串和 Cookie；服务器端状态管理技术包括会话状态和应用程序状态。在介绍各种状态管理技术使用的基础上，还分析了各种技术的优缺点，以便能正确地选用合适的状态管理技术。

本章实训　Web 应用的状态管理

1. 实训目的

熟练掌握客户端状态管理和服务器端状态管理方法。

2. 实训内容和要求

(1) 新建一个名为 Practice5 的网站。

(2) 添加一个名为 Cookie.aspx 的 Web 页面，该页面中包含 3 个文本框，分别输入姓名、电子邮件和电话。该页面中还包含 2 个按钮，点击第一个按钮，将文本框中的数据保存到 Cookie 中；单击第二个按钮，读取客户端 Cookie 中的数据，并在相应文本框中显示。

(3) 添加两个 Web 页面，分别为 QueryString.aspx 和 QueryString_Hello.aspx。使用 QueryString 方法将 QueryString.aspx 网页中输入的用户数据(如姓名、电子邮件和电话)传递到 Hello.aspx 网页中显示。

(4) 在 Global.asax 文件的 Session_Start()事件处理程序中建立 Session 变量，记录用户登录时间和 IP 地址，然后在 Default.aspx 页面中显示这些信息。(提示：IP 地址可以通过 Request.ServerVariables("REMOTE_ADDR"))。

(5) 添加两个 Web 页面，分别为 Session.aspx 和 Session_Hello.aspx。使用 Session 对象将 Session.aspx 网页中输入的用户数据(如姓名、电子邮件和电话)传递到 Session_Hello.aspx 网页中显示。

(6) 在 Global.asax 文件中使用 Application 对象实现网站在线用户数的统计，并在 Default.aspx 页面中显示。

习　题

一、单选题

1. 创建一个显示金融信息的 Web 用户控件。如果希望该 Web 用户控件中的信息能在网页的请求之间一直被保持，应该采取(　　)的方法。

　　A．设置该 Web 用户控件的 PersistState 属性为真

　　B．设置该 Web 用户控件的 EnableViewState 属性为真

　　C．设置该 Web 用户控件的 PersistState 属性为假

　　D．设置该 Web 用户控件的 EnableViewState 属性为假

2. Session 对象的默认有效期为(　　)分钟。

　　A．10　　　　　　　B．15　　　　　　　C．20　　　　　　　D．30

3. 下面哪些不是 ASP.NET 页面间传递参数的方式？(　　)

　　A．使用 QueryString　　　　　　　　B．使用 Session 变量

　　C．使用 Server.Transfer　　　　　　　D．使用 ViewState

4. 开发一个 ASP.NET 应用程序，该程序将在多服务器上运行。使用会话状态来管理状态信息。如果想要把会话信息存储在一台非处理服务器上，可在 web.config 文件中采用(　　)设置来正确地配置会话状态。

　　A．<sessionState mode="Inproc" />　　　　B．<sessionState mode="Off" />

　　C．<sessionState mode="Outproc" />　　　D．<sessionState mode="StateServer" />

5. 下面程序段执行完毕，页面显示的内容是(　　)。

```
string strName;
strName = "user_name";
Session["strName"] = "Mary";
Session[strName] = "John";
Response.Write(Session["user_name"]);
```

A．Mary   B．John

C．user_name   D．语法有错，无法正常运行

6．如果要在网页上添加一个计算器来统计人数的话，可以选用(　　)对象对计数变量 Count 的加法操作来实现。

    A．Session   B．Application   C．Server   D．Page

7．在同一个应用程序的页面 1 中执行 Session.Timeout=30，那么在页面 2 中执行 Response.Write(Session.Timeout)，则输出值为(　　)。

    A．15   B．20   C．30   D．25

8．Session 与 Cookie 状态之间最大的区别在于(　　)。

    A．存储的位置不同   B．类型不同

    C．生命周期不同   D．容量不同

9．Session 对象的默认有效期为(　　)分钟。

    A．10   B．15   C．20   D．应用程序从启动到结束

10．Application 对象的默认有效期为(　　)。

    A．10 天   B．15 天   C．20 天   D．从网站启动到终止

11．下面代码实现一个站点访问量计数器，空白处的代码为(　　)。

```
void _____(object sender, EventArgs e)
{
    Application.Lock();
    Application["AccessCount"] = (int)Application["AccessCount"] + 1;
    Application.UnLock();
}
```

    A．Application_Start   B．Application_Error

    C．Session_Start   D．Session_End

二、填空题

1．下面是设置和取出 Session 对象的代码。

设置 Session 的代码是：Session["greeting"]="hello wang！";

取出该 Session 对象的语句如下：string Myvar=_____;

2．下面是使用 Application 对象时防止竞争的代码。

Application._____;   //锁定 Application 对象

Application["counter"]=(int) Application["counter"]+1;

Application._____;   //解除对 Application 对象的锁定

三、问答题

1．试说明什么是 Application 和 Session 对象，其差异是什么？如果存储用户专用信息，应该使用哪个对象变量来存储？

2．什么是 Cookie？如何创建和读取 Cookie 对象？

3．Application 对象的 Lock 方法和 UnLock 方法具有什么作用？

第6章

主题与母版页

Web 产业在某种程度上可以说是一种"眼球经济"，能带来良好用户体验的 Web 应用能抓住眼球并汇聚大量用户，同时带来经济效益。使 Web 应用外观更加美观，布局更加统一合理的技术，大致有 3 种：CSS 样式、主题和母版页。CSS 样式不是 ASP.NET 中所特有的技术，所以不做介绍。本章将主要介绍后两种技术，其中主题主要用于美化页面外观，而母版页用于统一页面布局。

6.1 主 题

在 ASP.NET Web 应用程序中，用户可以利用 CSS 控制页面上各元素的样式，以及部分服务器控件的样式。但是，有些服务器控件的外观无法通过 CSS 进行控制。为了解决这个问题，ASP.NET 引入了主题的概念。主题由一组文件组成：外观文件(扩展名为 .skin)、级联样式表文件(扩展名为 .css)、图像和其他资源。它的主要作用是控制应用程序的外观，以提供设计良好的用户界面。Windows 操作系统用户对 Windows 主题非常熟悉，当选择不同的主题设置时，Windows 用户界面会发生很大的变化。ASP.NET 同样提供了主题功能，这使得用户可以对 Web 站点进行统一的控制，例如博客，当选择不同的主题时，会发现页面的许多方面都发生了变化。

6.1.1 主题的创建与应用

使用主题的一般步骤如下：

主题的创建与应用

(1) 定义一个或多个主题。首先在 App_Themes 文件夹下创建一个或多个主题，然后将主题包含的文件(包括.css 文件、.skin 文件、图片文件、Flash 动画文件及其他资源文件等)保存到相应主题文件夹下。

(2) 将主题应用到网页中，用以控制页面和控件外观。

ASP.NET 中所有的主题应存放在名为"App_Themes"的专有目录中，该目录在默认状态下没有自动生成，可以右击解决方案资源管理器中的网站名称并选择"添加"→"添加 ASP.NET 文件夹"→"主题"，如图 6-1 所示。系统会自动判断是否已经存在 App_Themes 文件夹。如果不存在该文件夹，就自动创建它，并在该文件夹下添加一个名为"主题 1"的主题；如果已经存在该文件夹，就直接在该文件夹下添加新的主题。

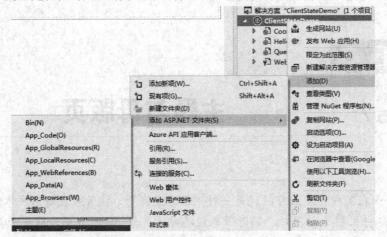

图 6-1　创建主题

每个主题存放在"App_Themes"目录下的一个单独子目录中，子目录名即为主题名。将系统自动生成的子目录"主题 1"的名称改为"Theme1"，即创建了一个名为"Theme1"的主题(内容为空)。在"Theme1"主题文件夹中可以存放多种类型的文件，包括图片、文本文件等。主题文件通常有两种类型：外观文件和级联样式表文件。下面介绍这两种文件的创建和使用。

图 6-2 中创建了 3 个主题，分别是 Theme1、Theme2 和 Theme3。Theme1 中包含了 2 个外观文件和 1 个样式表文件；Theme2 中包含了 1 个外观文件和 1 个样式表文件；而 Theme3 则只包含 1 个外观文件。

图 6-2　定义多个主题

主题创建完后，既可以在 Web 站点中局部应用，也可以全局应用。

1．主题的局部应用

局部应用是指将主题应用于一张页面上，通过在 Page 指令中添加 Theme 属性实现，代码如下：

```
<%@Page Language="C#" AutoEventWireup="true" CodeFile="Default.aspx.cs" Inherits="_Default"
Theme="Theme1"%>
```

将页面切换至"设计视图",然后在属性窗口中通过可视化的方式指定主题,如图 6-3 所示,效果是一样的。

除了可以将主题应用在一张页面之外,也可以将主题应用在某一个单一的服务器控件上,具体做法与设置页面主题相似,即通过设置 Theme 属性来实现。

应用一个主题到页面上时,ASP.NET 会检查 Web 页面上控件的属性与主题外观文件中定义的属性是否冲突。如果冲突,将以外观文件中定义的属性为准。也就是说,如果页面上应用了外观,那么在外观文件中定义的属性将具有优先权。

但有些时候可能需要让控件的属性设置不被外观文件中的设置覆盖。此时可以使用 StyleSheetTheme 属性来代替

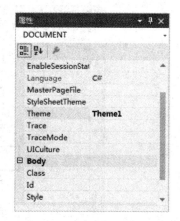

图 6-3　在属性窗口中应用主题

Theme 属性,那么在页面中所有控件自定义的属性将不会再被外观文件覆盖。为页面添加样式表主题的示例代码如下:

```
<%@Page Language="C#" AutoEventWireup="true" CodeFile="Default.aspx.cs" Inherits="_Default"
StyleSheetTheme="Theme2"%>
```

也可以在图 6-3 中通过可视化的方式指定 StyleSheetTheme 属性。

如果页面内同时定义 StyleSheetTheme 和 Theme 属性指定主题,那么优先级由高到低依次是 Theme、内容页内定义的属性、StyleSheetTheme。

2.主题的全局应用

全局应用是指将主题应用于整个站点,一般是通过配置文件实现的。在网站根目录下的 web.config 文件中为站点设置主题的部分代码如下:

```
<system.web>
    <pages theme="Theme3" />
</system.web>
```

当配置了全局主题后,所有页面将具有相同的主题。如果希望某个页面例外,可在该页面中的 Page 指令里使用 EnableTheming 属性禁用主题,代码如下:

```
<%@Page Language = "C#" AutoEventWireup ="true"   CodeFile = "Default.aspx.cs" Inherits=
"_Default" EnableTheming="false"%>
```

6.1.2　主题中的外观文件

外观文件专门用于定义服务器控件的外观。在一个主题中可以包含一个或多个外观文件,其扩展名为.skin。

主题中的外观文件

【例 6-1】　演示外观文件的定义方法。

(1) 运行 Visual Studio,新建一个名为 ThemeDemo 的网站。添加一个"Theme1"主题。

(2) 用鼠标右键单击"Theme1",选择"添加新项",弹出"添加新项"对话框,如图

6-4 所示。在该对话框中选择"外观文件",取名为"Skin1.skin",点击"添加"按钮,则在该主题中添加一个名为"Skin1.skin"的外观文件。

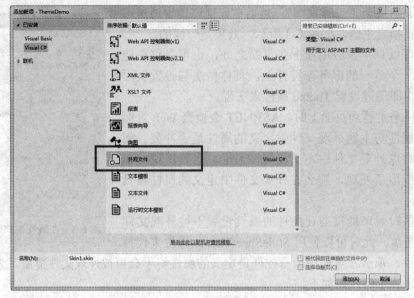

图 6-4　创建外观文件对话框

(3) 在 Skin1.skin 外观文件中,由于系统没有提供控件属性设置的智能提示功能,所以,一般不在外观文件中直接编写代码定义控件外观,而是按如下步骤为外观文件添加代码。

① 打开 Web 页面的设计视图,从工具箱中将需要设置外观的控件拖放到页面上,例如拖放 1 个 Label 控件到页面中,设置 Label 控件的外观属性,如图 6-5 所示。

图 6-5　设置 Label 控件的属性

设置完属性后,源视图中自动生成的代码如下:

```
<asp:Label ID="Label1" runat="server" BackColor="Red" BorderColor="#000099"
BorderStyle="Dotted" ForeColor="White" Text="Label"></asp:Label>
```

② 将自动生成的控件声明源代码复制到 Skin1.skin 文件中,并删除控件的 ID 属性,代码如下:

```
<asp:Label runat="server" BackColor="Red" BorderColor="#000099"
BorderStyle="Dotted" ForeColor="White"Text="Label"></asp:Label>
```

从上述代码中可以看出，外观实际上是一系列服务器控件标签的列表，但是外观文件中的控件标签并不是定义一个完整的控件，而是定义想要被主题化的部分，并且不用指定 ID 属性，当然 runat="server" 是必需的。

(4) 保存 Skin1.skin 文件，新建一个 Default.aspx 页面并切换到 Default.aspx 的设计视图，在属性窗口中选择 "DOCUMENT"（就是不选中任何控件），将其 "StylesheetTheme" 属性设置为 "Theme1"。

(5) 从工具箱中拖放 2 个 Label 控件，可以发现 Label 控件的外观都是 "红底白字"。

(6) 有时可能希望某个 Label 应用另一种不同的外观，这时可以考虑使用命名外观。创建命名外观与创建普通外观类似，唯一不同的是需要为命名外观指定一个 SkinID 属性。在外观文件中再添加一个命名外观，代码如下：

```
<asp:Label runat="server" BackColor="lightblue" ForeColor="white" SkinID="WhiteSkin"/>
```

对于页面上希望设置成 "蓝底白字" 外观的 Label 控件，将其 SkinID 属性值设置为 "WhiteSkin" 即可；而没有指定 SkinID 属性的 Label 控件还是呈现出 "红底白字"。

6.1.3　主题中的 CSS 样式文件

主题中也可以添加 CSS 样式文件来控制页面中的 HTML 元素和 Web 服务器控件的外观，主题中的 CSS 样式将被应用到所有应用了主题的页面上。

【例 6-2】　演示如何在主题中添加样式文件。

(1) 打开 ThemeDemo 网站，在解决方案资源管理器中右击 "Theme1" 主题，选择 "添加新项"，在弹出的 "添加新项" 对话框中选择 "样式表" 模板，并取名为 "Stylesheet1.css"，点击 "添加" 按钮，则在 Theme1 主题下添加一个名为 "Stylesheet1.css" 的样式表文件。

(2) 在该样式文件中添加如下代码：

```
body { background-color : Yellow; }
```

则所有应用 "Theme1" 主题的页面的背景色将呈现为黄色。在主题中应用 CSS 样式的好处就是如果要更换主题，会同时更换掉 CSS 样式的定义，特别是需要动态切换主题时，将会为整个应用程序带来一种全新的视觉外观呈现效果。

6.1.4　主题的动态应用

当前许多流行的 Web 应用软件都提供了外观切换功能，获得了用户的好评与认可。在 ASP.NET 中也可以让用户动态地选择主题，以达到换肤的效果。动态应用主题需要以编程方式来实现，对于一个 Web 页面来说，只需要在 PreInit 事件中动态地指定 Theme 属性即可，示例代码如下：

主题的动态应用

```
protected void Page_PreInit(object sender, EventArgs e)
{
    Theme = "Theme1";
}
```

以上代码动态地将页面主题指定为"Theme1"。这种方式适合为单一页面动态应用主题，如果想要在整个网站范围内动态应用主题，可以通过修改 web.config 文件来实现，下面是一个相关示例。

【例 6-3】 演示如何动态应用主题实现换肤功能。

(1) 在 ThemeDemo 网站中添加两个名为"fashion"和"classic"的主题，并分别为两个主题各添加一个外观文件和一个 CSS 文件。"fashion"主题的外观文件内容如下：

```
<asp:Label runat="server" BackColor="lightgreen" ForeColor="black" Font-size="x-large"/>
<asp:Button runat="server" BackColor="lightgreen" ForeColor="black" Font-size="x-large"/>
```

"fashion"主题的 CSS 文件内容如下：

```
body { background-color : Yellow; }
```

"classic"主题的外观文件内容如下：

```
<asp:Label runat="server" BackColor="lightgray" ForeColor="black" Font-size="x-large"/>
<asp:Button runat="server" BackColor="lightgray" ForeColor="black" Font-size="x-large"/>
```

"classic"主题的 CSS 文件内容如下：

```
body { background-color : Gray; }
```

(2) 添加一张名为"6-3.aspx"的新页面，为页面添加一个 Label 控件(Text 属性设为"欢迎光临")和两个 Button 控件(一个 ID 属性设为"Button1"，Text 属性设为"时尚"；另一个 ID 属性设为"Button2"，Text 属性设置为"经典")。设计视图效果如图 6-6 所示。

图 6-6 换肤示例程序界面
设计视图

(3) 分别为两个 Button 控件添加 Click 事件处理代码：

```
protected void Button1_Click(object sender, EventArgs e)//"时尚"按钮
{
    Session["Theme"] = "fashion";   //将 fashion 主题保存到 Session 中
    Response.Redirect(Request.Url.ToString());
}
protected void Button2_Click(object sender, EventArgs e)   //"经典"按钮
{
    Session["Theme"] = "classic";   //将 classic 主题保存到 Session 中
    Response.Redirect(Request.Url.ToString());
}
```

(4) 添加 Page_PreInit 事件代码如下：

```
protected void Page_PreInit(object sender, EventArgs e)
{
    if(Session["Theme"]!=null)
        Theme = Session["Theme"].ToString() ;
    else
        Theme = "classic";   //默认加载 classic 主题
}
```

(5) 运行该页面，分别单击"时尚"与"经典"按钮，会发现页面的外观发生了相应的变化，如图 6-7 所示。

图 6-7 换肤示例程序运行界面

6.2 母 版 页

CSS 和主题技术主要关注的是 Web 页面的视觉外观，而 ASP.NET 中的母版页技术则主要关注如何统一网站的布局，使得用户在访问网站时有一致的用户体验，整个网站具有统一的布局和风格。运用母版页技术，可以将网站的主框架和内容分开处理，主框架部分由母版页统一定义，而各个内容展现页面嵌套在母版页中。这样的开发模式使得主框架和内容完全分离，只有在运行的时候，通过 ASP.NET 再整合到一起，以统一的页面形式呈现给用户。

6.2.1 创建母版页

母版页的主要特点是：为开发人员提供了在已有页面上进行统一布局的功能。这样做的好处是：开发人员不必花时间考虑如何将统一的布局嵌套到各个页面。在没有母版页技术的时候，这项工作需要编程来实现，比较复杂。

母版页和内容页的创建

母版页中包括静态文本、HTML 元素和 ASP.NET 服务器控件等内容。通常情况下，母版页中包括各个页面的通用部分，如导航条、页眉、页脚以及版权信息等。图 6-8 所示为微软公司 MSDN 网站的一张页面，圈起的部分即为母版页内容，当用户从左边的目录树选择相应条目进行浏览时，会发现页面框架并未发生变化。

图 6-8 MSDN 网站界面

【例 6-4】 设计母版页效果如图 6-9 所示。

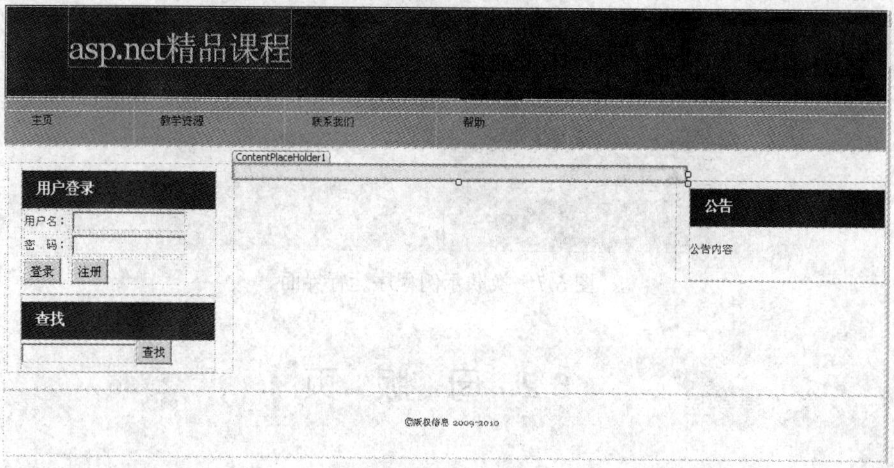

图 6-9　母版页的布局

(1) 打开 Visual Studio，新建一个名为 MasterDemo 的网站。在解决方案资源管理器中，右键单击网站名称，选择"添加新项"，弹出"添加新项"对话框，在该对话框的模板列表中选择"母版页"，取名为"MasterPage.master"。点击"添加"按钮，则在网站的根目录下添加了一个名为"MasterPage.master"的母版页文件。

切换到母版页的源视图，可以看到，与普通的页面(由@Page 指令指示)不同的是，母版页由@Master 指令指示，以标明它是一张母版页，代码如下：

```
<%@MasterLanguage="C#"CodeFile="MasterPage.master.cs"Inherits="MasterPage"%>
```

此外，页面的主体还包含一个内容占位符控件 ContentPlaceHolder，通过占位符，可以预先在母版页中定义放置页面内容的区域，在页面真正运行的时候，这些占位符将被真正的内容页所代替。为了方便母版页的编辑，通常情况下先将 ContentPlaceHolder 控件删除，母版页编辑完成后再放置 ContentPlaceHolder 占位符控件。

(2) 按图 6-9 布局母版页。布局母版页可以采用两种不同的页面布局方法：一种是利用表格布局，这是早期的网页布局方法，其优点是布局方便直观，缺点是页面显示速度慢，要等到整个表格下载完毕才开始显示，同时也不利于结构和表现的分离；另一种是利用 div 和 css 布局，这是 Web 标准推荐的方法。一般整个网页的布局采用 div 和 css 布局方法，表格布局只用于网页的部分内容的布局。

下面采用 div 和 css 布局方法设计母版页。在网站的根目录下添加一个 css 文件夹，并在其中添加一个样式表文件 Style.css，并添加如下样式规则：

```
body {margin-top: 50px;padding: 0;text-align: justify;font-size: 12px;color: #616161;
font-family: Georgia, "Times New Roman", Times, serif;}
h1, h2, h3 {margin-top: 0;color: #8C0209;}
h1 {font-size: 1.6em;font-weight: normal;}
h2 {font-size: 1.6em;}
/* Header */
#header {width: 1000px;margin: 0 auto;height: 150px;}
```

```
/* logo */
#logo{width: 1000px; height: 100px; margin: 0 auto; padding: 0 10px 0 70px;
    background-color: #800000;}
#logo h1{ float: left; margin: 0; color: #99FFCC; padding: 25px 0 0 0; letter-spacing: -1px;
    text-transform: lowercase; font-weight: normal; font-size: 3em;}
/* Menu */
#menu{ width: 1000px; margin: 0 auto; padding: 0; height: 50px; background-color: #33CCCC;}
#menu ul {margin: 0;padding: 0;list-style: none;}
#menu li {display: inline;}
#menu a{ display: block; float: left; height: 32px; margin: 0; padding: 18px 30px 0 30px;
    text-decoration: none; text-transform: capitalize; color: #0000FF;
    font-family: Georgia, "Times New Roman" , Times, serif; font-size: 12px;}
/* Page */
#page {width: 990px;margin: 0 auto;padding: 20px 5px;background: #FFFFFF;}
/* Content */
#content {float: left;width: 500px;}
#footer p{ margin: 0; padding: 25px 0 0 0; text-align: center; font-size: x-large;}
/* Sidebars */
#sidebar1 {float: left;}
#sidebar2 {float: right;}
.sidebar {float: left;width: 250px;padding: 0;font-size: 12px;}
.sidebar ul {margin: 0;padding: 0;list-style: none;}
.sidebar li {padding: 0 0 20px 0;}
.sidebar li{margin: 0 20px 0 15px;padding: 8px 0px;border-bottom: 1px #BBBBBB dashed;}
.sidebar li h2 {height: 30px;margin: 0 0 0 0;padding: 10px 15px 0px 15px;
    background: #890208 url(images/img05.jpg) no-repeat left top;letter-spacing: -1px;
    font-size: 16px;color: #FFFFFF;}
/* Footer */
#footer {width: 960px;height: 70px;margin: 0 auto;padding: 0 20px;text-align: center;}
#footer p {margin: 0;padding: 25px 0 0 0;text-align: center;font-size: smaller;}
```

(3) 布局母版页 MasterPage.master 并将样式表文件 Style.css 引入母版页，最终得到的 html 部分的代码如下：

```
<head runat="server">
    <title>母版页示例</title>
    <link href="Style.css" rel="stylesheet" type="text/css" />
</head>
<body>
    <form id="form1" runat="server">
        <div id="header">
```

```
<div id="logo"><h1>asp.net 精品课程</h1></div>
<div id="menu">
    <ul>
        <li><a href="#">主页</a></li>
        <li><a href="#">教学资源</a></li>
        <li><a href="#">联系我们</a></li>
        <li><a href="#">帮助</a></li>
    </ul>
</div>
</div>
<div id="page">
    <div id="sidebar1" class="sidebar">
        <ul>
            <li id="Login"><h2>用户登录</h2>
                <div id="calendar_wrap">
                    <table>
                        <tr><td colspan="2">用户登录：</td></tr>
                        <tr><td>用户名：</td>
                            <td><asp:TextBox ID="TextBox1"
                            runat="server"></asp:TextBox></td>
                        </tr>
                        <tr><td>密    码：</td>
                            <td><asp:TextBox ID="TextBox2" runat="server">
                            </asp:TextBox></td>
                        </tr>
                        <tr><td><asp:Button ID="btnLogin" runat="server" Text="登录" /></td>
                        <td><asp:Button ID="btnRegister" runat="server" Text="注册" /></td>
                        </tr>
                    </table>
                </div>
            </li>
            <li><h2>查找</h2>
                <div><asp:TextBox ID="TextBox3" runat="server"></asp:TextBox>
                    <asp:Button ID="btnFind" runat="server" Text="查找" /></div>
            </li>
        </ul>
    </div>
    <div id="content">
        <asp:ContentPlaceHolder ID="ContentPlaceHolder1" runat="server">
        </asp:ContentPlaceHolder>
```

```
        </div>
        <div id="sidebar2" class="sidebar">
            <ul><li><h2>公告</h2><p>公告内容</p></li></ul>
        </div>
    </div>
    <div id="footer"><p>&copy;版权信息  2009-2010</p></div>
</form>
</body>
```

6.2.2 创建内容页

应用母版页的 .aspx 页面称为内容页，它实际上通过内容占位符控件与母版页建立关系。母版页中定义的占位符，最终需要由内容页来代替，内容页中的内容在运行时将自动绑定到特定的母版页中。在内容页中，母版页的 ContentPlaceHolder 控件预留的可编辑区会被自动替换为 Content 控件，开发人员只需要在 Content 控件区域中填充内容即可，在母版页中定义的其他标记将自动出现在使用了该母版页的.aspx 页面中。

【例 6-5】 设计 2 个引用例 6-4 中 MasterPage.master 母版页的内容页 Default.aspx 和 Study_Resource.aspx，运行效果如图 6-10 和图 6-11 所示。

图 6-10 Default.aspx 的运行效果

图 6-11 Study_Resource.aspx 的运行效果

(1) 打开 MasterDemo 网站,在解决方案资源管理器中删除 Default.aspx 文件,然后重新添加一张引用了 MasterPage.master 母版页的 Defalut.aspx 内容页,创建内容页时,需要注意为其指定母版页,如图 6-12 所示,需选中"选择母版页"复选框。

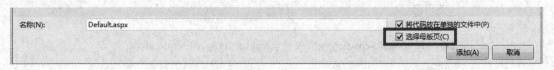

图 6-12　创建内容页界面

(2) 点击"添加"按钮,此时会弹出让选择母版页的窗口,在此窗口中选择母版页 MasterPage.master,然后单击"确定"按钮。

(3) 切换到 Default.aspx 的设计视图,可以看到,母版页的内容被自动解析到当前页面上,同时可以发现,页面中与母版页对应的位置有一个名为 Content1 的控件,该控件的"contentplaceholderid"属性被自动设置为"ContentPlaceHolder1",此属性指定与母版页合并时 Content 控件被合并到哪个 ContentPlaceHolder 控件中。

在 Default.aspx 页面的 Content 控件中填充相应内容后,切换到源视图,代码如下:

```
<%@ Page Title="" Language="C#" MasterPageFile="~/MasterPage.master"
AutoEventWireup="true" CodeFile=" Default.aspx.cs" Inherits ="_Default" %>
<asp:Content ID="Content1" runat="server" contentplaceholderid="ContentPlaceHolder1">
    <div style="height: 200px; font-size: larger;">
            ASP.NET 精品课程主页</div>
</asp:Content>
```

(4) 运行 Default.aspx 页面,效果如图 6-10 所示。

(5) 按照上面的步骤,设计 Study_resource.aspx 页面。

从这个例子中可以看出,使用母版页控制多个具有相同布局的页面非常方便。

6.2.3　母版页的工作原理

母版页的工作原理如下:

(1) 用户在浏览器中通过内容页的 URL 来请求访问 Web 页面。

(2) 获取该页后,读取页面的 Page 指令。如果该指令引用一个母版页,则读取相应的母版页。如果第一次请求这两个页,则两个页都要进行编译。

(3) 将内容页中各个 Content 控件的内容合并到母版页中相应的 ContentPlaceHolder 控件中,生成结果页。

(4) 用户浏览器中呈现服务器返回的由母版页与内容页合并的结果页。

步骤(2)、(3)、(4)对用户来说是透明的,由服务器自动完成,用户只需提供内容页的 URL 即可。图 6-13 对上述过程进行了阐释。

注意:母版页不能独立工作,如果试图在浏览器中直接访问母版页,会得到错误反馈。实际上,母版页最终是作为内容页的一部分呈现给用户的。

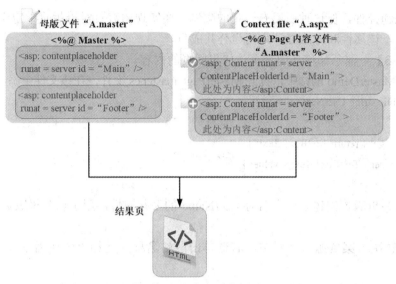

图 6-13 母版页工作原理

6.2.4 母版页和内容页中的事件

母版页和内容页都可以包含控件的事件处理程序。对于控件而言，事件是在本地处理的，即内容页中的控件在内容页中触发事件，母版页中的控件在母版页中触发事件。也就是说，控件事件不会从内容页发送到母版页，同样，也不能在内容中处理来自母版页控件的事件。

在某些情况下，内容页和母版页中会触发相同的事件。例如，两者都触发 Init 和 Load 事件。当页面运行时，由于母版页会合并内容页而被视为内容页的一个控件。因此，母版页与内容页合并后事件的发生顺序如下：

(1) 母版页控件 Init 事件。

(2) 内容页控件 Init 事件。

(3) 母版页 Init 事件。

(4) 内容页 Init 事件。

(5) 内容页 Load 事件。

(6) 母版页 Load 事件。

(7) 内容控件 Load 事件。

(8) 内容页 PreRender 事件。

(9) 母版页 PreRender 事件。

(10) 母版页控件 PreRender 事件。

(11) 内容控件 PreRender 事件。

6.2.5 从内容页访问母版页的内容

有时需要在内容页中访问母版页的内容，可以在内容页中编写代码来引用母版页中的属性、方法和控件，但这种引用有一定的限制。要实现内容页对母版页中定义的属性或方法进行访问，该属性和方法必须声明为公共成员。

【例 6-6】 演示如何从内容页访问母版页的内容。

(1) 在 MasterDemo 网站中，打开 MasterPage.master.cs 文件，在该文件中添加如下代码：

```
public string UserName
{
    get { return TextBox1.Text; }
    set { TextBox1.Text = value; }
}
```

此代码为母版页创建了一个名为 UserName 的公共属性，用于访问母版页中 TextBox1 控件的内容。

(2) 在解决方案资源管理器中，右键单击网站名称，选择"生成网站"，将重新生成网站。

(3) 添加一张引用了 MasterPage.master 母版页的内容页 6-6.aspx，在该内容页的 Content 控件区域中添加 1 个 TextBox 控件和 2 个 Button 控件，如图 6-14 所示。

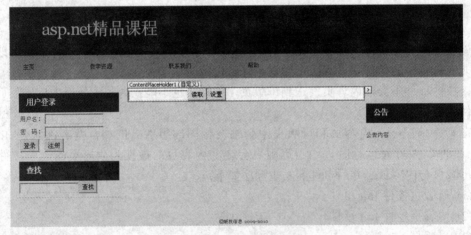

图 6-14 内容页页面设计视图

(4) 切换到 6-6.aspx 的源视图，在页面顶部的@Page 指令下添加如下@MasterType 指令：

```
<%@MasterType VirtualPath="~/MasterPage.master"%>
```

该指令的 VirtualPath 属性指向母版页的位置。该指令使内容页的 Master 属性绑定到 MasterPage.master 母版页。

(5) 为 6-6.aspx 页面的"读取"和"设置"按钮添加后台代码如下：

```
protected void Button3_Click(object sender, EventArgs e)// "读取" 按钮的事件
{
    //读取母版页中 UserName 的属性，并显示在内容页的文本框中
    TextBox3.Text = Master.UserName;
}
```

```
protected void Button4_Click(object sender, EventArgs e)// "设置"按钮的事件
{
    //使用内容页中文本框的输入设置母版页中 UserName 的属性
    Master.UserName = TextBox3.Text;
}
```

(6) 运行 6-6.aspx 页面，查看运行效果。调用母版页中的方法与访问属性相类似，这里不做赘述。如果希望直接访问母版页中某个控件，可通过调用 Master 对象的 FindControl 方法来实现，调用时需提供要访问控件的 ID 属性作为 FindControl 方法的输入参数。

6.2.6 母版页的嵌套

母版页的嵌套

有时一个母版页需要引用另一个页作为其母版页，可以采用母版页的嵌套技术实现。例如，大型 Web 站点可能包含一个用于定义站点外观的总体母版页。不同的站点内容合作伙伴又可以定义各自的子母版页，这些子母版页引用站点总体母版页，并相应定义该合作伙伴的内容和外观。

与之前版本相比，从 Visual Studio 2008 开始支持母版页嵌套的可视化开发，这使得开发嵌套的母版页更为方便。下面的例子演示了一个简单的嵌套母版页的配置。

【例 6-7】 嵌套母版页示例程序。

(1) 在 MasterDemo 网站中添加一张名为 6-7-father.master 的母版页到网站，作为父母版页，代码如下：

```
<%@ Master Language="C#" AutoEventWireup="true" CodeFile="6-7-father.master.cs"
Inherits="_6_7_father" %>
<!DOCTYPE html PUBLIC >
<html xmlns="http://www.w3.org/1999/xhtml">
<head runat="server">
<title></title>
</head>
<body>
<form id="Form1" runat="server">
<div>
<h1>父母版页</h1>
<p style="font: color=red">父母版页的内容控件</p>
<asp:ContentPlaceHolder ID="MainContent" runat="server" />
</div>
</form>
</body>
</html>
```

(2) 添加名为 6-7-child.master 的母版页作为网站的子母版页，并将它的母版页设为 6-7-father.master，代码如下：

```
<%@ Master Language="C#" MasterPageFile="~/6-7-father.master"
AutoEventWireup="true" CodeFile="6-7-child.master.cs" Inherits="_6_7_child" %>
<asp:Content ID="Content1" ContentPlaceHolderID="MainContent" runat="server">
<asp:Panel runat="server" ID="panelMain" BackColor="lightyellow">
<h2>子母版页</h2>
<asp:Panel runat="server" ID="panel1" BackColor="lightblue">
<p>子母版页的内容控件</p>
<asp:ContentPlaceHolder ID="ChildContent" runat="server" />
</asp:Panel>
</asp:Panel>
</asp:Content>
```

(3) 添加一张名为 6-7.aspx 的内容页，该内容页引用了子母版页 6-7-child.master，代码如下：

```
<%@ Page Title="" Language="C#" MasterPageFile="~/6-7-child.master"
AutoEventWireup="true" CodeFile="6-7.aspx.cs" Inherits="_6_7" %>
<asp:Content ID="Content1" ContentPlaceHolderID="ChildContent" Runat="Server">
<asp:Label runat="server" id="Label1"    text="欢迎光临!" font-bold="true" />
</asp:Content>
```

(4) 运行 6-7.aspx 页面，效果如图 6-15 所示，会发现页面实现了母版页的嵌套。

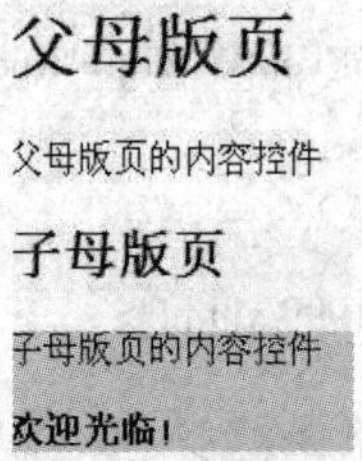

图 6-15　6-7.aspx 页面运行效果

本 章 小 结

本章主要介绍了 ASP.NET 中的页面外观与布局技术，讨论了 ASP.NET 中的主题，以及利用主题为页面提供一致外观的方法，最后介绍了母版页的创建与使用方法，以及母版页的多层嵌套技术。

本章实训　主题与母版页

1．实训目的
熟悉 Div 和 CSS 布局方法，掌握 CSS 样式、主题和母版页的创建和使用。

2．实训内容和要求

(1) 新建一个名为 Practice6 的网站。

(2) 设计一张母版页 MasterPage.master，效果如图 6-16 所示。要求：母版页的外观设置均采用链接式样式方法实现。

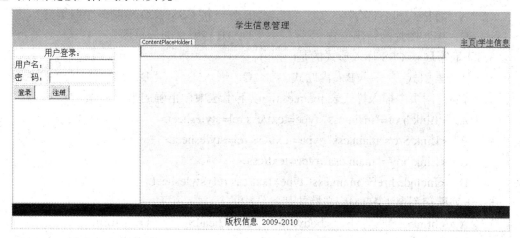

图 6-16　母版页外观

(3) 设计两张基于该母版页的内容页 Default.aspx 和 StuInfo.aspx，内容页运行效果如图 6-17 和图 6-18 所示。

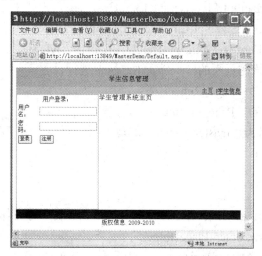

图 6-17　Default.aspx 的运行效果

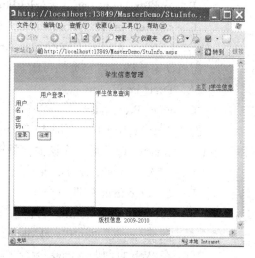

图 6-18　StuInfo.aspx 的运行效果

习　题

一、单选题

1. 下面说法错误的是(　　)。

　　A．CSS 样式表可以将格式和结构分离

B．CSS 样式表可以控制页面的布局

C．CSS 样式表可以使许多网页同时更新

D．CSS 样式表不能制作体积更小、下载更快的网页

2．CSS 样式表不可能实现(　　)功能。

    A．将格式和结构分离　　　　　　　B．一个 CSS 文件控制多个网页

    C．控制图片的精确位置　　　　　　　D．兼容所有的浏览器

3．下面不属于 CSS 插入形式的是(　　)。

    A．索引式　　　　　B．内联式　　　　C．嵌入式　　　　D．外部式

4．若要在网页中插入样式表 main.css，以下用法中，正确的是(　　)。

    A．<Link href="main.css" type=text/css rel=stylesheet>

    B．<Link Src="main.css" type=text/css rel=stylesheet>

    C．<Link href="main.css" type=text/css>

    D．<Include href="main.css" type=text/css rel=stylesheet>

5．下列标记不属于 HTML 文档的基本结构的是(　　)。

    A．<html>　　　　　B．<body>　　　　C．<head>　　　　D．<form>

6．若要在当前网页中定义一个独立类的样式 myText，使具有该类样式的正文字体为 "Arial"，字体大小为 9pt，行间距为 13.5pt，以下定义方法中，正确的是(　　)。

    A．<Style>.myText{Font-Familiy:Arial;Font-size:9pt;Line-Height:13.5pt} </style>

    B．.myText{Font-Familiy:Arial;Font-size:9pt;Line-Height:13.5pt}

    C．<Style> .myText{FontName:Arial;FontSize:9pt;Line-Height:13.5pt} </style>

    D．<Style> .myText{FontName:Arial;Font-ize:9pt;Line-Height:13.5pt} </style>

7．需要动态地改变内容页的母版页，应该在页面的(　　)事件方法中进行设置。

    A．Page_Load　　　　　　　　　　　B．Page_Render

    C．Page_PreRender　　　　　　　　　D．Page_PreInit

8．创建一个 Web 页面，同时也有一个名为 "master.master" 的母版页，要让 Web 窗体使用 master.master 母版页，应该如何处理？(　　)

    A．加入 ContentPlaceHolder 控件

    B．加入 Content 控件

    C．加入 MasterPageFile 属性到 "@Page" 指令中，并指向 master.master，将窗体放在<asp:ContentPlaceHolder>…</ContentPlaceHolder>内

    D．在 Web 页面的@Page 指令中设置 MasterPageFile 属性为 maste.master，然后将窗体中<form></form>之间的内容放置在<asp:Content>…</asp:Content>内

9．在一个页面中，要通过编写代码来动态地应用主题，应该使用以下(　　)事件方法。

    A．Page_Load　　　　　　　　　　　B．Page_Render

    C．Page_PreRender　　　　　　　　　D．Page_PreInit

10．下列(　　)是有效的.Skin 文件。

    A．<asp:Label id="Label1" BackColor="lightgreen" ForeColor="black"/>

    B．<asp:Label BackColor="lightgreen" ForeColor="black"/>

    C．<asp:Label id="Label1" runat="server" BackColor="lightgreen" ForeColor="black"/>

D．<asp:Labelrunat="server" BackColor="lightgreen" ForeColor="black"/>

二、填空题

1．在 ASP.NET 页面中使用 CSS 的三种方法分别是_____、_____、_____。

2．主题中通常有两种类型的文件分别是_____、_____。

3．母版页为具有扩展名_____的 ASP.NET 文件，它具有包括静态文本、HTML 元素和服务器控件的预定义布局。母版页由特殊_____指令识别，该指令替换了用于普通.aspx 页的@Page 指令。

三、问答题

1．CSS 样式中，样式选择符可以有几种类型？

2．CSS 的主要功能是什么？

3．主题中可以包含哪几类文件？

4．阐述母版页和内容页之间的关系。

5．简述母版页的工作原理。

第7章

ASP.NET 站点导航技术

对于一个大型的企业级网站，不可能在一个网页中完成整个网页的所有功能，通常会按照不同的功能将其划分成各自相对独立的模块进行处理，所以一个网站通常由很多网页组成。为了让访问网站的用户顺利地找到自己需要访问的网页，节省查找时间，ASP.NET 提供了内置的站点导航技术。使用站点导航，用户可以在不同网页间自由来回浏览，可以随时查看到自己访问的网页所处的位置及各网页间的关系。

本章着重介绍 ASP.NET 的站点导航技术，包括站点地图的创建及常用站点导航控件的使用。

7.1 ASP.NET 站点导航概述

ASP.NET 站点导航概述

随着站点内容的增加，以及用户在站点内来回切换网页，管理所有的链接可能会变得比较困难。ASP.NET 站点导航能够将指向所有页面的链接存储在一个文件中，并用一个特定的 Web 服务器控件在页面上呈现导航菜单。

ASP.NET 站点导航提供下列组件，用于为站点创建一致的、容易管理的站点导航方案。

(1) 站点地图。可以使用 XML 文件描述站点的层次结构，但也可以使用其他方法，如数据库。当需要修改网页上的导航方案时，只需要修改站点地图文件，而不是修改所有页面的超链接。

(2) 站点地图提供程序。默认的 ASP.NET 站点地图提供程序会加载站点地图数据作为 XML 文档，并在应用程序启动时将其作为静态数据进行缓存。超大型站点地图文件在加载时可能要占用大量的内存和 CPU 资源。ASP.NET 站点导航功能根据文件通知来使导航数据保持为最新的。更改站点地图文件时，ASP.NET 会重新加载站点地图数据。也可以创建自定义站点地图提供程序，以便使用自己的站点地图后端(如存储链接信息的数据库)，并将提供程序插入到 ASP.NET 站点导航系统。

(3) ASP.NET 导航控件。创建一个反映站点结构的站点地图，只是完成了 ASP.NET 站点导航系统的一部分。导航系统的另一部分是在 ASP.NET 网页中显示导航结构，这样用户就可以在站点内轻松地移动。通过使用 SiteMapPath、TreeView、Menu 这 3 个站点导航控件，可以轻松地在页面中建立导航信息。

(4) 站点导航 API。通过导航控件，只需编写极少的代码甚至不需要代码，就可以在页面中添加站点导航。除此之外，还可以通过编程的方式处理站点导航。当 Web 应用程序运行时，ASP.NET 公开一个反映站点地图结构的 SiteMap 对象。SiteMap 对象的所有成员均为静态成员。而 SiteMap 对象会公开 SiteMapNode 对象的集合，这些对象包含地图中每个节点的属性。

各个 ASP.NET 站点导航组件之间的关系如图 7-1 所示。

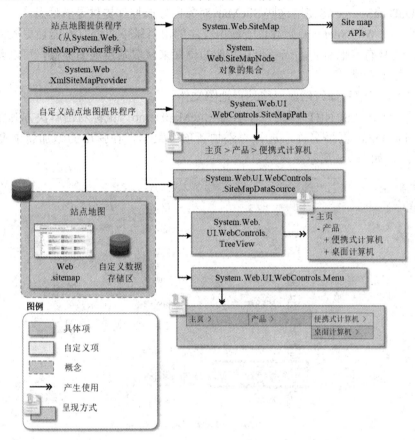

图 7-1　ASP.NET 站点导航组件关系图

7.2　站点地图

站点地图

由其名称不难想象，站点地图的功能是定义站点结构。在 ASP.NET 中，微软为了简化创建站点地图的工作，提供了一套用于导航的站点地图技术。通过 ASP.NET 站点导航，可以按层次结构描述站点的布局。假定一个企业网站共有 8 页，构建如图 7-2 所示的站点导航结构。

若要使用站点导航，先创建一个名为 Web.sitemap

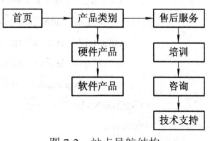

图 7-2　站点导航结构

的站点地图文件。该文件用 XML 描述站点的层次结构。

在详细讨论 Web.sitemap 文件前，先来了解一下 ASP.NET 站点地图的基本原理。ASP.NET 内置了一个称为站点地图提供者的提供者类，名为 XmlSiteMapProvider，该提供者能够从 XML 文件中获取提供者信息。XmlSiteMapProvider 将查找位于应用程序根目录中的 Web.sitemap 文件，然后提取该文件中的站点地图数据，并创建相应的 SiteMap 对象。SiteMapDataSource 将使用这些 SiteMap 对象向导航控件提供导航信息。

由此可知，Web.Sitemap 必须位于应用程序的根目录下，并且不能被更改为其他的名字。如果想要具有其他命名，或者想从其他的位置来获取站点地图数据，可以创建自定义的站点地图提供者类。

【例 7-1】　演示如何创建一个站点地图文件。

(1) 新建一个 ASP.NET 网站，命名为 SiteMapDemo。鼠标右击解决方案资源管理器中的 SiteMapDemo 网站名称，选择"添加新项"菜单，在弹出的添加新项窗口中选择"站点地图"，如图 7-3 所示。

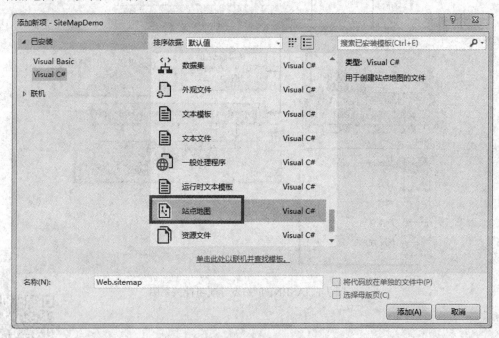

图 7-3　创建站点地图文件窗口

(2) 单击"添加"按钮。Visual Studio 自动为 Web.sitemap 文件提供了如下的代码框架：

```xml
<?xml version="1.0" encoding="utf-8" ?>
<siteMap xmlns="http://schemas.microsoft.com/AspNet/SiteMap-File-1.0">
    <siteMapNode url="" title=""    description="">
        <siteMapNode url="" title=""    description="" />
        <siteMapNode url="" title=""    description="" />
    </siteMapNode>
</siteMap>
```

下面分析 Web.sitemap 站点地图文件的组成。

每个 Web.sitemap 文件都由<siteMap>元素开始，<siteMap>中的 xmlns="http://schemas.microsoft.com/AspNet/SiteMap-File-1.0"命名空间是必需的，其用于告诉 ASP.NET 这个 XML 文件用于 ASP.NET 的站点导航。

在<siteMap>标签中，将每个页面定义为一个<siteMapNode>元素。因此，为了向站点地图中插入一个页面，需要添加一个<siteMapNode>元素，并为其指定如下 3 种主要的属性。

① title：关联到的节点的简短标题。

② description：对关联到的节点的描述。

③ url：指定节点指向页面的链接。

注意：url 属性不是必需的，不指定 url 属性的节点可以看成是一个站点分类。每个<siteMapNode>能够包含任意数量的子节点。每个节点的 url 属性必须以"~/"字符序列开始，"~/"字符表示当前网站的根目录，虽然这不是强制性的要求，但是这样做有利于使节点能够导航到正确的页面。

从代码框架中可以发现，<siteMapNode>节点是可以嵌套的。嵌套的<siteMapNode>有利于站点地图的逻辑分组，比如，一些大中型网站通常会分为几个大组，如图 7-2 所示，分为产品类别和售后服务两组。

根据图 7-2 所示，创建一个简单的站点地图文件，Web.sitemap 中的代码如下：

```xml
<?xml version="1.0" encoding="utf-8" ?>
<siteMap xmlns="http://schemas.microsoft.com/AspNet/SiteMap-File-1.0">
    <siteMapNode title="首页" description="网站首页" url="~/default.aspx">
        <siteMapNode title="产品分类" description="企业经营的产品">
            <siteMapNode title="硬件产品" description="包括主机、显示器等"
                url="~/Products/HardwareProduct.aspx" />
            <siteMapNode title="软件产品" description="包括各类系统软件"
                url="~/Products/SoftwareProduct.aspx" />
        </siteMapNode>
        <siteMapNode title="售后服务" description="软硬件的售后服务">
            <siteMapNode title="培训" description="软硬件的培训"
                url="~/Service/Training.aspx" />
            <siteMapNode title="咨询" description="软硬件的咨询"
                url="~/ Service/Consulting.aspx" />
            <siteMapNode title="技术支持" description="软硬件的技术支持"
                url="~/ Service/Support.aspx" />
        </siteMapNode>
    </siteMapNode>
</siteMap>
```

为了后续章节演示方便，先创建一个母版页，然后创建 Products 和 Service 两个文件夹，并在这些文件夹下创建基于母版页的 Web 页面，解决方案资源管理器如图 7-4 所示。

图 7-4　示例程序的解决方案资源管理器

7.3　配置多个站点地图

默认情况下，ASP.NET 站点导航使用一个名为 Web.sitemap 的站点地图文件来描述站点的层次结构。但是，有时可能要使用多个站点地图文件或站点地图提供程序来描述整个网站的导航结构。

下面介绍两种配置多个站点地图的方法：

(1) 从父站点地图链接到子站点地图文件。

(2) 在 web.config 文件中配置多个站点地图。

7.3.1　从父站点地图链接到子站点地图文件

对于具有多个子站点的大型站点，有时需要在父站点的导航结构中加入子站点的导航结构，对于每个子站点都有其独立的站点地图文件。这种情况时，在父站点地图中需要显示子站点地图的位置创建一个 siteMapNode 节点，并将其属性 siteMapFile 指定到子站点的站点地图文件即可，代码如下：

```
<siteMapNode siteMapFile="~/Service/Service.sitemap"/>
```

注意：ASP.NET 站点导航不允许访问应用程序目录结构之外的文件，如果站点地图包含引用另一站点地图文件的节点，而该文件又位于应用程序之外，则会发生异常。

【例 7-2】　演示如何从父站点地图链接到子站点地图文件。下面将例 7-1 的站点地图配置为多个站点地图，步骤如下：

(1) 在 Products 文件夹下创建一个站点地图文件 Products.sitemap，代码如下：

```
<?xml version="1.0" encoding="utf-8" ?>

<siteMap xmlns="http://schemas.microsoft.com/AspNet/SiteMap-File-1.0">

<siteMapNode title="产品分类" description="企业经营的产品">

<siteMapNode title="硬件产品" description="包括主机、显示器等"

        url="~/Products/HardwareProduct.aspx" />
```

```
<siteMapNode title="软件产品" description="包括各类系统软件"
        url="~/Products/SoftwareProduct.aspx" />
    </siteMapNode>
    </siteMap>
```

(2) 在 Service 文件夹下创建一个站点地图文件 Service.sitemap，代码如下：

```
<?xml version="1.0" encoding="utf-8" ?>
<siteMap xmlns="http://schemas.microsoft.com/AspNet/SiteMap-File-1.0">
<siteMapNode title="售后服务" description="软硬件的售后服务">
<siteMapNode title="培训" description="软硬件的培训"
        url="~/Service/Training.aspx" />
<siteMapNode title="咨询" description="软硬件的咨询"
        url="~/ Service/Consulting.aspx" />
<siteMapNode title="技术支持" description="软硬件的技术支持"
        url="~/ Service/Support.aspx" />
</siteMapNode>
</siteMap>
```

(3) 将根目录下的 Web.sitemap 站点地图文件中的代码改为：

```
<?xml version="1.0" encoding="utf-8" ?>
<siteMap xmlns="http://schemas.microsoft.com/AspNet/SiteMap-File-1.0">
<siteMapNode title="首页" description="网站首页" url="~/default.aspx">
<siteMapNode siteMapFile="~/Products/Products.sitemap"/>
<siteMapNode siteMapFile="~/Service/Service.sitemap"/>
</siteMapNode>
</siteMap>
```

按照上面的步骤配置后，效果和例 7-1 相同。

7.3.2　在 web.config 文件中配置多个站点地图

如前所述，将站点地图链接在一起可以从许多块地图生成一个站点地图结构。若要配置多个站点地图，还可以在 web.config 文件中配置站点提供程序，添加对不同站点地图的引用。

【例 7-3】 演示如何在 web.config 文件中配置多个站点地图。步骤如下：

(1) 按例 7-2 中的方法创建 Products 和 Service 目录下的站点地图文件 Products.sitemap 和 Service.sitemap。

(2) 在根目录下的 web.config 文件中配置多个站点地图，web.config 文件中部分配置代码如下：

```
<system.web>
    <siteMap>
        <providers>
```

```
        <add name="ProductsSiteMap"type="System.Web.XmlSiteMapProvider"
                siteMapFile="~/Products/Web.sitemap"/>
        <add name="ServiceSiteMap"type="System.Web.XmlSiteMapProvider"
                siteMapFile="~/Service/Web.sitemap"/>
    </providers>
  </siteMap>
</system.web>
```

(3) 将根目录下的 Web.sitemap 文件中的代码改为：

```
<?xml version="1.0" encoding="utf-8" ?>
<siteMap xmlns="http://schemas.microsoft.com/AspNet/SiteMap-File-1.0">
<siteMapNode title="首页" description="网站首页" url="~/default.aspx">
<siteMapNode provider="ProductsSiteMap"/>
<siteMapNode provider="ServiceSiteMap"/>
</siteMapNode>
</siteMap>
```

按照上面的步骤配置后，效果和例 7-1 相同。

在上面的配置文件中，可以看到使用的是 ASP.NET 的默认站点地图提供程序 (XmlSiteMapProvider)，但有时可能需要开发适合特定需要的站点地图提供程序。例如，站点地图不是存放在 XML 文件中，而是存放在 TXT 文件或其他介质(如关系型数据库) 中，那么就需要开发自定义的站点地图提供程序，实现从 TXT 文件或其他介质中获取站点导航结构，关于自定义站点提供程序，可参考 MSDN，这里不做详细介绍。

7.4 SiteMapPath 控件

前两节中分别介绍了两种不同的定义站点地图文件的方法，下面将介绍如何使用 SiteMapPath 控件来显示站点的导航路径。该控件根据 Web.sitemap 定义的数据，自动显示当前页面的位置，并以链接的形式显示返回主页的路径。

必须注意的是，只有在站点地图中列出的页，才能在 SiteMapPath 控件中显示导航信息。如果将 SiteMapPath 控件放置在站点地图中未列出的页上，该控件将不会向客户端显示任何信息。

【例 7-4】 演示 SiteMapPath 的使用。

步骤如下：

(1) 在 SiteMapDemo 示例网站中打开 MasterPage.master 母版页，从工具箱的导航栏中拖一个 SiteMapPath 控件到母版页的设计视图中，源视图控件声明代码如下：

```
<asp:SiteMapPath ID="SiteMapPath1" runat="server"></asp:SiteMapPath>
```

(2) 运行 SoftwareProduct.aspx 页面，可以看到 SiteMapPath 根据 Web.sitemap 中定义的站点地图自动显示站点导航信息，如图 7-5 所示。

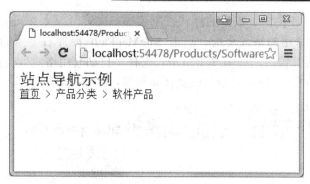

图 7-5 SiteMapPath 示例

本示例将 SiteMapPath 控件添加到母版页，这样所有的子页面只要应用了母版页，就都具有导航效果。SiteMapPath 控件之所以能够访问 Web.sitemap 文件，是因为它直接工作在 ASP.NET 的导航模型之上，而且 SiteMapPath 提供了很多定义外观属性，表 7-1 列出了 SiteMapPath 的一些重要属性。

表 7-1 SiteMapPath 的重要属性

属 性	说 明
ParentLevelsDisplayed	要显示的父节点的数目，默认为–1，表示显示所有父节点
PathDirection	要呈现的路径方向，可选值有：RootToCurrent，这是默认值，表示从根级显示到当前级；CurrentToRoot，表示从当前级显示到根级
PathSeparator	指定每个节点间的分隔字符串，默认为>，可以指定任何字符
RenderCurrentNodeAsLink	当前节点是否呈现为链接
ShowToolTips	是否显示工具提示
SiteMapProvide	允许为 SiteMapPath 控件指定其他站点地图提供程序的名称

使用这些属性，开发人员可以很轻松地控制 SiteMapPath 控件的显示方式。例如，在上例中，将 SiteMapPath 控件的属性设为如下：

```
<asp:SiteMapPath ID="SiteMapPath1" runat="server" PathDirection="CurrentToRoot"
PathSeparator="-&gt;" RenderCurrentNodeAsLink="True">
</asp:SiteMapPath>
```

上述代码中将 PathDirection 设置为 CurrentToRoot，那么最开头的导航项应该是当前项，然后将 PathSeparator 改为 "->" 符，并将当前节点显示为链接，运行效果如图 7-6 所示。

图 7-6 更改 SiteMapPath 属性后的运行效果

SiteMapPath 控件提供了很多的样式控制选项，允许开发人员对其外观进行控制。另外，还提供了几种常用的格式套用。点击 SiteMapPath 控件右上角的小三角符号，弹出"SiteMapPath 任务"窗口，如图 7-7 所示。选择"自动套用格式"，将出现如图 7-8 所示的自动套用格式窗口，在该窗口中可以选择 4 种常用的格式。

图 7-7　设置 SiteMapPath 控件的格式

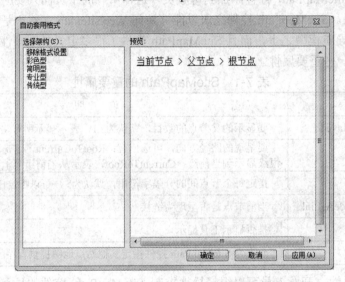

图 7-8　SiteMapPath 控件的自动套用格式窗口

7.5　SiteMapDataSource 控件

SiteMapDataSource 控件是站点地图数据的数据源控件，Web 服务器控件及其他控件可使用该控件绑定到分层的站点地图数据。站点数据则由为站点配置的站点地图提供程序进行存储。SiteMapDataSource 使那些并非专门作为站点导航控件的 Web 服务器控件(如 TreeView、Menu 和 DropDownList 控件)能够绑定到分层的站点地图数据。可以使用这些 Web 服务器控件将站点地图显示为一个目录，或者对站点进行主动式导航。当然，也可以使用 SiteMapPath 控件，该控件被专门设计为一个站点导航控件，因此不需要 SiteMapDataSource 控件。

SiteMapDataSource 绑定到站点地图数据，并基于在站点地图层次结构中指定的起始节点显示其视图。默认情况下，起始节点是层次结构的根节点，但也可以是层次结构中的任何其他节点。起始节点由 SiteMapDataSource 的属性值来标识，如表 7-2 所示。

表 7-2　SiteMapDataSource 的属性与起始节点关系

属 性 值	起始节点
StartFromCurrentNode 为 false；未设置 StartingNodeUrl	层次结构的根节点(默认设置)
StartFromCurrentNode 为 true；未设置 StartingNodeUrl	当前正在查看的页的节点
StartFromCurrentNode 为 false；已设置 StartingNodeUrl	层次结构的特定节点

如果 StartingNodeOffset 属性设置为非 0 的值，则它会影响起始节点以及由 SiteMapDataSource 控件基于该节点公开的站点地图数据层次结构。StartingNodeOffset 的值为一个负整数或正整数，该值标识从 StartFromCurrentNode 和 StartingNodeUrl 属性所标识的起始节点沿站点地图层次结构上移或下移的层级数，以便对数据源控件公开的子树的起始节点进行偏移。

如果 StartingNodeOffset 属性设置为负数 n，则由该数据源控件公开的子树的起始节点是所标识的起始节点上方 n 个级别的上级节点。如果 n 的值大于层次结构树中所标识的起始节点上方的所有上级层级数，则子树的起始节点是站点地图层次结构的根节点。

如果 StartingNodeOffset 属性设置为正数 n，则公开的子树的起始节点是位于所标识的起始节点下方 n 个级别的子节点。由于层次结构中可能存在多个子节点的分支，因此，如果可能，SiteMapDataSource 会尝试根据所标识起始节点与表示当前被请求页的节点之间的路径，直接解析子节点。如果表示当前被请求页的节点不在所标识起始节点的子树中，则忽略 StartingNodeOffset 属性的值。如果表示当前被请求页的节点与位于其上方的所标识起始节点之间的层级差距小于 n 个级别，则使用当前被请求页作为起始节点。

下面的代码示例演示如何以声明方式使用 SiteMapDataSource 控件将 TreeView 控件绑定到一个站点地图。该站点地图数据从根节点级别开始检索。

【例 7-5】　演示 SiteMapDataSource 控件的使用。步骤如下：

(1) 在 SiteMapDemo 示例网站中打开 MasterPage.master 母版页，从工具箱的导航栏中拖一个 SiteMapDataSource 和 TreeView 控件到母版页的设计视图中，设置 TreeView 控件的 DataSourceID 为 SiteMapDataSource1。源视图控件声明代码如下：

```
<asp:SiteMapDataSource ID="SiteMapDataSource1" runat="server" />
<br />
<asp:TreeView ID="TreeView1" runat="server" DataSourceID="SiteMapDataSource1">
</asp:TreeView>
```

(2) 运行 SoftwareProduct.aspx 页面，运行效果如图 7-9 所示。

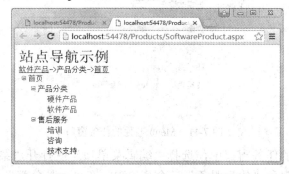

图 7-9　SiteMapDataSource 控件示例

(3) 将 SiteMapDataSource1 的 StartingNodeUrl 属性设置为 ~/Products/Hardware-Product.aspx，将 StartingNodeOffset 属性设置为 0，浏览 SoftwareProduct.aspx 页面，效果如图 7-10(a)所示。将 StartingNodeOffset 属性设置为 –1 后，浏览 SoftwareProduct.aspx 页面，效果如图 7-10(b)所示。

硬件产品

□产品分类
　　硬件产品
　　软件产品

(a)　　　　　　　　　　　　(b)

图 7-10　SiteMapDataSource 属性设置后的效果

7.6　Menu 控 件

ASP.NET 提供了一系列拥有页面导航功能的控件，这些控件除 SiteMapPath 控件外，还包含在页面显示菜单的 Menu 控件和显示树形层次结构的 TreeView 控件中。本节主要介绍 Menu 控件的使用，以及使用 Menu 控件可以在网页上模拟 Windows 的菜单导航效果。

7.6.1　定义 Menu 菜单内容

定义菜单内容的方法有三种：设计时手动添加菜单内容；以编程方式添加菜单内容；以绑定到数据源的方式来显示菜单内容。

Menu 控件

1. 设计时手动添加菜单内容

【例 7-6】　演示如何在设计时手动添加菜单内容。

(1) 在 SiteMapDemo 示例网站中，新建一个名为 StaticInsertMenuI.aspx 的窗体文件，从工具箱的导航栏中将 Menu 控件拖放到该窗体上，Menu 控件的声明代码如下：

```
<asp:Menu ID="Menu1" runat="server"></asp:Menu>
```

此时将自动弹出 Menu 任务窗口，如图 7-11 所示。

图 7-11　Menu 控件的任务窗口

(2) 在图 7-11 的任务窗口中，选择"编辑菜单项"后打开"菜单项编辑器"，添加"主页""产品分类"和"售后服务"三个菜单项，在"产品分类"菜单项下建立两个子项"硬件产品"和"软件产品",在"售后服务"菜单项下添加三个子项"培训""咨询"和"技术支持",同时为各菜单项设置 NavigateUrl 属性,如图 7-12 所示。

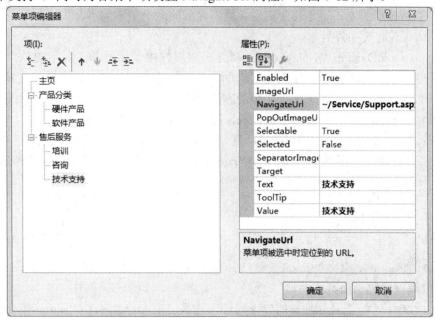

图 7-12 Menu 控件的菜单编辑器窗口

通过在"菜单项编辑器"中添加菜单项,会自动同步生成控件声明代码。

从声明代码中可以看到,Menu 菜单控件用<asp:Menu>作为根元素,在其中包含一个<Items>集合,由多个嵌套的<asp:MenuItem>组成。由图 7-12 可以看出,每个 MenuItem 又有多个属性可供设置。MenuItem 的常用属性如表 7-3 所示。

表 7-3   MenuItem 的常用属性

属 性	说 明
Text	显示在每个菜单项上的文本
ToolTip	当鼠标悬停在菜单上时显示的提示信息
Value	保存菜单项的值,它是不可见的附加数据
NavigateUrl	当单击菜单项时,自动跳转到菜单项所链接的 URL 路径
Target	当 NavigateUrl 属性被设置时,Target 属性用于设置目标 URL 的打开框架或窗体
Selectable	指定菜单项是否可以被用户选择
ImageUrl	在菜单项的文本左边显示的图片 URL
PopOutImageUrl	如果包含子菜单,则表示在菜单项文本的右侧显示的头像
SeparatorImageUrl	菜单项分隔项的图片 URL

ASP.NET 的 Menu 控件具有两种显示模式:静态模式和动态模式。静态显示意味着 Menu 控件始终是完全展开的。整个结构都是可视的,用户可以单击任何部位。动态显示意味着用户只有将鼠标指针放置在父节点上时,才会显示其子菜单项。Menu 菜单两个非常重要的属性,用于控制菜单的静态显示和动态显示。

① StaticDisplayLevels 属性：该属性用于控制静态显示的菜单的层次，默认值为 1，表示只显示<asp:MenuItem>中第一层嵌套的节点。如果将 StaticDisplayLevels 设置为 3，菜单将以静态显示的方式展开其前三层。静态显示的最小层数为 1，如果将该值设置为 0 或负数，该控件将会引发异常。

② MaximumDynamicDisplayLevels 属性：该属性用于控制动态显示的节点层次数，默认值是 3，表示能动态地弹出 3 个层次的菜单。如果设置为 0，则不会动态显示任何菜单节点。如果菜单有 3 个静态层和 2 个动态层，则菜单的前三层静态显示，后两层动态显示。如果将 MaximumDynamicDisplayLevels 设置为负数，则会引发异常。

Menu 控件还有一个 Orientation 属性，用于控制菜单的显示方向，可选值有 Horizontal 和 Vertical，图 7-13 和图 7-14 分别表示垂直和水平方向显示菜单项的效果。

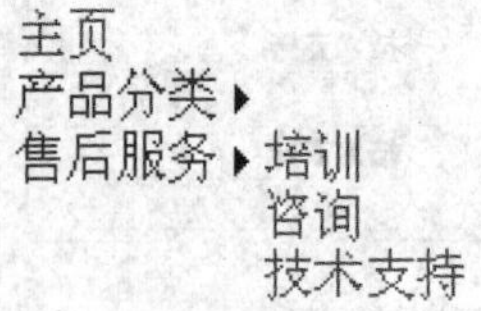

主页
产品分类 ▶
售后服务 ▶ 培训
咨询
技术支持

主页 产品分类 ▶ 售后服务 ▶
培训
咨询
技术支持

图 7-13　Orientation 属性为 Vertical 效果 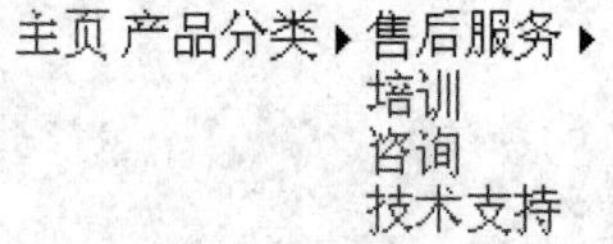　　　图 7-14　Orientation 属性为 Horizontal 效果

2. 以编程方式添加菜单内容

Menu 控件提供了一个 Items 的集合属性，这是一个 MenuItemCollection 集合类型的属性，可以向该属性添加菜单项来实现动态添加菜单项的效果。使用动态编程的方式可以从数据库、文件等多种文件导入菜单项数据，一个最常用的场合就是根据用户权限动态产生菜单项，这在大型应用系统开发中经常被用到。下面将演示如何以编程的方式添加前面手工创建的菜单项。

【例 7-7】　演示如何以编程方式动态添加菜单内容。步骤如下：

(1) 在 SiteMapDemo 示例网站中新建一个名为 DynamicInsertMenuItem.aspx 的 Web 窗体文件，在该窗体中放置一个 Menu 控件，并将 Menu 控件的 Orientation 属性设置为 Horizontal。

(2) 在后台代码页的 Page_Load 事件中添加如下代码：

```
protected void Page_Load(object sender, EventArgs e)
{
    MenuItem homeItem = new MenuItem();
    homeItem.Text = "首页";
    homeItem.ToolTip = "网站的首页";
    homeItem.NavigateUrl = "~/ default.aspx";
    Menu1.Items.Add(homeItem);
    MenuItem productItem = new MenuItem("产品分类");
    Menu1.Items.Add(productItem);
    productItem.ChildItems.Add(new MenuItem("硬件产品", "", null, "~/ Products /
        HardwareProduct.aspx"));
    productItem.ChildItems.Add(new MenuItem("软件产品","", null,"~/ Products /
        SoftwareProduct.aspx"));
```

```
MenuItem serviceItem = new MenuItem("售后服务");
Menu1.Items.Add(serviceItem);
serviceItem.ChildItems.Add(new MenuItem("培训", "", null, "~/ Service / Training.aspx"));
serviceItem.ChildItems.Add(new MenuItem("咨询","", null,"~/ Service / Consulting.aspx"));
serviceItem.ChildItems.Add(new MenuItem("技术支持", "", null, "~/ Service / Support.aspx"));
}
```

从上述代码中可以看出，Menu 控件有一个 MenuItemCollection 类型的 Items 集合属性，每个 MenuItem 又具有一个 MenuItemCollection 类型的 ChildItems 集合属性。使用这两个属性就可以将菜单项关联起来形成一个菜单列表。

(3) 运行该页面，效果如图 7-15 所示。

图 7-15　DynamicInsertMenuItem.aspx 页面运行效果

3. 绑定到数据源的方式来显示菜单内容

对于一些小型站点或个人站点，可以通过手工方式添加导航菜单的内容，但对于一些企业级的站点，这种方式很不利于后期维护，因此通常是将菜单内容集中存储，如站点地图或 XML 文件等，然后通过使用数据源控件和 Menu 控件关联来展示站点的导航层次结构。

【例 7-8】　演示如何将 Menu 控件绑定站点地图。

在 SiteMapDemo 示例网站中，新建一个名为 MenuSiteMap.aspx 的 Web 窗体，从工具箱的导航栏中将 Menu 控件拖放到该窗体上，再从工具箱的数据栏中将 SiteMapDataSource 控件拖放到该窗体中，然后设置 Menu 的 DataSourceID 属性为 SiteMapDataSource1，如图 7-16 所示。设置 Menu 控件的 Orientation 属性为 Horizontal。

图 7-16　设置 Menu 控件的数据源

源视图控件声明代码如下：

```
<asp:Menu ID="Menu1" runat="server" DataSourceID="SiteMapDataSource1"
    Orientation="Horizontal">
</asp:Menu>
<asp:SiteMapDataSource ID="SiteMapDataSource1" runat="server" />
```

SiteMapDataSource 控件是站点地图数据的数据源控件，Menu 控件使用该控件绑定到分层的站点地图数据。浏览该页面将发现菜单只显示了一级，如图 7-17 所示，因为 StaticDisplayLevels 属性值为 1。当鼠标移动到相应菜单项时，将会看到其下级子菜单。

首页 ▸

图 7-17　只显示一级的站点导航菜单

将 StaticDisplayLevels 设置为 2，浏览该页面，效果如图 7-18 所示。

首页　产品分类 ▸　售后服务 ▸

图 7-18　StaticDisplayLevels 设置为 2 时的导航菜单

Menu 控件除了与站点地图绑定外，还可以与 XML 文件进行轻松的绑定，通过将 Menu 控件的 DataSourceID 属性指定为 XmlDataSource 控件即可。

【例 7-9】　演示如何将 Menu 控件绑定到一个 XML 文件。

(1) 在 SiteMapDemo 示例网站中新建一个名为 Books.xml 的 XML 文件，并在该文件中添加如下代码：

```
<?xml version="1.0" encoding="utf-8" ?>
<Books title="ASP.NET 书籍">
<Book title="ASP.NET 案例教程">
<Chapter title="第 1 章 Web 应用基础及案例介绍">
<Section title="1.1Web 应用概述" />
<Section title="1.2Web 应用的相关技术" />
</Chapter>
<Chapter title="第 2 章 Visual Studio 集成开发环境简介">
<Section title="2.1Visual Studio 的安装" />
<Section title="2.2 开发中常用窗口" />
</Chapter>
</Book>
<Book Title="ASP.NET 网络开发技术">
<Chapter title="第 1 章 ASP.NET 网络开发技术">
<Section title="1.1ASP.NET 概述" />
<Section title="1.2ASP.NET 动态网页" />
</Chapter>
<Chapter title="第 2 章类、对象、命名空间">
<Section title="2.1 类和对象" />
```

```
<Section title="2.2 类的成员" />
</Chapter>
</Book>
</Books>
```

（2）新建一个名为 MenuXMLFile.aspx 的窗体文件，在该窗体中添加一个 Menu 控件和一个 XmlDataSource 控件，将 Menu 控件的 Orientation 属性设置为 Horizontal，水平显示菜单；StaticDisplayLevels 属性设置为 2。设置 Menu 控件的 DataSourceID 属性为 XmlDataSource1 控件。点击 XmlDataSource 的 DataFile 属性的按钮，将弹出"选择 XML 文件"窗口，如图 7-19 所示。在该窗口中选择刚添加的 Books.xml 文件。

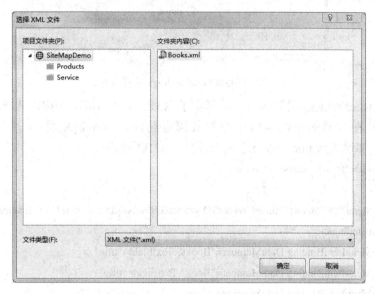

图 7-19　选择 XML 文件窗口

单击 Menu 控件的智能标签按钮，如图 7-20 所示，在弹出的 Menu 任务窗口中选择"编辑 MenuItem Databindings…"菜单项，将弹出如图 7-21 所示的"菜单 DataBindings 编辑器"窗口。

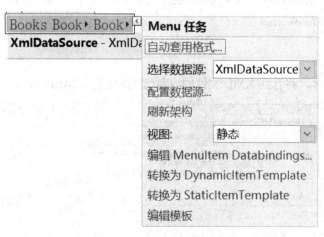

图 7-20　Menu 任务窗口

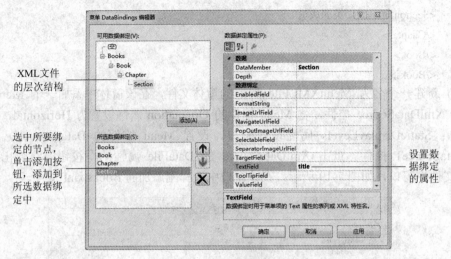

图 7-21　菜单 DataBindings 编辑器窗口

在菜单 DataBindings 编辑器窗口中显示了 XML 文件的层次结构，选择所要编辑数据绑定的节点，在右侧的属性窗口中设置其绑定属性，本示例中将 4 个层次的节点的 TextField 属性都设置为 title，最终生成的控件声明代码如下：

```
<form id="form1" runat="server">
<div>
<asp:Menu ID="Menu1" runat="server" DataSourceID="XmlDataSource1" Orientation="Horizontal">
<DataBindings>
<asp:MenuItemBinding DataMember="Books" TextField="title" />
<asp:MenuItemBinding DataMember="Book" TextField="title" />
<asp:MenuItemBinding DataMember="Chapter" TextField="title" />
<asp:MenuItemBinding DataMember="Section" TextField="title" />
</DataBindings>
</asp:Menu>
<asp:XmlDataSource ID="XmlDataSource1" runat="server" DataFile="~/Books.xml">
</asp:XmlDataSource>
</div>
</form>
```

(3) 运行该窗体，将看到 XML 文件的内容已经绑定到了 Menu 控件中，如图 7-22 所示。

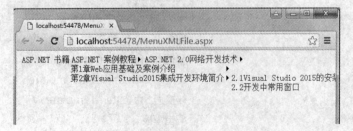

图 7-22　Menu 控件与 XML 文件的绑定示例结果

7.6.2　Menu 控件样式

Menu 控件与 SiteMapPath 控件类似，提供了大量的外观控制属性。由于 Menu 控件具有静态和动态两种菜单模式，因此系统分别提供了对这两种模式的样式定义，表 7-4 列出了 Menu 控件中的一些样式及其含义。

表 7-4　Menu 控件样式

静态模式样式	动态模式样式	样式说明
StaticMemuStyle	DynamicMemuStyle	设置 Menu 控件的整个外观样式
StaticMemuItemStyle	DynamicMemuItemStyle	设置单个菜单项的样式
StaitcSelectedStyle	DynamicSelectedStyle	设置所选择的菜单项的样式
StaticHoverStyle	DynamicHoverStyle	设置当鼠标悬停在菜单项上时的样式

StaticMemuStyle 和 DynamicMemuStyle 属性分别影响整组静态或动态菜单项。例如，如果使用 StaticMemuStyle 属性指定一个边框，则整个静态区域将会有一个边框。

StaticMemuItemStyle 和 DynamicMemuItemStyle 属性影响单个菜单项。例如，如果使用 DynamicMemuItemStyle 属性指定一个边框，则每个动态菜单项都有它自己的边框。

StaitcSelectedStyle 和 DynamicSelectedStyle 仅影响所选的菜单项。StaticHoverStyle 和 DynamicHoverStyle 影响鼠标悬停在菜单项上时的样式。

另外，Menu 控件提供了很多预定义的格式，单击 Menu 控件右上角的三角符号，弹出的任务窗口中选择"自动套用格式"，将弹出如图 7-23 所示的自动套用格式窗口，可以在该窗口中选择一种样式。

图 7-23　Menu 控件的自动套用格式窗口

7.7 TreeView 控件

ASP.NET 提供了另一个重要的导航控件 TreeView 控件。TreeView 控件的应用相当普及，它以树形结构显示分层数据，如 Windows 的资源管理器左侧的文件目录，就是一个相当经典的 TreeView 控件的应用例子，如图 7-24 所示。

图 7-24 Windows 资源管理器树状视图

本节将详细讨论如何使用 TreeView 控件开发 ASP.NET 应用程序的导航功能。

7.7.1 定义 TreeView 节点内容

TreeView 控件由一个或多个节点构成，树形结构中的每一项都称为"节点"。如表 7-5 所示为 3 种不同的节点类型。

表 7-5 TreeView 控件的节点类型

节点类型	说　明
根节点	没有父节点，但具有一个或多个子节点的节点
父节点	具有一个父节点，且有一个或多个子节点的节点
叶节点	没有子节点的节点

尽管一个典型的树形结构只有一个根节点，但 TreeView 控件允许向树形结构中添加多个根节点。如果希望在显示项列表的同时不显示单个根节点(例如在产品分类表中)，此功能将十分有用。

下面详细介绍定义 TreeView 控件节点内容的 3 种方法：设计时添加节点内容；以编程方式添加节点内容；绑定到数据源的方式来显示节点内容。

1．设计时添加节点内容

【例 7-10】 演示如何在设计时添加 TreeView 控件的节点内容。

(1) 在 SiteMapDemo 示例网站中，新建一个名为 StaticInsertTreeNode.aspx 的窗体文件，从工具箱的导航栏中将 TreeView 控件拖放到该窗体上，

TreeView 控件

TreeView 控件的声明代码如下：

```
<asp:TreeView ID="TreeView1" runat="server"></asp:TreeView>
```

此时将自动弹出 TreeView 任务窗口，如图 7-25 所示。

图 7-25　TreeView 控件的任务窗口

(2) 在图 7-25 的任务窗口中选择"编辑节点"后，打开"TreeView 节点编辑器"，添加"主页""产品分类"和"售后服务" 3 个根节点，在"产品分类"节点下建立两个子节点'硬件产品'和"软件产品"，在"售后服务"节点下添加 3 个子节点"培训""咨询"和"技术支持"，同时为各节点设置 NavigateUrl 属性，如图 7-26 所示。

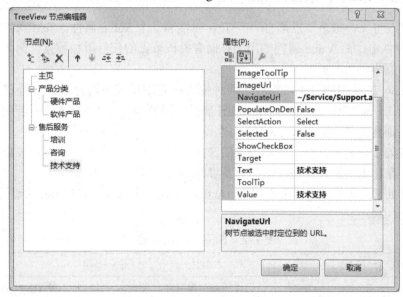

图 7-26　TreeView 控件的菜单编辑器窗口

通过在"TreeView 节点编辑器"中添加菜单项，会自动同步生成代码。切换到"源"界面，可以看到自动生成的代码。

从代码声明可以看到，TreeView 控件用 <asp:TreeView> 作为根元素，在其中包含一个 <Nodes> 集合，由多个嵌套的 <asp:TreeNode> 组成。

(3) 运行 StaticInsertTreeNode.aspx 窗体，TreeView 控件的效果如图 7-27 所示。

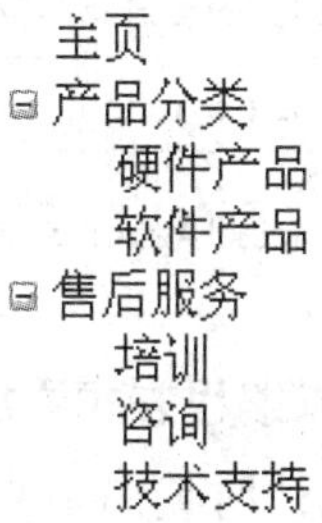

图 7-27　TreeView 控件运行效果

下面来详细了解 TreeView 控件的组成，TreeView 控件由许许多多的 TreeNode 组成，每个 TreeNode 代表树状结构中的一个节点，每个节点又可以包含其他节点。由图 7-26 的节点编辑器中可以看到，每个节点具有多个属性可供设置，如表 7-6 所示为 TreeNode 的常用属性。

表 7-6　TreeNode 的常用属性

属　性	说　　明
Text	显示在每个节点中的文本
ToolTip	当鼠标悬停在节点上时显示的提示信息
Value	保存节点的值，节点的值是一种不可见的附加数据
NavigateUrl	当单击节点时，自动跳转到节点所链接的 URL 路径
Target	当 NavigateUrl 属性被设置时，Target 属性用于设置目标 URL 的打开框架或窗体
SelectAction	获取或设置选择节点时引发的事件
ImageUrl	显示在节点前面的图片 URL
ImageToolTip	显示在节点前面的图像提示信息

由表 7-6 可见，每个节点都有一个 Text 属性和一个 Value 属性。Text 属性的值显示在 TreeView 控件中，而 Value 属性则用于存储有关该节点的任何附加数据，例如传递给与节点关联的回发事件的数据。

TreeView 控件中的节点可以处于两种模式：导航模式或选择模式。若要使一个节点处于导航模式，需将该节点的 NavigateUrl 属性值设置为一个 URL 的值；若要使节点处于选择模式，则需将节点的 NavigateUrl 属性设置为空字符串。

当节点处于导航模式时，禁用节点的选择事件。单击节点时，用户将被定向到指定的 URL，而不是将页面回发到服务器并引发事件。

当节点处于选择模式时，使用 SelectAction 属性指定选择节点时引发的事件。如表 7-7 所示为可用的选项。

表 7-7　SelectAction 属性

选　择　操　作	说　　明
TreeNodeSelectAction.Expand	切换节点的展开和折叠状态。相应地引发 TreeNodeExpanded 事件或 TreeNodeCollapsed 事件
TreeNodeSelectAction.None	在选定节点时不引发任何事件
TreeNodeSelectAction.Select	在选定节点时引发 SelectedNodeChanged 事件
TreeNodeSelectAction.SelectExpand	选择节点时引发 SelectedNodeChanged 和 TreeNodeExpanded 事件。节点只会展开，不会折叠

2．以编程方式添加节点内容

在设计时使用节点编辑器添加节点内容虽然方便，但是许多情况下树状数据是动态的，需要以编程的方式进行添加。TreeView 控件提供了一个 Nodes 的集合属性，该属性表示 TreeView 控件的节点集合，每个 TreeNode 对象也具有一个 ChildNodes 属性，表示当前节点的子节点集合。下面将演示如何以编程的方式添加前面手工创建的节点项。

【例 7-11】　演示如何以编程方式添加 TreeView 控件的节点内容。

(1) 在 SiteMapDemo 示例网站中，新建一个名为 DynamicInsertTreeNode.aspx 的 Web 窗体文件，在该窗体中放置一个 TreeView 控件。

(2) 在后台代码页中，添加 Page_Load 事件代码如下：

```
protected void Page_Load(object sender, EventArgs e)
{
    TreeNode homeNode = new TreeNode();
    homeNode.Text = "首页";
    homeNode.ToolTip = "网站的首页";
    homeNode.NavigateUrl = "~/ default.aspx";
    TreeView1.Nodes.Add(homeNode);
    TreeNode productItem = new TreeNode("产品分类");
    TreeView1.Nodes.Add(productItem);
    productItem.ChildNodes.Add(new TreeNode("硬件产品", "", null, "~/ Products /
        HardwareProduct.aspx", "_blank"));
    productItem.ChildNodes.Add(new TreeNode("软件产品", "", null,"~/ Products /
        SoftwareProduct.aspx", "_blank"));
    TreeNode serviceItem = new TreeNode("售后服务");
    TreeView1.Nodes.Add(serviceItem);
    serviceItem.ChildNodes.Add(new TreeNode("培训","", null,"~/ Service / Training.aspx",
        "_blank"));
    serviceItem.ChildNodes.Add(new TreeNode("咨询", "", null, "~/ Service /
        Consulting.aspx", "_blank"));
    serviceItem.ChildNodes.Add(new TreeNode("技术支持", "", null, "~/ Service /
        Support.aspx", "_blank"));
}
```

这段代码将产生和前面使用节点编辑器相同的效果。TreeView 的 Nodes 属性是一个 TreeNodeCollection 类型的集合属性，可以调用该类型的 Add、Remove、Count 等集合方法来操作 TreeNode 节点。

如果要加载到 TreeView 控件中的数据量非常大，一次性加载将显著增加服务器端的负载和客户端内存的占用量，并且会造成请求延迟。TreeView 控件提供了按需加载的特性解决这个问题。在首次加载时，TreeView 只显示顶级节点的少量数据，当用户单击 TreeView 中的展开节点图标时，将再次从服务器端加载所需要的数据。

按需加载特性在数据库应用程序中效果非常明显，如果需要在数据库中加载成千上万的数据，对于服务器端和客户端都是很大的考验，最重要的是会导致应用程序假死。如果有成千上万的用户同时并发访问，后果不堪设想。MSDN 中有一个非常有代表性的按需加载示例程序，用户可以打开 MSDN 并搜索 TreeNode.PopulateOnDemand 属性，将会看到这个示例程序的源代码。

3. 绑定到数据源的方式来显示菜单内容

与 Menu 控件类似,为了便于后期维护,通常将菜单内容集中存储,如站点地图或 XML 文件等,然后通过使用数据源控件和 TreeView 控件关联来展示站点的导航层次结构。

【例 7-12】 演示 TreeView 控件绑定站点地图的方法。

在 SiteMapDemo 示例网站中新建一个名为 TreeViewSiteMap.aspx 的窗体文件,从工具箱的导航栏中将 TreeView 控件拖放到该窗体上,再从工具箱的数据栏中将 SiteMapDataSource 控件拖放到该窗体中。然后设置 TreeView 的 DataSourceID 属性以指定它将使用的数据源控件,如图 7-28 所示。

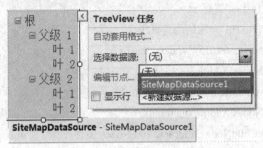

图 7-28　设置 TreeView 控件的数据源

源视图控件声明代码如下:

```
<asp:TreeView ID="TreeView1" runat="server" DataSourceID="SiteMapDataSource1">
</asp:TreeView>
<asp:SiteMapDataSource ID="SiteMapDataSource1" runat="server" />
```

SiteMapDataSource 控件是站点地图数据的数据源控件,TreeView 控件使用该控件绑定到分层的站点地图数据。浏览该页面,如图 7-29 所示,可见 TreeView 控件已经绑定了站点地图数据。

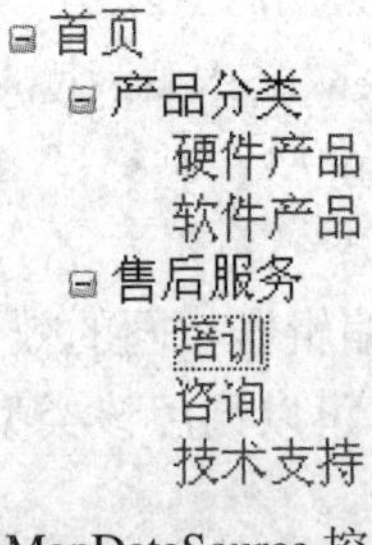

　首页
　　产品分类
　　　硬件产品
　　　软件产品
　　　售后服务
　　　培训
　　　咨询
　　　技术支持

图 7-29　使用 SiteMapDataSource 控件绑定站点地图数据

TreeView 控件除了与站点地图绑定外,同样也可以与 XML 文件进行绑定。

【例 7-13】 演示如何将 TreeView 控件绑定到一个 XML 文件。

(1) 在 SiteMapDemo 示例网站中,已经创建了一个名为 Books.xml 的 XML 文件,并在该文件中添加相应的代码,对该文件这里不再累述。

新建一个名为 TreeViewXMLFile.aspx 的窗体文件,在该窗体中添加一个 TreeView 控件和一个 XmlDataSource 控件。设置 TreeView 控件的 DataSourceID 属性为 XmlDataSource1 控件。点击 XmlDataSource 的 DataFile 属性的□按钮,将弹出"选择 XML 文件"窗口,如图 7-30 所示。在该窗口中选择 Books.xml 文件。

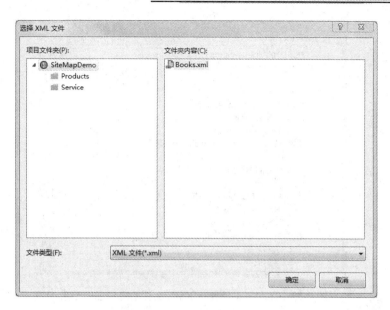

图 7-30　选择 XML 文件窗口

(2) 单击 TreeView 控件的智能标签按钮，在弹出的 TreeView 任务窗口中选择"编辑 TreeNode 数据绑定…"菜单项，将弹出如图 7-31 所示的"TreeView DataBindings 编辑器"窗口。

图 7-31　TreeView DataBindings 编辑器窗口

在"TreeView DataBindings 编辑器"窗口中显示了 XML 文件的层次结构，选择所要编辑的数据绑定的节点，在右侧的属性窗口中设置其绑定属性，本示例中将 4 个层次的节点的 TextField 属性都设置为 title，单击"确定"，系统会自动生成控件声明代码。

(3) 运行该窗体，将看到 XML 文件的内容已经绑定到 TreeView 控件中，如图 7-32 所示。

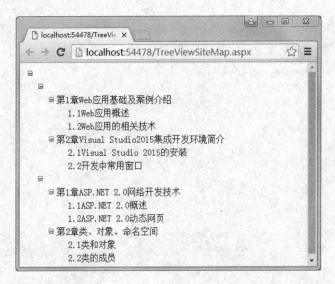

图 7-32　TreeView 控件与 XML 文件的绑定示例结果

7.7.2　带复选框的 TreeView 控件

当用户在 TreeView 中单击一项时，将会触发 TreeView 控件的 SelectedNodeChanged 事件。打开例 7-13 的 TreeViewXMLFile.aspx 窗体文件，使用如下的代码可以获取当前选择的节点的文本。

```
protected void TreeView1_SelectedNodeChanged(object sender, EventArgs e)
{
    Response.Write(TreeView1.SelectedNode.Text);
}
```

SelectedNode 是一个 TreeNode 类型，表示当前选中的节点，可以调用该节点的属性来获取节点信息。

在 TreeView 控件中，可以使用 ShowCheckBoxes 属性来允许用户进行多选，ShowCheckBoxes 是一个 TreeNodeTypes 枚举类型的值，具有如下 5 个可选值：

① TreeNodeTypes.All：为所有节点显示复选框。

② TreeNodeTypes.Leaf：为所有叶节点显示复选框。

③ TreeNodeTypes.None：不显示复选框。

④ TreeNodeTypes.Parent：为所有父节点显示复选框。

⑤ TreeNodeTypes.Root：为所有根节点显示复选框。

【例 7-14】　演示如何使用 ShowCheckBoxes 属性进行多选，并显示出选择的结果。

(1) 在 SiteMapDemo 示例网站中，新建一个名为 ShowCheckBox.aspx 的窗体文件，在该窗体中添加一个 TreeView 控件、一个 XmlDataSource 控件、一个 Button 控件和一个 Label 控件。按例 7-13 的方法，将 TreeView 控件绑定到 Books.xml 文件。

(2) 将 TreeView 控件的 ShowCheckBoxes 属性设置为 Leaf，表示为所有叶节点显示复选框；在 TreeView DataBindings 编辑器中，将每个节点的 SelectAction 设置为 None，表

示节点被选中时不执行任何操作。

(3) 添加 Button 控件的 Click 事件，获取节点信息。Click 事件代码如下：

```
protected void Button1_Click(object sender, EventArgs e)
{
    if (TreeView1.CheckedNodes.Count > 0)
    {
        Label1.Text = "当前选择了如下节点：" + "<br/>";
        foreach (TreeNode node in TreeView1.CheckedNodes)
        {
            Label1.Text += node.Text + "<br/>";
        }
    }
    else
    {
        Label1.Text = "没有节点被选择";
    }
}
```

(4) 运行该窗体，在 TreeView 控件中选择多个选项后，单击"获取选中节点信息"按钮后，将显示出选择的结果，效果如图 7-33 所示。

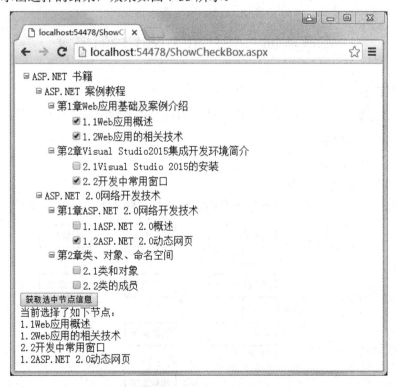

图 7-33 带复选框的多选 TreeView 控件示例

树形控件本身提供了很多样式，以下是树形控件的样式属性：

① NodeStyle：设定所有节点的样式。

② RootNodeStyle：设定根节点的样式。

③ HoverNodeStyle：设定鼠标移动到节点时的样式。

④ LeafNodeStyle：设定叶节点的样式。

⑤ LevelStyles：设定单独的叶节点的样式。

⑥ ParentNodeStyle：设定父节点的样式。

⑦ SelectedNodeStyle：设定当前节点的样式。

同样，TreeView 控件提供了很多预定义的格式，单击 Menu 控件右上角的三角符号，弹出的任务窗口中选择"自动套用格式"，在弹出自动套用格式窗口中可以选择一种预定义的样式。

本 章 小 结

本章主要介绍了 ASP.NET 的站点导航技术。首先介绍了站点地图，介绍如何定义站点地图文件及如何配置多个站点地图的方法；然后详细介绍了使用 SiteMapPath 控件显示站点地图，使用 SiteMapDataSource 控件读取站点地图文件；最后介绍了如何使用 Menu 控件创建出类似于 Windows 应用程序的菜单，使用 TreeView 控件构建树状列表菜单。

本章实训　ASP.NET 站点导航技术

1．实训目的

了解站点导航技术，掌握站点地图文件的创建方法及常用站点导航控件的使用。

2．实训内容和要求

(1) 新建一个名为 Practice7 的网站。

(2) 按图 7-34 配置站点地图文件。

(3) 在母版页中分别使用 TreeView 和 Menu 两个控件显示上述站点地图。

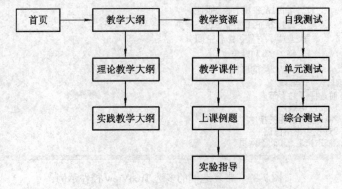

图 7-34　站点地图文件配置

习　题

一、单选题

1. 在一个 Web 站点中，有一个站点地图文件 web.sitemap 和一个 Default.aspx 页面，在 Default.aspx 页面中包含一个 SiteMapDataSource 控件，该控件的 ID 为 SiteMapDataSource1。如果想以树形结构显示站点地图，该如何处理？（　　）

    A．拖曳一个 Menu 到页面中，并将其绑定到 SqlDataSource

    B．拖曳一个 TreeView 到页面中，并将其绑定到 SqlDataSource

    C．拖曳一个 Menu 到页面中，并设置该控件的 DataSourceID 属性为 SiteMapDataSource1

    D．拖曳一个 TreeView 到页面中，并设置该控件的 DataSourceID 属性为 SiteMapDataSource1

2. 在一个产品站点中，使用 SiteMapDataSource 控件和 TreeView 控件进行导航，站点地图 web.sitemap 配置如下：

```
<?xml version="1.0" encoding="utf-8" ?>
<siteMap xmlns="http://schemas.microsoft.com/AspNet/SiteMap-File-1.0">
    <siteMapNode title="首页" description="网站首页" url="~/default.aspx">
        <siteMapNode title="产品分类" url="~/Products.aspx" />
        <siteMapNode title="系统管理" url="~/Admin/Default.aspx">
            <siteMapNode title="产品修改" url="~/Admin/Training.aspx" />
            <siteMapNode title="订单查询" url="~/Admin/Consulting.aspx" />
        </siteMapNode>
    </siteMapNode>
</siteMap>
```

要求当用户进入管理员页面后，只显示管理员节点及其子节点。该如何处理？（　　）

    A．将 SiteMapDataSource 控件的 ShowStartingNode 属性设置为 false

    B．在 Admin/Default.aspx 页重新应用一个新的只包含会员节点内容的 web.sitemap 地图

    C．将 SiteMapPath 控件的 SkipLinkText 属性设置为~/Admin/Default.aspx

    D．将 SiteMapDataSource 控件的 StartingNodeUrl 属性设置为~/Admin/Default.aspx

二、填空题

1. 设计动态菜单时需要注意的一个方面便是菜单动态显示部分从显示到消失的时间长度，可以调整＿＿＿＿＿＿属性来设置。默认值为 500 毫秒。如果将该属性值设置为＿＿＿＿＿＿，在 Menu 控件之外暂停便会使其立即消失。将此值设置为＿＿＿＿＿＿指示暂停时间无限长，只有在 Menu 控件之外单击，才会使动态部分消失。

2. 如果希望用户能够选择多个节点，则可以使用 TreeView 控件，以在节点图像旁边显示复选框。如果将_____属性设置为一个不是 TreeNodeTypes.None 的值，则会在指定节点旁边显示复选框。当显示复选框时，可以使用_____事件以在每次发送给服务器的复选框状态发生更改时运行。

三、问答题

简述 SiteMapPath、Menu 和 TreeView 控件的用途。

ADO.NET 数据访问技术

本章将开始介绍数据库驱动的 ASP.NET 应用程序开发，目前大多数 Web 应用程序都基于数据库，如电子商务网站、客户关系信息管理系统等。数据库具有强大和灵活的后端管理与存储数据的能力，ADO.NET 则是一个中间的数据访问层，ASP.NET 通过 ADO.NET 来操作数据库。

本章首先介绍 ADO.NET 的基本知识，然后从连接模式和非连接模式两个角度详细介绍 ADO.NET 的 5 个核心类的使用。第 9 章将详细介绍数据源控件及数据绑定控件的使用。

8.1 ADO.NET 基础

微软在.NET FrameWork 中集成了最新的 ADO.NET，目前已是 3.5 版本。ADO.NET 3.5 基本上保持了与 ADO.NET 2.0 一致的特性，但是在该平台之上，微软集成了语言集成查询(LINQ)的功能，这是一项重大的技术改进，有关 LINQ 的使用，可以参见 MSDN。

ADO.NET 数据
访问技术基础

8.1.1 ADO.NET 模型

ADO.NET 是.NET FrameWork 提供的数据访问类库，它为 Microsoft SQL Server、Oracle 和 XML 等数据源提供一致的访问。应用程序可以使用 ADO.NET 连接到这些数据源，并可对这些数据源进行操作。ADO.NET 数据提供程序模型如图 8-1 所示。

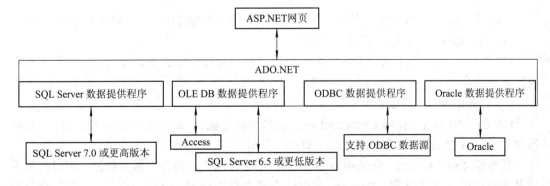

图 8-1 ADO.NET 数据提供程序模型

ADO.NET 是通过.NET 数据库提供程序来访问数据源、执行命令和检索结果。它为不同的数据源提供了不同的数据提供程序。其中，SQL Server 数据提供程序用于访问 Microsoft SQL Server 7.0 或更高版本的数据库，该数据提供程序是为此类数据库专门设计的，具有较高的访问效率，使用 System.Data.SqlClient 命名空间。OLE DB 数据提供程序则用于访问 Access、SQL Server6.5 或更低版本的数据库，使用 System.Data.OleDb 命名空间。ODBC 数据提供程序提供对使用 ODBC 公开的数据源数据的访问，使用 System.Data.Odbc 命名空间。Oracle 数据提供程序支持 Oracle 客户端软件 8.1.7 和更高版本的访问，使用 System.Data.OracleClient 命名空间。

在 ASP.NET 中，上述四类数据提供程序的使用方法类似。本书将以使用 SQL Server 数据提供程序访问 SQL Server 2008 数据库为例进行讲授。本章中所有的示例代码都假定工作在微软 SQL Server 数据库上，因此，所有示例代码中使用的类都来自 System.Data.SqlClient 命名空间。同时，由于 ADO.NET 使用接口提供模型，因此，在其他数据库中使用的数据访问方法和本章所介绍的方法非常类似。

8.1.2　ADO.NET 的组件

ADO.NET 3.5 用于访问和操作数据的两个主要组件是 .NET Framework 数据提供程序和数据集 DataSet。ADO.NET 的结构图如图 8-2 所示。

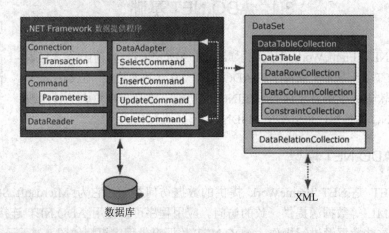

图 8-2　ADO.NET 结构图

.NET Framework 数据提供程序是专门为数据操作设计的组件，包含以下 4 个核心类：

(1) Connection：创建与数据库的连接。

(2) Command：用于执行返回数据、修改数据、运行存储过程以及发送或检索参数信息的数据库命令。

(3) DataReader：读取数据库数据，提供向前只读的游标，用于快速读取数据。

(4) DataAdapter：使用 Command 对象在数据源中执行 SQL 命令以向 DataSet 中加载数据，并将对 DataSet 中数据的更改协调回数据库。

数据集 DataSet 位于 System.Data 命名空间下，用于在内存中暂存数据，可以把它看成是内存中的小型数据库。DataSet 包含一个或多个数据表(DataTable)，表数据可来自数据库、文件或 XML 数据。DataSet 的结构如图 8-3 所示。DataSet 一旦读取到数据库中的数据后，就在内存中建立数据库的副本，在此之后的所有操作都是在内存中的 DataSet 中完成，直到执行更新命令为止。

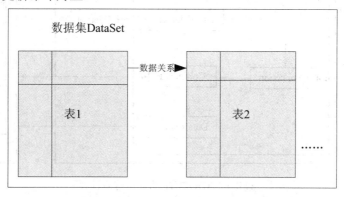

图 8-3　DataSet 的结构

在 ADO.NET 中，连接数据源的有 4 种数据提供程序。如果要在应用程序中使用任何一种数据提供程序，必须在后台代码中引用对应的命名空间，类的名称也随之变化，如表 8-1 所示。

表 8-1　数据访问提供程序、名称空间与对应的类名称

数据访问提供程序	名称空间	对应的类名称
SQL Server 数据提供程序	System.Data.SqlClient	SqlConnection；SqlCommand；SqlDataReader；SqlDataAdapter
OLE DB 数据提供程序	System.Data.OleDb	OledbConnection；OledbCommand；OledbDataReader；OledbDataAdapter
ODBC 数据提供程序	System.Data.Odbc	OdbcConnection；OdbcCommand；OdbcDataReader；OdbcDataAdapter
Oracle 数据提供程序	System.Data.OracleClient	OracleConnection；OracleCommand；OracleDataReader；OracleDataAdapter

例如，在程序中访问 SQL Server 2008，通常需要在后台代码中使用以下语句引入命名空间：using System.Data.SqlClient;。

8.1.3　ADO.NET 的数据访问模式

ADO.NET 框架中的类支持两种模式的数据访问(如图 8-4 所示)。

(1) 连接模式：提供连接到数据库，具有操作数据库数据的功能。使用 ADO.NET 中的 Connection、Command 和 DataReader 类来获取和修改数据库中的数据。

(2) 断开模式：提供离线编辑与处理数据的功能，在处理完成后交由连接类型进行数据的更新。使用 ADO.NET 中的 Connection、DataAdapter 和 DataSet 类来获取和修改数据库中的数据。

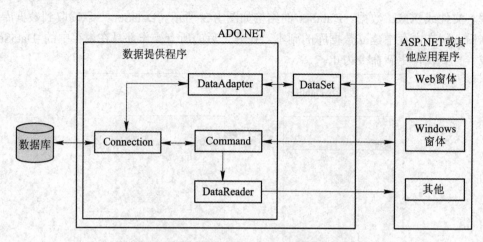

图 8-4　ADO.NET 的数据访问过程

使用过 ADO 技术的编程人员对连接模式应该是非常熟悉的。当用户要求访问数据库时，首先通过数据库连接对象(Connection)建立与数据库的连接，然后使用数据库命令对象(Command)执行针对数据库的一个 Insert、Update 或 Delete 命令，或者用于执行数据库的 Select 命令并通过检索查询结果集(DataReader)将数据读取到应用程序中，最后关闭数据库连接。

而后一种模式则是 ADO.Net 中才具有的。相对于传统的数据库访问模式，断开模式提供了更大的可升级性和灵活性。在该模式下，当用户要求访问数据库时，可通过数据库连接对象(Connection)建立与数据库的连接；运用数据适配器对象(DataAdapter)从数据库中读取数据填充到内存的数据集对象(DataSet)中供应用程序使用。一旦应用程序从数据库中获得所需的数据，它就断开与原数据库的连接。在应用程序处理完数据后，再重新取得与原数据库的连接并通过数据适配器对象(DataAdapter)将数据集对象(DataSet)中的更改更新到数据库中，完成数据的更新工作。

这两种不同的访问模式适合不同需要的数据库应用程序。DataReader 一次只能把数据表中的一条记录读入内存中，因此使用 DataReader 对象从数据库读取数据时，必须在应用程序和数据库之间保持一个已打开的数据源连接。而 DataSet 是一个内存数据库，它是 DataTable 的容器，可以一次将数据表中的多条记录读入 DataTable 中，不再需要在应用程序和数据库之间保持已打开的数据源连接，以断开模式操作 DataSet 中的数据。

第一种模式的优点是数据读取速度快，不额外占用内存资源，但缺点是不能处理整个查询结果集，并且操作数据时必须与数据源一直保持连接；第二种模式的优缺点正好相反，它可以处理整个结果集，但数据读取速度较慢，要额外占用内存资源。

下面分别从连接模式和断开模式两个角度详细介绍 ADO.NET 访问 SQL 数据库的 5 个核心类的使用。

8.2　连接模式数据库访问

本书中的数据源以 Microsoft SQL Server Express 的数据库为例，也就是说，访问数据库使用 SqlConnection、SqlCommand、SqlDataReader 和 SqlDataAdapter 对象。

在 Web 应用中，连接模式访问 SQL 数据库的对象模型，如图 8-5 所示。由图可见，连接模式访问数据库的开发流程有以下几个步骤：

(1) 创建 SqlConnection 对象与数据库建立连接。

(2) 创建 SqlCommand 对象对数据库执行 SQL 命令或存储过程，包括增、删、改及查询数据库等命令。

(3) 如果查询数据库的数据，则创建 SqlDataReader 对象读取 SqlCommand 命令查询到的结果集，并将查到的结果集绑定到控件上。

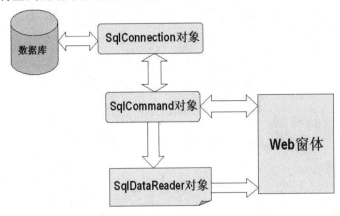

图 8-5　连接模式访问数据库

下面分别介绍 SqlConnection、SqlCommand 和 SqlDataReader 三个对象的使用。

8.2.1　使用 SqlConnection 对象连接数据库

1．示例数据库的创建

为了便于后续章节的讲解，首先需要创建一个示例数据库 Student，该数据库包含 StuInfo、Major 和 UserInfo 3 张表，数据库表结构关系如图 8-6 所示。本书的例子都是将数据库创建在 Visual Studio 自带的 SQL Server Express LocalDB 中，由于该版本的数据库能与 Visual Studio 开发环境很好地集成，并且在 Visual Studio 开发环境中使用非常方便。

示例数据库的创建

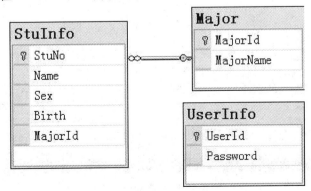

图 8-6　数据库表结构关系图

【例 8-1】　演示如何在 Visual Studio 开发环境下创建数据库。

(1) 运行 Visual Studio，新建一个名为 SqlServerDemo 的 ASP.NET 网站。

(2) 在解决方案资源管理器中，用鼠标右键单击 App_Data 目录，选择"添加新项"命令，在弹出的对话框中选择"SQL Server 数据库"模板，更改名称为 Student.mdf，如图 8-7 所示。

如果数据库已经创建，可以选择"添加现有项"命令，将数据库文件添加到 App_Data 目录中。

图 8-7　新建数据库对话框

(3) 单击"添加"按钮，创建数据库，数据库文件 Student.mdf 和 Student_log.ldf 将保存到 App_Data 文件夹中。在"服务器资源管理器"中，展开"数据连接"及数据库 Student.mdf，服务器资源管理器显示如图 8-8 所示。

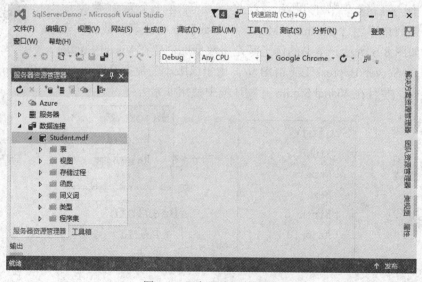

图 8-8　服务器资源管理器

　　(4) 在服务器资源管理器中，创建 StuInfo、Major 和 UserInfo 三张表。创建表格的过程为(以 StuIno 表为例)：先用鼠标右键单击表结点，选择"添加新表"；然后在表中写入各个字段；在下方的 SQL 界面修改表名称"StuInfo"；点击表上方的"更新"按钮，如图 8-9 所示，最后在弹出的界面中选择"更新数据库"，如图 8-10 所示。

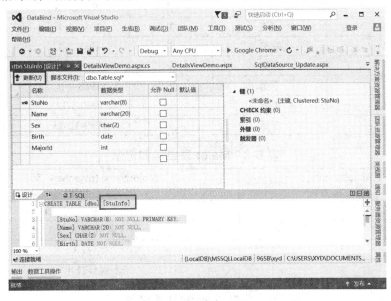

图 8-9　创建表格界面

图 8-10　更新数据库

　　按照上面的步骤再建立 Major 表和 UserId 表。然后在数据库名称上单击右键"刷新"，就能看到建立的各个表。在表名上单击右键，选择"显示表数据"，就能为表格添加记录。在这些表格中添加一些记录，StuInfo 表结构和记录如表 8-2 所示，Major 表结构和记录如表 8-3 所示，UserInfo 表结构如表 8-4 所示。

表 8-2　StuInfo 表结构和记录

StuNo (varchar，8) (学号，主键)	Name (varchar，20) (姓名)	Sex (char,2) (性别)	Birth (date) (出生日期)	MajorId (int) (专业编号)
1	张三	男	1990-9-20	1
2	李四	男	1990-8-10	1
3	王五	男	1989-3-4	2
4	陈豪	男	1988-2-3	2
5	张庭	女	1991-5-6	3
6	李勇	男	1988-4-6	3
7	王燕	女	1990-5-12	4
8	赵倩	女	1989-12-23	4

表 8-3　Major 表结构和记录

MajorId (int) (专业编号)	MajorName (nvarchar，50) (专业名称)
1	计算机应用
2	软件技术
3	网络技术
4	多媒体技术

表 8-4　UserInfo 表结构

字 段 名	类 型	说 明
UserId	varchar，20	用户名
Password	varchar，20	密码

(5) 创建完数据库表后，服务器资源管理器显示如图 8-11 所示。

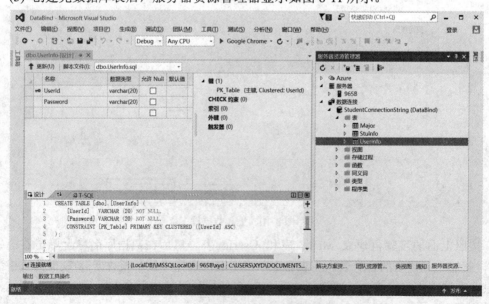

图 8-11　添加表后的服务器资源管理器

本示例创建的数据库将供第 8 章和第 9 章的后续示例使用，在后续示例中将不再创建其他数据库。

2. 创建数据库连接

操作数据库的第一步是建立与数据库的连接，因此首先要创建 SqlConnection 对象。要创建 SqlConnection 对象必须先了解 SqlConnection 对象的常用属性和方法。

创建数据库连接

SqlConnection 对象的常用属性列于表 8-5 中。

表 8-5 SqlConnection 对象的常用属性

属 性	说 明
ConnectionString	取得和设置连接字符串
ConnectionTimeOut	获取 SqlConnection 对象的超时时间，单位为秒，0 表示不限制。若在这个时间之内无法连接数据源，则产生异常
Database	获取当前数据库名称
DataSource	获取数据源的完整路径和文件名，若是 SQL Server 数据库则获取所连接的 SQL Server 服务器名称
State	获取数据库的连接状态，它的值 ConnectionState 枚举值

ConnectionString：设置连接参数。不同的数据库需要使用不同的数据提供程序，因此，设置的连接参数也不同。连接 OLE DB 数据库，ConnectionString 属性通常包含以下参数，各参数间用 ";" 分隔。

① Provider：用于设置数据源的 OLE DB 驱动程序。如：Access 为 "Microsoft.Jet.OLEDB.4.0"；SQL Server 6.5 或之前版本为 "SQLOLEDB"。

② Data Source：设置数据源的实际路径。

③ Password：设置登录数据库所使用的密码。

④ User ID：设置登录数据库时所使用的账号。

例如，连接 Access 数据库的连接参数为：

Provider=Microsoft.Jet.OLEDB.4.0;Data Source=D:\\abc.mdb

对于 SQL7.0 或更高版本的 SQL 数据库，ConnectionString 属性包含的主要参数有：

① Data Source 或 Server：设置需连接的数据库服务器名称。

② Initial Catalog 或 Database：设置连接的数据库名称。

③ AttachDBFilename：数据库的路径和文件名。

④ User ID 或 uid：登录 SQL Server 数据库的账户。

⑤ Password 或 pwd：登录 SQL Server 数据库的密码。

⑥ Integrated Security：是否使用 Windows 集成身份验证，值有三种：true、false 和 SSPI，true 和 SSPI 表示使用 Windows 集成身份验证。

⑦ Connection Timeout：设置 SqlConnection 对象连接 SQL 数据库服务器的超时时间，单位为秒，若在所设置的时间内无法连接数据库，则返回失败信息。默认为 15 秒。

连接数据库时，有两种验证模式：混合验证模式和 Windows 集成验证模式。

① 使用混合验证模式连接 SQL Server 2005 数据库的连接参数为：

Data Source =localhost; Initial Catalog=northwind; User Id=sa;pwd=123

其中，Data Source =localhost 表示连接本机 SQL 数据库的默认服务器。

② 使用 Windows 集成验证模式连接 SQL Server 2014 数据库的连接参数为：

> Data Source =localhost; Initial Catalog=northwind; Integrated Security=true

混合验证模式必须在连接字符串中以明文形式保存用户名和密码，因此安全性较差。Windows 集成验证模式不发送用户名和密码；仅发送用户通过身份验证的信息。从安全角度考虑，建议使用 Windows 集成验证模式。

在本书的示例中，数据库都是放在网站的 App_Data 目录下。如例 8-1 中创建的 Student 数据库的连接参数应设置为：

> Data Source=(LocalDB)\MSSQLLocalDB;AttachDbFilename=|DataDirectory|\Student.mdf;
>
> Integrated Security=True

其中，Data Source=(LocalDB)\MSSQLLocalDB 表示本地的 MSSQLLocalDB 数据库，AttachDbFilename 表示数据库的路径和文件名，|DataDirectory|表示网站默认数据库路径 App_Data。

SqlConnection 对象的常用方法如表 8-6 所示。

表 8-6 SqlConnection 对象的常用方法

方　　法	说　　　明
Open()	打开与数据库的连接
Close()	关闭与数据库的连接
BeginTransaction()	开始一个数据库事务，可以指定事务的名称和隔离级别
ChangeDatabase()	在打开连接的状态下，更改当前数据库
CreateCommand()	创建并返回与 SqlConnection 对象有关的 SqlCommand 对象
Dispose()	调用 Close()方法关闭与数据库的连接，并释放所占用的系统资源

讨论完连接对象的属性和方法后，下面来讨论数据库连接对象的创建。在创建数据库连接对象时，需要指定连接字符串。通常有以下 2 种方法获取连接字符串：

① 创建连接对象，并在应用程序的中硬编码连接字符串。

> SqlConnection 对象名称 = new SqlConnection("连接字符串");

或

> SqlConnection 对象名称 = new SqlConnection( );
>
> 对象名称. ConnectionString="连接字符串";

例如：

> SqlConnection cnn = new SqlConnection("Data Source=(LocalDB)\MSSQLLocalDB;
>
> AttachDbFilename=|DataDirectory|\Student.mdf;Integrated Security=True");

或

> SqlConnection cnn = new SqlConnection();
>
> cnn.ConnectionString="Data Source=(LocalDB)\MSSQLLocalDB;
>
> AttachDbFilename=|DataDirectory|\Student.mdf;Integrated Security=True"

② 把连接字符串放在应用程序的 web.config 文件中，再引用 web.config 文件。在 ASP.NET 中，使用 web.config 文件管理连接字符串的存储有一种简单的方式，这种存储连

接字符串的方式优于在应用程序的代码中硬编码连接字符串，便于维护和修改。

在 web.config 配置文件的<configuration>节中添加如下代码：

```
<connectionStrings>
<add name="StudentCnnString" connectionString="Data Source=(LocalDB)\MSSQLLocalDB;
AttachDbFilename=|DataDirectory|\Student.mdf;Integrated Security=True"
                providerName="System.Data.SqlClient" />
</connectionStrings>
```

这里采用手工输入的方式在 web.config 中保存连接字符串，通过第 9 章的学习，用户会发现通过配置数据源的方法，可以自动将连接字符串保存到 web.config 文件中，无需编写任何代码。

web.config 文件中有了连接字符串后，就可以从 web.config 中读取连接字符串。需要使用 System.Configuration.ConfigurationManager 类读取连接字符串。代码如下：

```
string strCnn= ConfigurationManager.ConnectionStrings
            ["StudentCnnString"].ConnectionString;//读取连接字符串
SqlConnection cnn = new SqlConnection(strCnn);//定义连接对象
```

为了使上述代码正常工作，必须使用 using System.Configuration 语句引入命名空间。

创建好 SqlConnection 连接对象后，并没有与数据库建立连接，要建立数据库连接，还必须使用 cnn.Open()方法打开数据连接，然后才可以对数据库进行各种操作。操作完数据库后，一定要使用 cnn.Close()方法关闭连接。

【例 8-2】 演示如何建立 Student 数据库的连接。

(1) 打开 SqlServerDemo 网站的 web.config 配置文件，在<configuration>节中添加如下代码：

```
<connectionStrings>
    <add name="StudentCnnString" connectionString="Data Source=(LocalDB)\MSSQLLocalDB;
    AttachDbFilename=|DataDirectory|\Student.mdf;Integrated Security=True"
    providerName="System.Data.SqlClient" />
</connectionStrings>
```

(2) 在网站中添加一个名为 ConnectionDemo.aspx 的页面，切换到设计视图，向该页面拖放一个 Label 控件。

(3) 在 ConnectionDemo.aspx.cs 文件中使用下列代码引入命名空间：

```
using System.Data;
using System.Data.SqlClient;
using System.Configuration;
```

(4) 在 Page_Load 中添加如下代码：

```
protected void Page_Load(object sender, EventArgs e)
{
    //从 web.config 配置文件中读取数据库连接字符串
    String strCnn = ConfigurationManager.ConnectionStrings
                ["StudentCnnString"].ConnectionString;
```

```
//定义连接对象
SqlConnection cnn = new SqlConnection(strCnn);
//打开连接
cnn.Open();
Label1.Text = "成功建立 Sql Server 数据库连接";
cnn.Close();
}
```

(5) 运行 ConnectionDemo.aspx 的页面，效果如图 8-12 所示。

图 8-12   ConnectionDemo.aspx 页面运行效果

在连接数据库的过程中，可能会发生各种异常，如：非法的连接字符串；服务器或数据库不存在；登录失败；非法的 SQL 语法；非法的表名或字段名。因此，在编写数据库连接代码时，经常使用结构化异常处理语句 Try…Catch…Finally 处理错误。将上例的 Page_Load 代码改写如下：

```
protected void Page_Load(object sender, EventArgs e)
{
    //从 web.config 配置文件中读取数据库连接字符串
    string strCnn = ConfigurationManager.ConnectionStrings
                ["StudentCnnString"].ConnectionString;
    //定义连接对象
    SqlConnection cnn = new SqlConnection(strCnn);
    try
    {
        //判断数据库连接状态，如果是关闭的，则需要用 Open()打开
        if(cnn.State==ConnectionState.Closed)
            cnn.Open();//打开连接
        Label1.Text = "成功建立 Sql Server 数据库连接";
    }
```

```
catch (Exception ex)
{
    Label1.Text = "创建连接失败，错误原因："  + ex.Message;
}
finally
{
    //判断数据库连接状态，如果是打开的，则需要用 Close()关闭
    if(cnn.State==ConnectionState.Open)
        cnn.Close();
}
```

8.2.2　使用 SqlCommand 对象执行数据库命令

成功连接数据库后，接着就可以使用 SqlCommand 对象对数据库进行各种操作，如读取、写入、修改和删除等操作。

SqlCommand 对象的常用属性如表 8-7 所示。

表 8-7　SqlCommand 对象的常用属性

属　　性	说　　明
CommandText	获取或设置要对数据源执行的 SQL 命令、存储过程或数据表名称
CommandType	获取或设置命令类型，可取的值：CommandType.Text、CommandType.StoredProduce 或 CommandType.TableDirect，分别对应 SQL 命令、存储过程或数据表名称，默认为 Text
Connection	获取或设置 SqlCommand 对象所使用的数据连接属性
Parameters	SQL 命令参数集合
Transaction	设置 Command 对象所属的事务

建立 SqlCommand 对象的方法有 4 种：

① SqlCommand 对象名 = new SqlCommand();
② SqlCommand 对象名 = new SqlCommand("SQL 命令");
③ SqlCommand 对象名 = new SqlCommand("SQL 命令", 连接对象);
④ SqlCommand 对象名 = new SqlCommand("SQL 命令", 连接对象, 事务对象);

例如：

```
SqlCommand cmd = new SqlCommand("Select * from StuInfo",cnn);
```

等价于：

```
SqlCommand cmd = new SqlCommand();
cmd.CommandText = "Select * from StuInfo";
cmd.Connection = cnn;
```

下面介绍 SqlCommand 对象的常用方法，参见表 8-8。

表 8-8　SqlCommand 对象的常用方法

方　法	说　　明
Cancel	取消 SqlCommand 对象的执行
CreateParameter	创建 Parameter 对象
ExecuteNonQuery	执行 CommandText 属性指定的内容，返回数据表被影响的行数。该方法只能执行 Insert、Update 和 Delete 命令
ExecuteReader	执行 CommandText 属性指定的内容，返回 DataReader 对象。该方法用于执行返回多条记录的 Select 命令
ExecuteScalar	执行 CommandText 属性指定的内容，以 object 类型返回结果表第一行第一列的值。该方法一般用来执行查询单值的 Select 命令
ExecuteXmlReader	执行 CommandText 属性指定的内容，返回 XmlReader 对象。该方法以 XML 文档格式返回结果集

SqlCommand 对象主要提供了 4 种执行 SQL 命令的方法：ExecuteNonQuery()、ExecuteReader()、ExecuteScalar()和 ExecuteXmlReader()，要注意每个方法的特点及使用场合。

本节主要讨论 ExecuteNonQuery()和 ExecuteScalar()方法的使用，由于 ExecuteReader()方法必须与 DataReader 对象一起使用，因此该方法将在 8.2.3 节中讨论。

1．ExecuteNonQuery 方法

ExecuteNonQuery 方法用于执行 Insert、Update 和 Delete 命令，因此可以增加、修改和删除数据库中的数据。增加、修改和删除数据库中数据的步骤相同，具体如下：

① 创建 SqlConnection 对象，设置连接字符串。

② 创建 SqlCommand 对象，设置它的 Connection 和 CommandText 属性，分别表示数据库连接和需要执行的 SQL 命令。

③ 打开与数据库连接。

④ 使用 SqlCommand 对象的 ExecuteNonQuery 方法执行 CommandText 中的命令，并根据返回值判断是否对数据库操作成功。

⑤ 关闭与数据库连接。

下面分别演示如何增加、修改和删除数据库中的数据。

【例 8-3】　演示如何使用 ExecuteNonQuery 方法增加 Student 数据库中 UserInfo 表的用户信息。

增加数据库记录

(1) 在 SqlServerDemo 网站添加一个名为 Command_InsertDemo.aspx 的网页。

(2) Command_InsertDemo.aspx 页面设计如图 8-13 所示。

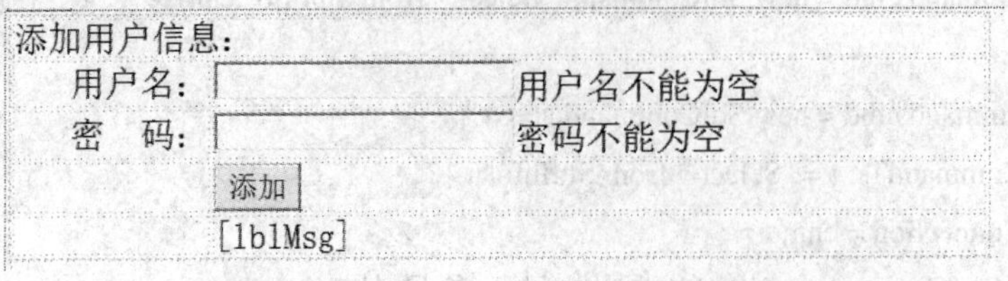

图 8-13　Command_InsertDemo.aspx 的设计页面

Command_InsertDemo.aspx 设计页面中控件的主要属性如表 8-9 所示。

表 8-9　Command_InsertDemo.aspx 设计页面中控件的主要属性

控件类型	名　称	属性名称	属性值
TextBox	txtName		
TextBox	txtPassword	TextMode	Password
Button	btnAdd	Text	添加
RequiredFieldValidator	RequiredFieldValidator1	ControlToValidate	txtName
		ErrorMessage	用户名不能为空
RequiredFieldValidator	RequiredFieldValidator2	ControlToValidate	txtPassword
		ErrorMessage	密码不能为空
Label	lblMsg		

(3) 双击设计视图中的"添加"按钮，在后台代码页 Command_InsertDemo.aspx.cs 文件中添加命名空间的引用及 btnAdd_Click 事件过程代码。

```
…
using System.Data;
using System.Data.SqlClient;
using System.Configuration;
…
protected void btnAdd_Click(object sender, EventArgs e)
{
    if (this.IsValid)    //页面验证通过
    {
        string strCnn = ConfigurationManager.ConnectionStrings
                    ["StudentCnnString"].ConnectionString;
        SqlConnection cnn = new SqlConnection(strCnn);
        SqlCommand cmd = new SqlCommand();    //建立命令对象
        cmd.Connection = cnn;    //设置命令对象的数据连接属性
        //把 SQL 语句赋给命令对象
        cmd.CommandText = "insert into UserInfo(UserId,Password) values('" +
                    txtName.Text.Trim() + "','" +
                    txtPassword.Text.Trim().GetHashCode() + "')";
        try
        {
            cnn.Open();    //打开连接
            cmd.ExecuteNonQuery();    //执行 SQL 命令
            lblMsg.Text = "用户添加成功！";
        }
```

```
            catch (Exception ex)
            {
                lblMsg.Text = "用户添加失败，错误原因：" + ex.Message;
            }
            finally
            {
                if (cnn.State == ConnectionState.Open)
                    cnn.Close();
            }
        }
    }
```

（4）运行该页面，添加一个用户名为 admin，密码为 123 的用户，点击"添加"按钮后，用户添加成功。效果如图 8-14 所示。

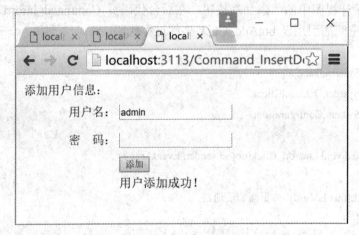

图 8-14　Command_InsertDemo.aspx 页面运行效果

本例的代码中通过 txtPassword.Text.Trim().GetHashCode()将输入的密码加密后保存到数据库中，这种加密方法是单向的，无法解密，较为安全，适合对于本例的使用场景。查看 UserInfo 表，可以看到 admin 用户添加成功，并且密码为加密后的值-1623739142。在 ASP.NET 中还有一些其他的加密方法，这里就不作讨论。

注：如果 Command_InsertDemo.aspx 页面运行报错(WebForms UnobtrusiveValidation-Mode 需要"jquery" ScriptResourceMapping。请添加一个名为 jquery(区分大小写)的 ScriptResourceMapping。)，在 Page_Load 中添加如下代码：

```
    protected void Page_Load(object sender, EventArgs e)
    {
        UnobtrusiveValidationMode = UnobtrusiveValidationMode.None;
    }
```

原因是 WebForm 使用 UnobtrusiveValidationMode 来验证，所以可设定不使用 UnobtrusiveValidationMode。

【例 8-4】　演示如何使用 ExecuteNonQuery 方法修改 Student 数据库中 UserInfo 表的用户信息。

(1) 在 SqlServerDemo 网站添加一个名为 Command_UpdateDemo.aspx 的网页。

(2) Command_UpdateDemo.aspx 页面设计如图 8-15 所示。

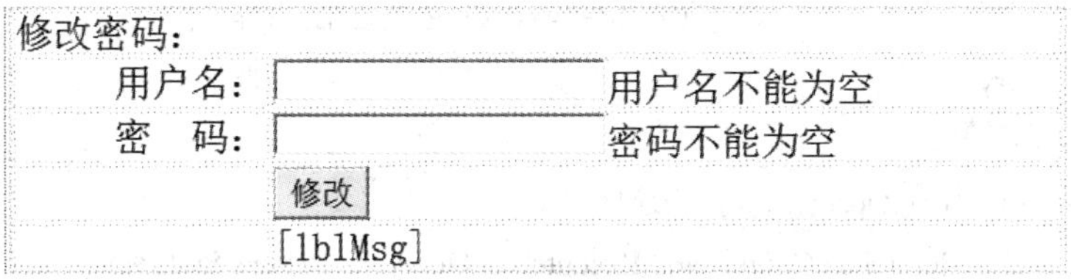

修改密码：
　　用户名：[　　　　　　]　用户名不能为空
　　密　码：[　　　　　　]　密码不能为空
　　[修改]
　　[lblMsg]

图 8-15　Command_UpdateDemo.aspx 的设计页面

Command_UpdateDemo.aspx 设计页面中控件的主要属性如表 8-10 中所示。

表 8-10　Command_UpdateDemo.aspx 设计页面中控件的主要属性

控件类型	名　称	属性名称	属性值
TextBox	txtName		
TextBox	txtPassword	TextMode	Password
Button	btnUpdate	Text	修改
RequiredFieldValidator	RequiredFieldValidator1	ControlToValidate	txtName
		ErrorMessage	用户名不能为空
RequiredFieldValidator	RequiredFieldValidator2	ControlToValidate	txtPassword
		ErrorMessage	密码不能为空
Label	lblMsg		

(3) 为 btnUpdate 按钮添加 Click 事件，其事件过程名为 btnUpdate_Click。在后台代码页 Command_UpdateDemo.aspx.cs 文件中添加命名空间的引用及 btnUpdate_Click 事件过程代码。

```
…
using System.Data;
using System.Data.SqlClient;
using System.Configuration;
…
protected void btnUpdate_Click(object sender, EventArgs e)
{
    if (this.IsValid)   //页面验证通过
    {
        string strCnn = ConfigurationManager.ConnectionStrings
                ["StudentCnnString"].ConnectionString;
        SqlConnection cnn = new SqlConnection(strCnn);
        SqlCommand cmd = new SqlCommand();//建立命令对象
```

```
                cmd.Connection = cnn;    //设置命令对象的数据连接属性
                //把 SQL 语句赋给命令对象
                cmd.CommandText = "update UserInfo set Password='"+
                                        txtPassword.Text.Trim().GetHashCode() + "' where
                                        UserId='"+txtName.Text.Trim()+"'";
            try
            {
                cnn.Open();    //打开连接
                int updateCount=cmd.ExecuteNonQuery();    //执行 SQL 命令
                if(updateCount==1)
                    lblMsg.Text = "密码修改成功！";
                else
                    lblMsg.Text = "该用户记录不存在！";
            }
            catch (Exception ex)
            {
                lblMsg.Text = "密码修改失败，错误原因：" + ex.Message;
            }
            finally
            {
                if (cnn.State == ConnectionState.Open)
                    cnn.Close();
            }
        }
    }
```

(4) 运行该页面，将 admin 用户的密码修改为 111，单击"修改"按钮后，密码修改成功。效果如图 8-16 所示。

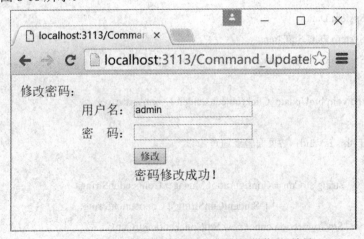

图 8-16　Command_UpdateDemo.aspx 页面运行效果

【例 8-5】　演示如何使用 ExecuteNonQuery 方法删除 Student 数据库中 UserInfo 表的用户信息。

(1) 在 SqlServerDemo 网站添加一个名为 Command_DeleteDemo.aspx 的网页。

(2) Command_DeleteDemo.aspx 页面设计如图 8-17 所示。

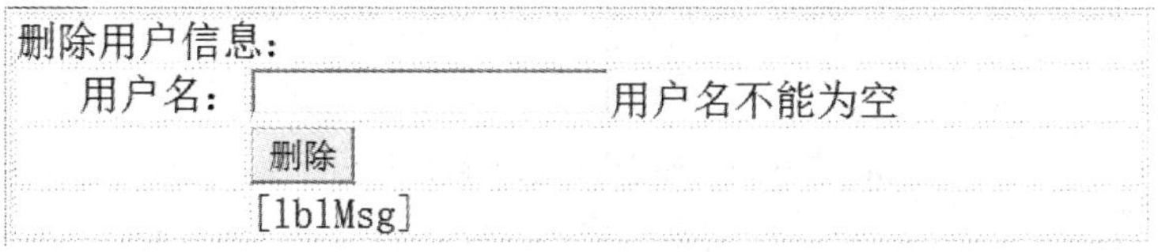

```
删除用户信息：
  用户名：[          ]        用户名不能为空
    [删除]
    [lblMsg]
```

图 8-17　Command_DeleteDemo.aspx 的设计页面

Command_DeleteDemo.aspx 设计页面中控件的主要属性如表 8-11 所示。

表 8-11　Command_DeleteDemo.aspx 设计页面中控件的主要属性

控件类型	名　称	属性名称	属性值
TextBox	txtName		
Button	btnDelete	Text	删除
RequiredFieldValidator	RequiredFieldValidator1	ControlToValidate	txtName
		ErrorMessage	用户名不能为空
Label	lblMsg		

(3) 为 btnDelete 按钮添加 Click 事件，其事件过程名为 btnDelete_Click。在后台代码页 Command_DeleteDemo.aspx.cs 文件中添加命名空间的引用及 btnDelete_Click 事件过程代码。

```
…
using System.Data;
using System.Data.SqlClient;
using System.Configuration;
…
protected void btnDelete_Click(object sender, EventArgs e)
{
    if (this.IsValid)    //页面验证通过
    {
        string strCnn = ConfigurationManager.ConnectionStrings
                ["StudentCnnString"].ConnectionString;
        SqlConnection cnn = new SqlConnection(strCnn);
        SqlCommand cmd = new SqlCommand();    //建立命令对象
        cmd.Connection = cnn;    //设置命令对象的数据连接属性
        //把 SQL 语句赋给命令对象
        cmd.CommandText = "delete UserInfo where UserId='" + txtName.Text.Trim() + "'";
        try
```

```
        {
            cnn.Open();    //打开连接
            int deleteCount = cmd.ExecuteNonQuery();    //执行 SQL 命令
            if (deleteCount == 1)
                lblMsg.Text = "用户删除成功！";
            else
                lblMsg.Text = "该用户记录不存在！";
        }
        catch (Exception ex)
        {
            lblMsg.Text = "用户删除失败，错误原因：" + ex.Message;
        }
        finally
        {
            if (cnn.State == ConnectionState.Open)
                cnn.Close();
        }
    }
}
```

(4) 运行该页面，输入 admin 用户，单击"删除"按钮后，用户删除成功。效果如图 8-18 所示。

图 8-18　Command_DeleteDemo.aspx 页面运行效果

从以上 3 个例子中可以看出，使用 Command 对象的 ExecuteNonQuery 方法对数据库进行增、删、改操作时，处理方法类似。

2. ExecuteScalar 方法

读取数据库中的单值

ExecuteScalar 方法一般用来执行查询单值的 Select 命令，它以 object 类型返回结果表第一行第一列的值。对数据库进行操作时，具体步骤如下：

① 创建 SqlConnection 对象，设置连接字符串。

② 创建 SqlCommand 对象，设置它的 Connection 和 CommandText 属性。

③ 打开与数据库连接。

④ 使用 SqlCommand 对象的 ExecuteScalar 方法执行 CommandText 中的命令，并返回结果表第一行第一列的值供应用程序使用。

⑤ 关闭与数据库连接。

【例 8-6】　演示如何使用 ExecuteScalar 方法查询 Student 数据库中 StuInfo 表的学生人数。

(1) 在 SqlServerDemo 网站添加一个名为 Command_ExecuteScalar.aspx 的网页。在页面中放置一个 Label 控件，取名为 lblMsg。

(2) 在后台代码页 Command_ExecuteScalar.aspx.cs 文件中添加命名空间的引用及 Page_Load 事件过程代码。

```
…
using System.Data;
using System.Data.SqlClient;
using System.Configuration;
…
protected void Page_Load(object sender, EventArgs e)
{
    string strCnn = ConfigurationManager.ConnectionStrings
                ["StudentCnnString"].ConnectionString;
    SqlConnection cnn = new SqlConnection(strCnn);
    SqlCommand cmd = new SqlCommand();    //建立命令对象
    cmd.Connection = cnn;   //设置命令对象的数据连接属性
    //把 SQL 语句赋给命令对象
    cmd.CommandText = "select count(*) from stuInfo";
    try
    {
        cnn.Open();//打开连接
        object count =cmd.ExecuteScalar();   //执行 SQL 命令，返回 Object 类型的数据
        lblMsg.Text="学生人数：" + count.ToString();
    }
    catch (Exception ex)
    {
        lblMsg.Text = "查询失败，错误原因：" + ex.Message;
    }
    finally
    {
        if (cnn.State == ConnectionState.Open)
            cnn.Close();
    }
}
```

(3) 运行该页面，效果如图 8-19 所示。

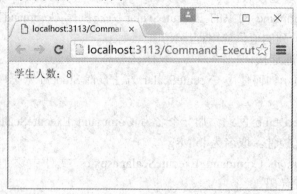

图 8-19　Command_ExecuteScalar.aspx 页面运行效果

8.2.3　使用 SqlDataReader 读取数据

读取数据库记录

SqlDataReader 对象是一个向前只读的记录指针，用于快速读取数据。对于只需要顺序显示数据表中记录的应用而言，SqlDataReader 对象是比较理想的选择。

在读取数据时，它需要与数据源保持实时连接，以循环的方式读取结果集中的数据。这个对象不能直接实例化，而必须调用 SqlCommand 对象的 ExecuteReader 方法才能创建有效的 SqlDataReader 对象。SqlDataReader 对象一旦创建，即可通过对象的属性、方法访问数据源中的数据。

SqlDataReader 对象的常用属性：

① FieldCount：获取由 SqlDataReader 得到的一行数据中的字段数。

② IsClosed：获取 SqlDataReader 对象的状态。true 表示关闭，false 表示打开。

③ HasRows：表示 SqlDataReader 是否包含数据。

下面介绍 SqlDataReader 对象的常用方法：

① Close()方法：不带参数，无返回值，用来关闭 SqlDataReader 对象。

② Read()方法：让记录指针指向本结果集中的下一条记录，返回值是 true 或 false。

③ NextResult()方法：当返回多个结果集时，使用该方法让记录指针指向下一个结果集。当调用该方法获得下一个结果集后，依然要用 Read 方法来遍历访问该结果集。

④ GetValue(int i)方法：根据传入的列的索引值，返回当前记录行里指定列的值。由于事先无法预知返回列的数据类型，所以该方法使用 Object 类型来接收返回数据。

⑤ GetValues (Object[] values)方法：该方法会把当前记录行里所有的数据保存到一个数组里。可以使用 FieldCount 属性来获知记录里字段的总数，据此定义接收返回值的数组长度。

⑥ GetDataTypeName(int i)方法：通过输入列索引，获得该列的类型。

⑦ GetName(int i)方法：通过输入列索引，获得该列的名称。综合使用 GetName 和 GetValue 两方法，可以获得数据表里列名和列的字段。

⑧ IsDBNull(int i)方法：判断指定索引号的列的值是否为空，返回 True 或 False。

下面介绍使用 SqlDataReader 对象查询数据库的一般步骤：

① 创建 SqlConnection 对象，设置连接字符串。

② 创建 SqlCommand 对象，设置它的 Connection 和 CommandText 属性，分别表示数据库连接和需要执行的 SQL 命令。

③ 打开数据库连接。

④ 使用 SqlCommand 对象的 ExecuteReader 方法执行 CommandText 中的命令，并把返回的结果放在 SqlDataReader 对象中。

⑤ 通过循环，处理数据库查询结果。

⑥ 关闭数据库连接。

【例 8-7】　演示如何使用 SqlDataReader 对象读取 StuInfo 表的记录。

(1) 在 SqlServerDemo 网站添加一个名为 DataReaderDemo.aspx 的网页。

(2) 在后台代码页 DataReaderDemo.aspx.cs 文件中添加命名空间的引用及 Page_Load 事件过程代码。

```
…
using System.Data;
using System.Data.SqlClient;
using System.Configuration;
…
protected void Page_Load(object sender, EventArgs e)
{
    string strCnn = ConfigurationManager.ConnectionStrings
                ["StudentCnnString"].ConnectionString;
    SqlConnection cnn = new SqlConnection(strCnn);
    SqlCommand cmd = new SqlCommand();
    cmd.Connection = cnn;
    cmd.CommandText = "select * from StuInfo";
    SqlDataReader stuReader=null;   //创建 DataReader 对象的引用
    try
    {
        if(cnn.State==ConnectionState.Closed)
            cnn.Open();
        //执行 SQL 命令，并获取查询结果
        stuReader=cmd.ExecuteReader();
        //依次读取查询结果的字段名称，并以表格的形式显示
        Response.Write("<table border='1'><tr align='center'>");
        for (int i = 0; i < stuReader.FieldCount; i++)
        {
            Response.Write("<td>" + stuReader.GetName(i) +"</td>");
        }
        Response.Write("</tr>");
```

```
//如果 DataRead 对象成功获得数据，返回 true，否则返回 false
while (stuReader.Read())
{
        //依次读取查询结果的字段值，并以表格的形式显示
        Response.Write("<tr>");
        for (int j = 0; j < stuReader.FieldCount; j++)
        {
                Response.Write("<td>"+stuReader.GetValue(j)+"</td>");
        }
        Response.Write("</tr>");
}
Response.Write("</table>");
}
catch (Exception ex)
{
        Response.Write("用户添加失败，错误原因：" + ex.Message);
}
finally
{
        //关闭 DataReader 对象
        if(stuReader.IsClosed==false)
            stuReader.Close();
        if(cnn.State==ConnectionState.Open)
            cnn.Close();
}
}
```

(3) 运行该页面，效果如图 8-20 所示。

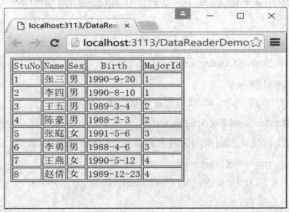

图 8-20　DataReaderDemo.aspx 页面运行效果

上述代码中，当 SqlCommand 的 ExecuteReader 方法返回 SqlDataReader 对象后，需要通过 While 循环，利用 SqlDataReader 对象的 Read 方法来获得第一条记录；当读好一条记

录想获得下一条记录时，仍用 Read 方法。如果当前记录已经是最后一条，调用 Read 方法将返回 false。也就是说，只要该方法返回 true，则可以访问当前记录所包含的字段。

由于 SqlDataReader 在执行 SQL 命令时一直要保持同数据库的连接，所以在 SqlDataReader 对象开启的状态下，该对象所对应的 SqlConnection 连接对象不能用来执行其他的操作。所以，在使用完 SqlDataReader 对象时，一定要使用 Close 方法关闭该 SqlDataReader 对象，否则不仅会影响到数据库连接的效率，更会阻止其他对象使用 SqlConnection 连接对象来访问数据库。

使用 SqlDataReader 对象时，应注意以下几点：

① 读取数据时，SqlConnection 对象必须处于打开状态。

② 必须通过 SqlCommand 对象的 ExecuteReader() 方法，产生 SqlDataReader 对象的实例。

③ 只能按向下的顺序逐条读取记录，不能随机读取。且无法直接获知读取记录的总数。

④ SqlDataReader 对象管理的查询结果是只读的，不能修改。

上面都是通过 SqlDataReader 对象的 Read 方法遍历读取查询结果集。在 Visual Studio 的 Web 应用程序中，提供了大量列表绑定控件，如 DropDownList、ListBox 和 GridView 控件等，可以直接将 SqlDataReader 对象绑定到这些控件来显示查询结果。与控件绑定时，主要设置控件的以下属性和方法：

① DataSource 属性：设置控件的数据源，可以是 SqlDataReader 对象，也可以是 DataSet 对象。

② DataMember 属性：当数据源为 DataSet 对象时，设置控件要显示的数据表名。

③ DataTextField 属性：对于绑定 DropDownList、ListBox 等控件时，设置显示数据的字段名称。

④ DataValueField 属性：对于绑定 DropDownList、ListBox 等控件时，设置隐藏值的字段名称。

⑤ DataBind 方法：设置完控件的绑定属性后，调用该方法将数据绑定到控件上。

【例 8-8】　演示如何将 SqlDataReder 对象与 DropDownList 控件绑定。本示例主要在 DropDownList 控件中显示 Major 表的记录。

(1) 在 SqlServerDemo 网站添加一个名为 DataReader_DataBind.aspx 的网页。在页面中放置一个 DropDownList 控件。

(2) 在后台代码页 DataReader_DataBind.aspx.cs 文件中添加命名空间的引用及 Page_Load 事件过程代码。

```
…
using System.Data;
using System.Data.SqlClient;
using System.Configuration;
…
protected void Page_Load(object sender, EventArgs e)
{
    string strCnn = ConfigurationManager.ConnectionStrings
            ["StudentCnnString"].ConnectionString;
```

```
SqlConnection cnn = new SqlConnection(strCnn);
SqlCommand cmd = new SqlCommand();
cmd.Connection = cnn;
cmd.CommandText = "select * from Major";
SqlDataReader MajorReader = null;
try
{
    if (cnn.State == ConnectionState.Closed)
        cnn.Open();
    MajorReader = cmd.ExecuteReader();
    DropDownList1.DataSource = MajorReader;    //设置 DropDownList1 的数据源
    DropDownList1.DataTextField = "MajorName";    //设置显示数据的字段
    DropDownList1.DataValueField = "MajorId";    //设置隐藏值的字段
    DropDownList1.DataBind();    //数据绑定
}
catch (Exception ex)
{
    Response.Write("用户添加失败，错误原因：" + ex.Message);
}
finally
{
    //关闭 DataReader 对象
    if (MajorReader.IsClosed == false)
        MajorReader.Close();
    if (cnn.State == ConnectionState.Open)
        cnn.Close();
}
```

(3) 运行该页面，效果如图 8-21 所示。

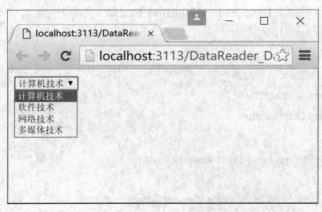

图 8-21　DataReader_DataBind.aspx 页面运行效果

8.2.4　为 SqlCommand 传递参数

在讨论如何为 SqlCommand 对象传递参数前，先来看一个例子。

【例 8-9】　演示如何创建一个登录页面。

SQL 注入性攻击

(1) 在 SqlServerDemo 网站添加一个名为 Login.aspx 的网页。设计界面如图 8-22 所示。

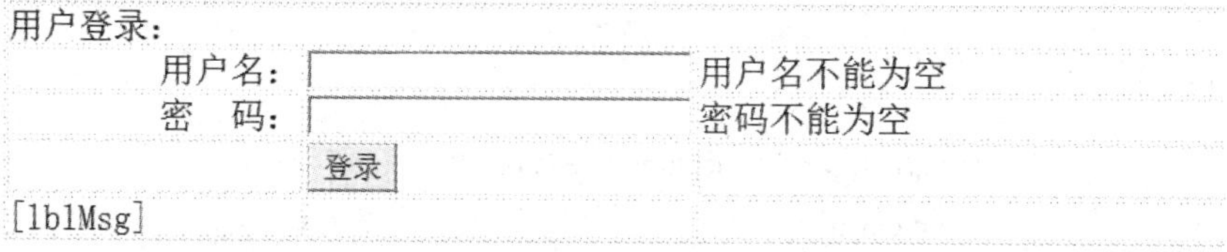

用户登录：
用户名：　［　　　　　　　］　　用户名不能为空
　密　码：　［　　　　　　　］　　密码不能为空
　　　　　　［登录］

［lblMsg］

图 8-22　Login.aspx 的设计页面

Login.aspx 设计页面中控件的主要属性如表 8-12 所示。

表 8-12　Login.aspx 设计页面中控件的主要属性

控件类型	名　称	属性名称	属性值
TextBox	txtName		
TextBox	txtPassword	TextMode	Password
Button	btnLogin	Text	登录
RequiredFieldValidator	RequiredFieldValidator1	ControlToValidate	txtName
		ErrorMessage	用户名不能为空
RequiredFieldValidator	RequiredFieldValidator2	ControlToValidate	txtPassword
		ErrorMessage	密码不能为空
Label	lblMsg		

(2) 为 btnLogin 按钮添加 Click 事件，其事件过程名为 btnLogin_Click。在后台代码页 Login.aspx.cs 文件中添加命名空间的引用及 btnLogin_Click 事件过程代码。

```
…
using System.Data;
using System.Data.SqlClient;
using System.Configuration;
…
protected void btnLogin_Click(object sender, EventArgs e)
{
    if (this.IsValid)
    {
        string strCnn = ConfigurationManager.ConnectionStrings
                ["StudentCnnString"].ConnectionString;
        SqlConnection cnn = new SqlConnection(strCnn);
        SqlCommand cmd = new SqlCommand();
```

```
                cmd.Connection = cnn;
                //通过字符串直接串接的方法构建 SQL 命令
                cmd.CommandText = "select * from UserInfo where UserId='" +
                                    txtName.Text.Trim() + "' and Password='" +
                                    txtPassword.Text.Trim().GetHashCode()+"'";
                SqlDataReader UserReader = null;
                try
                {
                    if (cnn.State == ConnectionState.Closed)
                        cnn.Open();
                    UserReader = cmd.ExecuteReader();
                    if (UserReader.Read())    //最多只有一条记录
                    {
                        //验证通过，保存用户名信息，并跳转到其他页面
                        Session["UserId"] = txtName.Text.Trim();
                        Response.Redirect("~/DataReaderDemo.aspx");
                    }
                    else
                    {
                        lblMsg.Text = "用户名、密码不正确！";
                    }
                }
                catch (Exception ex)
                {
                    Response.Write("用户登录失败，错误原因："+ ex.Message);
                }
                finally
                {
                    if (UserReader.IsClosed == false)
                        UserReader.Close();
                    if (cnn.State == ConnectionState.Open)
                        cnn.Close();
                }
            }
        }
```

（3）运行该页面，正确输入数据表 UserInfo 中已有的用户名和密码，可以通过验证并跳转到 DataReaderDemo.aspx 页面。如果恶意用户输入一些 SQL 脚本，将可能造成 SQL 注入性攻击。例如，在用户名处输入如图 8-23 所示的两种情况，即使没有输入正确的用户名和密码，也能通过验证并继续访问网站内容，甚至可以更改数据库信息。

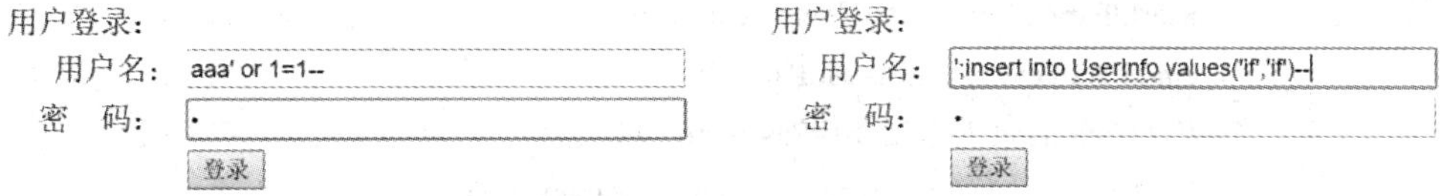

用户登录：
　用户名: aaa' or 1=1--
　密　码: •
　　登录

用户登录：
　用户名: ';insert into UserInfo values('if','if')--
　密　码: •
　　登录

　　　　(a)　　　　　　　　　　　　　　　　　(b)

图 8-23　SQL 注入性攻击

上面这种通过简单的字符串串接的方法配置 SQL 语句，不能防止可能的 SQL 注入攻击。因此，需要采用其他方法来防止注入性攻击，其中一种简单而有效的方法就是使用参数来配置 SQL 语句。在大多数重要的数据库编程，无论多简单，一般都采用参数化方法。下面来讨论参数化 SQL 语句的使用。

执行带参的 SQL 命令

【例 8-10】　下面演示如何使用参数化的方法安全登录网站。

(1) 在 SqlServerDemo 网站的 Login.aspx 页面中。在"登录"按钮后面再添加一个"登录(带参)"按钮，取名为 btnLoginParam，界面设计如图 8-24 所示。

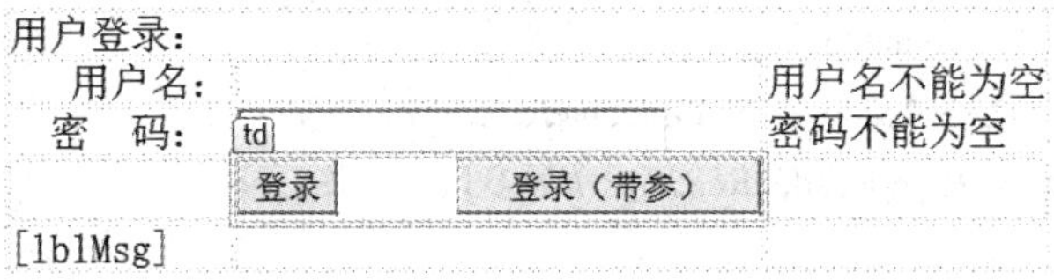

用户登录：
　用户名:
　密　码: [td]　　　　　　　　　　用户名不能为空
　　　　　　　　　　　　　　　　　密码不能为空
　　登录　　　　登录（带参）
[lblMsg]

图 8-24　Login.aspx 的设计页面

(2) 为 btnLoginParam 按钮添加 Click 事件，其事件过程名为 btnLoginParam_Click。在后台代码页 Login.aspx.cs 文件中添加 btnLoginParam_Click 事件过程代码。

```
protected void btnLoginParam_Click(object sender, EventArgs e)
{
    if (this.IsValid)
    {
        string strCnn = ConfigurationManager.ConnectionStrings
                    ["StudentCnnString"].ConnectionString;
        SqlConnection cnn = new SqlConnection(strCnn);
        SqlCommand cmd = new SqlCommand();
        cmd.Connection = cnn;
        //设置带参的 SQL 命令
        cmd.CommandText = "select * from UserInfo where UserId=@UserId and
                    Password = @Password";
        //为 Command 对象准备@UserId 参数
        SqlParameter userIdParam = new SqlParameter();
        userIdParam.ParameterName = "@UserId";
        userIdParam.SqlDbType = SqlDbType.VarChar;
        userIdParam.Size = 20;
        userIdParam.Direction = ParameterDirection.Input;
```

```
userIdParam.Value = txtName.Text.Trim();
cmd.Parameters.Add(userIdParam);
//为 Command 对象准备@Password 参数
SqlParameter passwordParam = new SqlParameter();
passwordParam.ParameterName = "@Password";
passwordParam.SqlDbType = SqlDbType.VarChar;
passwordParam.Size = 20;
passwordParam.Direction = ParameterDirection.Input;
passwordParam.Value = txtPassword.Text.Trim().GetHashCode();
//将准备好的参数对象添加到 Command 对象中
cmd.Parameters.Add(passwordParam);
SqlDataReader UserReader = null;
try
{
    if (cnn.State == ConnectionState.Closed)
        cnn.Open();
    UserReader = cmd.ExecuteReader();
    if (UserReader.Read())    //最多只有一条记录
    {
        //验证通过，保存用户名信息，并跳转到其他页面
        Session["UserId"] = txtName.Text.Trim();
        Response.Redirect("~/DataReaderDemo.aspx");
    }
    else
    {
        lblMsg.Text = "用户名、密码不正确！";
    }
}
catch (Exception ex)
{
    Response.Write("用户登录失败，错误原因：" + ex.Message);
}
finally
{
    if (UserReader.IsClosed == false)
        UserReader.Close();
    if (cnn.State == ConnectionState.Open)
        cnn.Close();
}
```

(3) 运行该页面，输入一些 SQL 注入性内容，点击"登录(带参)"按钮，将无法通过验证。只有输入正确的用户名和密码，才能通过验证。

从本例的代码可以看出，在 SQL 命令中增加了参数后，必须创建相应的 SqlParameter 对象，给它提供必要的信息，如参数名、参数类型、参数值等，然后把准备好的 SqlParameter 对象添加到带参的 SqlCommand 对象中，就可以执行 SqlCommand 对象。

SqlParameter 类的一些常用属性如表 8-13 所示。

表 8-13　SqlParameter 类的常用属性

属　　性	说　　明
ParameterName	获取或设置参数的名称
SqlDbType	获取或设置参数的 SQL Server 数据库类型
Size	获取或设置参数值的大小
Direction	获取或设置参数的方向，例如：Input、OutPut 或 InputOutPut
Value	获取或设置参数对象的值，这个值在运行期间传递给命令对象中定义的参数

当参数均为输入参数时，可以简化参数赋值的代码：

```
cmd.Parameters.AddWithValue("@UserId", txtName.Text.Trim());
cmd.Parameters.AddWithValue("@Password", txtPassword.Text.Trim().GetHashCode());
```

采用这种方法，不需要定义 SqlCommand 对象，因此比较简单方便。

8.2.5　使用 SqlCommand 执行存储过程

存储过程是 SQL 语句和可选控制流语句的预编译集合，以一个名称存储并作为一个单元处理。对于大中型的应用程序中，使用存储过程具有下列优点：

① 一次创建和测试好后，可以多次供应用程序调用。

② 数据库人员和 Web 应用程序开发人员可以独立地工作，简化了分工。

③ Web 应用程序和开发人员不直接访问数据库，提高了数据库的安全性。

④ 存储过程在创建时即在服务器上进行预编译，因此具有较高的执行效率。

⑤ 一个存储过程可以执行上百条 SQL 语句，降低网络通信量。

⑥ 存储过程或数据库结构的更改不会影响应用程序，具有一定的灵活性。

存储过程按返回值的情况，同样分为 3 种：返回记录的存储过程；返回标量值的存储过程；执行操作的存储过程。使用 SqlCommand 对象执行存储过程与执行 SQL 语句一样，分为以下 3 种情况：

① 返回记录的存储过程：使用 SqlCommand 对象的 ExecuteReader 方法执行，并从数据库中获取查询结果集。

② 返回标量值的存储过程：使用 SqlCommand 对象的 ExecuteScalar 方法执行，并从数据库中检索单个值。

③ 执行操作的存储过程：使用 SqlCommand 对象的 ExecuteNoQuery 方法执行，并返回受影响的记录数。

下面举例介绍如何执行 SQL Server 数据库的存储过程。

【例 8-11】 演示如何使用存储过程的方法安全登录网站。

(1) 在服务器资源管理器中，鼠标右击存储过程，选择"添加新存储过程"，如图 8-25 所示。创建一个名为 ProcLogin 的存储过程，代码如下：

执行存储过程

```
CREATE PROCEDURE [dbo].[ProcLogin]
(
    @UserId varchar(20),
    @Password varchar(20)
)
AS
    SELECT UserId, PasswordFROM UserInfo
    WHERE (UserId = @UserId) AND (Password = @Password)
```

图 8-25 添加新存储过程

(2) 在 SqlServerDemo 网站的 Login.aspx 页面中，在"安全登录"按钮后面再添加一个"存储过程登录"按钮，取名为 btnStoredProcdureLogin，界面设计如图 8-26 所示。

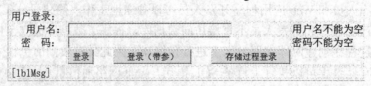

图 8-26 Login.aspx 的设计页面

(3) 为 btnStoredProcdureLogin 按钮添加 Click 事件，其事件过程名为 btnStored-ProcdureLogin_Click。在后台代码页 Login.aspx.cs 文件中添加 btnStoredProcdureLogin_Click 事件过程代码：

```
protected void btnStoredProcdureLogin_Click(object sender, EventArgs e)
{
    if (this.IsValid)
    {
        string strCnn = ConfigurationManager.ConnectionStrings
                ["StudentCnnString"].ConnectionString;
```

```
SqlConnection cnn = new SqlConnection(strCnn);
SqlCommand cmd = new SqlCommand();
cmd.Connection = cnn;
//设置存储过程的名称
cmd.CommandText = "ProcLogin";
//设置命令类型为存储过程
cmd.CommandType = CommandType.StoredProcedure;
//赋参数值
cmd.Parameters.AddWithValue("@UserId", txtName.Text.Trim());
cmd.Parameters.AddWithValue("@Password", txtPassword.Text.Trim().GetHashCode());
SqlDataReader UserReader = null;
try
{
    if (cnn.State == ConnectionState.Closed)
        cnn.Open();
    UserReader = cmd.ExecuteReader();
    if (UserReader.Read())//最多只有一条记录
    {
        //验证通过，保存用户名信息，并跳转到其他页面
        Session["UserId"] = txtName.Text.Trim();
        Response.Redirect("~/DataReaderDemo.aspx");
    }
    else
    {
        lblMsg.Text = "用户名、密码不正确！";
    }
}
catch (Exception ex)
{
    Response.Write("用户登录失败，错误原因：" + ex.Message);
}
finally
{
    if (UserReader.IsClosed == false)
        UserReader.Close();
    if (cnn.State == ConnectionState.Open)
        cnn.Close();
}
}
}
```

(4) 运行该页面，输入正确的用户名和密码后，点击"存储过程登录"按钮，将通过验证。同样的，输入一些 SQL 注入性内容，将无法通过验证。存储过程也能有效地防止可能的 SQL 注入攻击。

8.2.6 使用事务处理

事务处理用于维护操作的一致性和完整性。一个经典的例子就是银行转账，例如两个账户间转账时，从 A 账户转 2000 元钱到 B 账户，首先需要从 A 账户中扣除 2000 元，然后在 B 账户中增加 2000 元。只有当两个操作都完成时，才表示转账成功。否则，任何一项操作发生意外，两个操作都必须失败，即 A 账户不扣钱，B 账户不加钱，后果将会非常严重。

事务处理

在数据库应用系统中，事务处理是指确保同时对多个表的操作要么成功，要么失败。例如，电子商务网站中的订单表 Orders 和订单明细表 Order Details，如果删除了 Orders 表中的某条记录，则必须要同时删除与此记录相关联的 Order Details 表中的记录，否则会出现数据信息的不完整。

在.Net 中，事务处理机制共有 4 种：

① 数据库事务；

② ADO.NET 事务；

③ ASP.NET 事务；

④ 企业服务级事务。

每种事务处理机制都有各自的使用场景。例如，数据库事务，应用程序调用数据库的存储过程，存储过程中开始一个事务，如果每个语句都执行成功，则提交；如果有错误发生，就会回滚。

如果需要在应用程序中多次对数据库进行操作，例如，插入订单表的记录后，需要插入多个订单明细到订单明细表中，而不想一次传递一个很长的字符串，这时可以采用 ADO.NET 事务机制。ADO.NET 事务允许在当前的连接上创建一个事务上下文，对数据库进行多次操作，全部操作成功则提交，否则回滚。

ASP.NET 事务是在 Web 应用程序的页面层工作，只需简单地在页面属性中加一个 "Transaction="Required""，这样在页面中的事件处理都作为页面整个事务的一部分，该页面的任何处理出现错误，则所有的处理都将回滚。

企业服务型组件通过资源管理器和分布事务控制器(DTC)来实现事务，一个数据库的调用，或者事务中涉及的其他资源发生错误或异常时，整个事务将被回滚，企业服务建立在 COM+技术的基础上来处理事务。

本节主要介绍 ADO.NET 事务。创建一个 ADO.NET 事务较为简单，仅仅是在使用 ADO.NET 访问数据库的代码上做一些扩展，需要把代码放到一个事务上下文中进行处理。

为了执行一个 ADO.NET 事务，首先需要创建一个 SqlTransation 对象，可以调用 SqlConnection 对象 BeginTransation()方法来创建 SqlTransation 对象，然后把它赋给 SqlCommand 对象的事务属性。当事务开始后，就可以执行任意次数的 SqlCommand 动作，但要保证 SqlCommand 对象属于同一个事务和连接。执行成功后，调用 SqlTransation

的 Commit()方法来提交事务。如果事务中发生一个错误，则使用 SqlTransation 的
Rollback()方法回滚事务。

【例 8-12】　下面演示如何使用 ADO.NET 事务。在 Student 数据库中添加一张
Account 表，并在其中添加两个数据，如图 8-27 所示。

	名称	数据类型	允许 Null	默认值
▸▣	AccountId	varchar(50)	☐	
	AccountName	varchar(50)	☐	
	Amount	money	☐	
			☐	

Account...	Account...	Amount
1111	A	10000.0...
2222	B	5000.00...
NULL	NULL	NULL

ADO.NET 事务

图 8-27　Account 表设计和数据添加

在 SqlSeverDemo 网站中添加一个名为 TransactionDemo.aspx 的页面。在该页面上放
置三个 TextBox，ID 分别为 txtOut、txtIn、txtAmount；一个 Button，ID 为 btnTransfer；
一个 Label 控件，ID 为 lblMsg。页面设计如图 8-28 所示。

账户转账实例：

转出账户：
转入账户：
转账金额：
转账 [lblMsg]

图 8-28　TransactionDemo.aspx 的设计页面

双击"转账"按钮，为其添加 Click 事件。在后台代码页 TransactionDemo.aspx.cs 文
件中添加命名空间的引用及 Click 事件处理代码。

```
…
using System.Data;
using System.Data.SqlClient;
using System.Configuration;
…
protected void btnTransfer_Click(object sender, EventArgs e)
{
    string strcnn = ConfigurationManager.ConnectionStrings["StudentCnnString"].ConnectionString;
    SqlConnection cnn = new SqlConnection(strcnn);
    SqlTransaction trans = null;
    try
    {
        cnn.Open();   //打开数据库连接
```

```csharp
trans = cnn.BeginTransaction();    //开始一个事务
/*以下操作用于查询转出账户是否存在，账户余额是否大于转账金额*/
SqlCommand cmdA = new SqlCommand();
cmdA.Connection = cnn;
//将 cmdA 命令对象添加到 trans 事务中
cmdA.Transaction = trans;
cmdA.CommandText = "select Amount from Account
                        where AccountId = @AccountId";
cmdA.Parameters.AddWithValue("@AccountId", txtOut.Text.Trim());
Object amountA = cmdA.ExecuteScalar();    //查询指定账户的余额
if (amountA == null)    //如果查询结果为空，则账户不存在
  {
      lblMsg.Text = "转出账户" + txtOut.Text.Trim() + "不存在！";
      return;
  }
else if ((decimal)amountA < Convert.ToDecimal(txtAmount.Text.Trim()))
//判断账户余额是否大于转账金额
  {
      lblMsg.Text = "账户余额不足!";
      return;
  }
/*以下操作用于查询转入账户是否存在*/
SqlCommand cmdB = new SqlCommand();
cmdB.Connection = cnn;
//将 cmdB 命令对象添加到 trans 事务中
cmdB.Transaction = trans;
cmdB.CommandText = "select Amount from Account
                        where AccountId = @AccountId";
cmdB.Parameters.AddWithValue("@AccountId",txtIn.Text.Trim());
Object amountB = cmdB.ExecuteScalar();    //查询指定账户余额
if (amountB == null)    //如果查询结果为空，则该账户不存在
  {
      lblMsg.Text = "转入账户" + txtIn.Text.Trim() + "不存在！";
  }
/*当转出账户存在且余额充足时，准备转出*/
SqlCommand cmdOut = new SqlCommand();
cmdOut.Connection = cnn;
//将 cmdOut 命令对象添加到 trans 事务中
cmdOut.Transaction = trans;
```

```
cmdOut.CommandText = "update Account set Amount = Amount -
                @TransferAmount where AccountId = @AccountId";
cmdOut.Parameters.AddWithValue
                ("@TransferAmount",txtAmount.Text.Trim());
cmdOut.Parameters.AddWithValue("@AccountId",txtOut.Text.Trim());
cmdOut.ExecuteNonQuery();
/*转入操作*/
SqlCommand cmdIn = new SqlCommand();
cmdIn.Connection = cnn;
//将 cmdIn 命令对象添加到 trans 事务中
cmdIn.Transaction = trans;
cmdIn.CommandText = "update Account set Amount = Amount +
                @TransferAmount where AccountId = @AccountId";
cmdIn.Parameters.AddWithValue("@TransferAmount", txtAmount.Text.Trim());
cmdIn.Parameters.AddWithValue("@AccountId", txtIn.Text.Trim());
cmdIn.ExecuteNonQuery();
/*转账成功*/
trans.Commit();
lblMsg.Text = "转账成功";
        }
        catch(Exception ex)
        {
            /*转账失败*/
            trans.Rollback();
            lblMsg.Text = "转账失败，请重试！";
        }
        finally
        {
            cnn.Close();
        }
    }
```

运行该页面，转出账户填写 1111，转入账户填写 2222，转账金额填写 3000，点击"转账"，结果如图 8-29 所示。

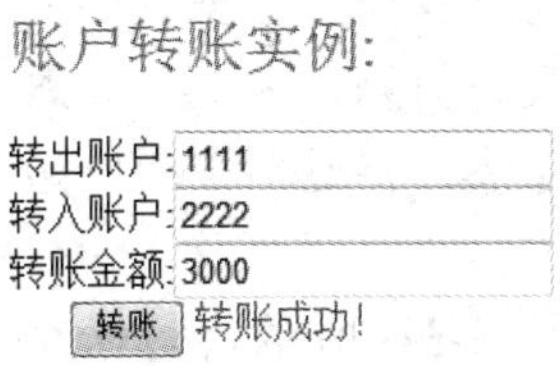

账户转账实例:

转出账户: 1111
转入账户: 2222
转账金额: 3000
转账 转账成功!

图 8-29　TransactionDemo.aspx 运行效果

8.3　断开模式数据库访问

在 Web 应用中，断开模式访问数据库的对象模型，如图 8-30 所示。由图可见，断开模式访问数据库的开发流程有以下几个步骤：

① 创建 SqlConnection 对象与数据库建立连接。

② 创建 SqlDataAdapter 对象对数据库执行 SQL 命令或存储过程，包括增、删、改及查询数据库等命令。

③ 如果查询数据库的数据，则使用 SqlDataAdapter 的 Fill 方法填充 DataSet；如果是对数据库进行增、删、改操作，首先要对 DataSet 对象进行更新，然后使用 SqlDataAdapter 的 Update 方法将 DataSet 中的修改内容更新到数据库中。使用 SqlDataAdapter 对数据库的操作过程中，连接的打开和关闭是自动完成的，无需手动编码。

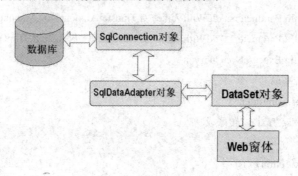

图 8-30　断开模式访问数据库

SqlConnection 的使用参见 8.2.1 节的内容，这里不再讨论。下面主要介绍 DataSet 和 SqlDataAdapter 的使用。

8.3.1　DataSet 数据集

DataSet 是 ADO.NET 的核心组建之一，位于 System.Data 命名空间下，它是内存中的一个小型数据库。数据集是包含数据表的对象，可以在这些数据表中临时存储数据，以便在应用程序中使用。如果应用程序要求使用数据，则可以将该数据加载到数据集中，数据集在本地内存中为应用程序提供了待用数据的缓存。即使应用程序从数据库断开连接，也可以使用数据集中的数据。数据集维护有关其数据更改的信息，因此可以跟踪数据更新，并在应用程序重新连接时将更新发送回数据库。

DataSet 对象的结构模型如图 8-31 所示，每一个 DataSet 包含表集合和关系集合，这些表又包含数据行集

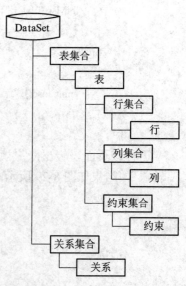

图 8-31　DataSet 对象的结构模型图

合和列集合，以及约束集合等信息。

数据集可以分为类型化和非类型化两种数据集。

类型化数据集是继承自 DataSet 类，通过"数据集设计器"创建一个新的强类型数据集类。其架构信息如表、行、列等都已内置。由于类型化数据集继承自 DataSet 类，因此类型化数据集具有 DataSet 类的所有功能。

相形之下，非类型化数据集没有相应的内置架构。与类型化数据集一样，非类型化数据集也包含表、列等，但它们只作为集合公开。

下面先对非类型化的数据集进行讨论。

非类型化数据集对象的
创建和使用

1．数据集(DataSet)对象创建

创建 DataSet 的语法格式为：

    DataSet 对象名 = new DataSet();

或

    DataSet 对象名 = new DataSet("数据集名");

第一种格式未指出数据集名，可在创建 DataSet 对象后用 DataSetName 属性进行设置。例如，创建数据集对象 dsStu，代码如下：

    DataSet dsStu = new DataSet();

或

    DataSet dsStu = new DataSet("Student");

DataSet 对象的常用属性和方法列于表 8-14 中。

表 8-14　DataSet 对象的常用属性和方法

属性方法	说　　明
DataSetName 属性	获取或设置 DataSet 对象的名称
Tables 属性	获取数据集的数据表集合
Clear 方法	删除 DataSet 对象中的所有表
Copy 方法	复制 DataSet 的结构和数据，返回与本 DataSet 对象具有相同结构和数据的 DataSet 对象

2．数据表(DataTable)对象的创建

DataSet 中的每个数据表都是一个 DataTable 对象。定义 DataTable 对象的语法格式为：

    DataTable 对象名 = new DataTable();

或

    DataTable 对象名 = new DataTable("数据表名");

第一种格式定义的 DataTable 对象，需要在创建 DataTable 对象后用 TableName 属性设置表名。例如，创建数据表对象 dtStu，代码如下：

    DataTable dtStuInfo = new DataTable();

    dtStuInfo.TableName="StuInfo";

或

    DataTable dtStuInfo = new DataTable("StuInfo");

DataTable 对象的常用属性和方法如表 8-15 所示。

表 8-15   DataTable 对象的常用属性和方法

属性方法	说　　明
Columns 属性	获取数据表的所有字段
DataSet 属性	获取 DataTable 对象所属的 DataSet 对象
DefaultView 属性	获取与数据表相关的 DataView 对象
PrimaryKey 属性	获取或设置数据表的主键
Rows 属性	获取数据表的所有行
TableName 属性	获取或设置数据表名
Clear()方法	清除表中所有的数据
NewRow()方法	创建一个与当前数据表有相同字段结构的数据行

创建好的数据表对象，可以添加到数据集对象中，代码如下：

```
dsStu.Tables.Add(dtStuInfo);
```

3．数据列(DataColumn)对象的创建

DataTable 对象中包含多个数据列，每列就是一个 DataColumn 对象。定义 DataColumn 对象的语法格式为：

```
DataColumn 对象名 = new DataColumn();
```

或

```
DataColumn 对象名 = new DataColumn("字段名");
```

或

```
DataColumn 对象名 = new DataColumn("字段名",数据类型);
```

创建列对象后，一般要指定字段名和数据类型。例如，创建数据列对象 stuNoColumn，代码如下：

```
DataColumn stuNoColumn= new DataColumn();
stuNoColumn.ColumnName=" StuNo";
stuNoColumn.DataType =System.Type.GetType("System.String");
```

或

```
DataColumn stuNoColumn= new DataColumn("StuNo",
System.Type.GetType("System.String"));
```

DataColumn 对象的常用属性和方法如表 8-16 所示。

表 8-16   DataTable 对象的常用属性和方法

属　性	说　　明
AllowDBNull	设置该字段可否为空值。默认为 true
Caption	获取或设置字段标题。若为指定字段标题，则字段标题与字段名相同
ColumnName	获取或设置字段名
DataType	获取或设置字段的数据类型
DefaultValue	获取或设置新增数据行时，字段的默认值
ReadOnly	获取或设置新增数据行时，字段的值是否可修改。默认值为 false

说明：通过 DataColumn 对象的 DataType 属性设置字段数据类型时，不可直接设置数据类型，而要按照以下语法格式：

　　　　对象名.DataType =System.Type.GetType("数据类型");

其中，"数据类型"取值为.Net Framework 的数据类型，如 System.DateTime 日期型。

创建好的数据列对象，可以添加到数据表对象中，代码如下：

　　　　dtStuInfo.Columns.Add(stuNoColumn);

4．数据行(DataRow)的创建

DataTable 对象可以包含多个数据列，每行就是一个 DataRow 对象。定义 DataRow 对象的语法格式为：

　　　　DataRow 对象名 = DataTable 对象.NewRow();

注意，DataRow 对象不能用 New 来创建，而需要用数据表对象的 NewRow 方法创建。例如，为数据表对象 dtStu 添加一个新的数据行，代码如下：

　　　　DataRow dr = dtStuInfo.NewRow();

访问一行中某个单元格内容的方法为：DataRow 对象名["字段名"]或 DataRow 对象名[序号]，例如，dr["StuNo"]或 dr[0]。

DataRow 对象的常用属性和方法如表 8-17 所示。

表 8-17　DataRow 对象的常用属性和方法

属性方法	说　　　明
RowState 属性	获取数据行的当前状态，属于 DataRowState 枚举型，分别为：Add、Delete、Detached、Modified、Unchanged
AcceptChanges 方法	接受数据行的变动
BeginEdit 方法	开始数据行的编辑
CancelEdit 方法	取消数据行的编辑
Delete 方法	删除数据行
EndEdit 方法	结束数据行的编辑

5．视图对象(DataView)的创建

数据视图 DataView 是一个对象，它位于数据表上面一层，提供经过筛选和排序后的表视图。通过定制数据视图，可以选择只显示表记录的一个子集，同时在一个数据表上可定义多个 DataView。

定义 DataView 对象的语法格式为：

　　　　DataView 对象名= new DataView(数据表对象);

例如：

　　　　DataView dvStuInfo = new DataView(dtStuInfo);

DataView 对象可以通过以下 2 个属性定制不同的数据视图。

① RowFilter 属性：设置选取数据行的筛选表达式。

② Sort 属性：设置排序字段和方式。

例如：

```
DataView dvStuInfo = new DataView (ds.Tables("StuInfo"));
dvStuInfo.Sort = "StuNo desc"; //按 StuNo 字段降序排，如果要升序，将 desc 改为 asc
dvStuInfo.RowFilter = "Name = '张三'";//筛选出姓名为张三的学生
```

【例 8-13】 在内存中的数据集中创建一个数据表 StuInfo，包含学号(StuNo 字符串型)、姓名(Name 字符串型)和性别(Sex 字符串型)。对于所建立的内存数据表 StuInfo，编写程序逐行将数据填入该数据表，最后将数据绑定到页面的 GridView 控件上。

(1) 在 SqlServerDemo 网站添加一个名为 DataSetDemo.aspx 的页面。在该页面中放置 1 个 TextBox、1 个 Button 和 2 个 GridView 控件。

(2) 打开 DataSetDemo.aspx.cs 文件，引入所需的命名空间：using System.Data。

(3) 添加 Page_Load 事件过程代码。

```
protected void Page_Load(object sender, EventArgs e)
{
    if (!IsPostBack)
    {
        //本例只有一张表，可以不定义数据集对象
        DataSet dsStu = new DataSet();
        //创建名为 StuInfo 的表对象
        DataTable dtStuInfo = new DataTable("StuInfo");
        //将表对象添加到数据集对象中
        dsStu.Tables.Add(dtStuInfo);
        //创建名为 StuNo 的列对象，类型为 String
        DataColumn columnStuNo = new DataColumn("StuNo",
                        System.Type.GetType("System.String"));
        //将创建好的列对象添加到表中
        dtStuInfo.Columns.Add(columnStuNo);
        DataColumn columnName = new DataColumn("Name",
                        System.Type.GetType("System.String"));
        dtStuInfo.Columns.Add(columnName);
        DataColumn columnSex = new DataColumn("Sex",
                        System.Type.GetType("System.String"));
        dtStuInfo.Columns.Add(columnSex);
        //下面的代码为 StuInfo 表添加一些数据
        string[] stuNo = new string[4] { "1001", "1002", "1003", "1004" };
        string[] name = new string[4] { "张三", "李四", "王五", "李芳" };
        string[] sex = new string[4] { "男", "男", "男", "女" };
        for (int i = 0; i < stuNo.Length; i++)
        {
            DataRow row = dtStuInfo.NewRow();
            row[0] = stuNo[i];
```

```
        row[1] = name[i];
        row[2] = sex[i];
        dtStuInfo.Rows.Add(row);
    }
    //将 StuInfo 表的数据绑定到 GridView1 上
    GridView1.DataSource = dsStu;    //设置数据源
    GridView1.DataMember = "StuInfo";    //设置显示的表名
    GridView1.DataBind();    //绑定到 GridView 控件上
    //用 Session 保存数据集信息，以便后续访问
    Session["dsStu"] = dsStu;
    }
}
```

(4) 为 Button 控件添加一个 Click 事件，事件过程名为 Button1_Click。添加 Button1_Click 事件过程代码。

```
protected void Button1_Click(object sender, EventArgs e)
{
    //从 Session 变量中取出数据集
    DataSet dsStu = (DataSet)Session["dsStu"];
    //获取 StuInfo 表的默认视图
    DataView dvStuInfo = dsStu.Tables[0].DefaultView;
    //定制视图筛选条件
    dvStuInfo.RowFilter = "Name='"+TextBox1.Text.Trim()+"'";
    //将 dvStuInfo 视图的数据绑定到 GridView2 上
    GridView2.DataSource = dvStuInfo;
    GridView2.DataBind();
}
```

(5) 运行该页面，GridView1 中将绑定 StuInfo 表中所有的内容，GridView1 中绑定的内容将根据文本框的输入进行筛选，效果如图 8-32 所示。

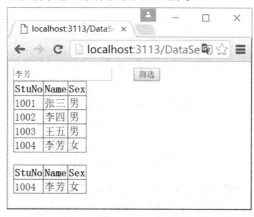

图 8-32　DataSetDemo.aspx 页面运行效果

6. 类型化的数据集

创建类型化的数据集有多种方法，下面介绍如何使用"数据集设计器"创建数据集。

① 在"解决方案资源管理器中"，鼠标右键单击项目名称，选择"添加新项"菜单。

② 从"添加新项"对话框中选择"数据集"。

③ 键入该数据集的名称。

④ 单击"添加"按钮。Visual Studio 会提示把强类型数据集放到 App_Code 目录中，选择"是"按钮。数据集将添加到项目的 App_Code 目录下，并打开"数据集设计器"。

⑤ 可以从"工具箱"的"数据集"选项卡中拖数据表等控件到设计器上，设计相应的数据集，该数据集存储在.xsd 文件中。

【例 8-14】 演示如何使用类型化的数据集完成例 8-13 的功能。

(1) 在 SqlServerDemo 网站中添加一个名为 DSStudent.xsd 的数据集文件，在该数据集中，添加一个名为 StuInfo 的数据表，在表中添加相应列，并设置主键，如图 8-33 所示。

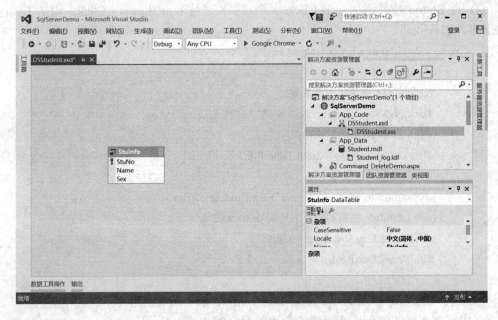

图 8-33 DSStudent 类型化数据集

(2) 在 SqlServerDemo 网站中添加一个名为 DSStudentDemo.aspx 的网页。设计界面和例 8-13 相同。

(3) 在 DSStudentDemo.aspx.cs 文件中添加 System.Data 的命名空间及 Page_Load 事件过程代码。

```
protected void Page_Load(object sender, EventArgs e)
{
    if (!IsPostBack)
    {
        //创建类型化的数据集 DSStudent 的对象
        DSStudent dsStu = new DSStudent();
```

```
//下面的代码为 DSStudent 数据集的 StuInfo 表添加一些数据
string[] stuNo = new string[4] { "1001", "1002", "1003", "1004" };
string[] name = new string[4] { "张三", "李四", "王五", "李芳" };
string[] sex = new string[4] { "男", "男", "男", "女" };
for (int i = 0; i < stuNo.Length; i++)
{
    DSStudent.StuInfoRow row= dsStu.StuInfo.NewStuInfoRow();
    row[0] = stuNo[i];
    row[1] = name[i];
    row[2] = sex[i];
    dsStu.StuInfo.AddStuInfoRow(row);
}
GridView1.DataSource = dsStu;
GridView1.DataMember = "StuInfo";
GridView1.DataBind();
Session["dsStu"] = dsStu;
        }
    }
```

(4) 为 Button 控件添加一个 Click 事件，事件过程名为 Button1_Click。添加 Button1_Click 事件过程代码。

```
protected void Button1_Click(object sender, EventArgs e)
{
    DSStudent dsStu = (DSStudent)Session["dsStu"];
    DataView dvStuInfo = dsStu.StuInfo.DefaultView;
    dvStuInfo.RowFilter = "Name='" + TextBox1.Text.Trim() + "'";
    GridView2.DataSource = dvStuInfo;
    GridView2.DataBind();
}
```

(5) 运行该页面，效果与例 8-13 相同。

下面将非类型化数据集与类型化数据集比较，类型化数据集有以下两个优势：

① 类型化数据集的架构信息已经预先"硬编码"到数据集内。也就是说，数据集按将要获取的数据的表、列以及数据类型预先初始化了。这样，执行查询获取实际信息时会稍微快一些，因为数据提供程序分两步填充空 DataSet。它首先获取最基础的架构信息，然后再执行查询。

② 可以通过类型化数据集的属性名称而不是基于字段查找的方式访问表和字段的值。这样，如果使用了错误的表名、字段名或数据类型，就可以在编译时而不是运行时捕获错误。

例如，要访问 StuInfo 表的第 i 行 Name 字段的值，非类型化数据集的方法是 dsStu.Tables["StuInfo"].Rows[i]["Name"]；类型化数据集的方法是 dsStu.StuInfo[i].Name。第

二种方式有诸多优势。假设不小心写错了表或字段的名称，这个问题在编译时会立刻被发现。但如果采用第一种方式，这样的问题就只能在运行时才能被发现了。

8.3.2 使用 SqlDataAdapter 对象执行数据库命令

断开模式数据库访问

DataAdapter 是一个特殊的类，其作用是数据源与 DataSet 对象之间沟通的桥梁。DataAdapter 提供了双向的数据传输机制，它可以在数据源上执行 Select 语句，把查询结果集传送到 DataSet 对象的数据表(DataTable)中，还可以执行 Insert、Update 和 Delete 语句，将 DataTable 对象更改过的数据提取并更新回数据源。使用 DataAdapter 对象通过数据集访问数据库是 ADO.NET 模型的主要方式，是学习的重点。

DataAdapter 对象模型如图 8-34 所示。DataAdapte 对象包含四个常用属性：SelectCommad 属性是一个 Command 对象，用于从数据源中检索数据；InsertCommand、UpdateCommand 和 DeleteCommand 属性也是 Command 对象，用于按照对 DataSet 中数据的修改来管理对数据源中数据的更新。

DataAdapter 对象的常用方法如下：

① Fill 方法：调用 Fill 方法会自动执行 SelectCommand 属性中提供的命令，获取结果集并填充数据集的 DataTable 对象。其本质是通过执行 SelectCommand 对象的 Select 语句查询数据库，返回 DataReader 对象，通过 DataReader 对象隐式地创建 DataSet 中的表，并填充 DataSet 中表行的数据。

② Update 方法：调用 InsertCommand、UpdateCommand 和 DeleteCommand 属性指定的 SQL 命令，将 DataSet 对象更新到相应的数据源。在 Update 方法中逐行检查数据表每行的 RowState 属性值，根据不同的 RowState 属性，调用不同的 Command 命令更新数据库。DataAdapter 对象更新数据库示例图如图 8-35 所示。

③ FillSchema 方法：使用 SelectCommand 从数据源中根据指定的 SchemaType 检索数据表的架构，创建相应的 DataTable 对象。该方法不会填充结果集数据。

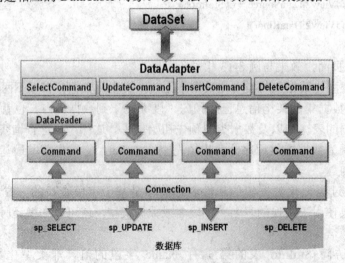

图 8-34 DataAdapter 对象模型图

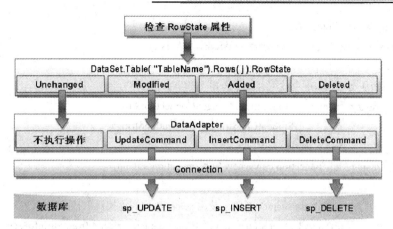

图 8-35　DataAdapter 对象更新数据库示例图

定义 SqlDataAdapter 对象的方法有 4 种：

① SqlDataAdapter　对象名 = new SqlDataAdapter()。

② SqlDataAdapter　对象名 = new SqlDataAdapter(SqlCommand 对象)。

③ SqlDataAdapter　对象名 = new SqlDataAdapter("SQL 命令", 连接对象)。

④ SqlDataAdapter　对象名 = new SqlDataAdapter("SQL 命令", 连接字符串)。

例如：

```
SqlDataAdapter daStu = new SqlDataAdapter("select * from StuInfo", cnn);
```

等价于：

```
SqlDataAdapter daStu = new SqlDataAdapter();

daStu.SelectCommand=new SqlCommand("select * from StuInfo", cnn)
```

下面来讨论 DataAdapter 对象的使用。

1. 使用 SqlDataAdapter 对象查询数据库的数据

使用 SqlDataAdapter 查询数据库的步骤为：

① 创建数据库连接对象。

② 利用数据库连接对象和 Select 语句创建 SqlDataAdapter 对象。

③ 使用 SqlDataAdapter 对象的 Fill 方法把 Select 语句的查询结果放在 DataSet 对象的一个数据表中或直接放在一个 DataTable 对象中。

④ 查询 DataTable 对象中的数据。

【例 8-15】　演示如何使用 SqlDataAdapter 对象查询数据库的数据。下面查询 Student 数据库中 StuInfo 表的信息，并在页面上显示。

(1) 在 SqlServerDemo 网站中添加一个名为 DataAdapter_Select.aspx 的页面。在该页面上放置一个 GridView 控件。

(2) 在后台代码页 DataAdapter_Select..aspx.cs 文件中添加命名空间的引用及 Page_Load 事件过程代码。

```
…
using System.Data;
using System.Data.SqlClient;
```

```
using System.Configuration;
protected void Page_Load(object sender, EventArgs e)
{
    //从 web.config 中读取连接字符串
    string strCnn = ConfigurationManager.ConnectionStrings
                ["StudentCnnString"].ConnectionString;
    //创建连接对象
    using (SqlConnection cnn = new SqlConnection(strCnn))
    {
        //创建 DataAdapter 对象，使用 select 语句和连接对象初始化
        SqlDataAdapter daStu = new SqlDataAdapter("select * from StuInfo", cnn);
        //创建 DataSet 对象
        DataSet dsStu = new DataSet();
        try
        {
            //调用 Fill 方法，填充 DataSet 的数据表 StuInfo
            daStu.Fill(dsStu, "StuInfo");
            //将 StuInfo 表绑定到 GridView 控件上显示
            GridView1.DataSource = dsStu.Tables["StuInfo"];
            GridView1.DataBind();
        }
        catch (Exception ex)
        {
            Response.Write(ex.Message);
        }
    }
}
```

(3) 运行该页面，效果如图 8-36 所示。

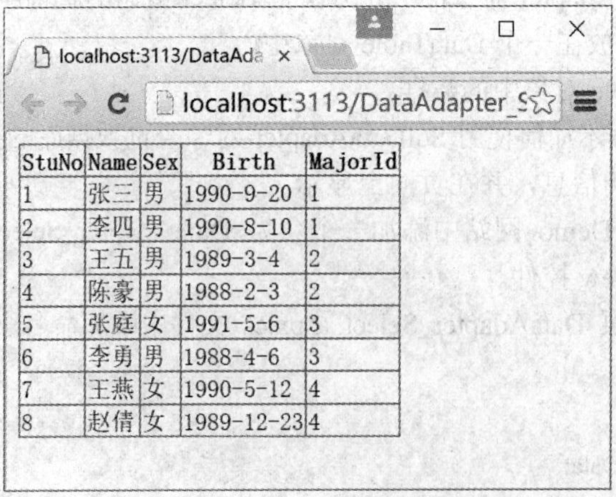
localhost:3113/DataAda
localhost:3113/DataAdapter_S
StuNo Name Sex Birth MajorId
1 张三 男 1990-9-20 1
2 李四 男 1990-8-10 1
3 王五 男 1989-3-4 2
4 陈豪 男 1988-2-3 2
5 张庭 女 1991-5-6 3
6 李勇 男 1988-4-6 3
7 王燕 女 1990-5-12 4
8 赵倩 女 1989-12-23 4

图 8-36 DataAdapter_Select.aspx 页面运行效果

2．使用 SqlDataAdapter 对象增/删/改数据库的数据

使用 SqlDataAdapter 查询数据库的步骤为：

① 创建数据库连接对象。

② 利用数据库连接对象和 Select 语句创建 SqlDataAdapter 对象。

③ 根据操作要求配置 SqlDataAdapter 对象中不同的 Command 属性。如增加数据库数据，需要配置 InsertCommand 属性；修改数据库数据，需要配置 UpdateCommand 属性；删除数据库数据，需要配置 DeleteCommand 属性。

④ 使用 SqlDataAdapter 对象的 Fill 方法把 Select 语句的查询结果放在 DataSet 对象的一个数据表中或直接放在一个 DataTable 对象中。

⑤ 对 DataTable 对象中的数据进行增、删、改操作。

⑥ 修改完成后，通过 SqlDataAdapter 对象的 Update 方法，将 DataTable 对象中的修改更新到数据库。

【例 8-16】 演示如何使用 DataAdapter 对象增加数据库的数据。设计页面，完成对 StuInfo 表中记录的添加。

(1) 打开"服务器资源管理器"，在 Student 数据库中右键单击"视图"目录，选择"添加新视图"，添加名为 ViewStuInfo 的视图，代码中改成查询 StuInfo 表，如图 8-37 所示。

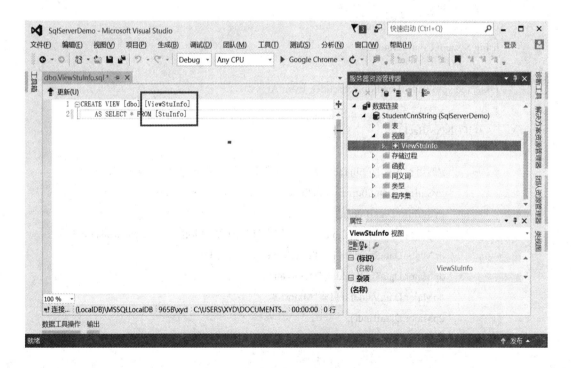

图 8-37　创建名为 ViewStuInfo 视图

(2) 在 SqlServerDemo 网站添加一个名为 DataAdapter_Update.aspx 的网页。

(3) DataAdapter_Update.aspx 页面设计如图 8-38 所示。

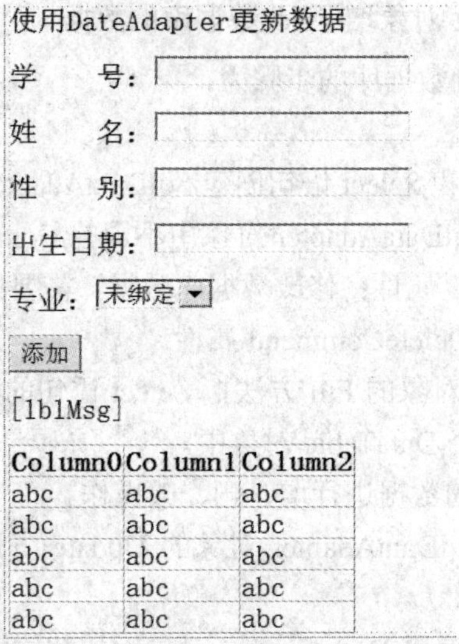

使用DateAdapter更新数据

学　　号：

姓　　名：

性　　别：

出生日期：

专业：[未绑定 ▼]

[添加]

[lblMsg]

Column0	Column1	Column2
abc	abc	abc
abc	abc	abc
abc	abc	abc
abc	abc	abc
abc	abc	abc

图 8-38　DataAdapter_Update.aspx 的设计页面

（4）为"添加"按钮添加 Click 事件，其事件过程名为 btnAdd_Click。打开后台代码页 DataAdapter_Update.aspx.cs 文件，添加如下代码：

```
…
using System.Data;
using System.Data.SqlClient;
using System.Configuration;
…
protected void Page_Load(object sender, EventArgs e)
{
    if (!IsPostBack)
    {
        //调用自定义的 FillTable 方法，将查询到的数据绑定到 GridView 控件上
        gvStuInfo.DataSource = FillTable("Select * from ViewStuInfo ");
        gvStuInfo.DataBind();
        //调用自定义的 FillTable 方法，将查询到的数据绑定到 DropDownList 控件
        dpMajor.DataSource = FillTable("Select * from Major");
        dpMajor.DataTextField = "MajorName";
        dpMajor.DataValueField = "MajorId";
        dpMajor.DataBind();
    }
}

/// <summary>
/// 使用 SqlDataAdapter 对象读取数据库的数据
/// </summary>
```

```
/// <param name="sql">传入 sql 语句</param>
/// <returns>以 DataTable 对象的形式，返回查询结果</returns>
private DataTable FillTable(string sql)
{
    string strCnn = ConfigurationManager.ConnectionStrings
                ["StudentCnnString"].ConnectionString;
    using(SqlConnection cnn = new SqlConnection(strCnn))
    {
        SqlDataAdapter da = new SqlDataAdapter(sql, cnn);
        DataTable dt = new DataTable();
        da.Fill(dt);
        return dt;
    }
}


protected void btnAdd_Click(object sender, EventArgs e)
{
    //从 web.config 中读取连接字符串
    string strCnn = ConfigurationManager.ConnectionStrings
                ["StudentCnnString"].ConnectionString;
    //创建连接对象
    using (SqlConnection cnn = new SqlConnection(strCnn))
    {
        //创建 DataAdapter 对象，使用 select 语句和连接对象初始化
        SqlDataAdapter daStu = new SqlDataAdapter("select * from StuInfo", cnn);
        //建立 CommandBuilder 对象来自动生成 DataAdapter 对象的 Command 对象
        //否则就要自己编写 InsertCommand、UpdateCommand、DeleteCommand
        SqlCommandBuilder sbStu = new SqlCommandBuilder(daStu);
        //创建 DataTable 对象
        DataTable dtStuInfo = new DataTable();
        //使用 DataAdapter 对象的 FillSchema 方法可以创建 DataTable 对象的结构
        daStu.FillSchema(dtStuInfo, SchemaType.Mapped);
        //上面这段代码也可写成 daStu.Fill(dtStuInfo);
        //增加新记录
        DataRow dr = dtStuInfo.NewRow();
        //给记录赋值
        dr[0] = txtStuNo.Text.Trim();
        dr[1] = txtName.Text.Trim();
        dr[2] = txtSex.Text.Trim();
```

```
                dr[3] = Convert.ToDateTime(txtBirth.Text.Trim());
                dr[4] = dpMajor.SelectedValue;
                dtStuInfo.Rows.Add(dr);
                //提交更新
                daStu.Update(dtStuInfo);
                lblMsg.Text = "添加成功！";
                //重新绑定数据
                gvStuInfo.DataSource = FillTable("Select * from ViewStuInfo ");
                gvStuInfo.DataBind();
            }
        }
```

上述代码中，由于需要多次查询数据库，因此定义了 FillTable 方法完成数据库表的查询工作。在 Page_Load 代码中，第一次访问页面时，将 Major 表的数据绑定到 DropDownList 控件上，将 ViewStuInfo 视图的数据绑定到 GridView 控件上。

在 btnAdd_Click 事件过程中，需要完成对 StuInfo 表记录的增加工作。因此按照 SqlDataAdapter 对象增加数据库数据的步骤完成。在此过程中，采用了 SqlCommandBuilder 对象，该对象能自动构建 DataAdapter 对象的 InsertCommand、UpdateCommand 和 DeleteCommand 属性，简化了手动构建命令的过程。但该方法只能用于 SqlDataAdapter 对象查询单张表的情况，查询多张表时，无法使用。

(5) 运行该页面，输入内容后，单击"添加"按钮，提示学生信息添加成功。效果如图 8-39 所示。

图 8-39　DataAdapter_Update.aspx 页面运行效果

【**例 8-17**】 演示如何使用 SqlDataAdapter 对象修改数据库的数据。设计页面，完成对 StuInfo 表中记录的修改。

(1) 在 SqlServerDemo 网站中，打开 DataAdapter_Update.aspx 网页，在"添加"按钮后再添加一个"修改"按钮，名为 btnUpdate。DataAdapter_Update.aspx 页面设计如图 8-40 所示。

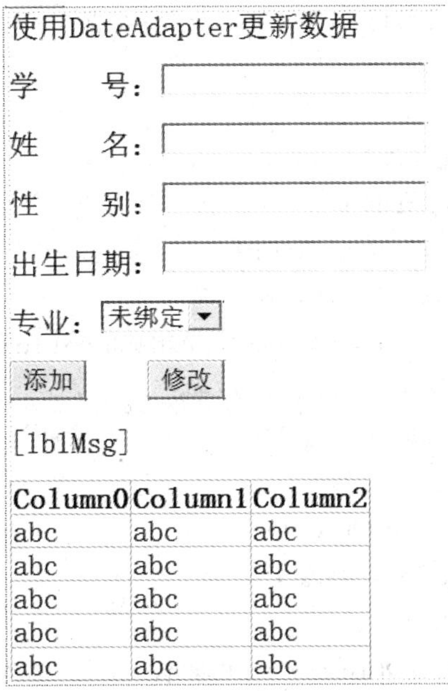

使用DateAdapter更新数据

学　　号：［＿＿＿＿＿＿＿＿＿］

姓　　名：［＿＿＿＿＿＿＿＿＿］

性　　别：［＿＿＿＿＿＿＿＿＿］

出生日期：［＿＿＿＿＿＿＿＿＿］

专业：［未绑定 ▼］

［添加］　　［修改］

[lblMsg]

Column0	Column1	Column2
abc	abc	abc
abc	abc	abc
abc	abc	abc
abc	abc	abc
abc	abc	abc

图 8-40　DataAdapter_Update.aspx 的设计页面

(2) 为"修改"按钮添加 Click 事件，其事件过程名为 btnUpdate_Click。打开后台代码页 DataAdapter_Update.aspx.cs 文件，添加 btnUpdate_Click 事件过程代码。

```
protected void btnUpdate_Click(object sender, EventArgs e)
{
    //从 web.config 中读取连接字符串
    string strCnn = ConfigurationManager.ConnectionStrings
            ["StudentCnnString"].ConnectionString;
    //创建连接对象
    using (SqlConnection cnn = new SqlConnection(strCnn))
    {
        //创建 DataAdapter 对象，使用 select 语句和连接对象初始化
        SqlDataAdapter daStu = new SqlDataAdapter("select * from StuInfo", cnn);
        //建立 CommandBuilder 对象来自动生成 DataAdapter 对象的 Command 对象
        SqlCommandBuilder sbStu = new SqlCommandBuilder(daStu);
        //创建 DataTable 对象
        DataTable dtStuInfo = new DataTable();
        //用 Fill 方法返回的数据，填充 DataTable 对象
```

```
        daStu.Fill(dtStuInfo);
        //设置 dtStuInfo 的主键，便用后面调用 Find 方法查询记录
        dtStuInfo.PrimaryKey = new DataColumn[] { dtStuInfo.Columns["StuNo"] };
        //根据 txtStuNo 文本框的输入查询相应的记录，以便修改
        DataRow row = dtStuInfo.Rows.Find(txtStuNo.Text.Trim());
        //如果存在相应记录，则修改并更新到数据库
        if (row != null)
        {
            //修改记录值
            row.BeginEdit();
            row[1] = txtName.Text.Trim();
            row[2] = txtSex.Text.Trim();
            row[3] = Convert.ToDateTime(txtBirth.Text.Trim());
            row[4] = dpMajor.SelectedValue;
            row.EndEdit();
            //提交更新
            daStu.Update(dtStuInfo);
            lblMsg.Text = "修改成功！";
            //重新绑定
            gvStuInfo.DataSource = FillTable("Select * from ViewStuInfo ");
            gvStuInfo.DataBind();
        }
        else
        {
            lblMsg.Text = "该学生不存在！";
        }
    }
}
```

在 btnUpdate_Click 事件过程中，主要对 StuInfo 表中的记录进行修改。该段代码与例 8-16 中的 btnAdd_Click 事件过程代码类似。只是在修改 DataTable 对象的记录时，首先需要查找到需要修改的记录，因此这里先定义了 DataTable 对象的主键，然后用 Find 方法按主键值进行查找。如果不事先定义 DataTable 对象的主键，则可以采用下列方法查找：

```
        DataRow row=dtStuInfo.Select("StuNo='"+txtStuNo.Text.Trim())[0];
```

(3) 运行该页面，输入内容后点击"修改"按钮，提示学生信息修改成功。效果如图 8-41 所示。

在例 8-16 和例 8-17 中，使用 SqlDataAdapter 对象更新数据库时均采用 SqlCommand-Builder 对象来自动构建 InsertCommand 和 UpdateCommand 属性。在下面示例中，将手动构建 SqlDataAdapter 对象的 DeleteCommand 属性来更新数据库，InsertCommand 和 UpdateCommand 属性的构建方法相同。

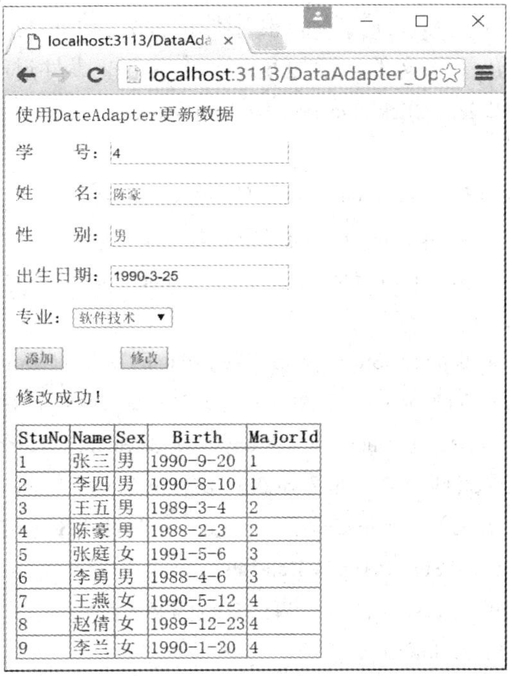

图 8-41　DataAdapter_Update.aspx 页面运行效果

【例 8-18】　演示如何使用 SqlDataAdapter 对象删除数据库的数据。设计页面，完成对 StuInfo 表中记录的删除。

(1) 在 SqlServerDemo 网站中，打开 DataAdapter_Update.aspx 网页，在"修改"按钮后再添加一个"删除"按钮，名为 btnDelete。DataAdapter_Update.aspx 页面设计如图 8-42 所示。

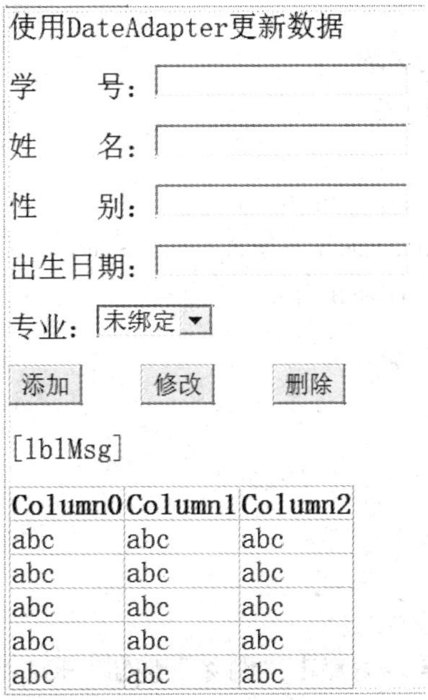

图 8-42　DataAdapter_Update.aspx 的设计页面

(2) 为"删除"按钮添加 Click 事件，其事件过程名为 btnDelete_Click。打开后台代码页 DataAdapter_Update.aspx.cs 文件，添加 btnDelete_Click 事件过程代码。

```
protected void btnDelete_Click(object sender, EventArgs e)
{
        string strCnn = ConfigurationManager.ConnectionStrings
                    ["StudentCnnString"].ConnectionString;
        using (SqlConnection cnn = new SqlConnection(strCnn))
        {
            SqlDataAdapter daStu = new SqlDataAdapter("select * from StuInfo", cnn);
            //定义 DeleteCommand 属性，自定义 Delete 命令，其中@StuNo 是参数
            daStu.DeleteCommand=new SqlCommand("delete from StuInfo where StuNo=@StuNo",cnn);
            //定义@StuNo 参数对应于 StuInfo 表的 StuNo 列
            daStu.DeleteCommand.Parameters.Add("@StuNo", SqlDbType.VarChar, 8, "StuNo");
            DataTable dtStuInfo = new DataTable();
            //用 Fill 方法返回的数据，填充 DataTable 对象
            daStu.Fill(dtStuInfo);
            //设置 dtStuInfo 的主键，便用后面调用 Find 方法查询记录
            dtStuInfo.PrimaryKey = new DataColumn[] { dtStuInfo.Columns["StuNo"] };
            //根据 txtStuNo 文本框的输入查询相应的记录，以便修改
            DataRow row = dtStuInfo.Rows.Find(txtStuNo.Text.Trim());
            // 如果存在相应记录，则删除并更新到数据库
            if (row != null)
            {
                //删除行记录
                row.Delete();
                daStu.Update(dtStuInfo);
                lblMsg.Text = "删除成功！";
                gvStuInfo.DataSource = FillTable("Select * from ViewStuInfo ");
                gvStuInfo.DataBind();
            }
            else
            {
                lblMsg.Text = "没有该记录！ ";
            }
        }
}
```

(3) 运行该页面，输入学号后点击"删除"按钮，提示学生信息删除成功。效果如图 8-43 所示。

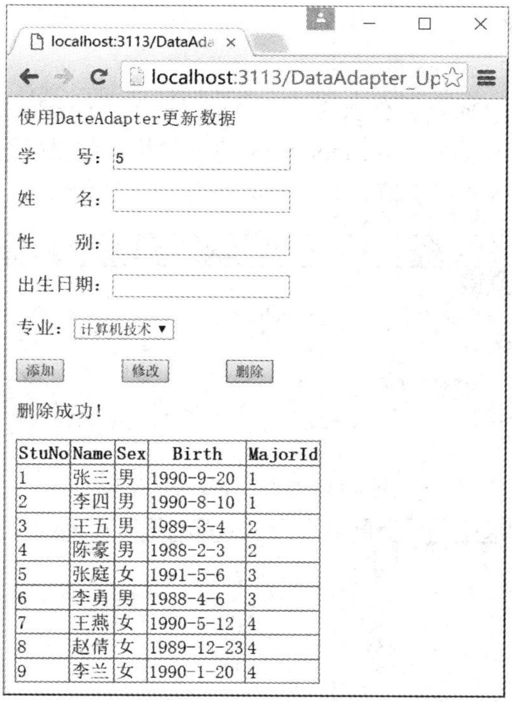

图 8-43　DataAdapter_Update.aspx 页面运行效果

本 章 小 结

本章首先对 ADO.NET 进行了概括性的介绍，并讨论了 ADO.NET 的两种数据访问模式，即连接模式访问数据库和断开模式访问数据库，并分析了这两种模式的优缺点和适用场景。

本章第 8.2 节主要介绍了如何使用 SqlConnection、SqlCommand 和 SqlDataReader 对象来连接数据库、执行数据库命令、表示数据库查询结果，并介绍了如何执行带参的 SqlCommand 对象及如何使用 SqlCommand 对象执行存储过程，最后介绍了事务处理的使用。

本章第 8.3 节首先讨论了 DataSet、DataTable 和 DataView 对象的使用，然后讨论了如何使用 SqlDataAdapter 填充 DataSet 和 DataTable 对象，如何使用 SqlDataAdapter 对象来执行数据的批量更新，以及如何插入、编辑和删除 DataTable 对象中的数据行。

ADO.NET 技术是开发人员进行数据库应用开发必须具备的技能之一，更深入的讨论可以参考 ADO.NET 技术的相关书籍或 MSDN。

本章实训　ADO.NET 数据访问技术

1．实训目的

熟悉 ADO.NET 数据访问技术，掌握连接和断开两种模式访问数据库。

2. 实训内容和要求

(1) 新建一个名为 Practice8 的网站。

(2) 在网站的 App_Data 文件夹中新建数据库 MyDataBase.mdf。该数据库中包含 Employees 和 Department 两张表，Employees 表的结构和记录信息如图 8-44 和图 8-45 所示，Department 表的结构和记录信息如图 8-46 和图 8-47 所示。

列名	数据类型	长度	允许空
EmpID	int	4	
EmpName	varchar	50	✓
EmpAge	int	4	✓
EmpDepartment	int	4	✓

图 8-44　Employees 表的结构

EmpID	EmpName	EmpAge	EmpDepartment
1	张三	33	1
2	李四	34	2
3	王五	34	3
4	赵六	35	1
5	钱七	37	2
6	周八	40	5
*			

图 8-45　Employees 表中的记录

列名	数据类型	长度	允许空
DepartmentID	int	4	
DepartmentName	varchar	50	✓

图 8-46　Department 表的结构

DepartmentID	DepartmentName
1	研发1部
2	研发2部
3	研发3部
4	研发4部
5	客户支持部
*	

图 8-47　Department 表中的记录

(3) 在 web.config 中配置连接字符串。

(4) 添加一张名为 InsertEmployee.aspx 的 Web 页面，利用连接模式实现新员工的录入。

(5) 添加一张名为 DeleteEmployee.aspx 的 Web 页面，利用连接模式删除指定的员工记录。

(6) 添加一张名为 EditEmployee.aspx 的 Web 页面，利用连接模式修改指定编号的员工记录。

(7) 添加一张名为 SearchEmployee.aspx 的 Web 页面，利用断开模式查询指定部门的员工信息，并将查找到的员工信息在 GridView 控件中显示。

习　题

一、单选题

1．(　　)对象用于从数据库中获取仅向前的只读数据流，并且在内存中一次只能存放一行数据。此对象具有较好的功能，可以简单地读取数据。

　　A．DataAdapter　　　　　　　　　　B．Dataset

　　C．DataView　　　　　　　　　　　　D．DataReader

2．如果要从数据库中获取单值数据，应该使用 Command 对象的(　　)方法。

　　A．ExecuteNonQuery　　　　　　　　B．ExecuteReader

　　C．ExecuteScalar　　　　　　　　　　D．ExecuteXmlReader

3．如果要从数据库中获取多行记录，应该使用 Command 对象的(　　)方法。

　　A．ExecuteNonQuery　　　　　　　　B．ExecuteReader

　　C．ExecuteScalar　　　　　　　　　　D．ExecuteXmlReader

4．在下面的 SqlComand 对象方法中，可以连接执行 Transact-SQL 语句并返回受影响行数的是(　　)。

　　A．ExecuteReader　　　　　　　　　　B．ExecuteScalar

　　C．Connection　　　　　　　　　　　　D．ExecuteNonQuery

5．(　　)是开发人员要使用的第一个对象，被要求用于任何其他 ADO.NET 对象之前。

　　A．CommandBuilder 对象　　　　　　　B．命令对象

　　C．连接对象　　　　　　　　　　　　　D．DataAdapter 对象

6．在下面对象中，可以脱机处理数据的是(　　)。

　　A．DataSet　　　　　　　　　　　　　B．Connection

　　C．DataReader　　　　　　　　　　　D．DataAdapter

7．在 ADO.NET 中，关于 Command 对象的 ExecuteNonQuery()方法和 ExecuteReader()方法，下面叙述错误的是(　　)。

　　A．insert、update、delete 等操作的 Sql 语句主要用 ExecuteNonQuery()方法来执行

　　B．ExecuteNonQuery()方法返回执行 Sql 语句所影响的行数

　　C．Select 操作的 Sql 语句只能由 ExecuteReader()方法来执行

　　D．ExecuteReader()方法返回一个 DataReder 对象

8．在 ADO.NET 中，DataAdapter(　　)。

　　A．是一个数据容器，可以把从数据库中取得的数据存在应用程序中

　　B．负责与数据库的连接

　　C．映射数据库的表和视图在 Web 服务器进行本地存储

　　D．是 DataSet 对象和数据库之间的桥梁

9．(　　)表示一组相关表，在应用程序中，这些表作为一个单元被引用。使用此对象可以快速从每一个表中获取所需的数据，当服务器断开时，检查并修改数据，然后在下

一次操作中就使用这些修改的数据更新服务器。

    A．DataTable 对象   B．DataRow 对象

    C．DataReader 对象   D．DataSet 对象

10．如果希望将 FlightNumber 字段的值在包含信息字段的表的第一个<td>元素中显示，你要在表格的<td>元素添加(　　)代码以显示 FlightNumber 字段。

    A．<td><%=FlightNumber%></td>

    B．<td><script runat="server">FlightNumber</script></td>

    C．<td><script>document.write("FlightNumber");</scripts></td>

    D．<td>=FlightNumber</td>

二、填空题

1．使用本地计算机上的 MSSQLLocalDB 实例为 ASP.NET Web 应用程序添加 SQL Server 数据库连接的连接字符串。已知数据库服务器用户名为 sa，密码为 123，使用 SqlwebNews 数据库，请在空白处填写代码。

```
<connectionStrings>
<add name="SqlwebNews" connectionString="Data Source=_____;
    Initial Catalog=_____; Uid=_____;
    Pwd=_____" providerName="System.Data.SqlClient"/>
</connectionStrings>
```

2．使用上面配置的数据库连接字符串，在后台中添加代码来判断该数据库字符串是否为空，若不为空，将输出该字符串，请将空白处填写完整。

```
protected void Page_Load(object sender, EventArgs e){
    if (!Page.IsPostBack){
        string strcnn = ConfigurationManager.ConnectionStrings
        ["_____"]._____;
        if (strcnn ==_____)
            Response.Write("该字符串为空！ ");
        else
            Response.Write("该字符串值为："+);
    }
```

3．当页面加载时，判断该数据库连接是否打开，如果没有打开，将执行打开操作，同时弹出"测试成功，连接已经打开"，请将空白处填写完整。

```
using System.Data;
using System.Data.SqlClient;
using System.Configuration;
…
protected void Page_Load(object sender, EventArgs e){
    if (!Page.IsPostBack){
        string strcnn = ConfigurationManager.ConnectionStrings
        ["SqlwebNews"].ConnectionString;
```

```
SqlConnection cnn = new SqlConnection(strcnn);
try{
        cnn._____;
        Label1.Text = "建立 Sql Server 2005 数据库连接成功";
    }
    catch{
        Label1.Text = "建立 Sql Server 2005 数据库连接失败";
    }
    finally{
        cnn._____;
    }
}
```

4．数据库连接字符串已知，要通过编程获取 SqlwebNews 数据库中 News 表的总记录数，在后台编写如下代码，请填写空白处代码。

```
using System.Configuration;
using System.Data.SqlClient;
...
protected void Page_Load(object sender, EventArgs e){
    if (!Page.IsPostBack){
        string strcnn = ConfigurationManager.ConnectionStrings
                ["SqlwebNews"].ConnectionString;
        SqlConnection cnn = new SqlConnection(_____);
        Try{
                cnn.Open();
                SqlCommand cmd = new SqlCommand("select count(*)from News");
                cmd.Connection =_____;
                int count = Convert.ToInt32(cmd._____);
        }
        finally{
            if (cnn != null)
                cnn._____;
        }
    }
}
```

5．在 Default.aspx 窗体中添加一个 DropDownList 控件命令为 DropDownList1，该控件通过后台代码绑定用于显示新闻标题列表。这里使用 SqlwebNews 数据库中的 News 表，新闻标题字段为 Title。下面在后台代码中添加一个 DropDownListBind()方法实现 DropDownList1 绑定，根据程序要求，补充空白处的代码。

```
protected void DropDownBind(){
    string strcnn = ConfigurationManager.ConnectionStrings
            ["SqlwebNews"].ConnectionString;
    SqlConnection cnn = new SqlConnection(strcnn);
    SqlDataReader dr = null;
    try{
        cnn.Open();
        SqlCommand cmd = new _____("select * from News", _____);
        dr = cmd._____;
        while (dr._____){
            DropDownList1.Items.Add(dr["_____"].ToString());
        }
    }
    finally{
        if (dr != null)
            dr.Close();
        if (cnn != null)
            cnn.Close();
    }
}
```

6．Default.aspx 窗体中需添加一个 GridView 控件 GridView1 用于显示新闻信息，下面使用 DataSet 绑定 SqlwebNews 数据库中 News 表的方法。

```
using System.Configuration;
using System.Data.SqlClient;
using System.Data;
...
protected void Page_Load(object sender, EventArgs e){
    if (!Page.IsPostBack){
        string strcnn = ConfigurationManager.ConnectionStrings
                ["SqlwebNews"].ConnectionString;
        SqlConnection cnn = new SqlConnection(strcnn);
        SqlDataAdapter da = null;
        DataSet ds= new DataSet();
        try{
            da =_____
            da.SelectCommand = new SqlCommand("select Id,Title,Time from News",cnn);
            da.Fill(ds, "News");
            GridView1.DataSource=ds.Tables[_____].DefaultView;
            GridView1._____;
```

```
            }
            finally{
                if (da != null)
                    da.Dispose();
                if (ds != null)
                    ds.Dispose();
                if (cnn != null)
                    cnn._____;
            }
        }
    }
```

三、问答题

1．列举常见的数据提供者，并且简单介绍对应的命名空间及作用。

2．分别说明 SqlCommand 对象的 ExecuteReader()、ExecuteNonQuery()和 ExecuteScalar() 方法的作用。

3．简述 DataSet 与 DataTable 的区别与联系。

4．简述 SqlDataAdapter 对象查询数据库数据的步骤。

5．思考是否可以使用数据库来保存购物篮信息。如果可以，简述这种方法制作的购物篮的特征。淘宝、京东等大型电子商务网站的购物篮可以使用什么方法来实现？

第9章

数据源控件与数据绑定控件

第 8 章已经讨论了 ADO.NET 数据访问技术,使用该技术可以通过编码的方式访问数据库。在 ASP.NET 中简化了数据访问的过程,引入了一系列数据源控件,采用声明式编程的方法访问数据源,避免了手工编写代码的繁琐,简化了开发过程。同时,Visual Studio 工具箱的数据栏提供了几个开发 ASP.NET 应用程序的重量级数据绑定控件,这些控件可以使用声明式的语法进行数据绑定,功能强大,使用灵活。将数据源控件与数据绑定控件一起使用,几乎不需要编写任何代码。

本章首先介绍几个常用的数据源控件,以及如何使用数据源控件方便快捷地把数据绑定到数据绑定控件上;然后讨论 ASP.NET 中的数据绑定列表控件的使用,如 GridView、DetailsView、FormView 和 ListView 控件,并介绍内嵌数据绑定语法。

9.1 数据源控件

在开发 ASP.NET 应用程序时,可以直接使用 ADO.NET 访问数据库,获取数据源并绑定到 ASP.NET 服务器控件中,这个过程需要开发

数据源控件与数据
绑定控件概述

人员编写大量的程序代码。例如,执行数据绑定操作时,通过编写一些数据访问代码来检索 DataReader 或 DataSet 对象,然后把数据对象绑定到服务器控件上,如 GridView 或 DropDownList。如果要更新或删除绑定的数据,也要编写数据访问代码来实现。

ASP.NET 提供了一些数据源控件,这些数据源控件可以连接不同类型的数据源,如数据库、XML 文件或中间层业务对象。数据源控件采用声明式编程的方式连接数据源,从中检索数据,并绑定到控件上。同时,数据源控件也可以修改数据源中的数据。这个过程无需手工编写任何代码,只需对数据源控件进行简单配置,大大简化了编写 ASP.NET 数据库应用程序的复杂性。

ASP.NET 中包括如下 6 种数据源控件:

(1) SqlDataSource 控件:可以使用 Web 控件访问位于关系数据库(包括 Microsoft SQL Server 和 Oracle 数据库以及 OLE DB 和 ODBC 数据源)中的数据。

(2) ObjectDataSource 控件:该数据源控件允许连接到一个自定义的数据访问类,对于大型应用程序,一般可以使用 ObjectDataSource 控件。

(3) LinqDataSource 控件:可以使用 LINQ 查询访问不同类型的数据对象。

(4) AccessDataSource 控件:能够处理 Microsoft Access 数据库。

(5) XmlDataSource 控件：允许连接到 XML 文件，提供 XML 文件的层次结构信息。

(6) SiteMapDataSource 控件：连接到站点地图文件。

在这些数据源中，本章主要讨论 SqlDataSource 数据源控件，并简单介绍 ObjectDataSource 和 LinqDataSource 控件的使用。

在正式开始学习数据源控件前，先来了解一下数据源的页面生命周期。这在使用数据源控件或需要扩展数据绑定模型时非常重要。使用数据源控件后，页面的生命周期如下：

(1) 客户端请求页面。

(2) 创建 Page 对象。

(3) 开始页面生命周期，触发 Page.Init 和 Page.Load 事件。

(4) 触发所有控件事件。

(5) 如果数据源控件中有任何更新，则更新前触发数据源控件的 Updating 事件，完成更新操作后触发 Updated 事件。如果有新行插入，则插入前触发数据源控件的 Inserting 事件，完成插入操作后触发 Inserted 事件。如果有删除行，则删除前触发数据源控件的 Deleting 事件，完成删除操作后触发 Deleted 事件。

(6) 触发 Page.PreRender 事件。

(7) 数据源控件完成查询，并将查询数据绑定到相连接的控件中。

(8) 页面输出到客户端并释放 Page 对象。

每当有页面请求时，都会重复这个过程，这意味着数据源控件每次都会查询数据库，因此会造成一定的性能开支，最好的解决办法就是在内存中缓存不频繁变更的数据内容。

下面分别介绍 SqlDataSource、ObjectDataSource 和 LinqDataSource 控件的使用。

9.1.1　SqlDataSource 数据源控件

如果数据源存储在 SQL Server、SQL Server Express、Oracle、Access、DB2 及 MySQL 等数据库中，就应该使用 SqlDataSource 控件。该控件提供了一个易于使用的向导，引导用户完成配置过程。完成配置后，该控件就可以自动调用 ADO.NET 中的类来查询或更新数据库数据。

SqlDataSource 控件的主要属性如表 9-1 所示。

表 9-1　SqlDataSource 控件的主要属性

名　　称	说　　明
DeleteCommand	获取或设置 SqlDataSource 控件删除数据库数据所用的 SQL 命令
DeleteCommandType	获取或设置删除命令类型，可取的值为 Text 和 StoredProduce，分别对应 SQL 命令、存储过程
DeleteParameters	获取 DeleteCommand 属性所使用的参数的参数集合
InsertCommand	获取或设置 SqlDataSource 控件插入数据库数据所用的 SQL 命令
InsertCommandType	获取或设置插入命令类型，可取的值为 Text 和 StoredProduce
InsertParameters	获取 InsertCommand 属性所使用的参数的参数集合
SelectCommand	获取或设置 SqlDataSource 控件查询数据库数据所用的 SQL 命令

续表

名　称	说　明
SelectCommandType	获取或设置查询命令类型，可取的值为 Text 和 StoredProduce
SelectParameters	获取 SelectCommand 属性所使用的参数的参数集合
UpdateCommand	获取或设置 SqlDataSource 控件更新数据库数据所用的 SQL 命令
UpdateCommandType	获取或设置更新命令类型，可取的值为 Text 和 StoredProduce
UpdateParameters	获取 UpdateCommand 属性所使用的参数的参数集合
DataSourceMode	指示 SqlDataSource 控件检索数据时，是使用 DataSet 还是使用 DataReader
EnableCaching	获取或设置一个值，该值指示 SqlDataSource 控件是否启用数据缓存
ProviderName	获取或设置.NET Framework 数据提供程序的名称

1. 使用 SqlDataSource 控件查询数据

【例 9-1】 演示如何使用 SqlDataSource 控件为数据绑定
控件 GridView 提供数据源。

SqlDataSource 数据源控件(一)

(1) 运行 Visual Studio，新建一个名为 DataBind 的空网
站。在"解决方案资源管理"中右键单击项目名称，选择
"添加"→"添加 ASP.NET 文件夹"→"App_Data"；单击
App_Data 目录，选择"添加现有项"。将第 8 章中创建的数据库 Student.mdf 和
Student_Log.ldf 文件添加到 App_Data 目录下。

(2) 在 DataBind 网站中添加一个名为 SqlDataSourceDemo.aspx 的页面。在工具箱的数
据选项卡中找到 SqlDataSource 控件和 GridView
控件，将其拖放到页面中。

(3) 单击 SqlDataSource 右上角的小三角符
号，选择"配置数据源"，如图 9-1 所示。

图 9-1　SqlDataSource 配置数据源选项

弹出"选择您的数据连接"对话框，在下拉列表中选择"Student.mdf"数据库，展开
"连接字符串"前面的"+"号，即可看到自动生成的连接字符串，如图 9-2 所示。如果
要连接其他数据库，可单击该对话框的"新建连接"按钮。

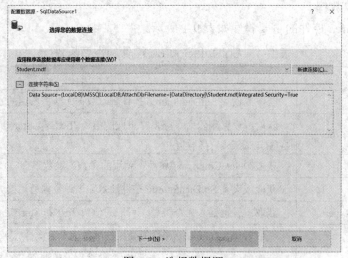

图 9-2　选择数据源

(4) 单击"下一步"按钮，选中"是，将此连接另存为"复选框，并在文本框中输入"StudentConnectionString"，如图 9-3 所示。该操作将连接字符串保存在 web.config 文件中，并命名为 StudentConnectionString。

图 9-3　配置数据源的连接字符串

(5) 单击"下一步"按钮，弹出"配置 Select 语句"对话框，这个对话框是配置 SqlDataSource 的核心，如图 9-4 所示。

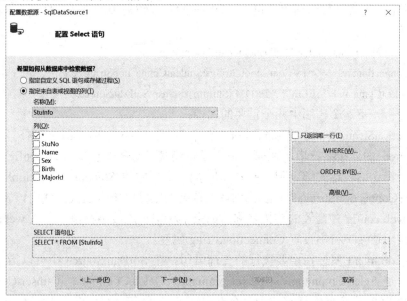

图 9-4　配置 Select 语句对话框

在该窗口中，可以指定 SqlDataSource 将要执行的 SQL 语句或存储过程，也可以直接指定表名或表列信息来查询数据库。"只返回唯一行"的复选框表示对 SQL 语句使用 DISTINCT 查询。

(6) 本例中，只需要查询 StuInfo 表中所有的记录，因此，在配置 Select 语句对话框的名称下拉列表中选择 StuInfo，在列中选择代表所有列的统配符号"*"，单击"下一步"按钮，弹出"测试查询"对话框，在该对话框中，可以单击"测试查询"按钮测试查询语句，如图 9-5 所示。

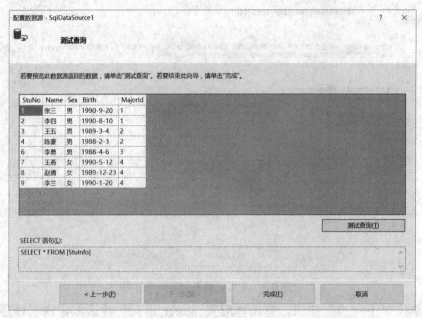

图 9-5　测试查询对话框

(7) 单击"完成"按钮结束 SqlDataSource 的配置数据源的工作，Visual Studio 将生成如下所示的声明代码：

```
<asp:SqlDataSource ID="SqlDataSource1" runat="server"
ConnectionString="<%$ ConnectionStrings:StudentConnectionString %>"
SelectCommand="SELECT * FROM [StuInfo]"></asp:SqlDataSource>
```

下面分析一下这个声明中几个重要的属性：

ConnectionString="<%$ ConnectionStrings:StudentConnectionString %>" 语 句 指 定 SqlDataSource 的连接字符串，在向导中已经将连接字符串保存到 web.config 文件中，这里使用一个特定的表达式绑定到 web.config 配置文件中的 StudentConnectionString 连接字符串。<%$ConnectionStrings%>是 ASP.NET 特定的数据绑定表达式，使用该表达式可以指定任何在 web.config 中配置的连接名称。如果不希望将连接字符串放置在 web.config 中，则可以直接用连接字符串设置 ConnectionString 属性。

SelectCommand 属性指定要执行的查询语句。在 SqlDataSource 中可以指定 4 个 SQL命令，分别是 SelectCommand、UpdateCommand、DeleteCommand 和 InsertCommand。分别为这 4 个 SQL 命令属性指定 4 个命令对象或 SQL 语句、存储过程，SqlDataSource 就能完成查询、更新、删除和插入操作。

(8) 将 GridView 控件的 DataSourceID 属性指定为刚刚建好的 SqlDataSource1 控件，此时会发现 GridView 控件会自动根据数据源中的列信息来构建自己的列字段，如图 9-6所示。

asp:GridView#GridView1
StuNo Name Sex Birth MajorId
abc abc abc 2016-07-20 上午12:00:00 0
abc abc abc 2016-07-20 上午12:00:00 1
abc abc abc 2016-07-20 上午12:00:00 2
abc abc abc 2016-07-20 上午12:00:00 3
abc abc abc 2016-07-20 上午12:00:00 4
GridView 任务
自动套用格式...
选择数据源: SqlDataSourc
(无)
SqlDataSource1
<新建数据源...>
编辑列...
添加新列...
启用分页
启用排序
启用选定内容
编辑模板

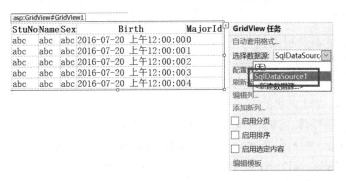

图 9-6　设置 GridView 控件的 DataSourceID 属性

(9) 运行该页面，效果如图 9-7 所示。可以看出，使用 SqlDataSource 将数据源中的数据绑定到 GridView 控件已经实现。在这个过程中没有编写一行代码，只是使用向导工具设置了几个属性，从而大大降低了工作的复杂性。

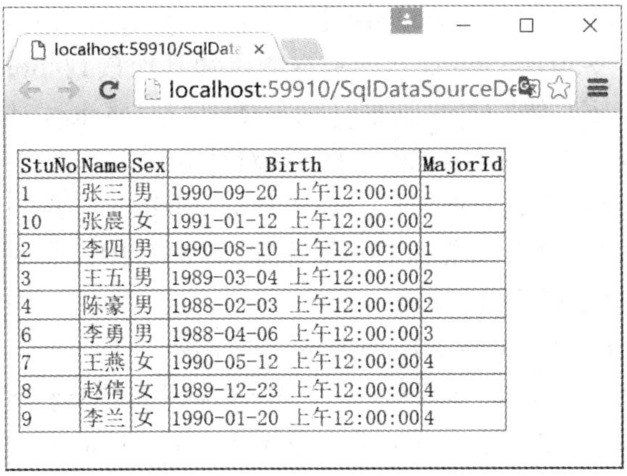

localhost:59910/SqlDat
localhost:59910/SqlDataSourceDe
StuNo Name Sex Birth MajorId
1 张三 男 1990-09-20 上午12:00:00 1
10 张晨 女 1991-01-12 上午12:00:00 2
2 李四 男 1990-08-10 上午12:00:00 1
3 王五 男 1989-03-04 上午12:00:00 2
4 陈豪 男 1988-02-03 上午12:00:00 2
6 李勇 男 1988-04-06 上午12:00:00 3
7 王燕 女 1990-05-12 上午12:00:00 4
8 赵倩 女 1989-12-23 上午12:00:00 4
9 李兰 女 1990-01-20 上午12:00:00 4

图 9-7　SqlDataSourceDemo.aspx 页面运行效果

如图 9-7 所示，Birth 字段会显示多余的“上午 12:00:00”，可以在图 9-6 中的“编辑列”中把 Birth 字段的 DataFormatString 设为{0:d}，具体可见 9.2.1 节。设置后，运行结果如图 9-8 所示。

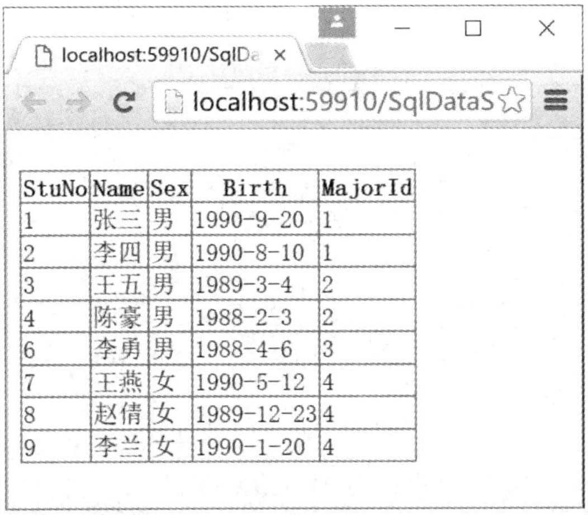

localhost:59910/SqlDa
localhost:59910/SqlDataS
StuNo Name Sex Birth MajorId
1 张三 男 1990-9-20 1
2 李四 男 1990-8-10 1
3 王五 男 1989-3-4 2
4 陈豪 男 1988-2-3 2
6 李勇 男 1988-4-6 3
7 王燕 女 1990-5-12 4
8 赵倩 女 1989-12-23 4
9 李兰 女 1990-1-20 4

图 9-8　修改 Birth 字段 DataFormatString 属性后的 SqlDataSourceDemo.aspx 页面运行效果

2．使用参数过滤数据

应用程序通常需要根据用户的响应来动态地组件 SQL 查询。例如，在学生信息表中，可能需要根据用户选择的专业信息来动态显示学生信息；在订单的主从表中，根据用户在订单主表中的选择动态地显示从表中与主表相关的记录。SqlDataSource 提供了多种类型的命令参数，通过声明的方式可以很方便地创建动态查询。

【例 9-2】 演示如何按 MajorId 的值来显示学生信息。

(1) 在 DataBind 网站中新建一个名为 SqlDataSourceByParam.aspx 的页面。

(2) 在 SqlDataSourceDemo.aspx 页面中添加一个 DropDownList 控件和一个 SqlDataSource 控件，ID 分别为 DropDownList1 和 SqlDataSource1。将 SqlDataSource1 控件按例 9-1 的方法查询 Student 数据库的 Major 表。将 DropDownList1 控件的 AutoPostBack 属性设为 true，DataSourceID 属性设置为 SqlDataSource1，然后设置 DataTextField 属性为 MajorName，DataValueField 属性为 MajorId。

(3) 在页面中再添加一个 GridView 控件和 SqlDataSource 控件，分别为 GridView1 和 SqlDataSource2。配置 SqlDataSource2 的数据源，使其连接到 Student 数据库的 StuInfo 表，切换到"配置 Select 语句"对话框，名称(M)选择 Major，然后在该对话框中单击 "WHERE"按钮，弹出"添加 WHERE 子句"对话框，如图 9-9 所示。在该对话框中，可以为特定的列指定查询参数，在本例中设置列为 MajorId，源为 Control，控件 ID 为 DropDownList1，单击"添加"按钮，将设置添加到 WHERE 子句列表框中。全部设置完成后，SqlDataSource2 控件的声明代码如下：

```
<asp:SqlDataSource ID="SqlDataSource2" runat="server"
ConnectionString="<%$ ConnectionStrings:StudentConnectionString %>"
SelectCommand="SELECT * FROM [StuInfo] WHERE ([MajorId] = @MajorId)">
    <SelectParameters>
        <asp:ControlParameter ControlID="DropDownList1" Name="MajorId"
        PropertyName="SelectedValue" Type="Int32" />
    </SelectParameters>
</asp:SqlDataSource>
```

图 9-9 "添加 WHERE 子句"对话框

可以看出，在"添加 WHERE 子句"对话框的源下拉列表框中选择 Control 后，SqlDataSource 控件声明代码的<SelectParameters>集合中添加了一个<asp:ControlParameter>的参数声明。此例参数源是从控件(Control)中获取的，除此以外，还有很多种获取参数源的方式。例如，参数源选择 Cookie 是使用 CookieName 属性指定 HttpCookie 对象的名称；选择 Form 是将参数设置为 HTML 窗体字段的值；选择 Profile 是从配置文件对象内指定的属性名中获取参数值；选择 QueryString 是将参数设置为 QueryString 字段的值；选择 Session 是将参数设置为 Session 对象的值。如果所获取的对象不存在，则将使用默认值(DefaultValue)属性的值作为参数。

除了在"添加 WHERE 子句"对话框中指定参数值外，还可以通过很多事件来动态地为参数赋值。例如，可以在 Selecting 事件中为指定的参数赋一个值，同样可以在 Updating、Deleting 和 Inserting 事件中指定参数信息。关于这些事件的使用，将在后续例子中介绍。

(4) 将 GridView 控件的 DataSourceID 属性指定为 SqlDataSource2 控件。

(5) 运行该页面，可以发现学生信息可以根据下拉列表框中的选择进行切换，如图 9-10 所示。

图 9-10　SqlDataSourceByParam.aspx 页面运行效果

3．使用 SqlDataSource 更新数据

SqlDataSource 控件具有 4 个 Command 属性，分别为 SelectCommand、UpdateCommand、InsertCommand 和 DeleteCommand。使用这 4 个属性，可以完成查询、插入、更新和删除操作。

SqlDataSource
数据源控件(二)

【例 9-3】　演示如何使用 SqlDataSource 控件完成 StuInfo 表中数据的更新和删除功能。

(1) 在 DataBind 网站中新建一个名为 SqlDataSource_Update.aspx 的页面。

(2) 在 SqlDataSource_Update.aspx 页面中，添加一个 SqlDataSource 控件和一个 GridView 控件，分别为 SqlDataSource1 和 GridView1。

(3) 单击 SqlDataSource 右上角的小三角符号，选择"配置数据源"。由于前面的例子中已经在 web.config 文件中保存了 Student 数据库的连接字符串，因此，在弹出"选择您的数据连接"对话框的下拉列表中选择 StudentConnectionString，如图 9-11 所示。

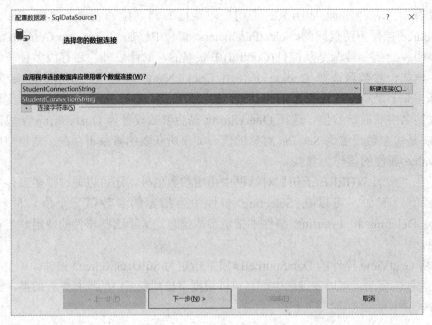

图 9-11　数据连接设置对话框

（4）单击"下一步"按钮，弹出配置 Select 语句对话框，选择 StuInfo 表的所有列，并单击"高级"按钮，将弹出"高级 SQL 生成选项"对话框，在该对话框中选中"生成 INSERT、UPDATE 和 DELETE 语句"，并选中"使用开放式并发"，如图 9-12 所示。

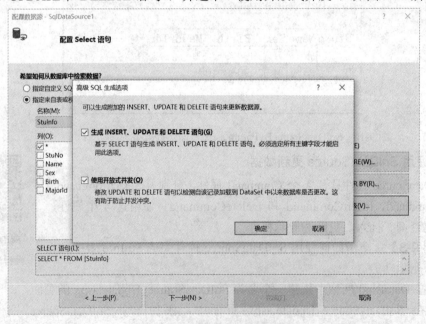

图 9-12　高级 SQL 生成选项

此时，切换到源视图，可以看见 Visual Studio 自动生成的代码，从这些代码中可以看出，除了产生 SelectCommand 属性外，其他 3 个 Command 的 SQL 语句和参数集合均已自动产生。

在图 9-12 中还选择了是否使用并发式开发的选项，这是非常有用的选项，它能解决并发冲突问题。此时，ConflictDetection="CompareAllValues"，表示进行冲突检测，在更新之前必须对原始数据字段的值进行检测，如果发现要更新的记录中各字段的值与原始数据字段的值不相同，则表示在该用户更新操作过程中，有其他用户对该记录进行了更新，为了避免并发冲突，该用户的更新将会失败。在 DeleteCommand 和 UpdateCommand 中，WHERE 子句中原始数据字段的格式由 OldValuesParameterFormatString 属性指定。将 OldValuesParameterFormatString 属性设置为一个字符串表达式，该表达式用于设置原始值参数名称的格式，其中{0}字符表示字段名称。例如，如果将 OldValuesParameterFormatString 属性设置为 original_{0}，名为 Name 的字段的当前值将由一个名为 Name 的参数传入，该字段的原始值将由一个名为 original_Name 的参数传入。

(5) 选中 GridView1 控件，在任务窗中设置数据源为 SqlDataSource1 控件，选择“启用编辑”和“启用删除”复选框，如图 9-13 所示。

asp:GridView#GridView1
StuNo Name Sex Birth MajorId
编辑 删除 abc abc abc 2016-07-20 0
编辑 删除 abc abc abc 2016-07-20 1
编辑 删除 abc abc abc 2016-07-20 2
编辑 删除 abc abc abc 2016-07-20 3
编辑 删除 abc abc abc 2016-07-20 4
GridView 任务
自动套用格式...
设置控件格式设置属性
配置数据源...
刷新架构
编辑列...
添加新列...
启用分页
启用排序
启用编辑
启用删除
启用选定内容
编辑模板

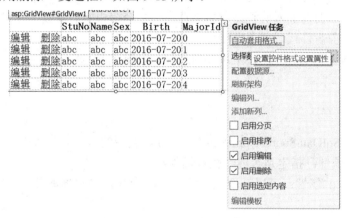

图 9-13　设置 GridView 控件

(6) 运行该页面，可进行编辑或删除记录的操作，如图 9-14 所示。

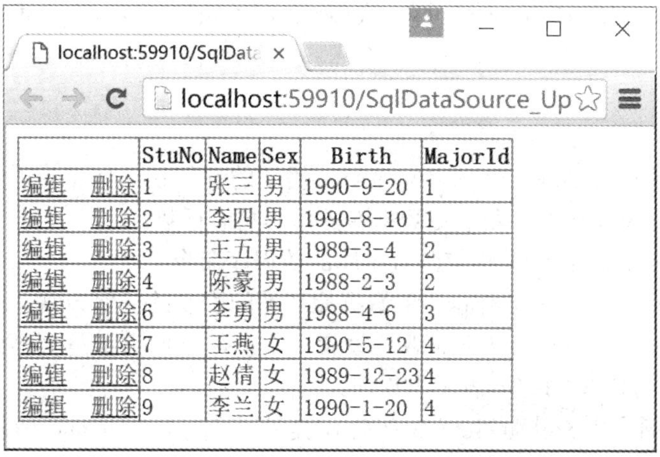

localhost:59910/SqlData
localhost:59910/SqlDataSource_Up
StuNo Name Sex Birth MajorId
编辑 删除 1 张三 男 1990-9-20 1
编辑 删除 2 李四 男 1990-8-10 1
编辑 删除 3 王五 男 1989-3-4 2
编辑 删除 4 陈豪 男 1988-2-3 2
编辑 删除 6 李勇 男 1988-4-6 3
编辑 删除 7 王燕 女 1990-5-12 4
编辑 删除 8 赵倩 女 1989-12-23 4
编辑 删除 9 李兰 女 1990-1-20 4

图 9-14　SqlDataSource_Update.aspx 页面运行效果

4. SqlDataSource 的事件和方法

虽然使用 SqlDataSource 控件的声明方式能够完成大量的数据库连接工作，但在一些情况下仍然需要更精细地控制 SqlDataSource 的运行。SqlDataSource 控件具有大量的事件和方法供编程时调用。

SqlDataSource 控件的主要事件包括:

(1) Selecting:在查询之前触发。

(2) Selected:在查询之后触发。

(3) Inserting:在插入之前触发。

(4) Inserted:在插入之后触发。

(5) Updating:在更新之前触发。

(6) Updated:在更新之后触发。

(7) Deleting:在删除之前触发。

(8) Deleted:在删除之后触发。

这些事件都提供了相应的参数信息,使用参数信息能够获取当前执行 SqlDataSource 控件的设置值。下面以插入前和插入后事件为例,介绍相应的参数信息,其他事件类似。

例如,插入前事件代码如下:

```
protected void SqlDataSource1_Inserting(object sender, SqlDataSourceCommandEventArgs e)
{
    …
}
```

在代码中,SqlDataSourceCommandEventArgs 类型的参数 e 具有以下 2 个主要属性:

(1) Cancel 属性:指定是否继续执行插入操作。

(2) Command 属性:可以获取或设置数据库命令,如数据库连接、SQL 命令、参数集合等。

执行数据库插入操作后,可以通过插入后事件获取插入过程中的一些信息。例如,插入后事件代码如下:

```
protected void SqlDataSource1_Inserted(object sender, SqlDataSourceStatusEventArgs e)
{
    …
}
```

在代码中,SqlDataSourceStatusEventArgs 类型的参数 e 具有以下几个主要属性:

(1) AffectedRows 属性:获取受数据库操作影响的行数。

(2) Command 属性:获取提交到数据库的数据库命令。

(3) Exception 属性:获取数据库的数据操作期间引发的任何异常。

(4) ExceptionHandled 属性:获取或设置一个值,该值指示是否已处理数据库引发的异常。True 表示已处理,False 表示未处理。

除了上述事件外,SqlDataSource 控件还提供了 Insert、Update、Delete 和 Select 方法,可以使用编程的方式执行相应的 SQL 命令。例如,点击按钮,完成数据库的插入代码如下:

```
protected void btnAdd_Click(object sender, EventArgs e)
{
```

```
//以编程方式执行插入命令
SqlDataSource1.Insert();
}
```

【例 9-4】 　演示如何使用 SqlDataSource 完成 StuInfo 表的数据插入。

(1) 在 DataBind 网站中添加一个名为 SqlDataSource_Insert.aspx 的网页。

(2) SqlDataSource_Insert.aspx 页面设计如图 9-15 所示。

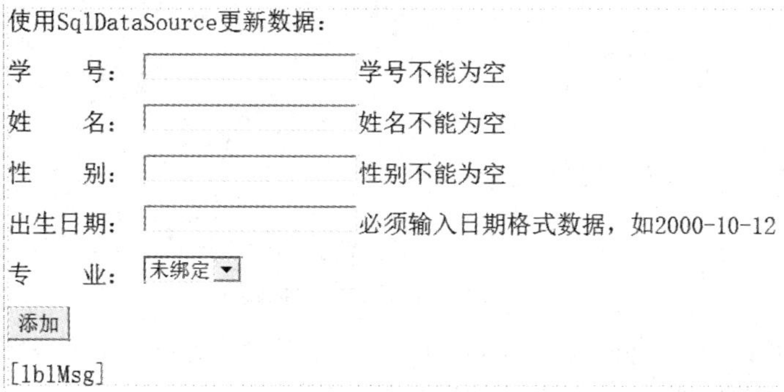

```
使用SqlDataSource更新数据：

学　　号： [          ]  学号不能为空

姓　　名： [          ]  姓名不能为空

性　　别： [          ]  性别不能为空

出生日期： [          ]  必须输入日期格式数据，如2000-10-12

专　　业： [未绑定 ▼]

[添加]

[lblMsg]
```

图 9-15　SqlDataSource_Insert.aspx 的设计页面

(3) 在页面上添加一个 SqlDataSource 控件，名为 SqlDataSource1。将 SqlDataSource1 控件按例 9-1 的方法查询 Student 数据库的 Major 表。将下拉列表框 dpMajor 的 DataSourceID 属性设置为 SqlDataSource1，然后设置 DataTextField 属性为 MajorName，DataValueField 属性为 MajorId。

(4) 在页面上添加一个 SqlDataSource 控件和一个 GridView 控件，名为 SqlDataSource2 和 GridView1。选中 SqlDataSource2 控件的 ConnectString 属性，在下拉列表框中选择 "StudentConnectString"。这里的 StudentConnectString 是指以在项目的 web.config 中自动保存的数据源连接字符串。

(5) 单击 SqlDataSource2 控件的 SelectQuery 属性右边的按钮，如图 9-16 所示。弹出 "命令和参数编辑器" 对话框，如图 9-17 所示，在 "SELECT 命令" 文本框中输入以下 SQL 语句：Select * from StuInfo。

图 9-16　SelectQuery 属性设置按钮

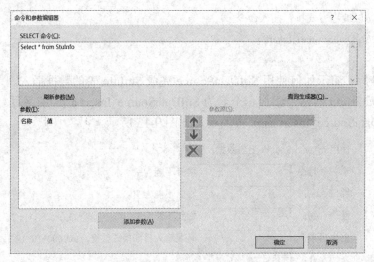

图 9-17　编辑 SELECT 命令

(6) 将 GridView1 控件的 DataSourceID 属性指定为 SqlDataSource2 控件。GridView1 控件主要用来显示 SqlDataSource2 的查询结果。

(7) 单击 SqlDataSource2 控件的 InsertQuery 属性右边的按钮。弹出"命令和参数编辑器"对话框,在"INSERT 命令"文本框中输入以下 SQL 语句:

INSERT INTO StuInfo(StuNo, Name, Sex, Birth, MajorId) VALUES (@StuNo, @Name, @Sex, @Birth, @MajorId)

点击"刷新参数"按钮,在参数列表中出现 StuNo、Name、Sex、Birth 和 MajorId,将这 5 个参数的参数源全部取"control",ControlID 分别设置为 txtStuNo、txtName、txtSex、txtBirth 和 dpMajor,如图 9-18 所示。

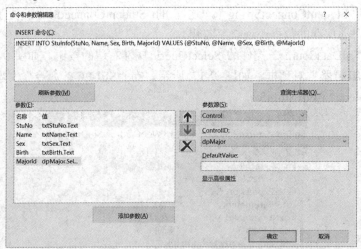

图 9-18　编辑 Insert 命令与参数

(8) 为"添加"按钮 btnAdd 添加一个 Click 事件,事件过程名为 btnAdd_Click。打开后台代码页 SqlDataSource_Insert.aspx.cs 文件,添加 btnAdd_Click 事件过程的代码如下:

```
protected void btnAdd_Click(object sender, EventArgs e)
{
```

```
//以编程方式执行插入命令
        SqlDataSource2.Insert();
    }
```

(9) 为 SqlDataSource2 添加 Inserting 事件，代码如下：

```
protected void SqlDataSource2_Inserting(object sender, SqlDataSourceCommandEventArgs e)
{
    //如果页面验证通过，则执行插入，否则取消插入
    if (!Page.IsValid)
    {
        //取消插入
        e.Cancel = true;
    }
}
```

为 SqlDataSource2 添加 Inserted 事件，代码如下：

```
protected void SqlDataSource2_Inserted(object sender, SqlDataSourceStatusEventArgs e)
{
    //判断插入数据时，是否引发异常
    if (e.Exception != null)
    {
        //显示异常信息
        lblMsg.Text="插入数据库时发生错误，错误原因为："+ e.Exception.Message;
        //表示异常已经处理，避免跳转到系统标准的错误提示页面
        e.ExceptionHandled = true;
    }
}
```

(10) 运行该页面，添加员工张晨的信息后的运行结果如图 9-19 所示。

图 9-19　SqlDataSource_Insert.aspx 页面运行效果

9.1.2 ObjectDataSource 数据源控件

ObjectDataSource
数据源控件

使用 SqlDataSource 控件对数据库进行访问，操作非常简单，是在两层应用程序层次结构中使用，但与表示层(ASP.NET 网页)过于紧密。在该层次结构中，表示层可以与数据源(数据库和 XML 文件等)直接进行通信，这将造成后期维护和修改困难。

在大中型应用程序的设计中，常用的设计原则是：将表示层与业务逻辑相分离，而将业务逻辑封装在业务对象中。这些业务对象在表示层和数据层之间形成一层，从而生成一种三层应用程序结构。ObjectDataSource 控件通过提供一种将相关页上的数据控件绑定到中间层业务对象的方法，为三层结构提供支持。在不使用扩展代码的情况下，ObjectDataSource 使用中间层业务对象，以声明方式对数据执行选择、插入、更新、删除、分页、排序、缓存和筛选操作。使用 ObjectDataSource 对象的三层结构示意图如图 9-20 所示。

图 9-20　三层结构示意图

表 9-2 列出了 ObjectDataSource 控件的常用属性。

表 9-2　ObjectDataSource 控件的常用属性

名　称	说　明
DelectMethod	获取或设置由 ObjectDataSource 控件调用以删除数据的方法或函数的名称
DeleteParameters	获取或设置参数集合，该集合包含由 DeleteMethod 方法使用的参数
InsertMethod	获取或设置由 ObjectDataSource 控件调用以插入数据的方法或函数的名称
InsertParameters	获取或设置参数集合，该集合包含由 InsertMethod 方法使用的参数
SelectMethod	获取或设置由 ObjectDataSource 控件调用以查询数据的方法或函数的名称
SelectParameters	获取或设置参数集合，该集合包含由 SelectMethod 方法使用的参数
UpdateMethod	获取或设置由 ObjectDataSource 控件调用以更新数据的方法或函数的名称
UpdateParameters	获取或设置参数集合，该集合包含由 UpdateMethod 方法使用的参数
FilterExpression	获取或设置当调用由 SelectMethod 属性指定的方法时应用的筛选表达式
FilterParameters	获取或设置与 FilterExpression 字符串中的任何参数占位符关联的参数的集合
EnableCaching	获取或设置一个值，该值指示 ObjectDataSource 控件是否启用数据缓存
SelectCountMethod	获取或设置由 ObjectDataSource 控件调用以检索行数的方法或函数的名称
TypeName	获取或设置 ObjectDataSource 控件要调用的类的名称

【例 9-5】　演示如何通过 ObjectDataSource 控件来查询、更新和删除 Student 数据库中的 StuInfo 表的数据。完成的功能与例 9-3 相同。

(1) 建立数据业务逻辑层。在 DataBind 网站的 App_Code 目录下，新建一个 StuInfoDAL.cs 类文件。注意：如果网站中还没有 App_Code 文件夹，请在"解决方案资源管理器"中右击项目的名称，接着单击"添加 ASP.NET 文件夹"，之后单击"App_Code"。

在 StuInfoDAL.cs 文件中定义 GetStuInfo 方法获取学生信息列表，UpdateStuInfo 方法更新学生记录，DeleteStuInfo 删除学生记录。该类文件代码如下：

```
⋮
using System.Data;
using System.Data.SqlClient;
using System.Configuration;
using System;
/// <summary>
///学生信息的业务逻辑
/// </summary>
public class StuInfoDAL
{
    string   _connectionString =
    ConfigurationManager.ConnectionStrings["StudentConnectionString"].ConnectionString;
    public StuInfoDAL()
    {
    }
    //查询所有学生的信息
    public DataTable GetStuInfo()
    {
        SqlConnection cnn = new SqlConnection(_connectionString);
        string selectString = "SELECT * FROM StuInfo";
        SqlDataAdapter da = new SqlDataAdapter(selectString,cnn);
        cnn.Open();
        DataTable dt =new DataTable();
        da.Fill(dt);
        return dt;
    }
    //更新学生信息
    public void UpdateStuInfo(string stuNo, string name, string sex, DateTime birth, int majorId)
    {
        SqlConnection con = new SqlConnection(_connectionString);
        string updateString = "UPDATE StuInfo set
        Name=@Name,Sex=@Sex,Birth=@Birth,MajorId=@MajorId where StuNo=@StuNo";
        SqlCommand cmd = new SqlCommand(updateString, con);
        cmd.Parameters.AddWithValue("@StuNo",stuNo);
```

```
            cmd.Parameters.AddWithValue("@Name",name);
            cmd.Parameters.AddWithValue("@Sex",sex);
            cmd.Parameters.AddWithValue("@Birth",birth);
            cmd.Parameters.AddWithValue("@MajorId",majorId);
            con.Open();
            cmd.ExecuteNonQuery();
            con.Close();
      }
      //删除学生信息
      public void DeleteStuInfo(string stuNo)
      {
            SqlConnection con = new SqlConnection(_connectionString);
            string deleteString = "DELETE FROM   StuInfo WHERE StuNo=@StuNo";
            SqlCommand cmd = new SqlCommand(deleteString, con);
            cmd.Parameters.AddWithValue("@StuNo", stuNo);
            con.Open();
            cmd.ExecuteNonQuery();
            con.Close();
      }
}
```

(2) 建立表示层。在 DataBind 网站的根目录下添加一个页面 ObjectDataSource-Demo.aspx，在该页面上拖放一个 ObjectDataSource 控件和一个 GridView 控件，使用默认的 ID。选中 ObjectDataSource1，在其智能配置里选择配置数据源，弹出配置向导，如图 9-21 所示。

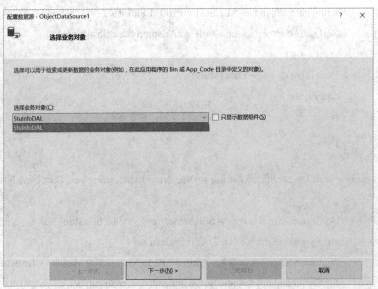

图 9-21   ObjectDataSource 配置向导

在选择业务对象的下拉列表中，将会列出该系统中已经存在的类，选择 StuInfoDAL，单击"下一步"，进入"定义数据方法"对话框。在此对话框中需要单独设置 SELECT 的方法为 GetStuInfo，如图 9-22 所示。另外，还要设置 UPDATE 的方法 UpdateStuInfo，以及 DELETE 的方法 DeleteStuInfo。

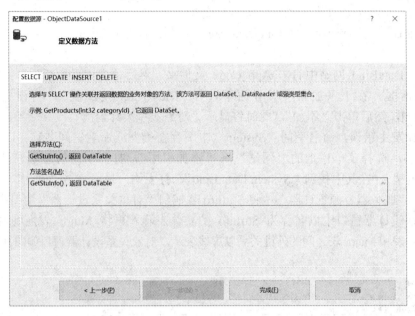

图 9-22　设置 Select 属性对应的方法 GetStuInfo

(3) 先按照例 9-3 步骤(5)的方法，在 GridView1 控件中选择"启用编辑"和"启用删除"，然后将 GridView1 控件的 DataSourceID 属性指定为 ObjectDataSource1 控件。

(4) 运行该页面，可以查看、编辑和删除学生记录，如图 9-23 所示。

	StuNo	Name	Sex	Birth	MajorId
编辑 删除	1	张三	男	1990/9/20/周四 0:00:00	1
编辑 删除	10	张晨	女	1991/1/12/周六 0:00:00	2
编辑 删除	2	李四	男	1990/8/10/周五 0:00:00	1
编辑 删除	3	王五	男	1989/3/4/周六 0:00:00	2
编辑 删除	4	陈豪	男	1988/2/3/周三 0:00:00	2
编辑 删除	6	李勇	男	1988/4/6/周三 0:00:00	3
编辑 删除	7	王燕	女	1990/5/12/周六 0:00:00	4
编辑 删除	8	赵倩	女	1989/12/23/周六 0:00:00	4
编辑 删除	9	李兰	女	1990/1/20/周六 0:00:00	4

图 9-23　ObjectDataSource.aspx 页面运行效果

9.1.3　LinqDataSource 数据源控件

LinqDataSource 控件是 ASP.NET 引入的一个新数据源控件，它可以使用.NET 的 LINQ 功能查询应用程序中的数据对象。本节主要讨论如何使用 LinqDataSource 控件。如果想学习 LINQ 及其语法等更多知识，可参阅其他书籍或 MSDN。

LinqDataSource 控件的用法与 SqlDataSource 控件类似，也是把在控件上设置的属性转换成可以在数据源上执行的操作。LinqDataSource 控件则把属性设置转换为有效的 LINQ 查询，当与数据库中的数据进行交互时，不会将 LinqDataSource 控件直接连接到数据库，而是与表示数据库和表的实体类进行交互。

【例 9-6】 演示如何使用 LinqDataSource 控件。按专业查询学生信息，功能与例 9-2 相同。

(1) 在 DataBind 网站中右击 App_Code 文件夹，然后单击"添加新项"，显示"添加新项"对话框。在"添加新项"界面下选择"LINQ to SQL 类"，将该文件命名为 Student.dbml，然后单击"添加"。此时将显示"对象关系设计器"。

注：如发生错误，命名空间"System"中不存在类型或命名空间名称"Linq"，则进行手动添加，选择菜单栏上的"网站"→"添加引用"，打开引用管理器，选择"程序集"→"框架"，在其中找到"System.Data.Linq"，打上钩，最后点击"确认"。

(2) 在"服务器资源管理器"中将 StuInfo 表拖到"对象关系设计器"窗口中。StuInfo 表及其列在设计器窗口中以名称为 StuInfo 的实体表示。再将 Major 表拖到设计器窗口中。StuInfo 表和 Major 表之间的外键关系以虚线表示。对象关系设计器窗口如图 9-24 所示。

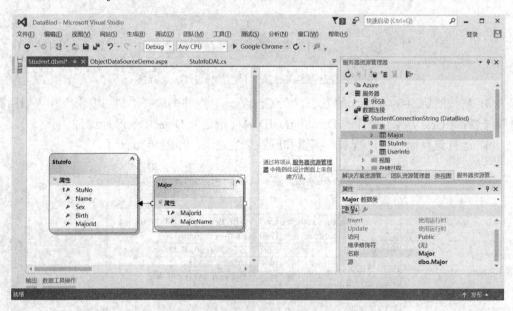

图 9-24 对象关系设计器窗口

(3) 保存 Student.dbml 文件。在"解决方案资源管理器"中打开 Student.designer.cs，该文件具有 StudentDataContext、StuInfo 和 Major 类。StudentDataContext 类是一个 LINQ to SQL 类，它充当 SQL SERVER 数据库与映射到该数据库的 LINQ to SQL 实体类之间的管道，包含用于连接数据库及操作数据库数据的连接字符串的信息和方法。

(4) 在 DataBind 网站的根目录下，添加一个名为 LinqDataSourceDemo.aspx 的页面。从工具箱的数据栏中拖一个 LinqDataSource 控件和一个 DropDownList 控件到该页面上，控件的名称分别为 LinqDataSource1 和 DropDownList1。将 DropDownList1 控件的 AutoPostBack

属性设置为 true。

(5) 单击 LinqDataSource1 右上角的三角，在弹出的任务窗口中选择"配置数据源…"菜单项，将弹出如图 9-25 所示的"选择上下文对象"对话框，在该对话框中将自动选择 StudentDataContext 对象。

图 9-25　选择上下文对象

(6) 单击"下一步"按钮，弹出"配置数据选择"对话框。该对话框与 SqlDataSource 控件相似，可以选择一个数据表，指定查询条件，指定排序以及是否自动允许插入、更新和删除选项，如图 9-26 所示。在本例中，选择 Major 表，并指定 MajorId 和 MajorName 列。

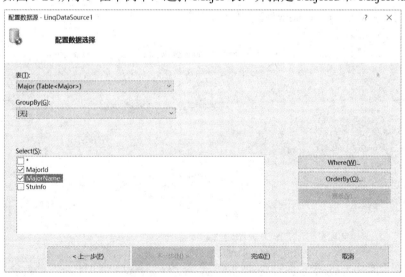

图 9-26　配置数据选择窗口

(7) 单击"完成"按钮。在使用 LinqDataSource 控件时，将其与 StudentDataContext 对象进行绑定。Select 语句用于指定所要查询字段的 LINQ 投影表达式。TableName 属性指定 StudentDataContext 对象中所要查询的表的名称。

(8) 将 DropDownList1 的 DataSourceID 属性设置为 LinqDataSource1，DataTextField 属性设置为 MajorName，DataValueField 属性设置为 MajorId。

(9) 在 LinqDataSourceDemo.aspx 页面上，再拖放一个 GridView 控件和一个 LinqDataSource 控件，名称分别为 GridView1 和 LinqDataSource2。使用同样的步骤将 LinqDataSource2 控件绑定到 StuInfo 表中所有记录，如图 9-27 所示。

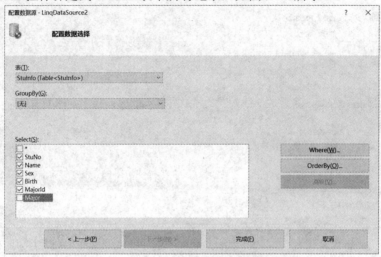

图 9-27　选择 StuInfo 表中的所有数据

(10) 由于需要根据 MajorId 过滤学生信息，因此单击图 9-26 中的"Where"按钮，在弹出的窗口中配置 Where 表达式。根据 DropDownList1 控件中的选定值与 MajorId 列的值进行匹配，如图 9-28 所示。单击"添加"按钮，便将过滤条件添加成功。最后单击"完成"按钮，结束对 LinqDataSource2 控件的配置。

图 9-28　配置 Where 表达式窗口

这个 LinqDataSource 控件绑定到相同的 StudentDataContext 对象，TableName 指定为 StuInfo，Where 语句指定搜索条件。WhereParameters 集合中添加了一个控件参数，以便获取 DropDownList1 控件中选择的值。

(11) 将 GridView1 控件的 DataSourceID 属性设置为 LinqDataSource2，就会将 GridView1 控件绑定到 LinqDataSource2 控件返回的数据。

(12) 运行该页面，可以根据专业过滤学生信息。实现的功能与例 9-2 相同。

9.2 数据绑定控件(Repeater 控件的使用)

数据绑定是 ASP.NET 中的关键技术之一，使用该技术可以使 Web 应用程序轻松地与数据源进行交互。数据绑定控件以数据源控件为桥梁对实际数据源进行操作，并将操作结果通过数据源控件保存到实际数据源中。前面已经学习了几种数据源控件的使用，通过这些数据源控件可以访问实际的数据源。本节将介绍一些常用的数据绑定控件的使用。

9.2.1 GridView 控件

GridView 是一个显示表格式数据的控件，该控件是 ASP.NET 服务器控件中功能最强大、最实用的一个控件。GridView 显示一个二维表格式数据，每列表示一个字段，每行表示一条记录。GridView 控件的主要功能是通过数据源控件自动绑定数据源的数据，然后按照数据源中的一行显示为输出表中的一行的规则将数据显示出来。该控件无需编写任何代码即可实现选择、排序、分页、编辑和删除功能。

GridView 控件的常用属性如表 9-3 所示。

表 9-3 GridView 控件的常用属性

名　称	说　明
AllowPaging	指示是否启用分页功能
AllowSorting	指示是否启用排序功能
AutoGenerateColumns	指示是否为数据源中的每个字段自动创建绑定字段
AutoGenerateDeleteButton	指示每个数据行是否添加"删除"按钮
AutoGenerateEditButton	指示每个数据行是否添加"编辑"按钮
AutoGenerateSelectButton	指示每个数据行是否添加"选择"按钮
EditIndex	获取或设置要编辑行的索引
DataKeyNames	获取或设置 GridView 控件中主键字段的名称。多个主键字段间以逗号隔开
DataSource	获取或设置对象，数据绑定控件从该对象中检索其数据项列表
DataMember	当数据源有多个数据项列表时，获取或设置数据绑定控件绑定到的数据列表的名称
DataSourceID	获取或设置控件的 ID，数据绑定控件从该控件中检索其数据项列表
PageCount	获取在 GridView 控件中显示数据源记录所需的页数
PageIndex	获取或设置当前显示页的索引
PageSize	获取或设置每页显示的记录数
SortDirection	获取正在排序的列的排序方向
SortExpression	获取与正在排序的列关联的排序表达式

1．使用 GridView 控件

在 DataBind 网站中添加一个名为 GridViewDemo.aspx 的页面。按例 9-3 的步骤设计页面功能。启用 GridView 控件的编辑和删除功能，切换到源视图，从代码中可以看出，当将 GridView 控件绑定到数据源控件之后，Visual Studio 为 GridView 控件做了很多工作，首先将 AutoGenerateColumns 属性设置为 False，并为数据源控件中的每个字段产生了一个绑定列。

其次，Visual Studio 为 GridView 控件指定了 DataKeyNames 属性。这是一个数组类型的属性，该数组包含了显示在 GridView 控件中的项的主键字段的名称，可以为 DataKeyNames 指定多个主键字段，字段之间用逗号分开。例如，为 GridView 控件设置主键列为 StuNo 和 Name。

```
DataKeyNames="StuNo , Name"
```

设定 DataKeyNames 属性时，GridView 控件会自动将指定字段的值填入其 DataKeys 集合，以便存取每个数据列的主键。例如，为了获取第一个主键字段的值，可以按如下代码进行操作。

```
object key = GridView1.DataKeys[0].Value;
```

启用 GridView 控件的编辑和删除功能后，将添加 CommandField 列，并将 ShowDeleteButton 和 ShowEditButton 都设置为 true。

```
<asp:CommandField ShowDeleteButton="True" ShowEditButton="True" />
```

2．定制 GridView 控件的列

GridView 控件中的数据常常不是简单的文本数据，而是要使用其他类型控件显示的数据，如使用复选框、图片框等控件显示的数据，或者根本不需要显示的数据。在 GridView 中提供了非常丰富的列的显示格式。表 9-4 列出了 GridView 控件可用的列类型。

表 9-4　GridView 控件的列类型

列字段类型	说　明
BoundField	显示数据源中某个字段的值。此列字段类型是 GridView 控件的默认列类型
ButtonField	为 GridView 控件中的每个项显示一个命令按钮。这样可以创建一列自定义按钮
CheckBoxField	为 GridView 控件中的每一项显示一个复选框。这种列字段类型一般用于显示带布尔值的字段
CommandField	显示用来执行选择、编辑或删除操作的命令按钮
HyperLinkField	将数据源中一个字段的值显示为超链接。这个列字段类型可以把另一个字段绑定到超链接的 URL 上
ImageField	为 GridView 控件中的每一项显示一个图像
TemplateField	根据指定的模板为 GridView 控件中的每一项显示用户定义的内容。此列字段类型可以创建定制的列字段

BoundField 是默认的列类型，该列将数据库中的字段显示为纯文本，默认情况下，Visual Studio 将为数据源中的列生成这种字段类型。Visual Studio 提供了一个可视化的列字段编辑器，大大简化了创建列的工作，对于大多数 GridView 的控件应用，只需要使用

该字段编辑器，就可以完成大多数工作。点击 GridView 控件右上角的三角形，在
GridView 任务中选择"编辑列"项，将出现"列字段编辑器"窗口，如图 9-29 所示。

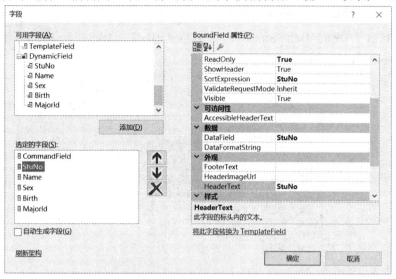

图 9-29　GridView 控件的列字段编辑器

　　在该窗口的可用字段列表框中，列出了当前数据源中的字段及表 9-4 中列出的字段。
在可用字段列表框中选择一个字段，点击"添加"按钮，将会把该字段添加到选定字段的
列表框中。在选定的字段列表框中列出了当前 GridView 控件中正在使用的字段，当在选
定的字段中选择不同的列字段类型时，右侧的属性窗口将列出该字段相关的属性。图 9-29
中窗口右侧显示的是 BoundField 字段的属性。表 9-5 列出了 BoundField 字段的常用属性。

表 9-5　BoundField 字段的常用属性

属　　性	说　　明
DataField	指定列将要绑定字段的名称。如果是数据表，则为数据表的字段；如果是对象，则为该对象的属性
DataFormatString	用于格式化 DataField 显示的格式化字符串。例如，如果需要指定四位小数，则格式化字符串为{0：F4}；如果需要指定为日期，则格式化字符串为{0:d}
ApplyFormatInEditMode	将 DataFormatString 设置的格式应用到编辑模式
HeaderText、FooterText 和 HeaderImageUrl	前两个用于设置列头和列尾区显示的文本。HeaderText 属性通常用于显示列名称。列尾可以显示一些统计信息
ReadOnly	设置列是否只读。默认情况下，主键字段是只读，只读字段将不能进入编辑模式
Visible	设置列是否可见。如果设置为 false，则不产生任何 HTML 输出
SortExpression	指定一个用于排序的表达式
HtmlEncode	默认值为 true，指定是否对显示的文本内容进行 HTML 编码
NullDisplayText	当列为空值时，将显示的文本
ConvertEmptyStringToNull	如果设为 true，当提交编辑时，所有的空字符将被转换为 null
ControlStyle、HeaderStyle、FooterStyle 和 ItemStyle	用于设置列的呈现样式

【例 9-7】 演示如何定制 GridView 控件的列。

在 DataBind 网站中打开 GridViewDemo.aspx 页面。打开 GridView1 控件的"列字段编辑器"窗口，为每个选定的字段设置 HeaderText 属性，即为每个字段赋予一个中文名称。设置 Birth 字段的 DataFormatString 属性为{0:d}，ApplyFormatInEditMode 属性为 true。运行该页面，效果如图 9-30 所示。

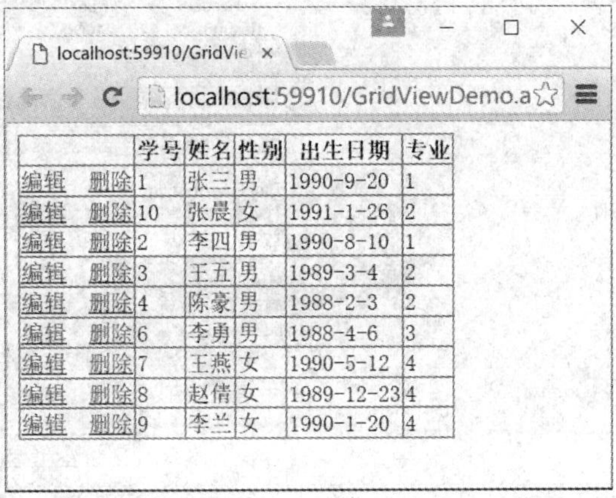

图 9-30　定制 GridView 控件的列字段

3. 定制 GridView 的模板列

从表 9-5 中可以看出，GridView 控件中有一个重要的列类型 TemplateField，它可以使用模板完全定制列的内容。当使用标准的列不能满足显示要求时，例如，希望在编辑状态下，能使用下拉列表框选择一个专业，使用单选列表选择性别，避免输入。此时可以考虑使用模板列。

表 9-6 列出了 GridView 控件提供的模板列。

表 9-6　GridView 控件的模板列

模　板	说　　明
AlternatingItemTemplate	为交替项指定要显示的内容
EditItemTemplate	为处于编辑模式中的项指定要显示的内容
FooterTemplate	为对象的脚注部分指定要显示的内容
HeaderTemplate	为标头部分指定要显示的内容
InsertItemTemplate	为处于插入模式中的项指定要显示的内容。只有 DetailsView 控件支持该模板
ItemTemplate	为 TemplateField 对象中的项指定要显示的内容

【例 9-8】 演示模板列的使用。本例主要将 GridViewDemo.aspx 页面中的 GridView1 的"性别"列和"专业"列转换为模板列。

(1) 在 DataBind 网站中打开 GridViewDemo.aspx 页面。打开 GridView1 控件的"列字段编辑器"窗口。在"选定的字段"列表中选择"性别"字段，单击窗口右下角的"将此字段转换为 TemplateField"，则将"性别"字段转换为模板列。使用同样的方法将"专业"字段转换为模板列。最后单击窗口的"确定"按钮。

(2) 单击 GridView 控件右上角的三角形，在 GridView 任务中选择"编辑模板"项，将出现 GridView 模板编辑窗口，如图 9-31 所示。在该窗口中选择 Column[3]-性别的 EditItemTemplate 模板。

图 9-31　GridView 的性别模板编辑窗口

(3) 删除 EditItemTemplate 模板中的文本框，从工具箱中拖放一个单选列表控件 RadioButtonList1 到该模板中，并为 RadioButtonList1 添加"男"和"女"两个单选项。

(4) 单击 RadioButtonList1 控件右上角的三角形，在 RadioButtonList 任务中选择"编辑 DataBinding"项，将出现 RadioButtonList 数据绑定窗口，如图 9-32 所示。在该窗口的"可绑定属性"列表中选择 SelectedValue，右边字段绑定到 Sex。选中"双向数据绑定"复选框。点击"确定"按钮，完成绑定。

图 9-32　RadioButtonList 数据绑定窗口

(5) 在如图 9-31 所示的 GridView 控件的模板编辑窗口中选择 Column[5]-专业的 EditItemTemplate 模板。删除 EditItemTemplate 模板中的文本框，从工具箱中拖放一个下拉列表框控件 DropDownList1 和数据源控件 SqlDataSource2 到该模板中，如图 9-33 所示。

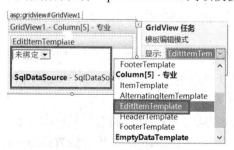

图 9-33　GridView 的专业模板编辑窗口

(6) 配置 SqlDataSource2 的数据源，检索 Student 数据库的 Major 表的内容。将 DropDownList1 的 DataSourceID 属性设置为 SqlDataSource2，DataTextField 属性设置为 MajorName，DataValueField 属性设置为 MajorId。

(7) 单击 DropDownList1 控件右上角的三角形，在 DropDownList 任务中选择"编辑 DataBinding"项，将出现 DropDownList 数据绑定窗口，如图 9-34 所示。在该窗口的"可绑定属性"列表中选择 SelectedValue，右边字段绑定到 MajorId。选中"双向数据绑定"复选框。单击"确定"按钮，完成绑定。

图 9-34　DropDownList 数据绑定窗口

(8) 单击 GridView 控件右上角的三角形，在 GridView 任务中选择"结束模板编辑"，如图 9-35 所示。

图 9-35　结束模板编辑

切换到源视图，从 GridView 控件的声明代码中可以看出，转换成模板列的字段的<asp:BoundField>已经被移除，取而代之的是<asp:TemplateField>模板列。每个模板列分别定义了<EditItemTemplate>和<ItemTemplate>模板。编辑模式的模板中分别放置了一个 RadioButtonList 和一个 DropDownList 控件，浏览模式的模板中放置了一个 Label 控件。

自定义模板时，需要设置控件绑定的字段。在上面的代码中可以看到，<%# Bind("…") %>进行了数据绑定。ASP.NET 中提供了两种常用的数据绑定方法：单项数据绑定和双向数据绑定。

(1) 使用 Eval 单向绑定方法。该方法只用于对数据源中的数据进行显示，如<%# Eval("MajorId")%>，还可以使用格式化的方法<%# Eval("Birth","{0:d}")%>。上面代码中<ItemTemplate>的控件绑定可以改为 Eval 方法绑定。

(2) 使用 Bind 双向绑定方法。该方法支持绑定数据的读取和写入操作。在绑定控件中使用，能自动提取模板列中控件的输入值，并传递给数据源控件，更新数据源。使用该法能进行更新、修改数据，如<%# Bind("MajorId")%>，还可以使用格式化的方法<%#

Bind("Birth","{0:d}")%>。上面代码中<EditItemTemplate>的控件绑定只能用 Bind 方法绑定。

　　在使用数据绑定语句时，<%# %>界定符之间的所有内容都作为表达式来处理。因此，可以追加额外的数据，如<%# "专业编号：" + Eval("MajorId")%>，也可以给方法传送计算出来的值，如<%# Funtion(Eval("MajorId"))%>。

　　(9) 运行该页面，当单击"编辑"按钮时，可以进行数据编辑，性别和专业字段的列样式按自定义模板显示，如图 9-36 所示。

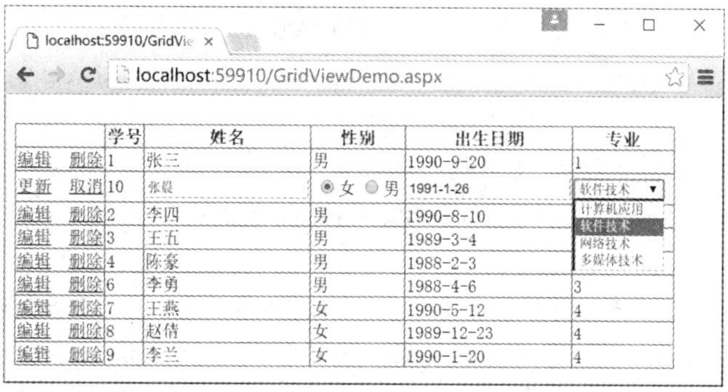

图 9-36　定义模板列后的 GridView 控件

4．GridView 控件事件

GridView 控件提供了很多事件，可以使用这些事件定制 GridView 控件的外观和行为。下面将 GridView 控件的事件分为三大类。

(1) 控件呈现事件，在 GridView 显示其数据行时触发，可分为如下几种：

① DataBinding：GridView 绑定到数据源前触发。

② DataBound：GridView 绑定到数据源后触发。

③ RowCreated：GridView 中的行被创建后触发。

④ RowDataBound：GridView 中的每行绑定数据后触发。

(2) 编辑记录事件，分为如下几种：

① RowCommand：单击 GridView 控件内的按钮时触发。

② RowUpdating：在 GridView 更新记录前触发。

③ RowUpdated：在 GridView 更新记录后触发。

④ RowDeleting：在 GridView 删除记录前触发。

⑤ RowDeleted：在 GridView 删除记录后触发。

⑥ RowCancelingEdit：取消更新记录时触发。

(3) 选择、排序、分页事件，分为如下几种：

① PageIndexChanging：在当前页被改变前触发。

② PageIndexChanged：在当前页被改变后触发。

③ Sorting：在排序前触发。

④ Sorted：在排序后触发。

⑤ SelectedIndexChanging：在行被选择前触发。

⑥ SelectedIndexChanged：在行被选择后触发。

灵活使用 GridView 控件事件，可以为应用程序增加很多效果，如通过事件定制

GridView 的显示外观，在 GridView 中显示统计信息，自定义分页和排序功能。

【例 9-9】 演示如何通过事件定制 GridView 控件显示的外观。功能要求：

① 显示学生信息表，并将所有女生的信息标为红色。

② 在不同记录间移动鼠标时，鼠标当前位置高亮突出显示。

具体操作步骤如下：

(1) 打开网站 DataBind 的 GridViewDemo.aspx 页面。为 GridView1 控件添加 RowCreated 事件，事件过程 GridView1_RowCreated 的代码如下：

```
protected void GridView1_RowCreated(object sender, GridViewRowEventArgs e)
{
    //判断当前产生行是否是数据行
    if (e.Row.RowType == DataControlRowType.DataRow)
    {
        //当鼠标移到该行的时候，设置该行背景色为蓝色，并保存原来的背景色
        e.Row.Attributes.Add("onmouseover", "currentcolor=this.style.backgroundColor;
        this.style.backgroundColor='blue';this.style.cursor='hand'");
        //当鼠标移走时，还原背景色
        e.Row.Attributes.Add("onmouseout", "this.style.backgroundColor=currentcolor");
    }
}
```

RowCreated 事件触发于 GridViewRow 被创建之后，在数据绑定完成之前。该事件可用来向行添加自定义内容。上述代码中，首先使用了 GridViewRowEventArgs 参数的 Row 属性的 RowType 子属性来判断当前行的类型。

RowType 是 DataControlRowType 类型的枚举值，具体有以下几种可选值：

① DataRow：GridView 控件中的一个数据行。

② Footer：GridView 控件中的脚注行。

③ Header：GridView 控件中的标头行。

④ EmptyDataRow：GridView 控件中的空行。当 GridView 控件中没有要显示的任何记录时，将显示空行。

⑤ Pager：GridView 控件中的一个页导航行。

⑥ Separator：GridView 控件中的一个分隔符行。

如果当前行是数据行 DataRow，则给 GridView 的行添加客户端 JavaScript 脚本来实现鼠标事件。

(2) 为 GridView1 控件添加 RowDataBound 事件，事件过程 GridView1_RowDataBound 的代码如下：

```
protected void GridView1_RowDataBound(object sender, GridViewRowEventArgs e)
{
    if (e.Row.RowType == DataControlRowType.DataRow)
    {
        //由于数据已经绑定，因此字段信息可以直接从行中获取
```

```
string sex = ((Label)e.Row.Cells[3].FindControl("Label1")).Text;
//如果是女生，则更改前景色为红色并加粗
if ( sex== "女")
{
        e.Row.ForeColor = System.Drawing.Color.Red;
        e.Row.Font.Bold = true;
}
    }
}
```

RowDataBound 事件在数据绑定后、控件呈现前触发。可以在该事件中修改绑定到该行的数据值或数据的显示格式。上述代码中，首先使用 RowType 属性判断当前行是否是数据行。如果是数据行，则提取该行的性别信息。如果性别是"女"，则将该行显示为红色加粗格式。

(3) 运行该页面，效果如图 9-37 所示。当在 GridView 控件上移动鼠标时，移到的数据行的颜色为蓝色。在 GridView 中所有女生记录都标为红色加粗显示。

图 9-37　定制 GridView 控件外观

5．GridView 控件的选择功能

GridView 控件可以添加选择功能。在 GridViewDemo.aspx 页面中，单击 GridView1 控件右上角的三角形，在 GridView 任务中启动选定内容，此时会在 GridView 控件中增加一个选择命令按钮，如图 9-38 所示。

图 9-38　启用选择功能

当在 GridView 控件中选择一行时，可以通过 GridView 控件的 SelectedRowStyle 设置选中的效果。

当单击选择按钮时，页面会回传，并触发 GridView 控件的 SelectedIndexChanging 事件和 SelectedIndexChanged 事件。在这些事件中，可以通过如下属性获取选择值。

(1) SelectedIndex 属性：GridView 控件所选中行的索引号。

(2) SelectedDataKey 属性：获取 DataKey 对象，该对象包含 GridView 控件中选中行的所有数据键值。

(3) SelectedValue 属性：获取 GridView 控件中选中行的数据键值。

(4) SelectedRow 属性：获取 GridView 控件中选中的行。

【**例 9-10**】 演示 GridView 控件的选择功能。当用户选中某条记录时，在一个 Label 控件中显示出该选中记录的信息。

(1) 打开网站 DataBind 的 GridViewDemo.aspx 页面。从工具箱中拖放一个 Label 控件到页面上，取名为 lblMsg。为 GridView1 控件添加选择功能，并将 GridView1 控件的 SelectedRowStyle 属性的背景颜色设置为黄色。

(2) 为 GridView1 控件添加 SelectedIndexChanged 事件，GridView1_SelectedIndexChanged 事件代码如下：

```
protected void GridView1_SelectedIndexChanged(object sender, EventArgs e)
{
    //当前选中的位置
    int selectIndex = GridView1.SelectedIndex;
    //当 GridViewy 有多个主键时，用下面语句获取不同的键值
    //当 GridViewy 只有一个主键时，用 GridView1.SelectedDataKey.Value 获取
    string stuNo = GridView1.SelectedDataKey.Values["StuNo"].ToString();
    //读取选中行中绑定列的值
    string Name = GridView1.SelectedRow.Cells[2].Text;
    //读取选中行中模板列的值
    string sex = ((Label)GridView1.SelectedRow.Cells[3].FindControl("Label1")).Text;
    lblMsg.Text = "选中第" + selectIndex.ToString() + "行。学号：" + stuNo + ";姓名：" + Name
        + ";性别：" + sex;
}
```

(3) 运行该页面，效果如图 9-39 所示。当在 GridView 控件中单击"选择"按钮时，在标签中显示选中行的信息，选中行的背景颜色变为黄色。

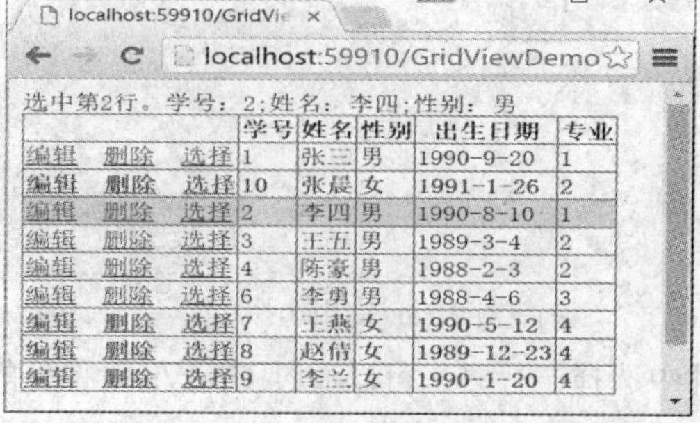

图 9-39 显示 GridView 控件中选择信息

6. GridView 控件的分页和排序功能

在 GridView 控件的任务面板中选择“启用排序”或设置 GridView 控件的 AllowSorting 属性为 true，就能实现 GridView 控件的排序功能。此时 GridView 控件的每一列的 SortExpression 属性均被设为该列的绑定字段名。例如：

```
<asp:BoundField DataField="StuNo" HeaderText="学号" ReadOnly="True"
SortExpression="StuNo" />
```

如果要取消某列的排序功能，可以将该列的 SortExpression 属性设为空字符串。

启用排序功能后，相应列的标题都变成了超链接。单击一个列标题，就会按该列排序，如图 9-40 所示。重复单击列标题，排序顺序会在升序和降序之间来回切换。

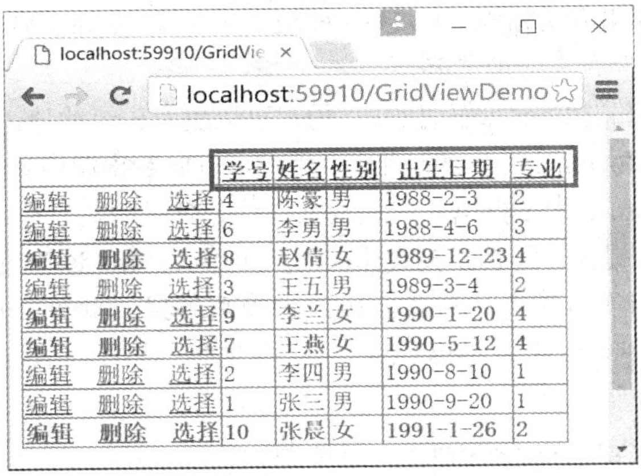

			学号	姓名	性别	出生日期	专业
编辑	删除	选择	4	陈豪	男	1988-2-3	2
编辑	删除	选择	6	李勇	男	1988-4-6	3
编辑	删除	选择	8	赵倩	女	1989-12-23	4
编辑	删除	选择	3	王五	男	1989-3-4	2
编辑	删除	选择	9	李兰	女	1990-1-20	4
编辑	删除	选择	7	王燕	女	1990-5-12	4
编辑	删除	选择	2	李四	男	1990-8-10	1
编辑	删除	选择	1	张三	男	1990-9-20	1
编辑	删除	选择	10	张晨	女	1991-1-26	2

图 9-40　启用 GridView 控件的排序功能

在 GridView 控件的任务面板中选择“启用分页”或设置 GridView 控件的 AllowPaging 属性为 true，就能实现 GridView 控件的分页功能。通过设置 PageSize 属性控制每页显示的记录数，默认每页显示 10 条记录。启用 GridViewDemo.aspx 页面的 GridView1 的分页功能，并将 PageSize 属性设置为 4，运行效果如图 9-41 所示。

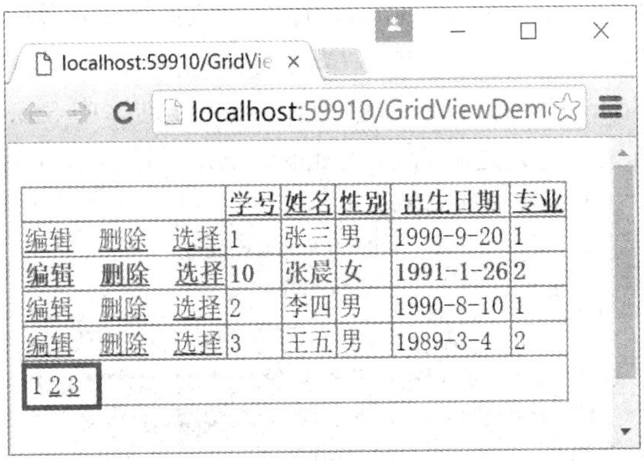

			学号	姓名	性别	出生日期	专业
编辑	删除	选择	1	张三	男	1990-9-20	1
编辑	删除	选择	10	张晨	女	1991-1-26	2
编辑	删除	选择	2	李四	男	1990-8-10	1
编辑	删除	选择	3	王五	男	1989-3-4	2
1 2 3							

图 9-41　启用 GridView 控件的分页功能

GridView 控件具有多个控制分页外观的设置项。选中 GridView 控件，在属性窗中展开 PagerSettings 属性后，有很多与分页相关的属性。改变这些属性，可以设置控件分页的外观。

9.2.2 DetailsView 控件

GridView 控件适合显示多行数据。在某些时候用户希望一次只看到某一行中所包含数据字段的详细数据，即在页面上一次只显示一条记录，此时可以使用 DetailsView 控件。DetailsView 控件的主要功能是以表格形式显示和处理来自数据源的单条数据记录，其表格只包含两个数据列。一个数据列逐行显示数据列名，另一个数据列显示与对应列名相关的详细数据值。该控件提供了与 GridView 相同的许多数据操作和显示功能，可以对数据进行分页、更新、插入和删除。

DetailsView 控件具有许多与 GridView 相同的属性和事件，只要熟悉 GridView 的使用，DetailsView 的使用方法相同。但 DetailsView 有一个 DefaultMode 属性，可以控制默认的显示模式，该属性有 3 个可选值。

(1) DetailsViewMode.Edit：编辑模式，用户可以更新记录的值。

(2) DetailsViewMode.Insert：插入模式，用户可以向数据源中添加新记录。

(3) DetailsViewMode.ReadOnly：只读模式，这是默认的显示模式。

DetailsView 控件提供了与切换模式相关的两个事件：ModeChanging 和 ModeChanged 事件。前者在模式切换前触发，后者在模式切换后触发。此外，DetailsView 还提供了 ChangeMode 方法，用来改变 DetailsView 的显示模式。将 DetailsView 控件的模式改为编辑模式的代码如下：

```
DetailsView1.ChangeMode(DetailsViewMode.Edit);
```

可以在 DetailsView 控件外放置控制 DetailsView 显示模式的按钮，当单击不同的模式按钮时，调用 ChangeMode 方法进行模式切换。

1. 使用 DetailsView 控件

【例 9-11】 演示如何通过 DetailsView 控件显示 Student 数据库中 StuInfo 表的信息。

(1) 在 DataBind 网站中添加一个名为 DetailsViewDemo.aspx 的页面。从工具箱中拖放一个 DetailsView 控件和一个 SqlDataSource 控件到该页面上，ID 分别为 DetailsView1 和 SqlDataSource1。

(2) 配置 SqlDataSource1 的数据源，查询 Student 数据库中 StuInfo 表的所有记录。

(3) 设置 DetailsView1 的数据源为 SqlDataSource1，并启用分页，如图 9-42 所示。

图 9-42 DetailsView 控件任务选项

注意：如果不启用分页，则只能查看数据源中的第一条记录。启用分页后可以通过翻页显示数据源中的每一条记录。

(4) 在图 9-42 中，单击"自动套用格式"，弹出"自动套用格式"对话框，如图 9-43 所示，在此对话框中可以选择已有的格式。

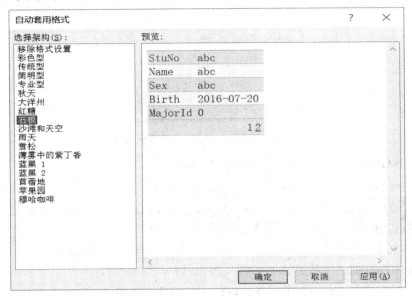

图 9-43　"自动套用格式"对话框

(5) 运行该页面，效果如图 9-44 所示。可以看出，DetailsView 控件一次只能显示一条记录。

图 9-44　DetailsViewDemo.aspx 页面运行效果

2. 定制 DetailsView 控件的列

与 GridView 控件一样，DetailsView 控件也允许指定要显示的列。DetailsView 控件具有与 GridView 相同的字段类型，参见表 9-4 中对 GridView 列字段的描述。

【例 9-12】　演示如何定制 DetailsView 控件的列。

在 DataBind 网站中打开 DetailsViewDemo.aspx 页面。定制 DetailsView 控件列的方法参见例 9-7。定制 DetailsView 控件的列后，效果如图 9-45 所示。

图 9-45　定制 DetailsView 控件列的效果

3. 使用 DetailsView 插入、更新和删除数据

要为 DetailsView 控件添加插入、更新和删除功能，与 GridView 控件相同，必须先为相应的数据源控件添加 InsertCommand、UpdateCommand 和 DeleteCommand 属性，然后启用 DetailsView 控件的插入、更新和删除选项。

【例 9-13】　演示如何添加 DetailsView 插入、更新和删除数据的功能。

(1) 打开 DataBind 网站的 DetailsViewDemo.aspx 页面。

(2) 单击 SqlDataSource1 的 "DeleteQuery" 属性右侧的 "…" 按钮，弹出 "命令和参数编辑器" 对话框，如图 9-46 所示。在 "DELETE 命令" 文本框中输入 SQL 代码：

  delete from StuInfo where StuNo=@StuNo

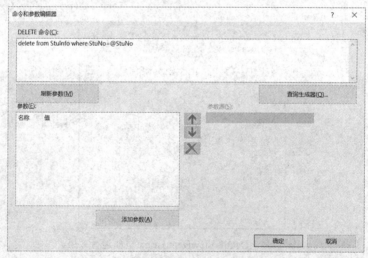

图 9-46　DELETE 命令和参数编辑器

(3) 单击 SqlDataSource1 的 "InsertQuery" 属性右侧的 "…" 按钮，弹出 "命令和参数编辑器" 对话框，在 "INSERT 命令" 文本框中输入 SQL 代码：

  insert into StuInfo values(@StuNo,@Name,@Sex,@Birth,@MajorId)

(4) 单击 SqlDataSource1 的 "UpdateQuery" 属性右侧的 "…" 按钮，弹出 "命令和参数编辑器" 对话框，在 "UPDATE 命令" 文本框中输入 SQL 代码：

update StuInfo Set Name=@Name,Sex=@Sex,Birth=@Birth,MajorId=@MajorId where StuNo=@StuNo

(5) 设置完 SqlDataSource1 控件的插入、更新和删除命令后。单击 DetailsView1 右上角的小三角，在弹出的"DetailsView 任务"中选中"启用插入""启用编辑"和"启用删除"，如图 9-47 所示。此时，在 DetailsView 控件中将添加"编辑""删除"和"新建"按钮。

图 9-47 启用插入、编辑和删除功能

(6) 运行 DetailsViewDemo.aspx 页面，可以对 StuInfo 表进行编辑、删除和新建操作，效果如图 9-48 所示。

图 9-48 DetailsView 控件的插入、编辑和删除功能

4．定制 DetailsView 的模板列

DetailsView 控件设置模板列的方法与 GridView 控件相同。

【例 9-14】 演示如何定制 DetailsView 的模板列。为 DetailsView 控件定制 EditItemTemplate 和 InsertItemTemplate。

在 DataBind 网站中，打开 DetailsViewDemo.aspx 页面。将 DetailsView1 控件的"性别"列和"专业"列转换成模板列，并设计这两列的 EditItemTemplate 和 InsertItem-Template 模板。定制模板列的方法参见例 9-8。

运行该页面，分别进入编辑和插入状态，效果如图 9-49 所示。

(a) 编辑状态   (b) 插入状态

图 9-49 定制 DetailsView 控件的模板列

5. GridView 和 DetailsView 控件的联合使用

最常使用 DetailsView 控件的地方是主从表，通常用主表来显示一些基本信息，而从表则显示详细信息。

【例 9-15】 演示如何使用 GridView 控件显示 Student 数据库中 StuInfo 表的基本信息，DetailsView 控件显示 GridView 控件中选中行的详细信息。

(1) 在 DataBind 网站的 DetailsViewDemo.aspx 页面上，添加一个 GridView 和一个 SqlDataSource 控件，ID 分别为 GridView1 和 SqlDataSource4。

(2) 配置 SqlDataSource4 的数据源，查询 Student 数据库的 StuInfo 表，选择 StuNo 和 Name 两个字段。

(3) 将 GridView1 的 DataSourceID 属性设置为 SqlDataSource4。启用 GridView1 的选择功能。设计界面如图 9-50 所示。

图 9-50 DetailsViewDemo.aspx 的设计界面

(4) 为了使 DetailsView 的信息随着 GridView 控件中选中的内容变化，点击 SqlDataSource1 控件的 SelectQuery 属性右侧的"…"按钮。弹出"命令和参数编辑器"对话框，修改该对话框的 SELECT 命令为：SELECT*FROM[StuInfo] where StuNo=@StuNo。点击"刷新参数"按钮，在参数列表中出现 StuNo 参数，设置该参数的参数源为 Control，ControlID 为 GridView1，如图 9-51 所示。最后点击"确定"按钮，完成设置。

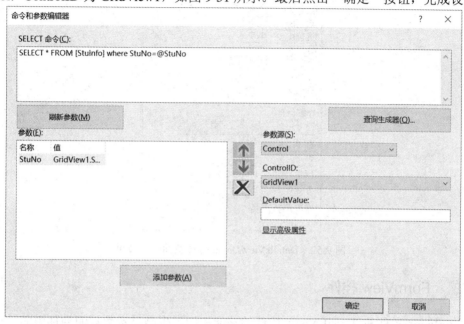

图 9-51　命令和参数编辑器

(5) 在 DetailsView1 控件编辑、删除和插入数据后，应该将 GridView1 中的数据进行重新绑定。因此，在代码隐藏文件中添加 DetailsView1 控件的 Inserted、Updated 和 Deleted 事件，重新绑定 GridView1 控件，代码如下：

```
protected void DetailsView1_ItemUpdated(object sender, DetailsViewUpdatedEventArgs e)
{
    GridView1.DataBind();
}
protected void DetailsView1_ItemInserted(object sender, DetailsViewInsertedEventArgs e)
{
    GridView1.DataBind();
}
protected void DetailsView1_ItemDeleted(object sender, DetailsViewDeletedEventArgs e)
{
    GridView1.DataBind();
}
```

(6) 运行该页面，在 GridView 控件中选中一行，则在 DetailsView 控件中显示该行的详细信息，DetailsView 控件中可以编辑、删除和插入数据。运行效果如图 9-52 所示。

图 9-52　DetailsViewDemo.aspx 页面运行效果

9.2.3　FormView 控件

FormView 控件与 DetailsView 控件的功能相同，也是显示数据源控件中的一个数据项，并可以添加、编辑和删除数据。与 DetailsView 控件的一个明显区别是，FormView 控件完全基于模板，提供了更多的布局控制选项。

利用 FormView 控件操作数据源数据时，需要为其定制不同的模板，例如，为支持插入记录的 FormView 控件定义插入项模板等。表 9-7 列出了 FormView 控件的常用模板。

表 9-7　FormView 控件的常用模板

模板名称	说　　明
EditItemTemplate	定义数据行在 FormView 控件处于编辑模式时的内容，通常包含用户用来编辑现有记录的输入控件和命令按钮
EmptyDataTemplate	定义在 FromView 控件绑定到不包含任何记录的数据源时所显示的空数据行的内容，通常包含用来警告用户数据源不包含任何记录
FooterTemplate	定义脚注行的内容，此模板通常包含任何要在脚注行中显示的附加内容
HeaderTemplate	定义标题行的内容，此模板通常包含任何要在标题行中显示的附加内容
ItemTemplate	定义数据行在 FormView 控件处于只读模式时的内容，通常包含用来显示现有记录值的内容
InsertItemTemplate	定义数据行在 FormView 控件处于插入模式时的内容，通常包含用户用来添加新记录的输入控件和命令按钮
PagerTemplate	定义在启用分页功能时所显示的页导航行的内容，通常包含用户可以用来导航至另一个记录的控件

FormView 控件不提供自动生成命令按钮以执行更新、删除或插入操作的方法，必须手动将这些按钮添加在不同的模板中。FormView 控件通过识别按钮的 CommandName 属性来执行不同的操作。表 9-8 列出了 FormView 控件识别的命令按钮。

表 9-8　FormView 控件识别的命令按钮

按钮	CommandName 值	说　　明
取消	Cancel	在更新或插入操作中，用于取消操作并放弃用户输入
删除	Delete	删除当前记录，引发 ItemDeleting 和 ItemDeleted 事件
编辑	Edit	进入编辑模式
插入	Insert	插入用户输入的数据，引发 ItemInserting 和 ItemInserted 事件
新建	New	进入插入模式
页	Page	是页导航行中执行分页的按钮，若要指定分页操作，必须将该按钮的 CommandArgument 属性设置为 "Next" "Prev" "First" "Last" 或要导航至的目标页的索引。该按钮引发 PageIndexChanging 和 PageIndexChanged 事件
更新	Update	更新当前记录，引发 ItemUpdating 和 ItemUpdated 事件

下面用一个例子来介绍如何通过绑定 FormView 控件显示和编辑数据。

【例 9-16】　演示如何通过绑定 FormView 控件显示和编辑 Student 数据库中 StuInfo 表的记录。

(1) 在 DataBind 网站中添加一个名为 FormViewDemo.aspx 的页面。在该页面中放置一个 FormView 控件和 SqlDataSource 控件，ID 分别为 FormView1 和 SqlDataSource1。

(2) 配置 SqlDataSource1 控件的数据源，使其可以查询、更新、插入和删除 Student 数据库中 StuInfo 表的记录。

(3) 设置 FormView1 控件的 DataSourceID 属性为 SqlDataSource1，并启用分页。

(4) 单击 FormView1 控件右上角的下三角符号，在 "FormView 任务" 中选择 "编辑模板"，进入 FormView1 的模板编辑模式。在 "显示" 下拉列表中选择 "ItemTemplate"，设计 ItemTemplate 模板，如图 9-53 所示。将 "新建" "编辑" 和 "删除" 按钮的 CommandName 属性分别设置为 "New" "Edit" 和 "Delete"。

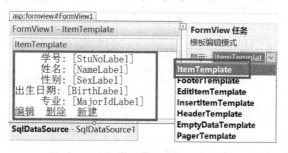

图 9-53　编辑 ItemTemplate 模板

设置该模板中各控件的数据绑定信息，在该模板中以设置 NameLabel 控件的绑定为例，其他控件的绑定类似。单击 NameLabel 控件右上角的三角符号，在弹出的 "Label 任务"中选择"编辑 DataBindings…",如图 9-54 所示。出现数据绑定对话框,如图 9-55 所示,将 Text 属性绑定到 Name 字段。最后单击"确定"按钮,完成绑定。

图 9-54　数据绑定菜单

图 9-55　数据绑定对话框

(5) 选择"EditItemTemplate",设计 EditItemTemplate 模板,如图 9-56 所示。设置该模板中各控件的数据绑定信息,将"更新"和"取消"按钮的 CommandName 属性分别设置为"Update"和"Cancel"。

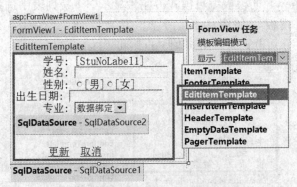

图 9-56　编辑 EditItemTemplate 模板

(6) 选择"InsertItemTemplate",设计 InsertItemTemplate 模板,如图 9-57 所示。设置该模板中各控件的数据绑定信息,将"插入"和"取消"按钮的 CommandName 属性分别设置为"Insert"和"Cancel"。

(7) 运行该页面，效果如图 9-58 所示。单击"编辑"，可以进入编辑模式；单击"新建"，可以进入新建模式；单击"删除"，可以删除当前记录。

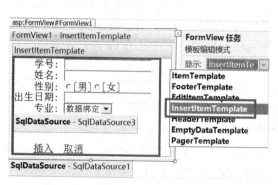

图 9-57 编辑 InsertItemTemplate 模板

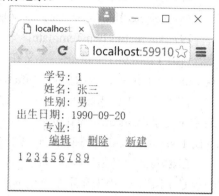

图 9-58 FormViewDemo.aspx 页面运行效果

9.2.4 ListView 控件和 DataPager 控件

GridView 控件在一个表格中显示多条记录，每条记录显示一行，每个字段显示为一个单元格。总之，GridView 的输出限制在一个表格中；而 DetailsView 和 FormView 控件一次只能显示一条记录。在某些情况下，需要在页面上自定义多条记录的显示布局。在这种情况下，可以使用 ASP.NET 提供的新控件 ListView。该控件提供了强大的布局功能，集成了 GridView、DataList、Repeater、DetailsView 和 FormView 控件的所有功能。ListView 控件类似于 GridView 控件，但它使用用户定义的模板而不是行字段来显示数据。

ListView 控件允许用户编辑、插入和删除数据，对数据进行排序和分页，所有这一切都无需编写代码。只是 ListView 控件本身并不提供分页功能，而是通过另一个控件 DataPager 来实现分页的特性。通常把 ListView 的分页特性单独放到 DataPager 控件里。实质上，DataPager 就是一个扩展 ListView 分页功能的控件。

ListView 控件是一个相当灵活的数据绑定控件，该控件不具有默认的格式呈现，所有格式需要进行模板设计实现。ListView 控件包含以下 11 个模板：

(1) LayoutTemplate：定义控件的主要布局的根模板。它包含一个占位符对象，如表行(tr)、div 或 span 元素。此元素将由 ItemTemplate 模板或 GroupTemplate 模板中定义的内容替换。它还可能包含一个 DataPager 对象。

(2) ItemTemplate：定义为各个项显示的数据绑定内容。

(3) ItemSeparatorTemplate：定义在各个项之间呈现的内容。

(4) GroupTemplate：定义组布局的内容。它包含一个占位符对象，如表单元格(td)、div 或 span。该对象将由其他模板(如 ItemTemplate 和 EmptyItemTemplate 模板)中定义的内容替换。

(5) GroupSeparatorTemplate：定义在项组之间呈现的内容。

(6) EmptyItemTemplate：定义在使用 GroupTemplate 模板时为空项呈现的内容。例如，如果将 GroupItemCount 属性设置为 5，而从数据源返回的总项数为 8，则 ListView 控件显示的最后一行数据将包含 ItemTemplate 模板指定的 3 个项，以及 EmptyItemTemplate

模板指定的 2 个项。

(7) EmptyDataTemplate：定义在数据源未返回数据时要呈现的内容。

(8) SelectedItemTemplate：定义所选项呈现的内容，用以区分所选数据项与其他项。

(9) AlternatingItemTemplate：定义交替项呈现的内容，以便区分连续项。

(10) EditItemTemplate：定义在编辑项时呈现的内容。对于正在编辑的数据项，将呈现 EditItemTemplate 模板以替代 ItemTemplate 模板。

(11) InsertItemTemplate：定义在插入项时呈现的内容。在 ListView 控件显示项的开始或末尾处呈现 InsertItemTemplate 模板，以替代 ItemTemplate 模板。通过设置 ListView 控件的 InsertItemPosition 属性，可以指定 InsertItemTemplate 模板的呈现位置。

ListView 中必须至少包含两个模板：LayoutTemplate 和 ItemTemplate。LayoutTemplate 模板是 ListView 用来显示数据的布局模板，ItemTemplate 则是每一条数据的显示模板，将 ItemTemplate 模板放置在 LayoutTemplate 模板中可以实现定制的布局。

1．ListView 控件的使用

ListView 控件的模板布局通常需要手工定义，但 ListView 控件也提供了 5 种预定义的布局。下面分别举例说明。

【例 9-17】 演示如何使用 ListView 控件的预定义布局来显示 Student 数据库的 StuInfo 表的记录。

(1) 在 DataBind 网站中，新建一个名为 ListViewDemoOne.aspx 的 Web 页面。在该页面上放置一个 ListView 和 SqlDataSource 控件，ID 分别为 ListView1 和 SqlDataSource1。配置 SqlDataSource1 控件的数据源，查询 Student 数据库中 StuInfo 表的所有记录。将 ListView 控件的 DataSourceID 属性设置为 SqlDataSource1。

将 ListView 控件绑定到数据源控件时，ListView 控件没有自动生成任何创建呈现的代码，必须手工定义模板，或点击 ListView 控件右上角的三角符号，在弹出的 "ListView 任务" 中选择 "配置 ListView"，出现 "配置 ListView" 窗口，如图 9-59 所示。

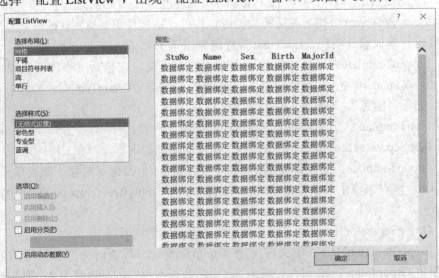

图 9-59　ListView 配置窗口

在图 9-59 所示的配置窗口中,布局列表框中提供了 5 种预定义的布局,样式列表框中可以指定任意一种预定义样式。如果数据源配置了 InsertCommand、UpdateCommand 和 DeleteCommand 的话,可以在选项复选框中启用插入、更新、删除和分页功能。

(2) 在配置窗口中选择网格布局,Visual Studio 将生成大量的代码来进行 ListView 网格式布局,与 GridView 的默认视图类似,但 ListView 的代码框架完全不同。

切换到源视图,从 ListView 的代码中可以看出,Visual Studio 为 ListView 控件生成的代码比较全面,插入、选择、编辑和交替项都添加了模板。这里重点关注 LayoutTemplate 模板和 ItemTemplate 模板,其他模板的声明代码省略。

LayoutTemplate 模板是一个布局容器模板,其他模板将会放在该模板中进行布局。在该模板中,Visual Studio 创建了两个嵌套的表格,必须注意在这些表格标签声明中都添加了 runat="server" 属性。在该模板中,最重要的一行代码是 <tr ID="itemPlaceholder" runat="server">,该代码指定了一个 ID 为 itemPlaceholder 属性,表示所有的 ItemTemplate 模板中声明的内容将放置在这个 ID 指定的位置。

(3) 运行该页面,效果如图 9-60 所示。

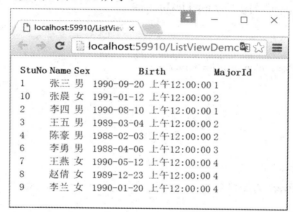

图 9-60 ListViewDemoOne.aspx 页面运行效果

在例 9-17 中,如果想增加 ListView 的排序功能,需要在 LayoutTemplate 中放置一个按钮,将按钮的 CommandName 属性设置为 Sort,并将按钮的 CommandArgument 属性设置为希望数据源进行排序的列名称。将例 9-17 的源视图中的 LayoutTemplate 代码模板中的代码改为

```
<LayoutTemplate>
<table runat="server">
<tr runat="server">
<td runat="server">
<table ID="itemPlaceholderContainer" runat="server" border="0" style="">
<tr runat="server" style="">
<th runat="server">
<asp:LinkButton ID="StuNoLink" CommandName="Sort" CommandArgument="StuNo"
    runat="server">StuNo</asp:LinkButton>
</th>
```

```
<th runat="server">
<asp:LinkButton ID="NameLink" CommandName="Sort" CommandArgument="Name"
    runat="server">Name</asp:LinkButton>
</th>
<th runat="server">
<asp:LinkButton ID="SexLink" CommandName="Sort" CommandArgument="Sex"
    runat="server">Sex</asp:LinkButton>
</th>
<th runat="server">
<asp:LinkButton ID="BirthLink" CommandName="Sort" CommandArgument="Birth"
    runat="server">Birth</asp:LinkButton>
</th>
<th runat="server">
<asp:LinkButton ID="MajorIdLink" CommandName="Sort" CommandArgument="MajorId"
    runat="server">MajorId</asp:LinkButton>
</th>
</tr>
<tr ID="itemPlaceholder" runat="server">
</tr>
</table>
</td>
</tr>
<tr runat="server">
<td runat="server" style="">
</td>
</tr>
</table>
</LayoutTemplate>
```

重新运行该页面，运行效果如图 9-61 所示。点击每列的标题，可以按该列进行排序。

图 9-61　ListView 控件的排序功能

【**例 9-18**】　演示如何自定义 ListView 控件的模板来显示和编辑 Student 数据库中 StuInfo 表的数据。

(1) 在 DataBind 网站中，新建一个名为 ListViewDemoTwo.aspx 的页面。从工具箱中拖放一个 ListView 和 SqlDataSource 控件到该页面上，ID 分别为 ListView1 和 SqlDataSource1。

(2) 配置 SqlDataSource1 的数据源，在"SELECT"选项卡中输入如下 SQL 语句，如图 9-62 所示。

```
select * from StuInfo
```

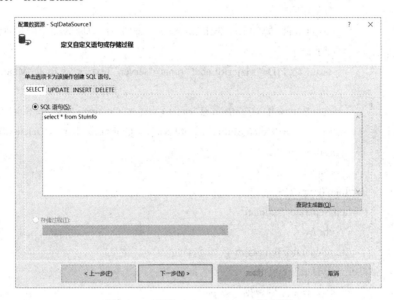

图 9-62　配置 SqlDataSource1 数据源

在"UPDATE"选项卡中输入如下 SQL 语句：

```
update StuInfo set Name=@Name,Sex=@Sex,Birth=@Birth,MajorId=@MajorId where StuNo=@StuNo
```

在"INSERT"选项卡中输入如下 SQL 语句：

```
insert into StuInfo values(@StuNo,@Name,@Sex,@Birth,@majorId)
```

在"DELETE"选项卡中输入如下 SQL 语句：

```
delete from StuInfo where StuNo=@StuNo
```

单击"下一步"按钮，完成 SqlDataSource1 的配置。

(3) 将 ListView1 的 DataSourceID 属性设置为 SqlDataSource1。切换到源视图，为 ListView1 控件定制模板，代码如下：

```
<asp:ListView ID="ListView1" runat="server" DataKeyNames="StuNo"
    DataSourceID="SqlDataSource1" InsertItemPosition="LastItem">
    <LayoutTemplate>
        <div ID="itemPlaceholderContainer" runat="server" style="">
            学生基本信息：<br />
            <span ID="itemPlaceholder" runat="server" />
        </div>
```

```
</LayoutTemplate>
<ItemTemplate>
    <span style="">学号:
        <asp:Label ID="StuNoLabel" runat="server" Text='<%# Eval("StuNo") %>' />;
        姓名:
        <asp:Label ID="NameLabel" runat="server" Text='<%# Eval("Name") %>' />
        <br />
        性别: <asp:Label ID="SexLabel" runat="server" Text='<%# Eval("Sex") %>' />;
        出生年月:
        <asp:Label ID="BirthLabel" runat="server" Text='<%# Eval("Birth") %>' />;
        专业:
        <asp:Label ID="MajorIdLabel" runat="server" Text='<%# Eval("MajorId") %>' />
        <br />
        <asp:Button ID="EditButton" runat="server" CommandName="Edit" Text="编辑" />
    <asp:Button ID="DeleteButton" runat="server" CommandName="Delete" Text="删除" />
        <br />
        </span>
</ItemTemplate>
<ItemSeparatorTemplate>
        <hr />
</ItemSeparatorTemplate>
<EmptyDataTemplate>
        <span>未返回数据。</span>
</EmptyDataTemplate>
<InsertItemTemplate>
        <span style="">学号:
        <asp:TextBox ID="StuNoTextBox" runat="server" Text='<%# Bind("StuNo") %>' />
        姓名:
        <asp:TextBox ID="NameTextBox" runat="server" Text='<%# Bind("Name") %>' />
        <br />
        性别:
        <asp:TextBox ID="SexTextBox" runat="server" Text='<%# Bind("Sex") %>' />
        出生日期:
        <asp:TextBox ID="BirthTextBox" runat="server" Text='<%# Bind("Birth") %>' />
        专业:
    <asp:TextBox ID="MajorIdTextBox" runat="server" Text='<%# Bind("MajorId") %>' />
    <br />
    <asp:Button ID="InsertButton" runat="server" CommandName="Insert" Text="插入" />
    <asp:Button ID="CancelButton" runat="server" CommandName="Cancel" Text="清除" />
        <br />
```

```
        </span>
    </InsertItemTemplate>
    <EditItemTemplate>
        <span style="">学号:
        <asp:Label ID="StuNoLabel1" runat="server" Text='<%# Eval("StuNo") %>' />;
        姓名:
        <asp:TextBox ID="NameTextBox" runat="server" Text='<%# Bind("Name") %>' />
        <br />
        性别:
        <asp:TextBox ID="SexTextBox" runat="server" Text='<%# Bind("Sex") %>' />
        出生日期:
        <asp:TextBox ID="BirthTextBox" runat="server" Text='<%# Bind("Birth") %>' />
        专业:
<asp:TextBox ID="MajorIdTextBox" runat="server" Text='<%# Bind("MajorId") %>' />
        <br />
        <asp:Button ID="UpdateButton" runat="server" CommandName="Update" Text="更新" />
        <asp:Button ID="CancelButton" runat="server" CommandName="Cancel" Text="取消" />
        <br />
        </span>
    </EditItemTemplate>
</asp:ListView>
```

上述代码中，分别定制了 LayoutTemplate、ItemTemplate、ItemSeparatorTemplate、EmptyDataTemplate、InsertItemTemplate 和 EditItemTemplate 模板。

(4) 运行该页面，效果如图 9-63 所示。ListView 控件不仅可以查看数据，而且可以编辑、删除和插入数据库数据。

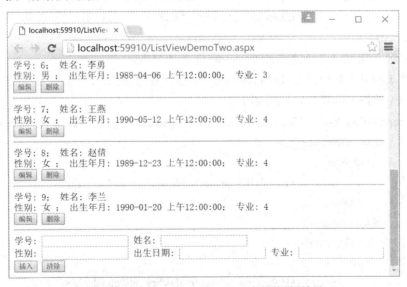

图 9-63　ListViewDemoTwo.aspx 页面运行效果

2. ListView 控件的分组布局

ListView 控件提供了一个分组布局的功能，该功能会将 ItemTemplate 中的项按水平平铺方向进行布局。在平铺布局中，项在行中沿水平方向重复出现。项重复出现的次数由 ListView 控件的 GroupItemCount 属性指定。ListView 有一个 GroupTemplate 元素，使用该元素可以创建分组布局的功能。图 9-64 显示了 ListView 中 LayoutTemplate、GroupTemplate 和 ItemTemplate 元素之间的关系。GroupTemplate 可以为基础数据集中每 n 个元素指定外围 HTML，其中，n 的值由 ListView 的 GroupItemCount 属性指定。

当在 ListView 中使用 GroupTemplate 时，需要在 LayoutTemplate 中指定 ID 为 groupPlaceholder 的控件，说明对于 ItemTemplate 中的每 n 项，应在 LayoutTemplate 的哪个位置注入 GroupTemplate 的内容。在 GroupTemplate 中指定 ID 为 itemPlaceholder 的控件，说明 ItemTemplate 的内容应放在 GroupTemplate 中的位置。

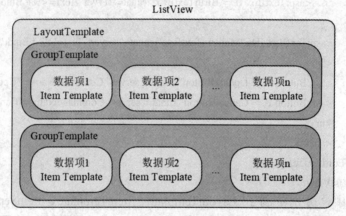

图 9-64 LayoutTemplate、GroupTemplate 和 ItemTemplate 元素间关系

【例 9-19】 演示如何创建 ListView 控件的平铺效果。

(1) 在 DataBind 网站中，新建一个名为 ListViewDemoThree.aspx 的页面。从工具箱中拖放一个 ListView 和 SqlDataSource 控件到该页面上，ID 分别为 ListView1 和 SqlDataSource1。

(2) 按例 9-18 的方法配置 SqlDataSource1 的数据源。

(3) 将 ListView1 控件的 DataSourceID 属性设置为 SqlDataSource1。切换到源视图，为 ListView1 控件定制模板，代码如下：

```
<asp:ListView ID="ListView1" runat="server" DataSourceID="SqlDataSource1" GroupItemCount="3">
<LayoutTemplate>
    <table>
        <asp:PlaceHolder ID="groupPlaceholder" runat="server" />
    </table>
</LayoutTemplate>
<GroupTemplate>
    <tr>
        <asp:PlaceHolder runat="server" ID="itemPlaceholder" />
    </tr>
```

```
        </GroupTemplate>
        <ItemTemplate>
            <td>
                学号:
                <asp:Label ID="StuNoLabel" runat="server" Text='<%# Eval("StuNo") %>' />
                姓名:
                <asp:Label ID="NameLabel" runat="server" Text='<%# Eval("Name") %>' />
                <br />
                性别:
                <asp:Label ID="SexLabel" runat="server" Text='<%# Eval("Sex") %>' />
                出生年月:
                <asp:Label ID="BirthLabel" runat="server" Text='<%# Eval("Birth","{0:d}") %>' />
                <br />
                专业:
                <asp:Label ID="MajorIdLabel" runat="server" Text='<%# Eval("MajorId") %>' />
                <br /><br />
            </td>
        </ItemTemplate>
    </asp:ListView>
```

上述代码中，可以看出以下几点：

① 指定 GroupItemCount 为 3，表示将在一个组中显示 3 个 ItemTemplate 模板中的内容。

② 将 LayoutTemplate 中的占位符的 ID 标记为 groupPlaceholder。

③ 在 groupTemplate 模板中，添加一个放置 ItemTemplate 内容的占位符 itemPlaceholder。

(4) 运行该页面，效果如图 9-65 所示。

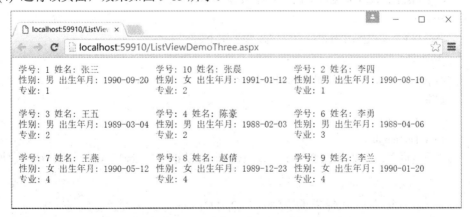

图 9-65　ListViewDemoThree.aspx 页面运行效果

3. 使用 DataPager 实现 ListView 的分页

ListView 控件本身没有分页功能，可以通过 DataPager 控件实现分页。DataPager 控件是一个专门用于分页的服务器控件。

【例 9-20】 演示如何实现 ListView 的分页功能。

(1) 新建 DataBind 网站的 ListViewDemoThree.aspx 页面。从工具箱中拖放一个 DataPager 控件到页面的任何位置，设置 DataPager 控件的 PageSize 属性为 3，表示每页显示 3 条记录。单击 DataPager 右上角的小三角符号，在弹出的 DataPager 任务窗口中提供了定义 DataPager 显示样式的方法，选择"编辑页导航字段"可以设置导航的显示属性，如图 9-66 所示。

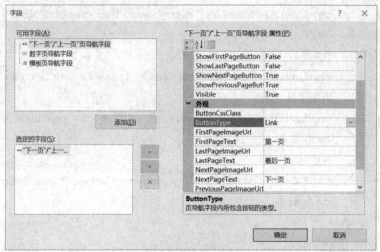

图 9-66 编辑页导航字段

(2) 将源视图中生成的 DataPager 声明代码复制到 ListView 控件的 LayoutTemplate 模板中，LayoutTemplate 模板声明代码如下：

```
<LayoutTemplate>
<table>
<asp:PlaceHolder ID="groupPlaceholder" runat="server" />
</table>
<asp:DataPager ID="DataPager1" runat="server" PageSize="3">
<Fields>
<asp:NextPreviousPagerField ShowFirstPageButton="True" ShowLastPageButton="True" />
</Fields>
</asp:DataPager>
</LayoutTemplate>
```

(3) 运行该页面，效果如图 9-67 所示。从图中可以看出，ListView 控件具有分页功能。

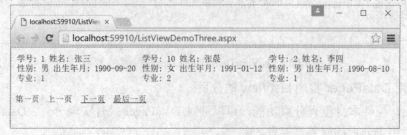

图 9-67 具有分页功能的 ListView 控件

本 章 小 结

本章主要介绍 ASP.NET 中的数据绑定技术和绑定控件。

首先，介绍数据源控件的使用，包括 SqlDataSource、ObjectDataSource 和 LinqDataSource 控件，并详细介绍如何通过这些数据源控件对数据源数据进行操作。

其次，讨论 ASP.NET 中几个重要的数据绑定控件，包括 GridView 控件、DetailsView 控件、FormView 控件、ListView 控件和 DataPager 控件等。

灵活使用数据源控件和数据绑定控件在开发 ASP.NET 应用程序中是非常重要的。第 8 章中主要介绍 ADO.NET 编程的方法访问数据源数据。在第 9 章中使用数据源控件和数据绑定控件后，几乎不用编写任何代码，就能对数据源的数据进行操作。一般建议简单的小项目使用数据源控件以便迅速地完成开发工作，但对于大型项目或对数据操作要求高的项目，则需要使用 ADO.NET 编程的方法，因为数据源的灵活性和安全性不够高。

本章实训　数据源控件与数据绑定控件

1. 实训目的

了解 ASP.NET 的数据绑定技术，掌握数据源控件及数据绑定控件的使用。

2. 实训内容和要求

(1) 新建一个名为 Practice9 的网站。

(2) 在网站的 App_Data 文件夹下添加第 8 章实训中创建的 MyDataBase.mdf 数据库。

(3) 添加一张名为 GridView.aspx 的 Web 页面，在该页面上利用 GridView 控件和 SqlDataSource 控件实现数据的分页显示、修改和删除功能。

(4) 添加一张名为 DataList.aspx 的 Web 页面，在该页面上利用 DataList 控件和 ObjectDataSource 控件实现数据显示、插入、修改和删除功能。

(5) 添加一张名为 FormView.aspx 的 Web 页面，在该页面上利用 FormView 控件和 SqlDataSource 控件实现数据的分页显示、插入、修改和删除功能，要求自定义 FormView 的界面和布局。

(6) 添加一张名为 ListView.aspx 的 Web 页面，在该页面上利用自定义 ListView 控件的模板来显示和编辑 MyDataBase.mdf 数据库中 Employees 表的数据。

习 题

一、单选题

1. 下面不属于控件的是(　　)。

　　A. DataSet　　　　　B. Repeater　　　　C. SqlDataSource　　　D. GridView

2．使用 SqlDataSource 控件可以访问的数据库不包括以下的(　　)。

    A．SQL Server   B．Oracle   C．XML 数据库   D．ODBC 数据库

3．如果希望在 GridView 控件中显示"上一页"和"下一页"的导航栏，则 PagerSetting 的 Mode 属性为(　　)。

    A．Numeric   B．NextPrevious

    C．上一页   D．下一页

4．在 GridView 控件中，如果定制了列，有希望排序，则需要在每一列设置(　　)属性。

    A．SortExpression   B．Sort

    C．SortField   D．DataFieldText

5．在配置 GridView 控件的 SqlDateSource 数据源控件过程中，单击"高级"按钮的目的是(　　)。

    A．打开其他窗口   B．输入新参数

    C．生成 SQL 编辑语句   D．优化代码

6．FormView 与 GridView 控件相比最重要的区别是(　　)。

    A．能够存储数据   B．外观比较美观

    C．显示的布局几乎不受限制   D．数据量受一定的限制

7．在 ListView 控件中，如果希望每行有 4 列数据，应设置(　　)属性。

    A．RepeatDirection   B．RepeatColumn

    C．RepeatLayout   D．RepeatNumber

8．下面关于 ListView 控件 LayoutTemplate 和 ItemTemplate 模板，说法错误的是(　　)。

    A．标识定义控件的主要布局的根模板

    B．它包含一个占位符对象，如表行(tr)、div 或 span 元素

    C．LayoutTemplate 模板是 ListView 控件所必需的

    D．LayoutTemplate 内容不必包含一个占位符控件

9．下面关于 ListView 控件和 DataPage 控件，说法错误的是(　　)。

    A．ListView 就是 GridView 和 Repeater 的结合体，它既有 Repeater 控件的开放式模板，又具有 GridView 控件的编辑特性

    B．ListView 控件本身不提供分页功能，但是可以通过另一个控件 DataPager 来实现分页的特性

    C．在 ListView 中，布局定义与数据绑定不可以分开在不同的模板中，只能展现数据

    D．DataPager 控件能支持实现 IPageableItemContainer 接口的控件，ListView 是现有控件中唯一实现此接口的控件

10．关于 SqlDataSource 数据源控件的相关属性，说法不正确的是(　　)。

    A．该控件的 ProviderName 属性表示 SqlDataSource 控件连接数据库的类型

    B．ConnectionString 属性表示 SqlDataSource 控件可使用该参数连接到数据库，但是不能从应用程序的配置文件中读取

C．SelectCommand 属性表示 SqlDataSource 控件从数据库中选择数据所使用的 SQL 命令

D．ControlParameter 实际是个控件，在代码中应改写成<asp: ControlParameter>，使用特定控件的值

11．数据库连接字符串已知，要通过编程获取数据库中 Employees 表中的数据，并绑定到 GridView 控件上，后台编写代码如下，空白处的代码应为(　　)。

```
string strcnn = ConfigurationManager.ConnectionStrings["StudentCnnString"].ConnectionString;
using (SqlConnection conn = new SqlConnection(strcnn))
{
    DataSet ds = new DataSet();
    SqlDataAdapter da = new SqlDataAdapter("select * from", _____);
    da.Fill(ds);
    GridView1._____= ds.Tables[0];
    _____

}
```

A．conn，DataSource，GridView1.DataBind()

B．connString，DataSource，GridView1.DataBind()

C．connString，DataSourceID，GridView1.DataBind()

D．conn，DataSourceID，GridView1.DataBind()

二、填空题

1．GridView 控件的_____属性表示获取或设置一个值，该值指示是否为数据源中的每个字段自动创建绑定字段。

2．数据绑定表达式包含在_____分隔符之内，并使用 Eval 和 Bind 方法。_____方法用于定义单向(只读)绑定。_____方法用于定义双向(可更新)绑定。

3．ObjectDataSource 控件使开发人员能够在保留 3 层应用程序结构的同时，使用 ASP.NET 数据源控件。完成下面为 ObjectDataSource 控件定义好的 Insert 方法。

```
public void Insert(int id, string name){
    string strcnn = ConfigurationManager.ConnectionStrings
    ["StudentCnnString"].ConnectionString;
    using (SqlConnection sqlConn = new SqlConnection(strcnn)){
        string insertString = "insert into Major values(" + id + ",'" + name + "')";
        SqlCommand sqlCmd = sqlConn._____;//创建 SqlCommand 对象
        sqlCmd.CommandText = _____;
        sqlConn.Open();
        sqlCmd._____;
        sqlConn.Close();
    }
}
```

4．ListView 控件有多种模板，其中，_____标识定义控件的主要布局的根模板；_____标识组布局的内容；_____标识为便于区分连续项而为交替项呈现的内容。

5．在 GridView 控件上绑定了一列 CheckBox 控件，当选中表头 CheckBox 控件时，在 GridView 控件中的 CheckBox 全选，当取消选择表头 CheckBox 控件时，GridView 控件中的 CheckBox 控件全不选，该 GridView 控件代码如下：

```
<asp:GridView ID="GridView1" runat="server" AutoGenerateColumns="False"
    DataKeyNames="MajorId" DataSourceID="SqlDataSource1">
<Columns>
<asp:TemplateField>
<HeaderTemplate>
    <asp:CheckBox ID="CheckBox2" runat="server" AutoPostBack="True" Text="全选"
    oncheckedchanged="CheckChange" />
</HeaderTemplate>
<ItemTemplate>
<asp:CheckBox ID="CheckBox1" runat="server" />
</ItemTemplate>
</asp:TemplateField>
<asp:BoundField DataField="MajorId" HeaderText="MajorId" ReadOnly="True"/>
<asp:BoundField DataField="MajorName" HeaderText="MajorName"/>
</Columns>
</asp:GridView>
<asp:SqlDataSource ID="SqlDataSource1" runat="server"
    ConnectionString="<%$ ConnectionStrings:StuConnectionString %>"
    SelectCommand="SELECT * FROM [Major]"></asp:SqlDataSource>
```

为实现题目所述的功能，必须实现 GridView 控件表头 CheckBox 控件的 oncheckedchanged 事件代码，实现代码如下：

```
protected void CheckChange(object sender, EventArgs e){
    CheckBox cb = (CheckBox)_____;
    if (cb.Text == "全选"){
        foreach (GridViewRow gv in this.GridView1._____){
            CheckBox cd = (CheckBox)gv.FindControl("_____");
            cd.Checked = cb.Checked;
        }
    }
}
```

三、问答题

1．试说明什么是数据源控件，ASP.NET 中提供了几种数据源控件。

2．比较 SqlDataSource、ObjectDataSource 和 LinqDataSource 控件的使用。

3．简单介绍 GridView 控件，并举例说明 GridView 控件的使用方法。

4．简述 ListView 控件及该控件如何显示和编辑数据。

5．比较 GridView、DetailView、FormView 和 ListView 控件的使用。

第10章

ASP.NET 的三层架构

本章主要讲解三层架构(3-tier architecture)技术。三层架构就是将整个业务应用划分为：表示层(User Interface layer，UI 层)、业务逻辑层(Business Logic Layer，BLL 层)、数据访问层(Data access layer，DAL 层)。区分层次是为了"高内聚低耦合"的思想。在软件体系架构设计中，分层式结构是最常见也是最重要的一种结构。

10.1 三层架构简介

10.1.1 什么是三层架构

三层架构主要是使项目结构更清楚，分工更明确，以便于后期的维护和升级。三层结构包含表示层、业务逻辑层、数据访问层。如图 10-1 所示。

(1) 表示层(UI 层)：主要是指与用户交互的界面。其用于接收用户输入的数据和显示处理后用户需要的数据。在 ASP.NET 的 WebForm 开发中主要表现成 aspx 网页。如果业务逻辑层非常强大和完善，那么无论表现层如何定义和更改，逻辑层都能为界面层提供服务。

(2) 业务逻辑层(BLL 层)：它是界面层和数据访问层之间的桥梁，用来实现业务逻辑，业务逻辑主要包含验证、计算和业务规则等。它主要是针对具体的问题的操作，也可以理解成对数据访问层的操作，对数据业务逻辑的处理。如果说数据层是积木，那逻辑层就是对这些积木的搭建。

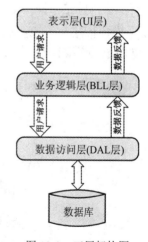

图 10-1 三层架构图

(3) 数据访问层(DAL 层)：与数据库进行交互。主要实现对数据的增、删、改、查操作。将存储在数据库中的数据提交给业务逻辑层，同时将业务层处理的数据保存到数据库。

每一层都各司其职，那么这三层是通过什么方式通信的呢？在实际中，每一层(UI 层<—>BLL 层<—>DAL 层)之间的数据是靠变量或实体作为参数来传递的，从而构造了三层之间的联系，以实现所需功能。

但对于大量的数据来说，用变量做参数有些复杂，因为参数量太多，容易混淆。例如，把员工信息传递到下层，信息包括：员工号、姓名、年龄、性别、工资等。如果用变量做参数，那么各层方法中的参数就会很多，极有可能在使用时，将参数匹配搞混。此时，如果用实体做参数，就会非常方便，不用考虑参数匹配的问题，用到实体中哪个属性直接拿来用便可，从而提高了编码效率。

通常通过实体层(Model)来完成三层间的数据传递功能。实体层不属于三层中的任何一层，但它是必不可少的一层，其在三层架构中的作用：

(1) 实现面向对象思想中的"封装"。

(2) 贯穿于三层，在三层之间传递数据。

对于初学者来说，可以理解为每张数据表对应一个实体，即每个数据表中的字段对应实体中的属性。事实可能需要的实体在数据表对应的实体中并不存在，也可能将几个数据表中的字段联合起来放在一个实体里。

做系统的目的是为用户提供服务，用户不关心系统后台如何工作，只关心软件是不是好用，界面是不是符合自己的心意。用户在界面上轻松地增、删、改、查，那么数据库中也要有相应的增、删、改、查，而增、删、改、查的具体操作对象就是数据库中的数据，也就是表中的字段。所以，将每个数据表作为一个实体类，实体类封装的属性对应到表中的字段。这样的话，实体在贯穿于三层之间时，就可以实现增、删、改、查数据了。

综上所述：三层及实体层之间的依赖关系，参见图 10-2 所示。

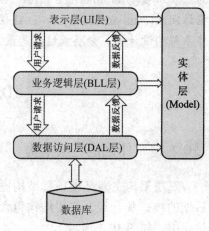

图 10-2　三层及实体层之间的依赖关系

10.1.2　三层架构的优缺点

为什么使用三层架构？拿一个饭店的例子来形容三层架构的软件系统，如图 10-3 所示。

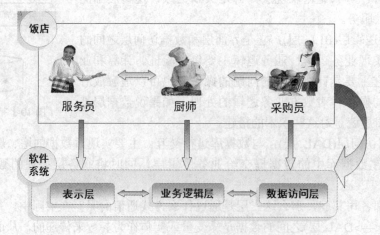

图 10-3　典型三层架构的生活示例

饭店服务员可以看成是表示层，负责接待客人；厨师可以看成是业务逻辑层，负责处理服务员发送过来的请求，即负责制作客人点的菜；采购员可以看成是数据访问层，负责处理厨师发送过来的请求，即负责按客人点菜的要求采购食材。他们各司其职，服务员不用了解厨师如何做菜，不用了解采购员如何采购食材；厨师不用知道服务员接待了哪位客人，不用知道采购员如何采购食材；同样，采购员不用知道服务员接待了哪位客人，不用知道厨师如何做菜。

顾客直接和服务员打交道，顾客和服务员(UI 层)说：需要一个什么菜，而服务员不负责制作，她就把请求传递给厨师(BLL 层)，厨师需要食材做菜，就把请求传递给采购员(DAL 层)，采购员从仓库里取来食材传回给厨师，厨师开始做菜，并将做完的菜传回给服务员，服务员把菜呈现给顾客。这就是典型的三层架构的流程。

在饭店里，服务员(UI 层)辞职，只需另找服务员；厨师(BLL 层)辞职，只需招聘另一个厨师；采购员(DAL 层)辞职，只需招聘另一个采购员。任何一层发生变化，都不会影响到另外一层，所以，使用三层架构的目的就是使系统解耦，将各层之间的影响降到最小。

在两层架构模式下，用户界面、业务逻辑和数据访问代码都写在一起，如图 10-4 所示。当数据库或用户界面发生变化时，都需要重新开发整个系统。"多层"放在一层，分工不明确，耦合度高，难以适应需求变化，可维护性和可扩展性低。

图 10-4　两层架构

在三层架构中，当数据库或用户界面发生变化时，只需更改相应的层，不需要更改整个系统。层次清晰，分工明确，每层之间耦合度低，提高了效率，适应需求变化，可维护性和可扩展性高。

综上所述，三层架构的优点已经非常明显：① 结构清晰，耦合度低；② 可维护性和可扩展性高；③ 便于协同开发，容易适应需求变化。

但在达到这些优点的同时，这种架构模式也不可避免地存在一些不足：

(1) 降低了系统的性能。如果不采用分层式架构，很多业务可以直接访问数据库，以此获取相应的数据，而采用三层架构就必须通过中间层来完成。

(2) 有时会导致级联修改。这种修改通常体现在自上而下的方向。如果在表示层中需要增加一个功能，为保证其设计符合分层式结构，可能需要在相应的业务逻辑层和数据访问层中都增加相应的代码。

(3) 增加了代码量和工作量。

10.2　搭建三层架构

为了让读者对三层架构有一个直观的理解，这里用一个基于三层架构设计和实现的用户登录界面来进行阐述。

(1) 首先需要新建一个空白的解决方案。在 Visual Studio 中选择"文件"→"新建"
→"项目",在左侧模板中找到"其他项目类型"→"Visual Studio 解决方案",然后选择
"空白解决方案",取名为"3-Tier-Architecture",如图 10-5 所示。

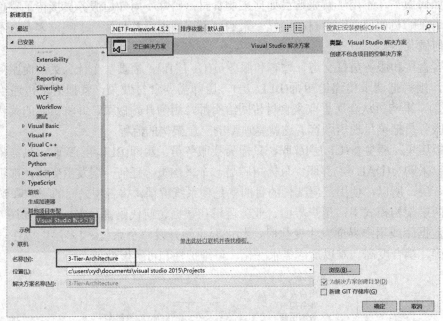

图 10-5　新建空白解决方案

(2) 创建实体层。解决方案创建完毕后,需要根据三层架构来添加每一层,这里以实
体层(Model)为例。在解决方案资源管理器中右击解决方案名称,选择"添加"→"新建
项目",选择"类库",取名为 Model,如图 10-6 所示。

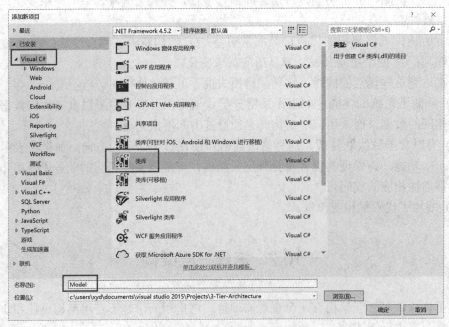

图 10-6　创建 Model 层

(3) 创建业务逻辑层和数据访问层。按照步骤(2)中的方法分别创建业务逻辑层(BLL层)和数据访问层(DAL 层)，创建完成后解决方案资源管理器中的项目如图 10-7 所示。

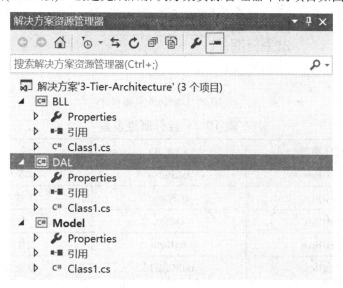

图 10-7　解决方案资源管理器中的项目

(4) 创建表示层(UI 层)。这里的表示层就是网页。在解决方案资源管理器中右键点击解决方案名称，选择"添加"→"新建网站"，选择"ASP.NET 空网站"，取名为"Web"。

(5) 在表示层中添加网页。在解决方案资源管理器中右键点击网站名称，然后选择"添加"→"添加新项"，在模板中选择"Web 窗体"，取名为"Login"。页面设计如图 10-8 所示，包括两个 TextBox 控件和一个 Button 控件。控件属性设置如表 10-1 所示。

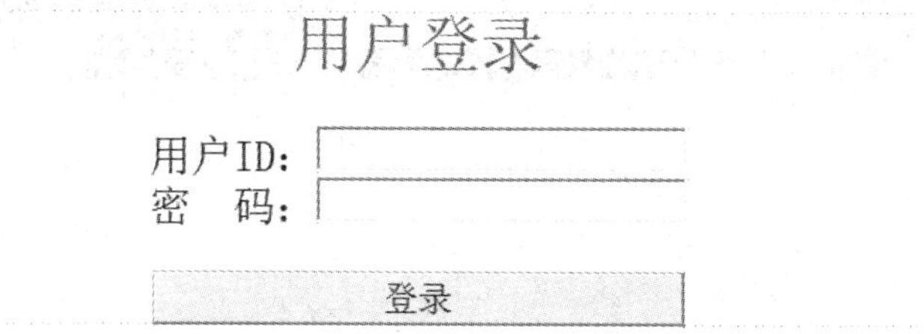

用户登录

用户ID：[　　　　　]
密　码：[　　　　　]

[　　　　登录　　　　]

图 10-8　Login 页面设计

表 10-1　控件属性设置

控件类型	控件 ID	属性设置	说　明
TextBox	txtUserId	TextMode：SingleLine	用户 ID 输入框
TextBox	txtPwd	TextMode：Password	密码输入框
Button	btnLogin	Width：212px	登录按钮

按照同样的方法再添加一个页面，取名为"UserInfo"，用于用户登录成功后显示个人信息。界面设计如图 10-9 所示，包括 5 个 TextBox 控件。控件属性设置如表 10-2 所示。

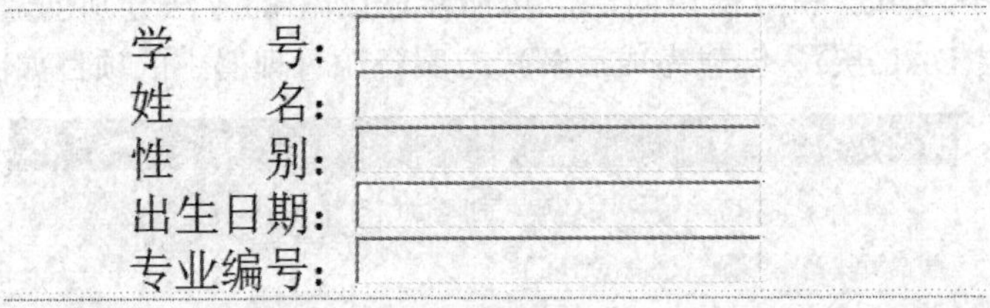

学　　号: _____
姓　　名: _____
性　　别: _____
出生日期: _____
专业编号: _____

图 10-9　UserInfo 页面设计

表 10-2　控件属性设置

控件类型	控件 ID	说　明
TextBox	txtStuNo	学号
TextBox	txtName	姓名
TextBox	txtSex	性别
TextBox	txtBirth	出生年月
TextBox	txtMajorId	专业编号

(6) 设置每层之间的引用。Web 层引用 BLL、DAL 和 Model；BLL 层引用 DAL 和 Model；DAL 层引用 Model；Model 无引用。为每层添加引用的方法为：在该层的名称上单击右键，选择"添加"→"引用"，在"引用管理器"中选择需要引用的层。这里以 Web 层添加引用为例，如图 10-10 所示。

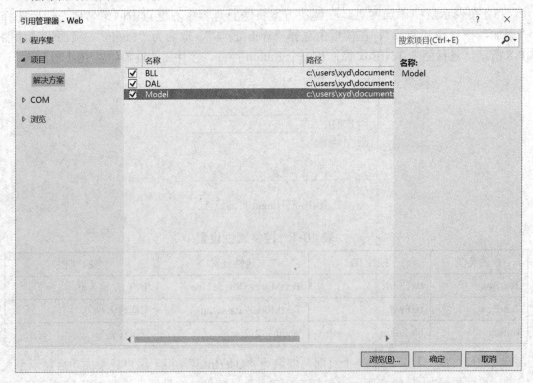

图 10-10　Web 层中添加引用

(7) 这里使用第 8 章中建立的数据库 Student，在网站名称上单击右键，然后选择"添加"→"现有项"，找到第 8 章创建的数据库文件 Student.mdf 和 Student_log.ldf，将其添加到该网站的"App_Data"中。

打开服务器资源管理器，在 Student 数据库的 UserInfo 表中添加一些数据，如表 10-3 所示。

表 10-3　UserInfo 数据

UserId	Password
1	123456
2	123456
3	123456
4	123456
5	123456
6	123456
7	123456
8	123456
9	123456

至此，一个简单的三层架构 Web 应用程序的基本框架建立完毕，建立完毕后的解决方案资源管理器如图 10-11 所示。

图 10-11　三层架构建立完毕的解决方案资源管理器

在实现三层架构代码之前，打开 Web 项目中的 Web.config 配置文件添加连接字符串。在<configuration>配置节中添加如下数据库连接配置代码：

```
<connectionStrings>
<add name="StudentCnnString" connectionString="Data Source=(LocalDB)\MSSQLLocalDB;
AttachDbFilename=|DataDirectory|\Student.mdf;Integrated Security=True"
    providerName="System.Data.SqlClient" />
</connectionStrings>
```

10.3 三层架构的实现

10.3.1 Model 层的实现

Model 层中的每一个类对应一个对象，而这些类可以用来存储复杂的数据，比如，一个学生类中，存储着学号、姓名、性别、学院等信息，这使得在各层间可以用学生对象进行参数传递。

在 Model 层中默认创建了一个 Class1 类，这里将其删除，右键单击 Model 层，选择"添加"→"添加新项"，添加一个类，取名为"StuInfo"。因为第 8 章中数据库设计时，学生信息表(StuInfo)中包含 5 个字段，所以 StuInfo 类中就需要 5 个字段，具体代码如下：

```
using System;
namespace Model
{
    [Serializable]
    public partial class  StuInfo
    {
        publicStuInfo()
        {}
        #region Model
        private   int _stuNo;        //学号
        private   string _name;      //学生姓名
        private   string _sex;       //性别
        private   string _birth;     //出生日期
        private   string _majorId;   //专业编号
        //用于存取学号
        public    int StuNo
        {
            set { _stuNo = value; }
            get { return _stuNo; }
        }
        //用于存取学生姓名
        public    string Name
        {
            set { _name = value; }
            get { return _name; }
        }
        //用于存取性别
```

```
public    string Sex
{
    set { _sex = value; }
    get { return _sex; }
}
//用于存取出生日期
public    string Birth
{
    set { _birth = value; }
    get { return _birth; }
}
//用于存取专业编号
public    string MajorId
{
    set { _majorId = value; }
    get { return _majorId; }
}
#endregion Model
    }
}
```

类中的每一个字段都对应数据库表中的一个字段，用于存取操作。

10.3.2 数据库操作类的实现

数据库操作类存放在 DAL 层中，它里面存储了对数据库进行的基本操作，不涉及具体的表格和数据。业务逻辑层通过调用 DAL 层对象来实现对数据库的操作。这样不仅实现了代码的复用，而且也为后期维护提供了便利。

在 DAL 层中删除默认创建的 Class1 类，重新添加一个类，命名为"DBhelper"。写入各种数据库操作基本方法，但因为用户登录功能只需用到数据查询方法，所以这里只展示数据查询的相关代码，具体代码如下：

(1) 首先引入一些必要的命名空间。

```
using System;
using System.Collections;
using System.Collections.Specialized;
using System.Data;
using System.Data.SqlClient;
using System.Configuration;
using System.Data.Common;
using System.Collections.Generic;
```

(2) 编写 DAL 层中的 DBhelper 类和方法。

```
namespace DAL
{
    public abstract class Dbhelper
    {
        /*获取数据库连接字符串(web.config 中的数据库配置信息),只有知道了数据库连接字
        符串,才能对相应的数据库进行操作,以下代码中的"StudentCnnString"是前面在
        web.config 中配置的数据库连接字符串的名称*/
        public static string connectionString =
        ConfigurationManager.ConnectionStrings["StudentCnnString"].ConnectionString;
        public DBhelper()
        {
        }

        #region 执行带参数的 SQL 语句
        /*创建 Query()方法,用于执行带参数的 SQL 语句,并将查询得到的结果以 DataSet 的形式
        返回,以便后续的处理。函数参数中的"SQLString"表示的是 SQL 语句,"SqlParameter"表示
        SQL 语句中的各个参数的具体值。PrepareCommand()方法则是将传入的 SQL 语句和参数结合,
        形成数据库操作命令。*/
        public static DataSet Query(string SQLString, paramsSqlParameter[] cmdParms)
        {
            using (SqlConnection connection = newSqlConnection(connectionString))
            {
                SqlCommand cmd = new SqlCommand();
                PrepareCommand(cmd, connection, null, SQLString, cmdParms);
                using (SqlDataAdapter da = new SqlDataAdapter(cmd))
                {
                    DataSet ds = new DataSet();
                    try
                    {
                        da.Fill(ds, "ds");
                        cmd.Parameters.Clear();
                    }
                    catch (System.Data.SqlClient.SqlException    ex)
                    {
                        throw new Exception(ex.Message);
                    }
                    return ds;
                }
            }
        }
```

```
        private static void PrepareCommand(SqlCommand cmd, SqlConnection conn, SqlTransaction trans,
string cmdText, SqlParameter[] cmdParms)
    {
        //如果数据库未打开，则先执行数据库开启操作
        if (conn.State != ConnectionState.Open)
            conn.Open();
        cmd.Connection = conn;
        cmd.CommandText = cmdText;
        if (trans != null)
            cmd.Transaction = trans;    //事务，保证操作失败的时候可以回滚
        cmd.CommandType = CommandType.Text;//cmdType;
        if (cmdParms != null)
        {
            //依次将参数加入到命令中
            foreach (SqlParameter parameter in cmdParms)
            {
                if ((parameter.Direction == ParameterDirection.InputOutput || parameter.Direction ==
                ParameterDirection.Input) && (parameter.Value == null))
                {
                    parameter.Value = DBNull.Value;
                }
                cmd.Parameters.Add(parameter);
            }
        }
    }
    #endregion
    }
}
```

10.3.3　数据访问层的实现

　　数据访问层通过调用数据库操作类提供的方法，直接对数据库进行操作。这里实现的用户登录功能需要对数据库进行查询，如果在数据库中可以查询到与输入的用户信息(用户 ID 和密码)符合的记录，那么返回这条记录，否则返回为 null。在 DAL 层中再添加一个类，命名为"StuInfo"。具体代码如下：

```
using System;
using System.Data;
using System.Text;
using System.Data.SqlClient;
```

```
namespace DAL
{
    public partial class StuInfo
    {
        publicStuInfo()
        {}
```

/*首先需要判断输入的用户信息是否合法,一般只要用户 ID 和密码能够匹配就可以,所以这里创建一个 GetLogin()方法,参数为学号(即为用户 ID)和密码。因为是查询,所以 GetLogin()方法首先生成用于查询的 SQL 语句,然后将学号和密码转换为 SqlParameter 类型,最后调用 10.3.2 节中的 DBhelpr()类中的 Query 方法进行查询,结果以 DataSet 的形式返回。*/

```
        public DataSet GetLogin(string StuNo, string Password)
        {
            StringBuilder strsql = new StringBuilder();
            strsql.Append("select * from UserInfo ");
            strsql.Append(" where ");
            strsql.Append(" UserId=@userid and Password=@password ");
            SqlParameter[] parameter = {new SqlParameter ("@userid",StuNo), new
            SqlParameter ("@password",Password)};
            return DBhelper.Query(strsql.ToString(), parameter);
        }
```

/*当输入的用户信息通过数据库验证,即登录成功后,页面需要显示用户的全部信息,所以需要再一次查询数据库,本次查询只需要使用"学号"作为关键词,最后将结果用一个学生对象实体返回,方便后面对数据进行操作。这里创建一个 GetModel()方法,以学号作为参数,首先返回的查询结果以 DataSet 形式返回,所以这里又创建了一个 DataRowToModel()方法,将查询结果的 DataSet 中的第一条记录赋值到一个学生对象实体中,最后返回这个学生对象实体。*/

```
        public Model.StuInfoGetModel(int StuNo)
        {
            StringBuilder strSql = new StringBuilder();
            strSql.Append("select   top 1 StuNo,Name,Sex,Birth,MajorId from StuInfo ");
            strSql.Append(" where StuNo=@StuNo");
            SqlParameter[] parameters = {new SqlParameter("@StuNo", SqlDbType.Int,4)};
            parameters[0].Value = StuNo;
            Model.StuInfo model = new Model.StuInfo();
            DataSet ds = DBhelper.Query(strSql.ToString(), parameters);
            if (ds.Tables[0].Rows.Count > 0)
            {
                return DataRowToModel(ds.Tables[0].Rows[0]);//返回查询结果的第一条记录
            }
            else
```

```
        {
            return null;
        }
    }
```

/*下面是 DataRowToModel()方法的实现，将 DataSet 中的一条记录赋值给一个学生对象实体，然后返回。*/

```
    public Model.StuInfo DataRowToModel(DataRow row)
    {
        //创建一个学生对象实体，用于接收数据并返回。
        Model.StuInfo model = new Model.StuInfo();
        if (row != null)
        {
            if (row["StuNo"] != null&& row["StuNo"].ToString() != "")
            {
                model.StuNo = int.Parse(row["StuNo"].ToString());
            }
            if (row["Name"] != null)
            {
                model.Name = row["Name"].ToString();
            }
            if (row["Sex"] != null)
            {
                model.Sex = row["Sex"].ToString();
            }
            if (row["Birth"] != null)
            {
                model.Birth = row["Birth"].ToString();
            }
            if (row["MajorId"] != null)
            {
                model.MajorId = row["MajorId"].ToString();
            }
        }
        return model;
    }
}
```

10.3.4　业务逻辑层的实现

业务逻辑层的作用是将数据访问层实现的基本操作进行组合，从而形成复杂的操作。

因为这里的用户登录功能较为简单，所以业务逻辑层的实现也相对简单。在业务逻辑层中添加一个类，取名为"StuInfo"，向类中添加的代码如下：

```
using System;
using System.Data;
using System.Collections.Generic;
using Model;
namespace BLL
{
    public partial class StuInfo
    {
        private readonly DAL.StuInfo dal = new DAL.StuInfo();
        publicStuInfo()
        {}
        public    DataSet GetLogin(string StuNo, string Password)
        {
            return dal.GetLogin(StuNo, Password);    //调用 DAL 层的查询方法
        }
    }
}
```

由于功能关系，这一层写的比较简单，如果遇到复杂的操作，可以将 DAL 层中的方法进行组合。

Model、DAL、BLL 层编写完之后需要进行编译，在解决方案资源管理器中右键单击各层名称，选择"生成"，如果没有错误，输出窗口中会显示编译通过。编译完后，"Web"网站目录下会出现一个 Bin 文件夹，里面存放了具有引用关系的各层 dll 文件。

10.3.5　表示层的实现

Login.aspx.cs 中的代码主要通过调用业务逻辑层中的方法来判断用户输入信息的正确性。具体代码如下：

```
using System;
using System.Data;
using System.Collections.Generic;
using System.Linq;
using System.Web;
using System.Web.UI;
using System.Web.UI.WebControls;

public partial class Login : System.Web.UI.Page
{
```

//创建一个业务逻辑层 BLL 中的一个 Student 对象，便于调用业务逻辑层中的各种操作。

```
public BLL.Student bll = new BLL.Student();
protected void Page_Load(object sender, EventArgs e)
{
    /*如果是第一次(IsPostBack = false)访问，则将焦点聚焦到用户 ID 文本框上，方便用户输
入。*/
        if (!IsPostBack)
        {
            txtUserId.Focus();   //用户 ID 输入文本框获得焦点
        }
    }
```

/* "登录" 按钮的 click 事件，当用户点击登录按钮时，一般来讲是已经输入了用户 ID
和密码，但也不排除用户误点击操作，所以 click 事件中首先需要判断用户的输入是否为空，
可以通过调用 string 类的 IsNullOrEmpty()方法判断，如果有任意一项为空，则显示警告窗口进
行提醒，并把焦点聚焦到相应的文本框。*/

```
    protected void btnLogin_Click(object sender, EventArgs e)
    {
        //判断用户输入的 ID 是否为空
        if(string.IsNullOrEmpty(txtUserId.Text.Trim().ToString()))
        {
            Response.Write("<script>alert('请输入用户 ID！')</script>");
            txtUserId.Focus();
            return;
        }
        //判断用户输入的密码是否为空
        if (string.IsNullOrEmpty(txtPwd.Text.Trim().ToString()))
        {
            Response.Write("<script>alert('请输入用户密码！')</script>");
            txtPwd.Focus();
            return;
        }
        else
        {
```

/*当用户输入用户 ID 和密码之后，就需要调用业务逻辑中的 GetLogin()方法查询。如果
等于 0，则说明用户输入的信息错误，弹出警告窗口，提醒用户登录失败，同时清空文本框。
如果方法返回的结果的条数大于 0，则说明存在该用户。当数据库中存在该用户的信息时，将
该用户 ID 和密码保存在 Session 中，以便于用户在会话周期内再次访问时，免去登录的过
程。登录成功，跳转到用户信息显示页面(UserInfo.aspx)，同时通过查询字符串的方式，在页
面地址后面加上 "?id="+ txtUserId.Text.Trim().ToString()""，将用户 ID 传递到用户显示页面，
用于后续的查询和操作。*/

```
//返回数据库中用户名与密码符合的信息
    DataTable dt = bll.GetLogin(txtUserId.Text.Trim(), txtPwd.Text.Trim()).Tables["ds"];
//如果返回的数据大于 0，则代表用户输入的信息正确，如果为 0，则信息输入错误
if(dt.Rows.Count > 0)
{
    Session["userid"] = dt.Rows[0][0].ToString();
    Session["username"] = dt.Rows[0][1].ToString();//保存登录用户名
    //将用户 id 通过查询字符串传递到 UserInfo 页面
    Response.Redirect("UserInfo.aspx?id=" + txtUserId.Text.Trim().ToString());
}
else
{
    Response.Write("<script>alert('对不起，登录失败，请核对您的账号名和密码!')
</script>");
    txtUserId.Text = "";
    txtPwd.Text = "";
}
}
}
}
```

UserInfo.aspx.cs 中的代码主要用于显示登录用户的信息。它通过捕获传递到此页面的查询字符串来获取用户 ID，然后根据用户 ID 查询记录，并将信息显示在页面上。具体代码如下：

```
using System;
using System.Collections.Generic;
using System.Linq;
using System.Web;
using System.Web.UI;
using System.Web.UI.WebControls;

public partial class UserInfo: System.Web.UI.Page
{
    /*同样的创建一个业务逻辑层 BLL 中的 student 对象，因为所有关于 student 类的操作都
    是通过对象调用的。*/
    public BLL.Student bll = new BLL.Student();
    /*当页面加载的时候调用 EditLoadData()方法，该方法通过获取传递的用户 ID，调用业务
    逻辑层中的 GetModel()方法，查询该用户 ID 对应的数据，并且返回一个包含该用户信息的
    student 对象。最后根据返回的对象，对文本框进行填充。*/
    protected void Page_Load(object sender, EventArgs e)
    {
```

```
        EditLoadData();
    }

    public void EditLoadData()
    {
        int id = int.Parse(Request.QueryString["id"]);          //捕获查询字符串
        txtStuNo.Text = bll.GetModel(id).StuNo.ToString();      //显示学号
        txtName.Text = bll.GetModel(id).Name.ToString();        //显示姓名
        txtSex.Text = bll.GetModel(id).Sex.ToString();          //显示性别
        //显示出生日期
        txtBirth.Text =Convert.ToString( bll.GetModel(id).Birth.ToString());
        txtMajorId.Text = bll.GetModel(id).MajorId.ToString(); //显示专业 ID
    }
}
```

运行 Login.aspx 页面，填入登录信息，运行效果如图 10-12 所示。单击"登录"跳转到 UserInfo.aspx 页面，如图 10-13 所示。

图 10-12　Login.aspx 运行效果

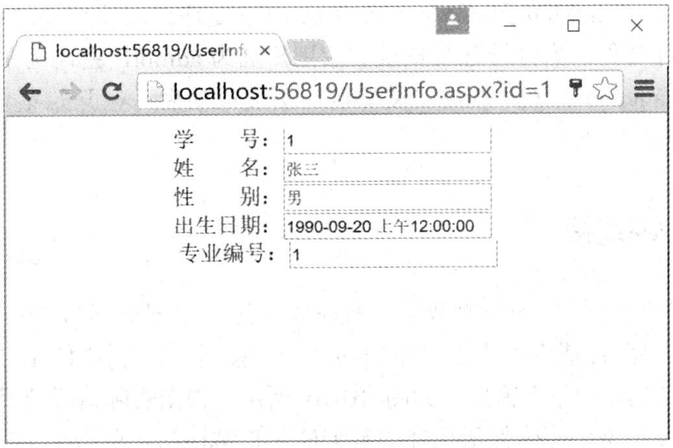

图 10-13　UserInfo.aspx 运行效果

10.4　代码自动生成工具介绍

.NET 的代码生成器网上有很多，有国外的 CodeSmith、MyGenerator，国内的湛蓝 .Net 代码生成器、动软 .NET 代码自动生成器、CodePlus 等几十款代码生成器框架。它们能自动生成存储过程、三层架构、各种模式和前台界面，让软件开发变得更加简单，让企业不断提升开发效率，用同样的时间创造出更大的价值。下面以动软 .NET 代码自动生成器为例简单介绍工具的使用方法。

动软 .Net 代码生成器是一款为 .Net 程序员设计的自动代码生成器，也是一个智能化软件开发平台，它可以生成基于面向对象的思想和三层架构设计的代码，结合了软件开发中经典的思想和设计模式，融入了工厂模式、反射机制等思想。主要实现在对应数据库中表的基类代码的自动生成，包括生成属性、添加、修改、删除、查询、存在性、Model 类构造等基础代码片断，支持不同架构代码生成，使程序员可以节省大量机械录入的时间和重复劳动，而将精力集中于核心业务逻辑的开发。

10.4.1　动软 .Net 代码生成器软件安装

本书以动软 .Net 代码生成器软件为例讲解代码自动生成过程。动软 .Net 代码生成器软件的官方下载地址为 http://www.maticsoft.com/download.aspx。下载解压后安装包里的文件如图 10-14 所示。

其中：

(1) Codematic2.msi 是动软.NET 代码生成器的安装文件。

图 10-14　安装包里的文件

(2) Builder 文件夹是代码生成插件的源码，动软.NET 代码生成器支持可扩展的代码生成插件，用户可以定制自己的代码生成插件，根据接口开发自己的代码生成方式，按自己的需求进行代码生成。

(3) Codematic_Data.MDF 和 Codematic_Log.LDF 是通过动软新建的项目中所带管理模块所需要的数据库文件。后台管理员默认登录用户名为 admin，密码为 1。

双击 Codematic2.msi 进行直接安装即可。安装成功后，在开始菜单和桌面上会有动软.NET 代码生成器的图标。

10.4.2　数据库连接

打开动软，在软件界面的左侧数据库视图窗口选择"服务器"，单击鼠标右键弹出菜单选择"添加服务器"；或者点击工具栏中的第一个按钮，参见图 10-15 所示。

出现"选择数据库类型"窗口，如图 10-16 所示。根据实际情况选择需要创建的 .NET 项目所用的数据库类型，并确保所选择的数据库可正常访问。单击"下一步"按钮。

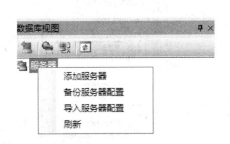

图 10-15 添加服务器

图 10-16 选择数据库类型窗口

如果选择的是 SQL Server，则会出现如图 10-17 所示的界面。

图 10-17 服务器信息填写

在如图 10-17 所示的界面上需要填写服务器名称、服务器类型、身份验证、登录名、密码及数据库名称等信息。信息填写说明如下：

(1) 如果是本机默认数据库，则服务器名称填写 local 或 127.0.0.1。如果服务器并非只有一个默认实例，请采用服务器\实例名的方式连接。

(2) 一定要选择和实际数据库服务器版本一致的选项，否则会导致连接数据库错误。请使用 SQLServer 的企业版或正式版本，不能是 SQL EXPRESS 版，否则无法连接。

(3) 身份验证可以选择是 SQLServer 认证，还是 Windows 认证。

(4) 输入数据库服务器用户名密码。如果不知道，请联系数据库管理员。

(5) 如果数据库的表比较多，连接速度会比较慢，启用"高效连接模式"实现快速连接。

(6) 可以通过"连接/测试"，来连接服务器并获取数据库列表，从而实现只选择连接一个库进行操作，减少不必要的连接时间，提高工作效率。

在以上步骤确定后，动软 .NET 代码生成器的数据库视图就出现了数据库服务器的信息。如图 10-18 所示。

在数据库上单击右键，选择"浏览数据库"，如图 10-19 所示。

图 10-18　数据库服务器信息

图 10-19　浏览数据库

通过选择库和表可以查看表和字段的信息，如图 10-20 所示。

图 10-20　查看表和字段信息

如图 10-21 所示，选择"新建查询"菜单，即出现 SQL 的查询分析器窗口，可以输入 SQL 语句进行查询。

选中一张表，右键选择"浏览表数据"，可以查看表的数据内容，如图 10-22 所示。

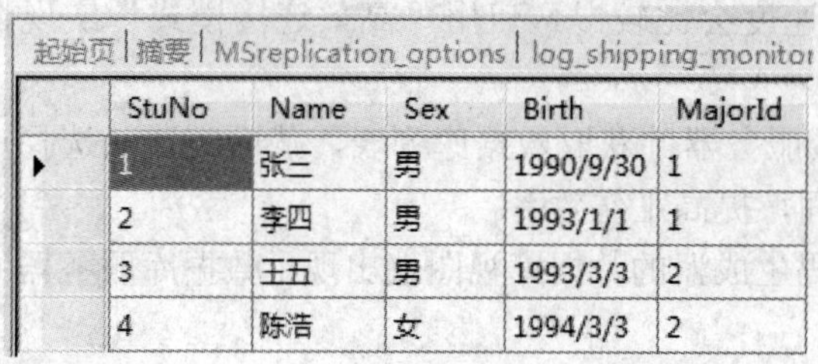

StuNo	Name	Sex	Birth	MajorId
1	张三	男	1990/9/30	1
2	李四	男	1993/1/1	1
3	王五	男	1993/3/3	2
4	陈浩	女	1994/3/3	2

图 10-21　表信息查看

图 10-22　浏览表数据

10.4.3　项目框架自动生成

下面通过动软.NET 代码生成器生成整个项目框架。

(1) 选中数据库，右键单击“新建 NET 项目”，如图 10-23 所示。

(2) 选择项目类型和版本，如图 10-24 所示。项目类型如下：

① 简单三层结构：生成标准的三层架构项目。

② 工厂模式结构：生成基于工厂模式的项目架构，适合一个项目多数据库类型的情况。

③ 简单三层结构(管理)：生成标准的三层架构项目，并且带有基本的系统管理功能和界面。这些通用的功能主要是为了节省开发人员的时间，可以在此基础上直接去开发自身业务模块。

这里暂以“简单三层结构(管理)”为例进行说明。

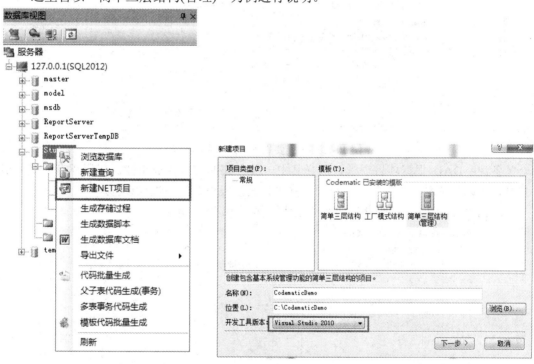

图 10-23　新建 NET 项目　　　　　　　　　图 10-24　项目类型选择

单击“下一步”，选择要生成的表和配置，如图 10-25 所示。

双击选择要生成的表，通过“>>”按钮将左侧列表框中选中的表选到右侧列表框中。设定参数，可以修改一些配置，如命名空间等，单击“开始生成”。至于代码模板组件类型，一般初学者建议默认即可。

相关组件说明如下：

① BuilderDALParam：数据访问层(DAL)基于 Parameter 方式的代码生成组件(推荐)。

② BuilderDALProc：数据访问层(DAL)基于存储过程方式的代码生成组件。

③ BuilderDALSQL：数据访问层(DAL)基于 SQL 拼接方式的代码生成组件。

④ BuilderDALTranParam：数据访问层(DAL)带有事务的代码生成组件。

⑤ BuilderBLLComm：基于标准的业务逻辑层代码(BLL)。

⑥ BuilderModel：Model 层的代码生成组件。

⑦ BuilderWeb：表示层的代码生成组件。

图 10-25   选择要生成的数据表和配置

备注：DAL 根据项目需求，选择其中一种方式的代码生成组建。代码还有一些生成规则，可以在菜单"工具"→"选项"→"代码生成设置"中进行设置。

单击"开始生成"，则开始代码的生成，如图 10-26 所示。

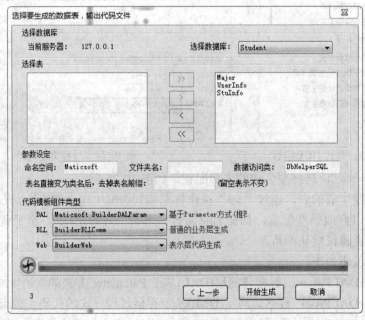

图 10-26   代码生成过程

直到出现"项目工程生成成功"提示，项目生成完毕，打开生成的文件夹，如图 10-27 所示。

双击解决方案文件(.sln)，打开整个项目，如图 10-28 所示。

图 10-27　代码文件夹　　　　　　　　　　图 10-28　整个项目的解决方案

打开 Web 项目，选中刚才生成的那几个表的页面文件夹，右键单击"包括在项目中"，如图 10-29 所示。

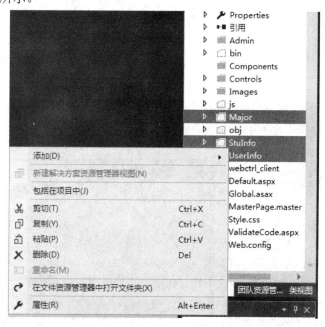

图 10-29　右键单击"包括在项目中"

打开 web 项目下 web.config 修改数据库连接字符串，如图 10-30 所示。

```
<?xml version="1.0"?>
<configuration>
  <appSettings>
    <!-- 连接字符串是否加密 -->
    <add key="ConStringEncrypt" value="false"/>
    <!-- 数据库连接字符串，（如果采用加密方式，上面一项要设置为true；加密工具，可在官方下载，
        如果使用明文这样server=127.0.0.1;database=......,上面则设置为false。 -->
    <add key="ConnectionString" value="server=127.0.0.1;database=codematic;uid=sa;pwd=1"/>
    <!-- Maticsoft.Accounts权限角色管理模块连接字符串-->
    <add key="ConnectionStringAccounts" value="server=127.0.0.1;database=codematic;uid=sa;pwd=1"/>
    <!--其它模块连接字符串,可以不断增加以便同一个项目支持连接多个数据库。如果没有,可以删除该行-->
    <add key="ConnectionString2" value="server=127.0.0.1;database=codematic2;uid=sa;pwd=1"/>
```

图 10-30　修改数据库连接字符串

注意：新建项目后，请记住先将安装包里附带的数据库文件 Codematic_Data.MDF 附加到 SQLServer 中。如果需要加密，可以使用安装包里的加解密工具。

然后选中解决方案，重新生成整个解决方案。整个创建项目过程即全部完成。如果编译没有错误，直接按 F5 键运行即可。整个创建项目过程即全部完成。

运行启动登录页面 login.aspx(图 10-31)，输入用户名 admin，密码为 1。登录成功后，进入动软系统框架的后台，界面如图 10-32 所示。

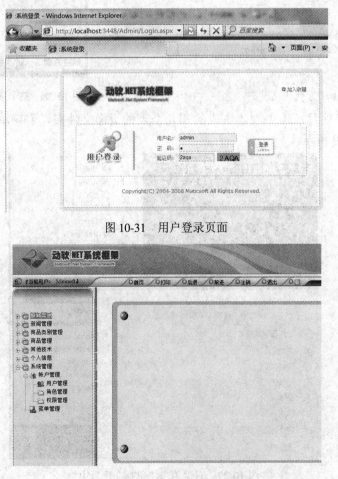

图 10-31　用户登录页面

图 10-32　动软系统框架的后台

10.4.4 批量代码生成

新建项目功能只适合于第一次，因为不可能每次都新建项目，特别是已经在开发中的项目。所以，项目开发中更多的是应用"代码批量生成"功能。批量代码生成特别适合项目后期追加代码时使用。选中数据库或表，然后单击右键菜单"代码批量生成"，如图 10-33所示。

图 10-33 批量代码生成

出现的窗口和新建项目基本相似，只是多了一个架构选项，如图 10-34 所示。

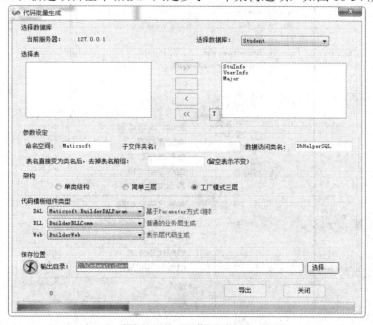

图 10-34 导出代码文件

选择要生成的表，然后点击【导出】。生成的文件夹如图 10-35 所示。

图 10-35 生成的文件夹

批量生成代码只生成业务表的代码，不再有解决方案文件和项目文件，以及其他类库等，将生成的这些文件直接拖到现有的解决方案中即可。

10.4.5 单表代码生成

除了新建项目和批量代码生成，偶尔希望更个性化地自定义一些代码生成的字段，而不是全部的自动生成，这时可以考虑针对单表的代码生成。在左侧"数据库视图"中选中表，右击菜单"单表代码生成器"，如图 10-36 所示。

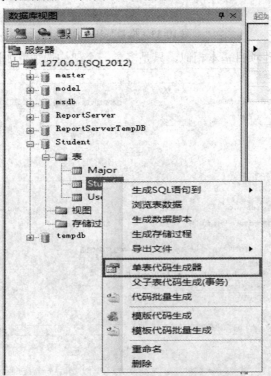

图 10-36 右击菜单"单表代码生成器"

出现单表的代码生成器界面后，设置相关信息，如图 10-37 所示。选项说明如下：

① 项目名称：主要用在生成 DB 脚本中。

② 二级命名空间：这个类放在某一个二级文件夹下，从而命名空间中应该带这个文件夹的名字。

③ 顶级命名空间：项目的命名空间名称。

④ 类名：可以根据表名定义自己需要的名字。

⑤ 类型：主要是生成什么代码，DB 脚本主要生成表的存储过程和表的创建脚本及数据脚本。

⑥ 架构选择：目前仅支持这 3 种最常用的架构。

⑦ 代码类型：生成指定架构中具体某一个项目中的代码。

⑧ 代码模板组件类型：生成代码的方式，因为即使同一个代码有很多的写法，组件主要实现的是不同的写法，但每种写法实现的功能都是一样的。主要看项目需要和个人习惯进行选择。

⑨ 方法选择：生成最基本的增、删、改、查的方法代码，后续版本将支持用户自定义这些方法。

备注：代码还有一些生成规则，可以在菜单"工具"→"选项"→"代码生成设置"中进行设置。

图 10-37　代码生成设置

单击"生成代码"按钮，即可生成该类的代码，如图 10-38 所示。生成的代码，可以直接复制到项目文件中，也可以右击保存成 CS 文件。通过窗体下面的 Tab 按钮可以来回切换生成设置和代码查看。

```
起始页 摘要 MSreplication_options log_shipping_monitor_error_detail StuInfo StuInfo 代码生成器

1    using System;
2    using System.Data;
3    using System.Text;
4    using System.Data.SqlClient;
5    using Maticsoft.DBUtility;//Please add references
6    namespace Maticsoft.DAL
7    {
8        /// <summary>
9        /// 数据访问类:StuInfo
10       /// </summary>
11       public partial class StuInfo
12       {
13           public StuInfo()
14           {}
15           #region  BasicMethod
16
17           /// <summary>
18           /// 是否存在该记录
19           /// </summary>
20           public bool Exists(string StuNo)
21           {
22               StringBuilder strSql=new StringBuilder();
23               strSql.Append("select count(1) from StuInfo");
24               strSql.Append(" where StuNo=@StuNo ");
25               SqlParameter[] parameters = {
26                       new SqlParameter("@StuNo", SqlDbType.VarChar,50)        };
27               parameters[0].Value = StuNo;
28
29               return DbHelperSQL.Exists(strSql.ToString(),parameters);
30           }
31
32
33           /// <summary>
34           /// 增加一条数据
35           /// </summary>
36           public bool Add(Maticsoft.Model.StuInfo model)
37           {
38               StringBuilder strSql=new StringBuilder();
39               strSql.Append("insert into StuInfo(");
40               strSql.Append("StuNo,Name,Sex,Birth,MajorId)");
41               strSql.Append(" values (");
42               strSql.Append("@StuNo,@Name,@Sex,@Birth,@MajorId)");
43               SqlParameter[] parameters = {
44                       new SqlParameter("@StuNo", SqlDbType.VarChar,50),
45                       new SqlParameter("@Name", SqlDbType.VarChar,50),
46                       new SqlParameter("@Sex", SqlDbType.Char,10),
47                       new SqlParameter("@Birth", SqlDbType.date,3),
48                       new SqlParameter("@MajorId", SqlDbType.Int,4)};
49               parameters[0].Value = model.StuNo;
50               parameters[1].Value = model.Name;
51               parameters[2].Value = model.Sex;
52               parameters[3].Value = model.Birth;
53               parameters[4].Value = model.MajorId;
54
55               int rows=DbHelperSQL.ExecuteSql(strSql.ToString(),parameters);
```

生成设置   代码查看

图 10-38　生成代码

代码生成规则设置，打开菜单"工具"→"选项"→"代码生成设置"，如图 10-39
所示。这些配置保存后，在生成代码的时候将按照这个规则进行生成。

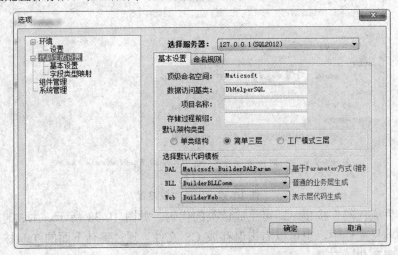

图 10-39　代码生成规则设置

另外，不同数据库的数据类型各有不同，这里提供了数据库中的字段类型和 C#中的数据类型建立映射关系，生成代码时将按映射关系来生成代码字段属性的类型，如图 10-40 所示。

图 10-40　数据库中的字段类型和 C#中的数据类型的映射关系

本 章 小 结

本章首先详细介绍了三层架构的具体内容，包括表示层(UI)、逻辑层(BLL)、数据访问层(DAL)的定义，以及这三层每一层的特点和它们之间的关系。接下来通过一个实际的项目，介绍了如何在一个项目中搭建三层架构，以及实现三层架构的详细过程。读者可以跟着教材步骤一步一步操作，通过具体的操作更好地理解和掌握三层架构思想。最后，为了简化代码工作量，详细介绍了基于面向对象思想和三层架构的代码自动生成工具——动软代码生成器的使用，包括软件安装、数据库连接、项目框架的自动生成、批量代码生成和单表代码生成等。读者可以通过不断摸索来掌握这些工具的使用，进而简化开发工作量，减少重复性劳动，将精力集中到代码逻辑上。

本章实训　ASP.NET 三层架构

1．实训目的

理解 ASP.NET 的三层架构思想，初步掌握三层架构搭建 Web 项目的方法。

2．实训内容和要求

(1) 新建一个名为 EmployeeAdd 的解决方案。

(2) 在解决方案中添加一个名为 EmAdd 的网站，在其中添加一张网页，设计如图 10-41 所示。

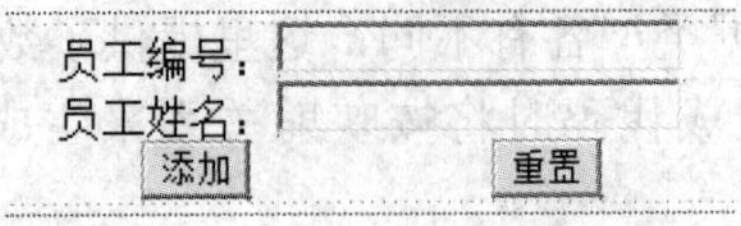

员工编号：

员工姓名：

添加　　　　　重置

图 10-41　表示层网页设计效果

(3) 添加一个数据库 Company，在其中添加一个表，名为 Employee，有两个字段 EmployeeID(int)和 EmployeeName(varchar)。

(4) 通过三层架构方式构建 Model、DAL、BLL 和 UI。

(5) 最终的目的是将员工信息添加到数据库中，根据这个目标，分别实现设计与实现 Model、DAL、BLL 和 UI(Web)。

(6) 调试程序，使网页可以顺利运行。

习　题

一、单选题

1. 三层架构的提出是为了遵循什么思想？(　　)

    A. 高内聚高耦合   B. 高内聚低耦合

    C. 低内聚高耦合   D. 低内聚低耦合

2. 三层架构中，关于各层之间的引用关系，下列哪种说法是错误的？(　　)

    A. BLL 引用 DAL,Model   B. WEB 引用 BLL,Model

    C. DAL 引用 Model   D. WEB 引用 DAL,BLL,Model

3. 下面哪个是三层架构的优点？(　　)

    A. 提高了系统的性能   B. 可维护性高，可拓展性高

    C. 从不会导致级联修改   D. 减少了代码量和工作量

4. 下面关于动软代码生成器软件的说法错误的是(　　)。

    A. 连接数据库时，既可使用 SQLServer 的企业版或正式版本，也能使用 SQL EXPRESS 版

    B. 批量生成代码只生成业务表的代码，不再有解决方案文件和项目文件，以及其他类库等

    C. 新建项目后，需要先将安装包里附带的数据库文件 Codematic_Data.MDF 附加到 SQLServer 中

    D. BuilderDALProc 是数据访问层(DAL)基于存储过程方式的代码生成组件

二、问答题

1. 三层架构一般意义上包含哪几层？

2. 简单说明三层架构的优点及缺点。

3. 简述在动软代码生成器软件中连接数据库的过程。

4. 简述如何用动软代码生成器软件自动生成项目框架。

5. 简述使用动软代码生成器软件的批量代码生成功能的作用和操作方法。

第11章

ASP.NET 项目开发实例

本章将介绍基于三层架构开发的学生作品管理平台的具体开发过程。通过一个完整的项目对本书所讲的知识进行总结，同时也让读者对各知识点有更深刻的理解。

11.1　系统概述与功能模块划分

11.1.1　系统概述

学生课内外作品的形式多种多样，为了方便管理和审查，一个有效途径是建立网上学生作品管理平台进行集中管理。因此，在该系统中，每个作品在提交时，都需要提交作品图片、作品说明、作品展示视频、作品源码及相关文档说明的压缩文件。在这个项目中，系统分为学生端和管理员端。管理员登录系统后，可以对管理员账号、学生信息、个人作品和团队作品进行管理。学生通过管理员分配的账号和密码登录系统，进行提交个人作品或团队作品、查看个人或团队已提交的作品、修改个人账户密码等操作。

11.1.2　系统功能模块划分

本系统主要分成两大模块：管理员模块和学生模块。管理员可以通过管理员登录界面登录，登录后可访问系统账号管理、学生信息管理、个人作品管理和团队作品管理等功能。学生通过学生登录页面进行登录，登录后可访问学生端主页、管理个人信息、添加个人学生作品、查看个人作品、添加团队学生作品和查看团队学生作品等。系统功能页面结构如图 11-1 所示。

11.2　数据库与模型设计和实现

该系统基于三层架构开发，因此需要包括 Model(模型层)、DAL(数据访问层)、BLL(业务逻辑层)和 WEB(表示层)四个项目。DAL、BLL、WEB 层都需要引用 Model 层，因此需要进行 Model 层的设计。Model 层的设计需要基于本系统的数据库表结构。

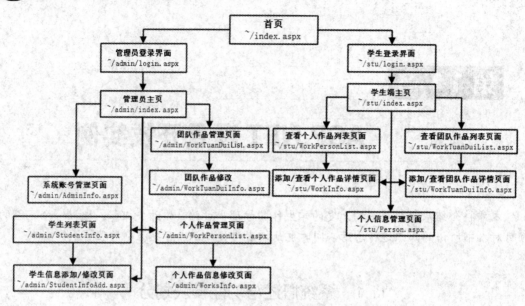

图 11-1　系统功能页面结构

11.2.1　数据库表结构设计

通过对需求的分析，有 4 个对象需要设计模型，分别为：管理员、学生、个人作品、团队作品。因此，数据库中需要对应添加 4 张表格，用于管理 4 个对象的数据。

AdminInfo 表结构如表 11-1 所示，StudentInfo 表结构如表 11-2 所示，WorksInfo 表结构如表 11-3 所示，WorkTuanDui 表结构如表 11-4 所示。

表 11-1　AdminInfo 表结构

字段名	数据类型	说　明
AdminID	int	管理员编号
AdminName	varchar(50)	管理员姓名
AdminPass	varchar(50)	管理员密码

表 11-2　StudentInfo 表结构

字段名	数据类型	说　明
UserID	int	学生编号
UserName	varchar(50)	学生姓名
UserSex	varchar(50)	学生性别
UserNumber	varchar(200)	学生学号
UserPass	varchar(50)	学生登录密码
UserXy	varchar(200)	学生所在学院
UserZy	varchar(200)	学生所处专业
UserBj	vachar(50)	学生所在班级
UserAddTime	varchar(50)	学生账号添加日期

表 11-3　WorksInfo 表结构

字段名	数据类型	说　　明
WorkID	int	作品编号
UserID	int	作者编号
WorkName	varchar(500)	作品名称
WorkCate	varchar(50)	作品类别
WorkDes	text	作品介绍
WorkTime	varchar(50)	作品上传时间
WorkUrl	varchar(300)	作品视频存储地址
WorkPicUrl	varchar(300)	作品截图存储地址

表 11-4　WorkTuanDui 表结构

字段名	数据类型	说　　明
WorkID	int	作品编号
tdmc	varchar(50)	团队名称
UserID_1	int	1 号作者编号
UserID_1_des	text	1 号作者介绍
UserID_2	int	2 号作者编号
UserID_2_des	text	2 号作者介绍
UserID_3	int	3 号作者编号
UserID_3_des	text	3 号作者介绍
WorkName	varchar(50)	作品名称
WorkCate	varchar(50)	作品类别
WorkDes	text	作品介绍
WorkTime	varchar(50)	作品上交时间
WorkUrl	text	作品存储地址
WorkPicUrl	text	作品截图存储地址

11.2.2　模型设计

对应数据库表的 4 个对象模型，分别为管理员模型、学生模型、个人作品模型、团队作品模型，如表 11-5～表 11-8 所示。

表 11-5　管理员模型(AdminInfo)字段

字段名	字段类型	字段含义
_adminid	int	管理员编号
_adminname	string	管理员姓名
_adminpass	string	管理员密码

表 11-6 学生模型(StudentInfo)字段

字段名	字段类型	字段含义
_userid	int	学生编号
_username	string	学生姓名
_usersex	string	学生性别
_usernumber	string	学生学号
_userpass	string	学生密码
_userxy	string	学生所在学院
_userzy	string	学生所在专业
_userbj	string	学生所在班级
_useraddtime	string	学生账号添加日期

表 11-7 个人作品模型(WorksInfo)字段

字段名	字段类型	字段含义
_workid	int	个人作品编号
_userid	int	作者的编号
_workname	string	作品名称
_workcate	string	作品类别
_workdes	string	作品介绍
_worktime	string	作品提交时间
_workurl	string	作品的存储地址
_workpicurl	string	作品截图的存储地址

表 11-8 团队作品模型(WorkTuanDui)字段

字段名	字段类型	字段含义
_workid	int	作品编号
_tdmc	string	团队名称
_userid_1	int	1 号作者编号
_userid_1_des	string	1 号作者介绍
_userid_2	int	2 号作者编号
_userid_2_des	string	2 号作者介绍
_userid_3	int	3 号作者编号
_userid_3_des	string	3 号作者介绍
_workname	string	作品名称
_workcate	string	作品类型
_workdes	string	作品介绍
_worktime	string	作品上交时间
_workurl	string	作品存储地址
_workpicurl	string	作品截图存储地址

按照以上的表格建立各个对象的模型，这里以管理员模型的建立为例。先在 Visual Studio 中新建一个空白解决方案，点击"文件"→"新建"→"项目"，在"新建项目"对话框的左侧模板中选择"其他项目类型"中的 Visual Studio 解决方案，再在对话框中选择"空白解决方案"，取名为"StudentShow"，选择合适的路径后点击"确定"按钮，如图 11-2 所示。

图 11-2　新建空白解决方案

创建完解决方案之后，在解决方案资源管理器中右键单击解决方案名称，选择"添加"→"新建项目"，选择"类库"，取名为"SDM.Model"，如图 11-3 所示。

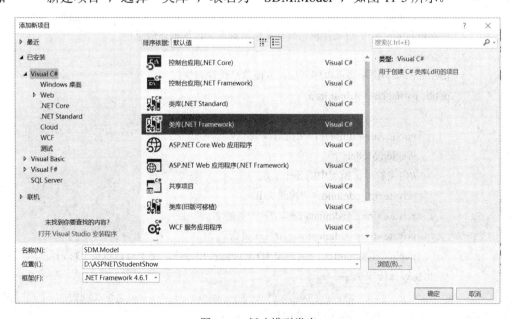

图 11-3　新建模型类库

在解决方案资源管理器中，右键单击类库名，选择"添加"→"类"，取名为"AdminInfo"，最后点击"添加"按钮，如图 11-4 所示。

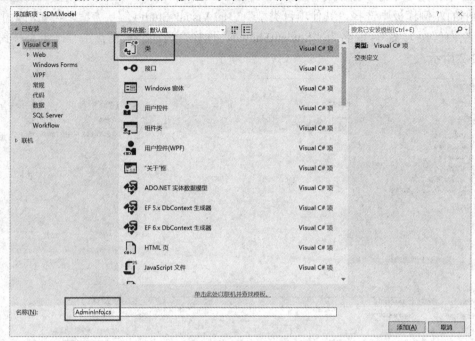

图 11-4　添加类库

根据管理员模型字段表设计 AdminInfo 类，在其中填入如下代码：

```
using System;
namespace SDM.Model
{
    ///<summary>
    /// AdminInfo:实体类(属性说明自动提取数据库字段的描述信息)
    ///</summary>
    [Serializable]//提示类可以序列化，方便信息传输和保存
    public partial class AdminInfo
    {
        public AdminInfo(){}    //构造函数
        #region Model
        //定义管理员模型中的各个字段
        private int _adminid;    //管理员 ID
        private string _adminname;    //管理员姓名
        private string _adminpass;    //管理员密码
        public int AdminID    //管理员 ID 对应的接口方法，便于对管理员 ID 进行修改，同时
        也能够保证安全性
        {
            set{ _adminid=value;}
```

```
            get{return _adminid;}
        }
        public string AdminName    //管理员姓名对应的接口方法
        {
            set{ _adminname=value;}
            get{return _adminname;}
        }
        public string AdminPass    //管理员密码对应的接口方法
        {
            set{ _adminpass=value;}
            get{return _adminpass;}
        }
        #endregion Model
    }
}
```

采用同样的方法设计其他 3 个类，设计完 Model 层后的解决方案资源管理器如图 11-5 所示。

图 11-5　Model 层的设计

11.3　数据访问层的设计与实现

数据访问层是数据访问的接口，业务逻辑层通过调用数据访问层提供的接口对数据库进行操作。每一个对象都对应一个类，用来存储该对象对数据库进行的操作。

11.3.1　基本数据访问类的实现

由于数据库的基本操作都是相同的，所以创建一个 DbhelperSQL 类用来存储数据库基本操作，这样可以充分提高代码的复用率和开发效率。

在解决方案中，创建一个类库，取名为"SDM.DAL"。在这个类库中添加一个类，取名为"DbHelperSQL"，在其中编写各种基础的数据库操作，部分代码如下：

首先引入必要的命名空间：

```
using System;
using System.Collections;
using System.Data;
using System.Data.SqlClient;
using System.Configuration;
using System.Collections.Generic;
```

在 DbHelperSQL 类中添加读取数据库连接字符串的代码。首先需要获取在 web.config 中配置的数据库连接字符串，以便确定对哪个数据库进行操作。下面代码中的 "ConnectionSQLstring"表示的是 web.config 中配置的数据库连接字符串的名称。

```
public static string connectionString = ConfigurationManager.ConnectionStrings
        ["ConnectionSQLstring"].ConnectionString;
```

添加查询数据库表记录的方法 GetSingle()，可以通过以下两种方法实现：

(1) 传入 SQL 语句的方法。传入一个参数 SQLString，代表 SQL 语句，一般是在查询不需要参数的 SQL 命令时使用。例如，查询一张表的总记录数，在 SQL 语句中就不需要参数。

```
public static object GetSingle(string SQLString)
{
    //新建数据库连接
    using (SqlConnection connection = new SqlConnection(connectionString))
    {
    //新建 SqlCommand 对象，用于 SQL 语句执行
        using(SqlCommand cmd = new SqlCommand(SQLString, connection))
        {
          try
          {
              connection.Open();   //打开数据库
              object obj = cmd.ExecuteScalar();   //返回查询对象
              //如果查询结果 obj 不为 null，则返回 obj 对象，否则返回 null
              if ((Object.Equals(obj, null)) || (Object.Equals(obj, System.DBNull.Value)))
              {
                  return null;
              }
              else
              {
                  return obj;
              }
```

```
        }
        catch (System.Data.SqlClient.SqlException e)
        {
            connection.Close();
            throw e;
        }
    }
}
```

(2) 传入 SQL 语句及 SQL 语句参数的方法。传入参数 SQLString 表示需要执行的数据库查询操作的 SQL 语句，另一个传入参数 cmdParms 是数组，代表的是 SQL 语句中各个参数的具体参数值。

```
public static object GetSingle(string SQLString, params SqlParameter[] cmdParms)
{
    //新建数据库连接
    using (SqlConnection connection = new SqlConnection(connectionString))
    {
        //新建一个 SqlCommand 对象，用于 SQL 语句的执行
        using (SqlCommand cmd = new SqlCommand())
        {
            try
            {
                //调用 PrepareCommand()方法，将 SQL 语句和参数结合到 SqlCommand 对象中
                PrepareCommand(cmd, connection, null, SQLString, cmdParms);
                //执行 ExecuteScalar()方法，将 SQl 语句执行结果的第一行第一列的值作为一个
                //object 对象返回
                object obj = cmd.ExecuteScalar();
                cmd.Parameters.Clear();
                //obj 对象为 null，则返回 null，否则返回该对象
                if ((Object.Equals(obj, null)) || (Object.Equals(obj, System.DBNull.Value)))
                {
                    return null;
                }
                else
                {
                    return obj;
                }
            }
            catch (System.Data.SqlClient.SqlException e)
```

```
            {
                throw e;
            }
        }
    }


//PrepareCommand()方法，将 SQL 语句和各个参数结合到 SqlCommand 对象 cmd 中
private static void PrepareCommand(SqlCommand cmd, SqlConnection conn, SqlTransaction trans,
string cmdText, SqlParameter[] cmdParms)
    {
        //检查数据库状态是否打开，如果未打开，则执行数据库打开操作 conn.Open()
        if (conn.State != ConnectionState.Open)
            conn.Open();
        cmd.Connection = conn;
        cmd.CommandText = cmdText;
        if (trans != null)
            cmd.Transaction = trans;
            cmd.CommandType = CommandType.Text;//cmdType;
            if (cmdParms != null)
            {
                foreach (SqlParameter parameter in cmdParms)
                {
                    if ((parameter.Direction == ParameterDirection.InputOutput || parameter.Direction
                        == ParameterDirection.Input) && (parameter.Value == null))
                    {
                        parameter.Value = DBNull.Value;
                    }
                    cmd.Parameters.Add(parameter);
                }
            }
    }
```

编写 Exists()方法用于查询相关的记录是否存在；和 GetSingle()方法相同，它也有两种传参方法。它调用上面提到的 GetSingle()方法，如果返回的 object 对象不为 null，那么就说明存在此记录，返回 bool 值 true，否则返回 false。

```
public static bool Exists(string strSql, params SqlParameter[] cmdParms)
    {
        //调用 GetSingle()方法，将查询结果作为对象返回
```

```
    object obj = GetSingle(strSql, cmdParms);
    int cmdresult;
    if ((Object.Equals(obj, null)) || (Object.Equals(obj, System.DBNull.Value)))
    {
        cmdresult = 0;
    }
    else
    {
        cmdresult = int.Parse(obj.ToString());
    }
    if (cmdresult == 0)
    {
        return false;
    }
    else
    {
        return true;
    }
}
```

数据库操作中有一些简单操作，只需要 SQL 语句，不需要额外的参数，也不需要返回数据，比如批量删除数据。这里介绍一个执行简单 SQL 语句的方法 ExecuteSql()，它只有一个传入参数，就是需要执行的 SQL 语句；返回一个 int 型数据，表示执行该 SQL 语句后影响的记录数。

```
public static int ExecuteSql(string SQLString)
{
    //新建数据库连接对象
    using (SqlConnection connection = new SqlConnection(connectionString))
    {
        //新建 SqlCommand 对象，用于执行 SQL 语句
        using (SqlCommand cmd = new SqlCommand(SQLString, connection))
        {
            try
            {
                connection.Open();    //打开数据库
                int rows = cmd.ExecuteNonQuery();    //获取受影响的记录数
                return rows;    //返回受影响的记录数
            }
            catch (System.Data.SqlClient.SqlException e)
            {
```

```
                    connection.Close();
                    throw e;
                }
            }
        }
    }
```

当需要进行带参数的数据库操作时，例如，删除某条特定的记录，增加一条记录，改动某条特定记录时，需要传入参数。接下来介绍执行带参数 SQL 语句的 ExecuteSql()方法。该方法在前一种简单操作 ExecuteSql()方法的基础上多了一个传入参数 cmdParams，这是一个数组，存储了 SQL 语句中多个参数的值。因为 SQL 语句有额外参数，所以需要调用 PrepareCommand()方法，将 SQL 语句和参数结合到 SqlCommand 对象中，然后调用 ExecuteNonQuery()方法，执行数据库的 Insert、Update 或 Delete 命令，返回一个 int 型数据，表示执行该 SQL 语句后影响的记录数。

```
public static int ExecuteSql(string SQLString, params SqlParameter[] cmdParms)
{
    //新建数据库连接
    using (SqlConnection connection = new SqlConnection(connectionString))
    {
        //新建 SqlCommand 对象，用于执行 SQL 语句
        using (SqlCommand cmd = new SqlCommand())
        {
            try
            {
                //将 SQl 语句和参数添加到新建的 cmd 对象中
                PrepareCommand(cmd, connection, null, SQLString, cmdParms);
                int rows = cmd.ExecuteNonQuery();   //返回受影响的记录数
                cmd.Parameters.Clear();
                return rows;
            }
            catch (System.Data.SqlClient.SqlException e)
            {
                throw e;
            }
        }
    }
}
```

有时数据库中查询的数据可能有很多条记录，这时候就需要用到 Query()方法。首先介绍执行不带参数的 SQL 语句的 Query()方法，此方法只有一个传入参数 SQLString，代表 SQL 语句。例如，用户需要查询某个表格的所有数据时，是不需要 SQL 参数的。使用

SqlDataAdapter 对象执行数据库命令后，可以将结果集填充到 DataSet 对象的数据表中。这样，Query()方法就能获得数据库操作结果集，并以 DataSet 的形式返回数据。

```
public static DataSet Query(string SQLString)
{
    //建立数据库连接
    using (SqlConnection connection = new SqlConnection(connectionString))
    {
        //新建 DataSet 对象，用于存储结果并返回
        DataSet ds = new DataSet();
        try
        {
            connection.Open();   //打开数据库
            SqlDataAdapter command = new SqlDataAdapter(SQLString, connection);
            command.Fill(ds, "ds");   //填充数据
        }
        catch (System.Data.SqlClient.SqlException ex)
        {
            throw new Exception(ex.Message);
        }
        return ds;   //返回结果
    }
}
```

接下来介绍执行带参数 SQL 语句的 Query()方法。基本框架和之前的方法类似，只是多了调用 PrepareCommand()方法。

```
public static DataSet Query(string SQLString, params SqlParameter[] cmdParms)
{
    //新建数据库连接
    using (SqlConnection connection = new SqlConnection(connectionString))
    {
        //新建 SqlCommand 对象
        SqlCommand cmd = new SqlCommand();
        //将 SQL 语句和参数添加到新建的 SqlCommand 对象中
        PrepareCommand(cmd, connection, null, SQLString, cmdParms);
        //新建 SqlDataAdapter 对象，用于将结果集传输到 DataSet 对象中
        using (SqlDataAdapter da = new SqlDataAdapter(cmd))
        {
            //新建 DataSet 对象，用于存储和返回结果集
            DataSet ds = new DataSet();
            try
```

```
            {
                da.Fill(ds, "ds");   //填充数据
                cmd.Parameters.Clear();
            }
            catch (System.Data.SqlClient.SqlException ex)
            {
                throw new Exception(ex.Message);
            }
            return ds;   //返回数据
        }
    }
}
```

    DbHelperSQL 类中的代码基本涵盖了适应各种数据访问情况的方法，包括执行简单 SQL 语句、执行带参数的 SQL 语句和执行存储过程等。因为不涉及具体的数据库与表，所以 DbHelperSQL.cs 这个文件可以复用到其他项目中。因为本书篇幅有限，所以只展示了本项目中具体要用到的几个方法，详细代码见本章项目源程序。

11.3.2　各对象对应数据访问类实现

    创建完基础数据库操作类 DbHelperSQL 后，开始创建每个对象对应的数据访问层类，在 SDM.DAL 中分别添加名为 AdminInfo.cs、StudentsInfo.cs、WorksInfo.cs 和 WorkTuanDui.cs 的类。

    在 AdminInfo.cs 中实现的 AdminInfo 类，代码如下：

```
using System;
using System.Data;
using System.Text;
using System.Data.SqlClient;

namespace SDM.DAL
{
    public partial class AdminInfo
    {
        public AdminInfo()
        {}
        #region    BasicMethod

        #endregion BasicMethod
        #regionExtensionMethod
```

```
        #endregion   ExtensionMethod
    }
}
```

接下来在"#region BasicMethod"和"#endregion BasicMethod"之间添加 AdminInfo 的基本方法，完成管理员的登录验证和管理员账号的增、删、改、查操作。

(1) Exists()方法。该方法有一个传入参数 AdminID，可以根据管理员 ID 查询管理员账户是否存在。该方法中需要创建 SQL 查询语句，然后调用基本数据访问类 DbHelperSQL 中的 Exists()方法，判断管理员用户是否存在。如果存在，返回 bool 值 true，否则返回 false。

```
public bool Exists(int AdminID)
{
    //新建一个可变字符序列对象
    StringBuilder strSql=new StringBuilder();
    //调用 strSql 对象的 Append()方法，逐步加入 SQL 语句
    strSql.Append("select count(1) from AdminInfo");
    strSql.Append(" where AdminID=@AdminID");
    //将传入的管理员 ID 转化成 SQL 语句中的参数形式
    SqlParameter[] parameters = {new SqlParameter("@AdminID", SqlDbType.Int,4)};
    parameters[0].Value = AdminID;
    //调用 DbHelperSQL 类中的 Exists()方法，并返回结果
    return DbHelperSQL.Exists(strSql.ToString(),parameters);
}
```

(2) Add()方法。该法用来增加一条管理员记录，传入一个参数 model，即传入一个管理员对象。该方法需要创建插入的 SQL 语句，然后将管理员对象中的各个字段转化成 SQL 语句中的参数，最后调用 GetSingle()方法，执行 SQL 命令。如果返回对象 obj 不为 null，则添加成功，否则添加失败。

```
public int Add(SDM.Model.AdminInfo model)
{
    //新建一个可变序列对象
    StringBuilder strSql=new StringBuilder();
    //调用 strSql 对象的 Append()方法，逐步加入 SQL 语句
    strSql.Append("insert into AdminInfo(");
    strSql.Append("AdminName,AdminPass)");
    strSql.Append(" values (");
    strSql.Append("@AdminName,@AdminPass)");
    strSql.Append(";select @@IDENTITY");
    //将传入参数转化成 SQL 语句中的参数形式，并存储到数组 parameters 中
    SqlParameter[] parameters = {
        new SqlParameter("@AdminName", SqlDbType.VarChar,50),
```

```
                new SqlParameter("@AdminPass", SqlDbType.VarChar,50)};
        parameters[0].Value = model.AdminName;
        parameters[1].Value = model.AdminPass;
        //执行数据库插入操作，再返回查询结果，如果有返回结果，则说明插入成功，否则失败
        object obj = DbHelperSQL.GetSingle(strSql.ToString(),parameters);
        if (obj == null)
        {
            return 0;
        }
        else
        {
            return Convert.ToInt32(obj);
        }
    }
```

(3) Update()方法。该方法的作用是对数据库中的管理员信息进行更改，例如，更改密码或用户名等。其基本步骤和 Add()方法类似，也是将一个管理员对象作为传入参数。该方法首先生成 SQL 语句，然后将管理员对象中的各个字段转化成 SQL 语句中的参数，最后调用 DbHelperSQL 类中的 ExecuteSql()方法，SQL 语句执行后，该方法会返回受影响的记录数，如果记录数为 0，则说明更新失败，如果记录数大于 0，则说明更新成功。

```
public bool Update(SDM.Model.AdminInfo model)
{
    //新建一个可变序列对象
    StringBuilder strSql=new StringBuilder();
    //调用 strSql 对象的 Append()方法，逐步加入 SQL 语句
    strSql.Append("update AdminInfo set ");
    strSql.Append("AdminName=@AdminName,");
    strSql.Append("AdminPass=@AdminPass");
    strSql.Append(" where AdminID=@AdminID");
    //将传入参数转化成 SQL 语句中的参数形式，并存储到数组 parameters 中
    SqlParameter[] parameters = {
            new SqlParameter("@AdminName", SqlDbType.VarChar,50),
            new SqlParameter("@AdminPass", SqlDbType.VarChar,50),
            new SqlParameter("@AdminID", SqlDbType.Int,4)};
    parameters[0].Value = model.AdminName;
    parameters[1].Value = model.AdminPass;
    parameters[2].Value = model.AdminID;
    //调用 ExecuteSql()方法，返回执行 SQL 语句后受影响的记录数
    int rows=DbHelperSQL.ExecuteSql(strSql.ToString(),parameters);
    if (rows > 0)
```

```
        {
            return true;//如果受影响行数大于 0，则返回 true，表明更新成功
        }
        else
        {
            return false;//否则，返回 false，表明更新失败
        }
    }
```

(4) Delete()方法。此方法有一个传入参数，作用是根据传入的管理员 ID，在数据库中删除对应的记录。其基本流程和前 3 个方法类似，只不过是 SQL 语句变成了删除操作，同样调用 DbHelperSQL 类中的 ExecuteSql()方法，如果在执行 SQL 返回语句后返回的受影响记录数大于 0，则说明删除成功，否则删除失败。

```
public bool Delete(int AdminID)
{
    //新建一个可变序列对象
    StringBuilder strSql=new StringBuilder();
    //调用 strSql 对象的 Append()方法，逐步加入 SQL 语句
    strSql.Append("delete from AdminInfo ");
    strSql.Append(" where AdminID=@AdminID");
    //将传入参数转化成 SQL 语句中的参数形式，并存储到数组 parameters 中
    SqlParameter[] parameters = {new SqlParameter("@AdminID", SqlDbType.Int,4)};
    parameters[0].Value = AdminID;
    //调用 ExecuteSql()方法，返回执行 SQL 语句后受影响的记录数
    int rows=DbHelperSQL.ExecuteSql(strSql.ToString(),parameters);
    if (rows > 0)
    {
        return true;//如果受影响行数大于 0，则返回 true，表明删除成功
    }
    else
    {
        return false;//否则，返回 false，表明删除失败
    }
}
```

(5) DeleteList()方法。该方法的作用是批量删除数据，有一个 string 类型的传入参数，该参数中包含着需要删除的多个管理员记录的管理员 ID。该方法的实现与 Delete()方法类似。

```
public bool DeleteList(string AdminIDlist )
{
    //新建一个可变序列对象
```

```
StringBuilder strSql=new StringBuilder();
//调用 strSql 对象的 Append()方法，逐步加入 SQL 语句
strSql.Append("delete from AdminInfo ");
strSql.Append(" where AdminID in ("+AdminIDlist + ")    ");
//调用 ExecuteSql()方法，返回执行 SQL 语句后受影响的记录数
int rows=DbHelperSQL.ExecuteSql(strSql.ToString());
if (rows > 0)
{
    return true;   //如果受影响行数大于 0，则返回 true，表明删除成功
}
else
{
    return false;   //否则，返回 false，表明删除失败
}
}
```

(6) GetModel()方法。该方法有一个传入参数，作用是通过管理员 ID 对数据库进行查询，并返回一个管理员类的对象实体。该方法的实现流程与前述方法类似，即首先创建 SQL 语句，然后将传入参数转化为 SQL 语句的参数，不同的是这里调用的是 DbHelperSQL 类中的 Query()方法，该方法会将查询到的数据以 DataSet 的形式返回，所以最后需要调用 DataRowToModel()方法，如果 DataSet 不为 null，则将 DataSet 的数据表中的第一行数据作为管理员对象返回，否则返回 null。

```
public SDM.Model.AdminInfo GetModel(int AdminID)
{
    //新建一个可变序列对象
    StringBuilder strSql=new StringBuilder();
    //调用 strSql 对象的 Append()方法，逐步加入 SQL 语句
    strSql.Append("select    top 1 AdminID, AdminName,AdminPass from AdminInfo ");
    strSql.Append(" where AdminID=@AdminID");
    //将传入参数转化成 SQL 语句中的参数形式，并存储到数组 parameters 中
    SqlParameter[] parameters = {new SqlParameter("@AdminID", SqlDbType.Int,4)};
    parameters[0].Value = AdminID;
    //新建一个管理员对象，用于存放结果并返回
    SDM.Model.AdminInfo model=new SDM.Model.AdminInfo();
    //调用 DbHelperSQL 类中的 Query()方法，得到结果集 ds
    DataSet ds=DbHelperSQL.Query(strSql.ToString(),parameters);
    if(ds.Tables[0].Rows.Count>0)
    {
        //如果 ds 不为空，则返回 ds 中第一行第一列的数据
        return DataRowToModel(ds.Tables[0].Rows[0]);
```

```
                    }
                else
                {
                        //结果集 ds 为空，返回 null
                        return null;
                }
        }
```

(7) DataRowToModel()方法。该方法有一个传入参数，表示 DataSet 数据表中的一行数据。该方法新建了一个管理员对象实体，将传入参数赋值到这个对象实体上，然后返回此对象。

```
        public SDM.Model.AdminInfo DataRowToModel(DataRow row)
        {
                //新建管理员对象实体
                SDM.Model.AdminInfo model=new SDM.Model.AdminInfo();
                if (row != null)
                {
                        if(row["AdminID"]!=null && row["AdminID"].ToString()!="")
                        {
                                //对管理员对象实体进行赋值
                                model.AdminID=int.Parse(row["AdminID"].ToString());
                        }
                        if(row["AdminName"]!=null)
                        {
                                model.AdminName=row["AdminName"].ToString();
                        }
                        if(row["AdminPass"]!=null)
                        {
                                model.AdminPass=row["AdminPass"].ToString();
                        }
                }
                return model;   //返回管理员对象
        }
```

(8) GetList()方法。该方法有一个传入参数 strWhere，代表 SQL 查询语句中的查询条件。该方法的作用是通过某些条件来获取一些数据。与前面的方法类似，该法的实现流程是：首先创建 SQL 语句，然后调用 DbhelperSQL 类中的 Query()方法，以 DataSet 的形式返回结果集。

```
        public DataSet GetList(string strWhere)
        {
                //新建一个可变序列对象
                StringBuilder strSql=new StringBuilder();
```

```
//调用 strSql 对象的 Append()方法，逐步加入 SQL 语句
strSql.Append("select AdminID,AdminName,AdminPass ");
strSql.Append(" FROM AdminInfo ");
if(strWhere.Trim()!="")
{
    strSql.Append(" where "+strWhere);
}
//调用 DbHelperSQL 类中的 Query()方法，返回结果集
return DbHelperSQL.Query(strSql.ToString());
}
```

(9) GetList()方法。它和前一个方法名相同，但该方法有三个传入参数，Top 的含义是获取前几个数据，strWhere 的含义是查询的条件，filedOrder 的含义是将结果进行排序的字段。该方法的作用是调用 DbhelperSQL 类中的 Query()方法，按照 strWhere 这个条件进行查询，然后按 filedOrder 字段将结果进行排序，返回前 Top 个数据。

```
public DataSet GetList(int Top, string strWhere, string filedOrder)
{
    //新建一个可变序列对象
    StringBuilder strSql=new StringBuilder();
    //调用 strSql 对象的 Append()方法，逐步加入 SQL 语句
    strSql.Append("select ");
    if(Top>0)
    {
        strSql.Append(" top "+Top.ToString());
    }
    strSql.Append(" AdminID,AdminName,AdminPass ");
    strSql.Append(" FROM AdminInfo ");
    if(strWhere.Trim()!="")
    {
        strSql.Append(" where "+strWhere);
    }
    strSql.Append(" order by " + filedOrder);
    //调用 DbHelperSQL 类中的 Query()方法，返回结果集
    return DbHelperSQL.Query(strSql.ToString());
}
```

(10) GetRecordCount()方法。有一个传入参数，strWhere 的含义是查询的条件，该方法的作用是获取符合条件的记录条数，返回的是一个整型值。

```
public int GetRecordCount(string strWhere)
{
    //新建一个可变序列对象
    StringBuilder strSql=new StringBuilder();
```

```
//调用 strSql 对象的 Append()方法，逐步加入 SQL 语句
strSql.Append("select count(1) FROM AdminInfo ");
if(strWhere.Trim()!="")
{
    strSql.Append(" where "+strWhere);
}
//调用 DbHelperSQL 类中的 GetSingle()方法，object 对象的形式返回结果
object obj = DbHelperSQL.GetSingle(strSql.ToString());
if (obj == null)
{
    return 0;    //如果 obj 对象为 null，则返回 0，说明没有符合条件的记录
}
else
{
    //如果 obj 对象不为 null，则将 obj 转化为 int 型数据，并返回
    return Convert.ToInt32(obj);
}
}
```

完成 AdminInfo 类中的基本方法后，需要再编写一个扩展方法，用于判断管理员是否登录成功。有两个传入参数：一个是用户名，另一个是密码。方法实现功能和以上的方法类似，先创建 SQL 语句，再将各个传入参数转换成 SQL 语句中的参数，然后调用 DbhelperSQL 类中的 Query()方法，实际上是实现了一个查询功能，最后返回一个 DataSet 类型的结果。

```
public DataSet GetLogin(string strName, string strPass)
{
    //新建一个可变序列对象
    StringBuilder strsql = new StringBuilder();
    //调用 strSql 对象的 Append()方法，逐步加入 SQL 语句
    strsql.Append("select * from AdminInfo ");
    strsql.Append(" where ");
    strsql.Append(" AdminName=@strname and AdminPass=@strpass ");
    //将传入参数转化成 SQL 语句中的参数形式，并存储到数组 parameters 中
    SqlParameter[] parameter = {new SqlParameter ("@strname",strName ),
                        new SqlParameter ("@strpass",strPass )
    };
    return DbHelperSQL.Query(strsql.ToString(), parameter);
}
```

StudentsInfo、Commernts、WorksInfo、WorkTuanDui 类中对数据库表数据的增、删、改、查操作，基本与 AdminInfo 类的代码类似，其中 StudentsInfo 类中只是多了一些按学生姓名查询、按学生院系查询、学生登录验证等操作，这里不做介绍，具体代码见项目源程序。

当用户使用系统时，需要显示各种提示信息，很多都是通过浏览器弹窗实现，所以在 SDM.DAL 类库中再添加一个 ShowInfo 类，存放一些基本的 js 命令，以供上层调用。

ShowInfo.cs 中的 ShowInfo 类存储了一些弹出窗口、转到新地址、回到历史页面、刷新父窗口等基本的 js 命令。当然，本项目中只用到了 Alert()方法，该方法用于弹出提示窗口，下面给出其实现方法，代码如下：

```
using System.Web.UI;
using System.Web.Security;
namespace SDM.DAL
{
    public   class ShowInfo
    {
        public ShowInfo()
        { }
        ///<summary>
        ///弹出 JavaScript 小窗口
        ///</summary>
        ///<param name="js">窗口信息</param>
        public static void Alert(string message, Page page)
        {
            string js = @"<Script language='JavaScript'>alert('" + message + "');</Script>";
            if (!page.ClientScript.IsStartupScriptRegistered(page.GetType(), "alert"))
            {
                page.ClientScript.RegisterStartupScript(page.GetType(), "alert", js);
            }
        }
    }
}
```

SDM.DAL 类库建立完毕后解决方案资源管理器如图 11-6 所示。

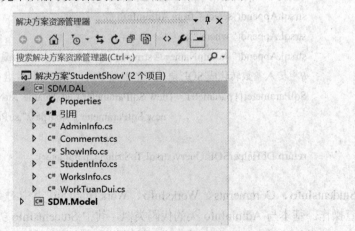

图 11-6　建完数据访问层类库后的解决方案资源管理器

11.4　业务逻辑层的设计与实现

数据访问层主要实现的是各个对象所需进行的基本操作，这些操作之间没有联系。而业务逻辑层则通过调用数据访问层所提供的基本操作方法，并将其进行组合，从而实现更强大的功能。

右键单击解决方案名称，添加一个类库，命名为"SDM.BLL"。在 SDM.BLL 类库中创建四个类与四个对象对应，分别命名为"AdminInfo.cs""StudentInfo.cs""WorksInfo.cs"和"WorkTuanDui.cs"。

AdminInfo.cs 中的 AdminInfo 类主要实现管理员需要进行的复杂操作，但由于本实例中没什么复杂的操作，所以业务逻辑层设计得比较简单，整个文件中代码的布局和 DAL 层的 AdminInfo.cs 基本一致，大多数方法也仅仅只是调用 DAL 中的方法。

AdminInfo 类的实现代码如下：

```
using System;
using System.Data;
using System.Collections.Generic;

using SDM.Model;
namespace SDM.BLL
{
    ///<summary>
    /// AdminInfo
    ///</summary>
    public partial class AdminInfo
    {
        private readonly SDM.DAL.AdminInfo dal=new SDM.DAL.AdminInfo();
        public AdminInfo()
        {}
        #region    BasicMethod
        //是否存在该记录
        public bool Exists(int AdminID)
        {
            return dal.Exists(AdminID);
        }
        //增加一条数据
        public int    Add(SDM.Model.AdminInfo model)
        {
            return dal.Add(model);
```

```
        }
        //更新一条数据
        public bool Update(SDM.Model.AdminInfo model)

        {
                return dal.Update(model);

        }
        //删除一条数据
        public bool Delete(int AdminID)

        {
                return dal.Delete(AdminID);

        }
        //得到一个对象实体
        public SDM.Model.AdminInfo GetModel(int AdminID)

        {


                return dal.GetModel(AdminID);

        }
        //获得数据列表
        public DataSet GetList(string strWhere)

        {
                return dal.GetList(strWhere);

        }
        //获得前几行数据
        public DataSet GetList(int Top,string strWhere,string filedOrder)

        {
                return dal.GetList(Top,strWhere,filedOrder);

        }
        //获得数据列表
        public DataSet GetAllList()

        {
                return GetList("");

        }
        //获取满足条件的数据条数
        public int GetRecordCount(string strWhere)

        {
                return dal.GetRecordCount(strWhere);

        }
        #endregion    BasicMethod
        #region    ExtensionMethod
```

```
public DataSet GetLogin(string strName, string strPass)
{
        return dal.GetLogin(strName, strPass);
}
#endregion    ExtensionMethod
    }
}
```

总体来说，AdminInfo 类还是实现对管理员账户的增、删、改、查和验证登录等方法。其余三个类的实现总体和 AdminInfo 类相似，其中，StudentInfo 类中多了通过学生姓名查询学生、通过学院查询学生等方法，方法实现代码如下：

```
//返回通过学生姓名查询学生的结果
public DataSet GetStudentListByUserName(string username)
{
        return dal.GetStudentListByUserName(username);
}
//返回通过学院查询学生的结果
public DataSet GetStudentListByUserXy(string userxy)
{
        return dal.GetStudentListByUserXy(userxy);
}
```

因为其余三个类的实现与 AdminInfo 类很相似，所以在这里不展开，具体代码详见项目源程序。

三个类库 SDM.Model、SDM.DAL 和 SDM.BLL 编写完成后，需要对每个类库进行编译，以生成相应的程序集，同时需要设置引用关系。

在解决方案资源管理器中右键点击类库名称，选择"生成"，如图 11-7 所示。

图 11-7　编译类库

因为三层架构是一种严格分层方法，即数据访问层(DAL)只能被业务逻辑层(BLL)访问，业务逻辑层只能被表示层(USL)访问。一个包含 DAL、BLL、WEB 和 Model 几个项目的简单三层架构程序中几个项目的相互引用关系如下：

(1) WEB 引用 BLL 和 Model。

(2) BLL 引用 DAL 和 Model。

(3) DAL 引用 Model。

(4) Model 无引用。

根据引用关系来设置各层的引用，具体方法是(以 BLL 引用 DAL 和 Model 为例)：在解决方案资源管理器中右键点击 SDM.BLL，选择"添加"→"引用"，如图 11-8 所示。在打开的引用管理器中，在右侧选择"项目"→"解决方案"，然后就能看到此解决方案中可以被引用的程序集，在 SDM.Model 和 SDM.DAL 前面打钩，最后单击"确定"按钮，如图 11-9 所示。

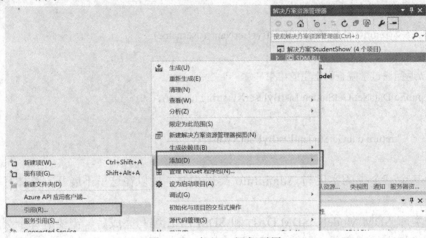

图 11-8　为 BLL 添加引用

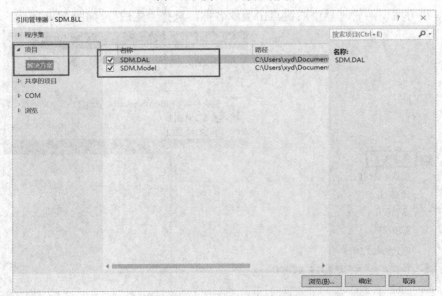

图 11-9　BLL 的引用管理器

11.5 系统页面设计与功能实现

11.5.1 添加空网站与基本配置

学生作品管理平台需要通过浏览器进行访问，所以需要在解决方案中新建一个网站。该网站就是三层架构中的表示层。

在解决方案资源管理器中右键单击解决方案名称，选择"添加"→"新建网站"菜单，打开"添加新网站"对话框；选择"ASP.NET 空网站"，取名为"studis"。选择保存的目录，最后单击"确定"按钮，如图 11-10 所示。

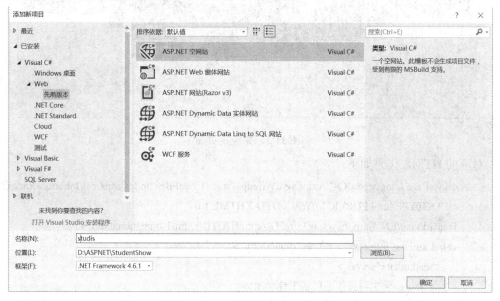

图 11-10 "添加新网站"对话框

根据例 8-1 的方法建立数据库；在服务器资源管理器中用鼠标右键单击表结点，创建 AdminInfo、StudentInfo、WorksInfo、WorkTuanDui 四张表，按照 11.2.1 节的表结构进行设计，并在表中添加一些数据以供测试。

网站作为表示层，需要引用"SDM.Model""SDM.BLL"。按照 11.4 节中的方法，为网站"studis"添加引用，Visual Studio 会自动生成一个 Bin 文件夹，用于存放引用的类库所对应的 dll 文件。

在 studis 网站根目录下新建一个 images 文件夹存放网站设计所需的图片；新建一个 uploadfiles 文件夹，里面再新建三个文件夹："pic"存放个人作品截图；"zuoye"存放个人作品视频；"tuandui"存放团队作品的视频和图片。

11.5.2 网站主页设计

网站主页是用户访问该系统时最先看到的界面，主要作用是区分用户是作为管理员登录还是作为学生登录。因为功能简单，所以设计得简洁大方即可，这里给出一种设计方案，设计效果如图 11-11 所示。

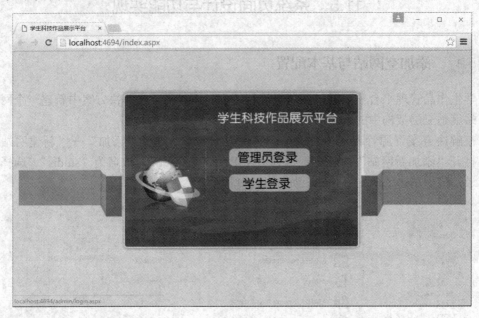

图 11-11 系统主页面

对应的 HTML 代码如下：

```
<%@ Page Language="C#" AutoEventWireup="true" CodeFile="index.aspx.cs" Inherits="index"%>
<!DOCTYPE html PUBLIC"-//W3C//DTD XHTML 1.0
Transitional//EN""http://www.w3.org/TR/xhtml1/DTD/xhtml1-transitional.dtd">
<html xmlns="http://www.w3.org/1999/xhtml">
    <head runat="server">
        <title>学生科技作品展示平台</title>
        </head>
        <body style="background-color:#CEEDCC;font-size:12px;">
            <form id="form1" runat="server">
            <div align="center"><img src="images/tp.gif" border="0" usemap="#Map" />
                <map name="Map" id="Map">
                <area shape="rect" coords="448,186,633,244" href="admin/login.aspx"alt="管理员
                    登录" />
                <area shape="rect" coords="450,248,631,297" href="stu/login.aspx" alt="学生登
                    录" />
                </map>
            </div>
        </form>
    </body>
</html>
```

11.5.3 管理员端相关页面设计与功能实现

为了方便管理，在网站目录下新建一个文件夹，命名为"admin"，用来存放与管理员相关的页面、图片、样式文件等。

1. 管理员登录页面

在 admin 文件夹下添加一个 Web 窗体，命名为"login.aspx"。页面设计如图 11-12 所示。

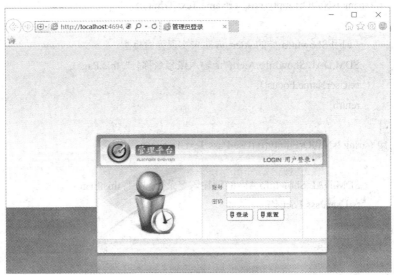

图 11-12　管理员登录页面(login.aspx)

在后台代码中主要实现验证登录的功能。login.aspx.cs 中的关键代码如下：

```
using System;
using System.Data;
using System.Web.UI;
public partial class Admin_login : System.Web.UI.Page
{
    //新建一个 BLL 层 AdminInfo 对象实体 bll，便于调用 BLL 层中的业务逻辑方法
    public SDM.BLL.AdminInfo bll = new SDM.BLL.AdminInfo();
    //Page_Load 事件，当页面首次被访问时，将页面的焦点定位到输入账号的文本框
    protected void Page_Load(object sender, EventArgs e)
    {
        if (!IsPostBack)
        {
            txtUserName.Focus(); //输入账号文本框获得焦点
        }
    }
}
```

当用户点击"登录"按钮时，首先需要判断用户输入的信息是否为空。如果为空，则需要调用 ShowInfo 类中的 Alert()方法，弹出窗口提示输入有误，并将焦点定位到输入为空的文本框。当用户输入的数据符合要求后，则需要调用 BLL 层中的 GetLogin()方法，如果该方法返回的数据条数大于 0，则说明输入的密码正确，然后重新定位到用户的主页面(index.aspx)，否则调用 Alert()方法，提示用户密码错误。登录按钮的 Click 事件如下：

```
protected void btnLogin_Click(object sender, ImageClickEventArgs e)
{
    if (string.IsNullOrEmpty(txtUserName.Text.Trim()))
    {
        //调用 ShowInfo 类的 Alert 方法来实现弹窗提醒
        SDM.DAL.ShowInfo.Alert("请输入账号名称！", this.Page);
        txtUserName.Focus();
        return;
    }
    if (string.IsNullOrEmpty(txtUserPass.Text.Trim()))
    {
        SDM.DAL.ShowInfo.Alert("请输入登录密码！", this.Page);
        txtUserPass.Focus();
        return;
    }
    else
    {
        //返回数据库中用户名与密码符合的信息
        DataTable dt = bll.GetLogin(txtUserName.Text.Trim(),txtUserPass.Text.Trim()).Tables["ds"];
        //如果返回的信息条数大于 0，则代表用户输入的信息正确，重定向到用户主页
        if (dt.Rows.Count > 0)
        {
            Session["userid"] = dt.Rows[0][0].ToString();
            Session["username"] = dt.Rows[0][1].ToString();   //保存登录用户名
            Response.Redirect("index.aspx");   //登录成功，重定向到用户主页
        }
        else
        {
            SDM.DAL.ShowInfo.Alert("对不起，登录失败，请核对您的账号名和密码！",
            this.Page);
            txtUserPass.Text = "";
            txtUserName.Text = "";
        }
    }
}
```

登录页面中的重置按钮是为了方便用户清空输入框，它的 Click 事件代码如下：

```
protected void Reset_Click(object sender, ImageClickEventArgs e)
{
    txtUserName.Text = "";
    txtUserPass.Text = "";
}
```

上面的代码中没有直接操作数据库，而是通过调用已写好的类库中的方法来达到目的，这样不仅能够使代码有效复用，而且修改也非常方便。

2．管理员主页

管理员主页(index.aspx)采用 HTML 框架，通过使用框架，可以在同一个浏览器窗口中显示不止一个页面。使用框架达到的效果和使用母版页达到的效果相似，此案例中可以使用两种不同的方法设计页面。下面使用框架方法设计该页面。

因为采用框架，所以需要把页面的每一部分写在单独的页面中，需要设计的页面有头部页(top.aspx)、主体页(main.aspx)和菜单页(menu.aspx)，效果实现如图 11-13 所示。

图 11-13　管理员主页面(~/admin/index.aspx)

管理员主页面(index.aspx)的 HTML 代码如下：

```
<%@ Page
Language="C#" AutoEventWireup="true" CodeFile="index.aspx.cs" Inherits="Admin_index"%>
<!DOCTYPE html PUBLIC"-//W3C//DTD XHTML 1.0
Transitional//EN""http://www.w3.org/TR/xhtml1/DTD/xhtml1-transitional.dtd">
<html xmlns="http://www.w3.org/1999/xhtml">
<head runat="server">
<meta http-equiv="Content-Type" content="text/html; charset=gb2312"/>
```

```
<link href="css/body.css" rel="stylesheet"/>
<title>学生科技作品展示平台</title>
    </head>
    <frameset rows="60,*"cols="*" frameborder="no" border="0" framespacing="0">
        <frame src="top.aspx" name="topFrame" scrolling="no">
        <frameset cols="180,*"name="btFrame" frameborder="NO" border="0"framespacing="0">
            <frame src="menu.aspx" noresizename="menu" scrolling="yes">
            <frame src="main.aspx" noresizename="main" scrolling="yes">
        </frameset>
    </frameset>
    <noframes>
        <bodyclass="noframebody">您的浏览器不支持框架！</body>
    </noframes>
</html>
```

以上代码只是一个框架，通过引用其他页面来进行显示，其中的<frame>标签中存放需要显示的页面。当此页面运行时，所有被引用的页面都会按照事先的布局显示在一张页面中。

top.aspx 中主要有一个超链接和一个 LinkButton 控件。top.aspx 的后台代码主要实现注销登录的功能，将保存在 Session 中的用户信息清除。关键代码如下：

```
protected void btnLoginOut_Click(object sender, EventArgs e)
{
    Session.Clear();
    Response.Write("<script>alert('注销成功！');parent.location.href='../index.aspx'</script>");
}
```

menu.aspx 主要实现菜单功能，用于导航到所需的功能页面，所以不涉及后台代码。部分 HTML 代码如下：

```
<form id="form1" runat="server">
<div>
<table width='99%' height="100%" border='0' cellspacing='0' cellpadding='0'>
    <tr>
        <td style='padding-left:3px;padding-top:8px' valign="top">
            <dl class='bitem'>
            <dt onclick='showHide("items1_1")'><b>系统参数</b></dt>
            <dd style='display:block' class='sitem' id='items1_1'>
            <ul class='sitemu'>
                <li>
                    <div class='items'>
                        <div class='fllct'>
                            <a href='admininfo.aspx?action=Add' target='main'>系统账号管理</a>
```

```
              </div>
            </div>
          </li>
        </ul>
      </dd>
    </dl>
    <dl class='bitem'>
    <dt onclick='showHide("items4_1")'><b>学生信息管理</b></dt>
    <dd style='display:block' class='sitem' id='items4_1'>
    <ul class='sitemu'>
        <li><a href='StudentInfo.aspx' target='main'>学生列表</a></li>
        <li>
            <a href='StudentInfoAdd.aspx?action=Add' target='main'>添加学生信息</a>
        </li>
    </ul>
    </dd>
    </dl>
    <dl class='bitem'>
    <dt onclick='showHide("items4_8")'><b>个人作品管理</b></dt>
    <dd style='display:block' class='sitem' id='items4_8'>
    <ul class='sitemu'>
        <li><a href='WorkPersonList.aspx' target='main'>作品列表</a></li>
    </ul>
    </dd>
    </dl>
    <dl class='bitem'>
    <dt onClick='showHide("items4_6")'><b>团队作品管理</b></dt>
    <dd style='display:block' class='sitem' id='items4_6'>
    <ul class='sitemu'>
        <li><a href='WorkTuanDuiList.aspx' target='main'>作品列表</a></li>
    </ul>
    </dd>
    </dl>
        </td>
      </tr>
    </table>
    </div>
    </form>
```

源码中的 showHide 方法是 javascript 脚本，用于对菜单进行动态展开和隐藏。读者可以参考本书提供的示例代码编写。

menu.aspx.cs 中的后台代码如下：

```
protected void Page_Load(object sender, EventArgs e)
{
    if (Session["username"] == null)
    {
        Response.Write("<script>alert('登录超时，请重新登录！');
        parent.location.href='login.aspx'</script>");
    }
}
```

main.aspx 页面主要显示需要对管理员进行说明的信息，这里不展开介绍。

3. 账号管理页面

系统账号管理页面(AdminInfo.aspx)主要实现对系统管理员账号的管理，包括增加、删除、修改和查询。

页面中包含两个 TextBox 控件对应账号和密码，两个 Button 控件对应修改和添加，一个 Repeater 控件用于显示数据库中的管理员账号信息。为了方便操作，在显示的每条记录后面放置了"修改"和"删除"两个按钮。

设计完成的页面如图 11-14 所示。

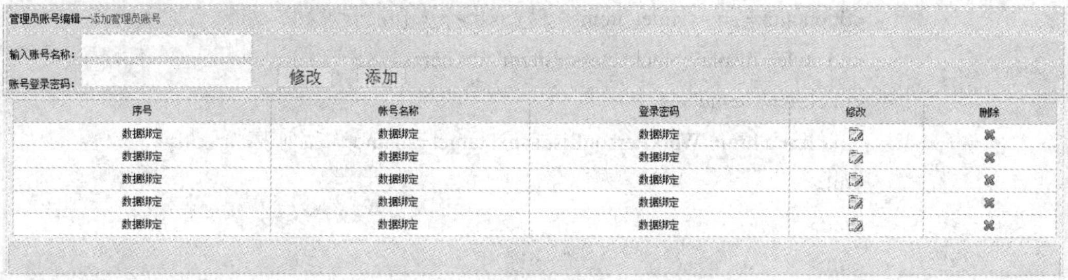

图 11-14　AdminInfo.aspx 的设计页面

在 AdminInfo.aspx 的【源】视图中的 Repeater 控件代码如下：

```
<asp:Repeater ID="Repeater1" runat="server">
<HeaderTemplate>
    <table width="100%" border="0" cellpadding="0" cellspacing="1" bgcolor="#CCCCCC">
    <tr>
        <td bgcolor="#EEEED1"><div align="center" class="STYLE6">序号</div></td>
        <td bgcolor="#EEEED1"><div align="center" class="STYLE6">账号名称</div></td>
        <td bgcolor="#EEEED1"><div align="center" class="STYLE6">登录密码</div></td>
        <td bgcolor="#EEEED1"><div align="center" class="STYLE6">修改</div></td>
        <td bgcolor="#EEEED1"><div align="center" class="STYLE6">删除</div></td>
    </tr>
</HeaderTemplate>
<ItemTemplate>
```

```html
<tr>
    <td bgcolor="#FFFFFF"><div align="center"><%#Container.ItemIndex + 1%></div></td>
    <td bgcolor="#FFFFFF"><div align="center"><%#Eval("AdminName")%></div></td>
    <td bgcolor="#FFFFFF"><div align="center"><%#Eval("AdminPass")%></div></td>
    <td bgcolor="#FFFFFF"><div align="center"><a href ='
        Admininfo.aspx?id=<%#Eval("AdminID")%>&action=Edit' class="blue">
        <img alt="Edit" src="images/edit.gif" border="0px" /></a></div></td>
    <td bgcolor="#FFFFFF"><div align="center"><a href =
        'sqlDel.aspx?id=<%#Eval("AdminID") %>&action=DelAdmin'>
        <img alt="Delete" src="images/delete.gif" border="0px" /></a></div></td>
</tr>
</ItemTemplate>
<FooterTemplate></table></FooterTemplate>
</asp:Repeater>
```

在上面这段 HTML 代码中,利用 Repeater 控件将已存在的管理员账号显示出来,并利用 Eval()方法将信息显示到指定位置上。Repeater 控件中的"修改"和"删除"按钮可以链接到相关页面,并传入名为 action 的查询字符串。例如"修改"按钮,链接到本页(Admininfo.aspx),传入的查询字符串是 action=Edit,这用于区分用户跳转到目标页面进行的是什么操作。

打开 AdminInfo.aspx.cs,编写后台代码。首先创建两个对象:

```
public SDM.BLL.AdminInfo bll = new SDM.BLL.AdminInfo();

public SDM.Model.AdminInfo model = new SDM.Model.AdminInfo();
```

考虑到此页面功能中的修改和添加管理员信息需要显示不同的信息,完成不同的功能,所以在 Page_Load 中需要根据传入页面的查询字符串进行不同操作。同时,需要调用bind()方法。代码如下:

```csharp
protectedvoid Page_Load(object sender, EventArgs e)
{
    if (!IsPostBack)
    {
        switch (Request.QueryString["action"].ToString().Trim())
        {
            //当需要添加管理员时,需要显示"提交"按钮,隐藏"保存"按钮
            case"Add":
                btnEdit.Visible = false;
                btnAdd.Visible = true;
                break;
            //当需要修改现有的管理员信息时,需要显示"保存"按钮,隐藏"提交"按钮
            case"Edit":
                btnEdit.Visible = true;
```

```
                btnAdd.Visible = false;
                int id = int.Parse(Request.QueryString["id"]);
                model = bll.GetModel(id);
                txtUserName.Text = model.AdminName.ToString();
                txtPwd.Text = model.AdminPass.ToString();
                break;
        }
        bind();
    }
}
```

//定义一个 bind 方法，将管理员信息绑定到 Repeater 控件上
```
protected void bind()
{
    //调用 BLL 层中的函数返回所有管理员账户信息，并绑定到 Repeater 控件
    Repeater1.DataSource = bll.GetAllList();
    Repeater1.DataBind();
}
```

//修改按钮的 Click 事件代码
```
protected void btnEdit_Click(object sender, EventArgs e)
{
    model = CreateModel();
    model.AdminID = int.Parse(Request.QueryString["id"].ToString());
    bll.Update(model);
    SDM.DAL.ShowInfo.Alert("操作成功！", this.Page);
    bind();//重新刷新数据
}
```

//添加按钮的 Click 事件过程
```
protected void btnAdd_Click(object sender, EventArgs e)
{
    if (txtUserName.Text == "" || txtPwd.Text == "")
    {
        SDM.DAL.ShowInfo.Alert("账号和密码不能为空！", this.Page);
        return;
    }
    else
    {
        bll.Add(CreateModel());    //向数据库中添加一个管理员账号
        SDM.DAL.ShowInfo.Alert("操作成功!", this.Page);
```

```
            bind();//重新刷新 Repeater 控件上的数据
        }
    }

    //checkmodel 方法用于构造一个管理员数据模型对象
    protected SDM.Model.AdminInfo CreateModel()
    {
        model.AdminName = txtUserName.Text.Trim();
        model.AdminPass = txtPwd.Text.Trim();
        return model;
    }
```

其中，删除功能是将所选数据的 AdminID 作为查询字符串的值传入 sqlDel.aspx 页面。sqlDel 页面中完成各类相关的删除操作，供各页面调用。

sql.aspx 没有页面设计，只有后台代码。后台代码如下：

```
    protected void Page_Load(object sender, EventArgs e)
    {
        //从查询字符串中读取需要删除的 id 值
        int id = int.Parse(Request.QueryString["id"]);
        if (!IsPostBack)
        {
            //根据传入的 action 值判断需要进行的操作
            switch (Request.QueryString["action"].ToString().Trim())
            {
                case "DelStudent":          //删除学生账号
                    SDM.BLL.StudentsInfo bllStudent = new SDM.BLL.StudentsInfo();
                    bllStudent.Delete(id);
                    SDM.DAL.ShowInfo.AlertAndRedirect("删除成功！", "StudentInfo.aspx", this.Page);
                    break;
                case "DelAdmin":            //删除管理员账号
                    SDM.BLL.AdminInfo bllAdminInfo = new SDM.BLL.AdminInfo();
                    bllAdminInfo.Delete(id);
                    SDM.DAL.ShowInfo.AlertAndRedirect("删除成功！", "AdminInfo.aspx?action
                                                    =add", this.Page);
                    break;
                case "DelWorkPerson":       //删除个人作品
                    SDM.BLL.WorksInfo bllWorksInfo = new SDM.BLL.WorksInfo();
                    bllWorksInfo.Delete(id);
                        SDM.DAL.ShowInfo.AlertAndRedirect("删除成功！", "WorkPersonList.aspx",
                        this.Page);
                    break;
```

```
case"DelWorkTuanDui":   //删除团队作品
    SDM.BLL.WorkTuanDui bllTuanDui = new SDM.BLL.WorkTuanDui();
    bllTuanDui.Delete(id);
    SDM.DAL.ShowInfo.AlertAndRedirect ("删除成功！","WorkTuanDuiList.aspx",
    this.Page);
    break;
        }
    }
}
```

结合主页面，AdminInfo.aspx 运行后的效果如图 11-15 所示。

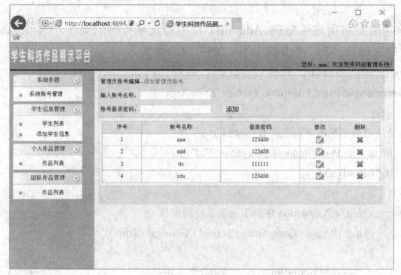

图 11-15　系统账号管理页面在主页面中的运行效果

4．学生列表页面

学生列表页面(StudentInfo.aspx)主要显示已存在的学生信息，同时还可以根据学生姓名或所属学院进行查询。

页面包括两个 TextBox 控件、5 个 Button 控件和 1 个 GridView 控件。此页面中使用 GridView 控件达到的效果和系统管理页面中使用的 Repeater 控件相似。为了使读者可以在此案例中了解更多的控件，所以在设计过程中尽量采用不同的控件实现。页面设计效果如图 11-16 所示。

图 11-16　学生列表页面

切换到 StudentInfo.aspx 的"源"视图，学生列表显示部分的代码如下：

```
<asp:GridView ID ="gdvWishList" runat ="server" AutoGenerateColumns="False"
Width="100%" onrowdatabound="gdvWishList_RowDataBound">
    <Columns>
        <asp:TemplateField HeaderText="选择">
            <ItemTemplate>
                <asp:CheckBox ID="ChkSelected" runat="server" />
            </ItemTemplate>
        </asp:TemplateField>
        <asp:BoundField HeaderText="编号" ReadOnly="True" />
        <asp:BoundField DataField="UserName" HeaderText="会员名" />
        <asp:BoundField DataField="UserNumber" HeaderText="学号" />
        <asp:BoundField DataField="UserPass" HeaderText="登录密码" />
        <asp:BoundField DataField="UserSex" HeaderText="会员性别" />
        <asp:BoundField DataField="UserXy" HeaderText="所属院系" />
        <asp:BoundField DataField="UserZy" HeaderText="所学专业"/>
        <asp:BoundField DataField="UserBj" HeaderText="所属班级"/>
        <asp:BoundField DataField="UserAddTime" HeaderText="注册时间" />
        <asp:TemplateField HeaderText="编辑">
            <ItemTemplate>
                <a href='StudentInfoAdd.aspx?id=<%#Eval("UserID") %>&action=Edit' title ="编辑">
                    <img src="images/user.gif" border="0px" /></a>
            </ItemTemplate>
        </asp:TemplateField>
        <asp:TemplateField HeaderText="删除">
            <ItemTemplate>
                <a href='sqlDel.aspx?id=<%#Eval("UserID") %>&action=DelStudent' title ="删除
                    "onclick="javascript:return confirm('确认删除吗？！')">
                    <img src="images/action_delete.gif" border="0px"></a>
            </ItemTemplate>
        </asp:TemplateField>
    </Columns>
</asp:GridView>
```

由于学生信息可能很多，所以这里学生数据的显示采用分页方式实现。这里采用 AspNetPager 控件，该控件可以使 GridView 控件产生分页效果，其在 StudentInfo.aspx "源"视图中的代码如下：

```
<webdiyer:AspNetPager ID="AspNetPager1" runat="server" CssClass="anpager"
CurrentPageButtonClass="cpb" FirstPageText="首页" LastPageText="尾页"
NextPageText="下一页" onpagechanging="AspNetPager1_PageChanging"
```

PageIndexBoxType="DropDownList" PageSize="20" PrevPageText="上一页"

ShowMoreButtons="False" ShowPageIndexBox="Always" SubmitButtonText="Go"

TextAfterPageIndexBox="页" TextBeforePageIndexBox="转到">

</webdiyer:AspNetPager>

打开 StudentInfo.aspx.cs，添加显示学生数据列表的后台代码，将数据库中的数据绑定到 GridView 控件上。后台代码如下：

```
//定义一个业务逻辑层 StudentsInfo 的对象和一个模型层 StudentsInfo 的对象
public SDM.BLL.StudentsInfo bll = new SDM.BLL.StudentsInfo();
public SDM.Model.StudentsInfo model = new SDM.Model.StudentsInfo();
//首次访问该页面时，加载学生数据，并在 GirdView 控件中显示
protected void Page_Load(object sender, EventArgs e)
{
    if (!IsPostBack)
    {
        LoadData();
    }
}
//分页加载数据
public void LoadData()
{
    gdvWishList.DataSource = bll.GetListByPage("1=1", "UserID DESC", AspNetPager1.PageSize
* (AspNetPager1.CurrentPageIndex - 1)+1, AspNetPager1.PageSize * AspNetPager1.CurrentPageIndex);
    gdvWishList.DataKeyNames = newstring[] { "UserID" };
    gdvWishList.DataBind();
    AspNetPager1.RecordCount = bll.GetRecordCount("1=1");
}
//GridView 控件的数据绑定事件，第一列按编号顺序显示
protected void gdvWishList_RowDataBound(object sender, GridViewRowEventArgs e)
{
    if (e.Row.RowIndex != -1)
    {
        int id = e.Row.RowIndex + 1;
        e.Row.Cells[1].Text = id.ToString();
    }
}
//当点击 AspNetPager 控件中的翻页时，调用 AspNetPager1_PageChanging 方法，更新当前页码，并刷新数据
protected void AspNetPager1_PageChanging(object src, Wuqi.Webdiyer.PageChangingEventArgs e)
{
    AspNetPager1.CurrentPageIndex = e.NewPageIndex;
```

```
        loadData();
    }
// "根据学生姓名进行查询"的查询按钮的 Click 事件代码
protected void btnSearchByName_Click(object sender, EventArgs e)
{
        gdvWishList.DataSource =bll.GetStudentListByUserName(txtUserNameSearch.Text.Trim());
        gdvWishList.DataBind();    //进行数据绑定
    }
// "根据学院进行查询"的查询按钮的 Click 事件代码
protected void btnSearchByXy_Click(object sender, EventArgs e)
{
        gdvWishList.DataSource = bll.GetStudentListByUserXy(txtUserXySearch.Text.Trim());
        gdvWishList.DataBind();    //进行数据绑定
    }
// "显示全部"按钮的 Click 事件代码
protected void btnShowAll_Click(object sender, EventArgs e)
{
        LoadData();
    }


// "取消"按钮的 Click 事件代码
protected void btnCancel_Click(object sender, EventArgs e)
{
        this.CheckBox1.Checked = false;
        for (int i = 0; i <= gdvWishList.Rows.Count - 1; i++)
        {
            CheckBox cbox = (CheckBox)gdvWishList.Rows[i].FindControl("ChkSelected");
            cbox.Checked = false;
        }
    }


// "删除"按钮的 Click 事件代码
protected void btnDelete_Click(object sender, EventArgs e)
{
        for (int i = 0; i <= gdvWishList.Rows.Count - 1; i++)
        {
            CheckBox cbox = (CheckBox)gdvWishList.Rows[i].FindControl("ChkSelected");
            if (cbox.Checked == true)
            {
                bll.Delete(Convert.ToInt32(gdvWishList.DataKeys[i].Value));
```

```
        }
    }
    LoadData();
    this.CheckBox1.Checked = false;
}

//复选框发生状态变化时的 CheckedChanged 事件代码
protected void CheckBox1_CheckedChanged(object sender, EventArgs e)
{
    for (int i = 0; i <= gdvWishList.Rows.Count - 1; i++)
    {
        CheckBox cbox = (CheckBox)gdvWishList.Rows[i].FindControl("ChkSelected");
        if (CheckBox1.Checked == true)
        {
            cbox.Checked = true;
        }
        else
        {
            cbox.Checked = false;
        }
    }
}
```

结合主页面，StudentInfo.aspx 运行后的效果如图 11-17 所示。

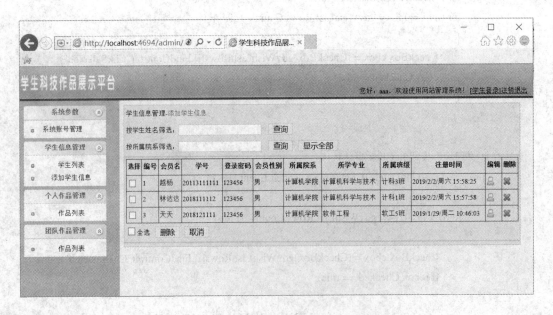

图 11-17　学生列表页在主页面中的运行效果

5．学生信息添加/修改页面

添加学生信息页面(StudentInfoAdd.aspx)用于添加学生账号信息，并将其分配给需要登录系统的学生，同时，该页面还可以作为修改学生信息的页面。管理员在 StudentInfo.aspx 中选择需要修改信息的学生，并将需要修改的学生学号通过查询字符串传入该页面。

StudentInfoAdd.aspx 页面的设计根据 StudentInfo 表的字段进行设计，包括七个 TextBox 控件(学生姓名 ID 为 txtUserName、学号 ID 为 txtUserNumber、登录密码 ID 为 txtUserPass、所属学院 ID 为 txtUserXy、所学专业 ID 为 txtUserZy、所属班级 ID 为 txtUserBj、当前系统时间 ID 为 txtUserAddTime)、一个 DropListDown 控件(ID 为 DDLSex) 和三个 Button 按钮(检查是否重复按钮的 ID 为 btnCheck、添加按钮的 ID 为 btnOk、修改按钮的 ID 为 btnEdit)，具体设计如图 11-18。

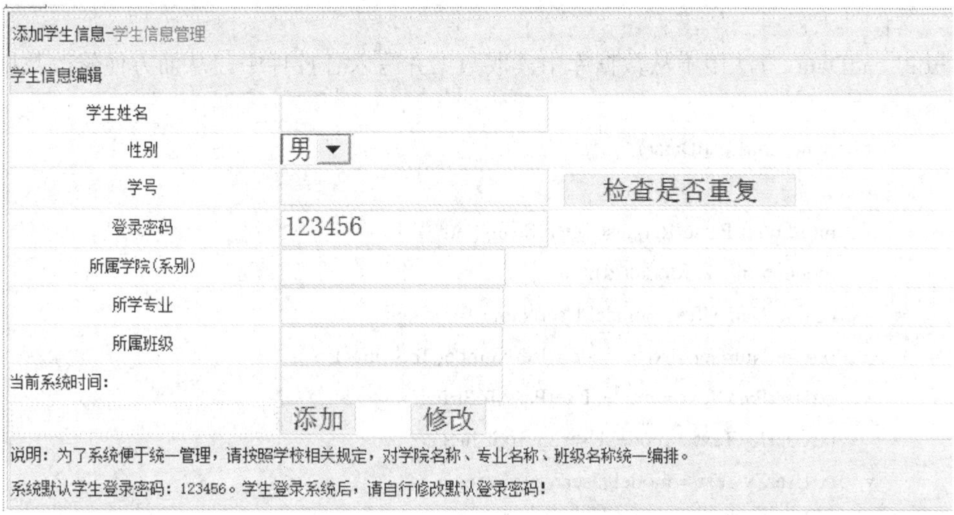

图 11-18　StudentInfoAdd.aspx 页面设计

此页面设计比较简单，所以直接介绍 StudentInfoAdd.aspx.cs 中的代码。首先创建两个对象：

```
public SDM.BLL.StudentsInfo bll = new SDM.BLL.StudentsInfo();
public SDM.Model.StudentsInfo model = new SDM.Model.StudentsInfo();
```

此页面不仅用于添加学生信息，还用于修改学生信息，所以需要根据传入的查询字符串判断用户的操作。Page_Load 中的代码如下：

```
protected void Page_Load(object sender, EventArgs e)
{
    if (!IsPostBack)
    {
        string straction = Request.QueryString["action"].ToString().Trim();
        switch (straction)
        {
            case "Add":    //添加学生信息
                btnOk.Visible = true;    //添加学生信息时，显示"确定"按钮
```

```
                    btnSave.Visible = false;    //隐藏保存按钮
                    txtUserAddTime.Text = Convert.ToString(DateTime.Now.ToString());
                    break;
                case "Edit":    //修改学生信息
                    btnOk.Visible = false ;    //修改学生信息时，隐藏"确定"按钮
                    btnSave.Visible = true;    //显示"保存"按钮
                    EditLoadData();    //读取需要修改的学生数据
                    txtUserAddTime.Text = Convert.ToString(DateTime.Now.ToString());
                    break;
            }
        }
    }
```

EditLoadData 方法用于从数据库中读取数据并写入各控件中，从而方便修改数据。代码如下：

```
        public void EditLoadData()
        {
            int id = int.Parse(Request.QueryString["id"]);
            model = bll.GetModel(id);
            txtUserName.Text =model.UserName.ToString();
            txtUserNumber.Text = model.UserNumber.ToString();
            txtUserPass.Text = model.UserPass.ToString();
            txtUserXy.Text = model.UserXy.ToString();
            txtUserZy.Text = model.UserZy.ToString();
            txtUserBj.Text = model.UserBj.ToString();
            DDLSex.Text = model.UserSex.ToString();
            txtUserAddTime.Text = Convert.ToString(model.UserAddTime.ToString());
        }
```

"检查是否重复"按钮主要作用是在添加学生信息时，检查学生是否已经存在。因为学生姓名可能相同，所以根据学号进行检查。添加该按钮的 Click 事件代码如下：

```
        protected void btnCheck_Click(object sender, EventArgs e)
        {
            if (txtUserNumber.Text.Trim() == "")
            {
                SDM.DAL.ShowInfo.Alert("请输入学生学号！", this.Page);
                return;
            }
            else if (bll.Exists(txtUserNumber.Text.Trim()))
            {
                SDM.DAL.ShowInfo.Alert("对不起，此学号已被添加，请更换！！", this.Page);
```

```
            txtUserNumber.Focus();    //聚焦到学号输入文本框
            return;
        }
    }
```

"添加"按钮的功能是在添加学生信息时进行确认，其 Click 事件代码如下：

```
    protected void btnOk_Click(object sender, EventArgs e)
    {
        if (txtUserName.Text.Trim() == "" || txtUserNumber.Text.Trim() == "" || txtUserXy.Text.Trim()
                == "" || txtUserZy.Text.Trim() == "" || txtUserBj.Text.Trim() == "")
        {
            SDM.DAL.ShowInfo.Alert("学生姓名||学生学号||学生所属院系||学生所学专业||学生所
                属班级信息必填！！ ", this.Page);
            return;
        }
        elseif (bll.Exists(txtUserNumber.Text.Trim()))    //防止用户没有检验学号直接添加
        {
            SDM.DAL.ShowInfo.Alert("对不起，此学号已被添加，请更换！！ ", this.Page);
            txtUserNumber.Focus();
        }
        else
        {
            //执行添加学生信息
            model = CreateModel();
            int count = bll.Add(model);
            if (count == 1)
            {
                SDM.DAL.ShowInfo.Alert("操作成功！ ", this.Page);
            }
            txtUserName.Text = "";
            txtUserNumber.Text = "";
        }
    }
```

"修改"按钮的主要功能，是将修改后的学生信息更新到数据库中，其 Click 事件代码如下：

```
    protected void btnEdit_Click(object sender, EventArgs e)
    {
        model = CreateModel();
        int id = int.Parse(Request.QueryString["id"]);
        model.UserID = id;
```

```
bll.Update(model);
SDM.DAL.ShowInfo.AlertAndRedirect("操作成功！", "StudentInfo.aspx", this.Page);
}
```

结合主页面，StudentInfoAdd.aspx 页面的运行效果如图 11-19 所示。

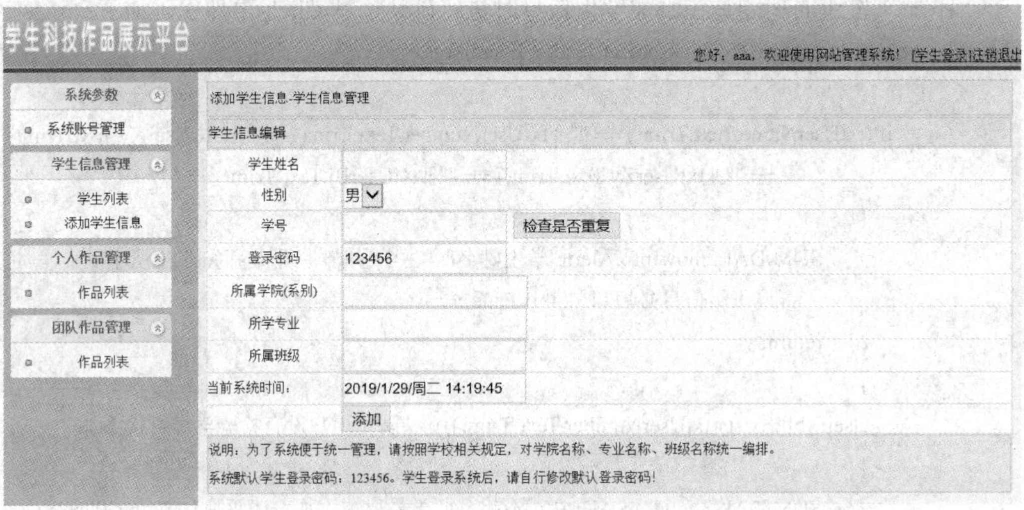

图 11-19   StudentInfoAdd.aspx 页面在主页面中的运行效果

6．个人作品管理页面

个人作品展示页面(WorkPersonList.aspx)主要作用是显示学生提交到系统中的所有个人作品。这里使用 Repeater 控件显示，页面设计如图 11-20 所示。因为和前面的页面类似，所以页面设计这里不做介绍。

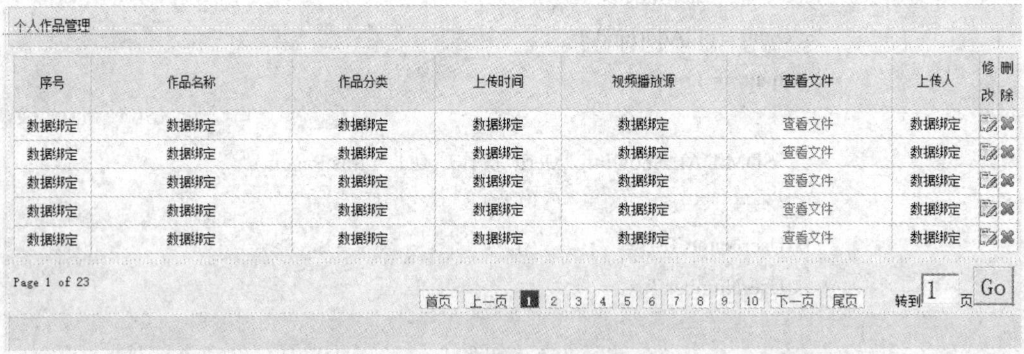

图 11-20   WorkPersonList.aspx 页面设计

WorkPersonList.aspx 页面中 Repeater 控件代码如下：

```
<asp:RepeaterID="rpWorkPerson" runat="server">
<HeaderTemplate>
<table width="98%"border="0" cellpadding="0" cellspacing="1" bgcolor="#CCCCCC">
<tr>
<td width="8%" bgcolor="#EEEED1"><div align="center" class="STYLE6">
```

```
<div align="center">序号</div></div></td>
<td width="21%" bgcolor="#EEEED1"><div align="center" class="STYLE6">
<div align="center">作品名称</div></div></td>
<td width="15%" bgcolor="#EEEED1"><div align="center" class="STYLE6">
<div align="center">作品分类</div></div></td>
<td width="13%" bgcolor="#EEEED1"><div align="center" class="STYLE6">
<div align="center">上传时间</div></div></td>
<td width="17%" bgcolor="#EEEED1"><div align="center" class="STYLE6">
<div align="center">视频播放源</div></div></td>
<td width="17%" bgcolor="#EEEED1"><div align="center" class="STYLE6">
<div align="center">查看文件</div></div></td>
<td width="10%" bgcolor="#EEEED1"><div align="center">上传人</div></td>
<td width="8%" bgcolor="#EEEED1"><div align="center"><span class="STYLE6">修改
</span></div></td>
<td width="8%" bgcolor="#EEEED1"><div align="center"><span class="STYLE6">删除
</span></div></td>
</tr>
</HeaderTemplate>
<ItemTemplate>
<tr>
<td bgcolor="#FFFFFF"><div align="center"><%# Container.ItemIndex + 1%></div></td>
<td bgcolor="#FFFFFF"><div align="center"><%#Eval("WorkName") %></div></td>
<td bgcolor="#FFFFFF"><div align="center"><%#Eval("WorkCate")%></div></td>
<td bgcolor="#FFFFFF"><div align="center"><%#Eval("WorkTime") %></div></td>
<td bgcolor="#FFFFFF"><div align="center"><%#Eval("WorkUrl") %></div></td>
<td bgcolor="#FFFFFF"><div align="center"><a href='CheckFiles.aspx?id=<%#Eval("WorkID")%>&
action=WorkPerson'class="blue">查看文件</a></div></td>
<td bgcolor="#FFFFFF"><div align="center"><%#Eval("UserID") %></div></td>
<td bgcolor="#FFFFFF"><div align="center"><a href='WorksInfo.aspx?id=<%#Eval("WorkID") %>&
action=AdminEdit'><img alt="修改"src="images/edit.gif"/></div></td>
<td bgcolor="#FFFFFF"><div align="center"><a href='sqldel.aspx?id=<%#Eval("WorkID") %>&action
=DelWorkPerson' onclick="javascript:return confirm('确认删除吗！")'><img alt="删除
"src="images/delete.gif"/></a></div></td>
</tr>
</ItemTemplate>
<FooterTemplate>
</table>
</FooterTemplate>
</asp:Repeater>
```

WorkPersonList.aspx.cs 的核心代码如下：

```
public SDM.BLL.WorksInfo bll = new SDM.BLL.WorksInfo();
//首次访问页面时，进行数据绑定。
protected void Page_Load(object sender, EventArgs e)
{
    if (!IsPostBack)
    {
        if (Session["userid"] == null || Session["userid"].ToString() == "")
        {
            Response.Redirect("login.aspx");
        }
        else
        {
            BindLoad();
        }
    }
}
//分页绑定数据
public void BindLoad()
{
    rpWorkPerson.DataSource = bll.GetListByPage("1=1", "WorkID desc", AspNetPager1.PageSize
* (AspNetPager1.CurrentPageIndex - 1) + 1, AspNetPager1.PageSize * AspNetPager1.CurrentPageIndex);
    rpWorkPerson.DataBind();
    AspNetPager1.RecordCount = bll.GetRecordCount("1=1");
}
//当点击 AspNetPager 中的翻页时，调用 AspNetPager1_PageChanging 方法，更新当前页面，
并刷新数据
protected void AspNetPager1_PageChanging(object src, Wuqi.Webdiyer.PageChangingEventArgs e)
{
    AspNetPager1.CurrentPageIndex = e.NewPageIndex;
    BindLoad();
}
```

作品包含视频文件，所以点击"查看文件"后可以选择在线观看视频，也可以选择下载该视频。在 admin 文件夹中创建一个新 Web 窗体"CheckFiles.aspx"，页面主要包含两个 Label 控件(ID 分别为 PlayOnline 和 Download)，页面设计如图 11-21 所示。

友情提醒

[PlayOnline]
[Download]
>>返回首页<<

图 11-21　CheckFiles.aspx 页面设计

CheckFiles.aspx 页面"源"视图核心代码如下：

```
<form id="form1" runat="server">
<div class="admin_top" align="center" style="text-align:center;"><p>友情提醒</p>
<p><asp:LabelID="PlayOnline" runat="server"></asp:Label><br/>
<asp:LabelID="Download" runat="server"></asp:Label><br/>
<ahref="javascript:history.back(-1)" class="blue" target="main">返回</a>
</p>
</div>
    </form>
```

CheckFiles.aspx.cs 中的核心代码如下：

```
protected void Page_Load(object sender, EventArgs e)
{
    if (!IsPostBack)
    {
        int strid = int.Parse(Request.QueryString["id"]);
        string action = Request.QueryString["action"].ToString();
        PlayOnline.Text = "您要查看的是作品视频<br/>" + "<a href='PlayOnline.aspx?id=" +
strid + "&action=" + action + "' class='blue'>>>点击这里在线观看作品视频<<</a></br>";
        Download.Text = "如果您需要下载该作品视频<br/>" + "<a
        href='DownloadFile.aspx?id=" + strid + "&action=" + action + "' class='blue'>>>点击这里
        下载作品视频<<</a>";
    }
}
```

当点击这两个 Label 上的文字时，会转到相关页面，进行不同的操作，因此需要用到查询字符串。

在 admin 文件夹中创建两个 Web 窗体"PlayOnline.aspx"和"DownloadFile.aspx"，分别实现在线播放和下载功能。

PlayOnline.aspx 中使用一个名为 flowplayer 的免费 Web 播放器。页面的 HTML 代码为：

```
<%@ Page
Language="C#" AutoEventWireup="true" CodeFile="PlayOnline.aspx.cs" Inherits= "admin_ PlayOnline"%>
<!DOCTYPE html PUBLIC"-//W3C//DTD XHTML 1.0
Transitional//EN""http://www.w3.org/TR/xhtml1/DTD/xhtml1-transitional.dtd">
<html xmlns="http://www.w3.org/1999/xhtml">
<head runat="server">
    <title>学生科技作品展示平台</title>
    <link rel="stylesheet" type="text/css"
href="//releases.flowplayer.org/5.5.2/skin/minimalist.css"/>
    <style>
        body {
```

```
            font: 12px "Myriad Pro", "Lucida Grande", "Helvetica Neue", sans-serif;
            text-align: center;
            padding-top: 1%;
            color: #999;
            background-color: #333333;
        }
    .flowplayer { width: 80%; background-color: #222; background-size: cover; max-width:
            800px; }
    .flowplayer.fp-controls { background-color: rgba(0, 0, 0, 0.4)}
    .flowplayer.fp-timeline { background-color: rgba(0, 0, 0, 0.5)}
    .flowplayer.fp-progress { background-color: rgba(219, 0, 0, 1)}
    .flowplayer.fp-buffer { background-color: rgba(249, 249, 249, 1)}
    .flowplayer { background-image:
            url(https://farm4.staticflickr.com/3169/2972817861_73ae53c2e5_b.jpg)}
    </style>
    <!-- flowplayer depends on jQuery 1.7.2+ -->
    <script src="//code.jquery.com/jquery-1.10.2.min.js"></script>
    <!-- flowplayer javascript component -->
    <script src="//releases.flowplayer.org/5.5.2/flowplayer.min.js"></script>
</head>
<body>
    <form id="form1" runat="server">
    <div>
        <p>网上视频播放系统 <a href="javascript:history.back(-1)" class="blue" target="main">>>
            返回首页<<</a></p>
        <div data-swf="//releases.flowplayer.org/5.5.2/flowplayer.swf" class="flowplayer no-toggle"
            data-ratio="0.416">
        <video loop="loop">
            <asp:Literal ID="LiteralSource" runat ="server"></asp:Literal>
        </video>
        </div>
    </div>
    </form>
</body>
</html>
```

以上代码中，video 标签中的 Literal 控件存放着播放的 html 代码，由后台代码控制。
PlayOnline.aspx.cs 中，添加如下核心代码：

```
public string MediaUrl = "";
protected void Page_Load(object sender, EventArgs e)
{
```

```
if (!IsPostBack)
{
    switch(Request.QueryString["action"].ToString().Trim())
    {
        case "WorkPerson":
            SDM.BLL.WorksInfo bllWorksInfo = new SDM.BLL.WorksInfo();
            int worksInfoID = int.Parse(Request.QueryString["id"]);
            MediaUrl = "../" + bllWorksInfo.GetModel(worksInfoID).WorkUrl.ToString();
            this.LiteralSource.Text = string.Format("<source type=\"video/mp4\"src=\"{0}\"/>",
            MediaUrl);
            break;
        case "WorkTuanDui":
            SDM.BLL.WorkTuanDui bllWorkTuanDui = new SDM.BLL.WorkTuanDui();
            int workTuanDuiID = int.Parse(Request.QueryString["id"]);
            MediaUrl = "../" +
            bllWorkTuanDui.GetModel(workTuanDuiID).WorkUrl.ToString();
            this.LiteralSource.Text = string.Format("<source type=\"video/mp4\"src=\"{0}\"/>",
            MediaUrl);
            break;
    }
}
```

以上代码中，根据传入页面的查询字符串，用 switch 函数来判断需要执行的操作。当调用该页面时，页面会根据选择的作品缓冲对应的视频，实现在线观看。PlayOnline.aspx 运行效果如图 11-22 所示。

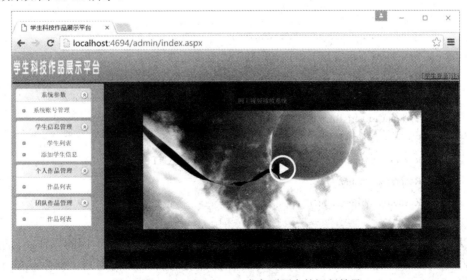

图 11-22 PlayOnline.aspx 在主页面中的运行效果

DownloadFile.aspx 页面用于实现视频下载功能，不需要进行页面设计。

DownloadFile.aspx.cs 中添加如下核心代码：

```
public string MediaUrl = "";
protected void Page_Load(object sender, EventArgs e)
{
    if (!IsPostBack)
    {
        switch (Request.QueryString["action"].ToString().Trim())
        {
            case "WorkPerson":
                SDM.BLL.WorksInfo bllWorkPerson = new SDM.BLL.WorksInfo();
                int WorksInfoID = int.Parse(Request.QueryString["id"]);
                MediaUrl = "../" + bllWorkPerson.GetModel(WorksInfoID).WorkUrl.ToString();
                Download(MediaUrl);
                break;
            case "WorkTuanDui":
                SDM.BLL.WorkTuanDui bllWorkTuanDui = new SDM.BLL.WorkTuanDui();
                int WorkTuanDuiID = int.Parse(Request.QueryString["id"]);
                MediaUrl = "../" + bllWorkTuanDui.GetModel(WorkTuanDuiID).WorkUrl.ToString();
                Download(MediaUrl);
                break;
        }
    }
}
private void Download(string url)   //视频下载方法
{
    string filename = Path.GetFileName(url);
    Response.Clear();
    Response.ContentType = "application/octet-stream ";
    Response.AppendHeader("Content-Disposition ", "attachment;   Filename = " +
    System.Convert.ToChar(34) + filename + System.Convert.ToChar(34));
    Response.Charset = "";
    Response.ContentEncoding = System.Text.Encoding.UTF8;
    Response.Flush();
    Response.WriteFile(url);
}
```

以上代码采用 switch 函数区分传入的查询字符串，然后转入不同的操作，目的是使该页面可以复用。当调用该页面时，浏览器会自动把文件下载到浏览器默认的下载目录中。

7．个人作品信息修改页面

在 WorkPersonList.aspx 中，显示的每条数据后面都有一个修改按钮。为了可以修改作品的信息，需要添加一个 WorksInfo.aspx 页面，包括 4 个 TextBox 控件(ID 分别为 txtWorkName、txtWorkTime、txtWorkVideoUrl 和 txtWorkPicUrl)、一个 textarea(ID 为 WorkContent)、2 个 FileUpload 控件(ID 分别为 FileUploadVideo 和 FileUploadPic)、一个 Image 控件(ID 为 imgsrc)和 4 个 Button 控件(ID 分别为 btnUploadVideo、btnUploadPic、btnEdit 和 btnReturn)，具体设计如图 11-23 所示。

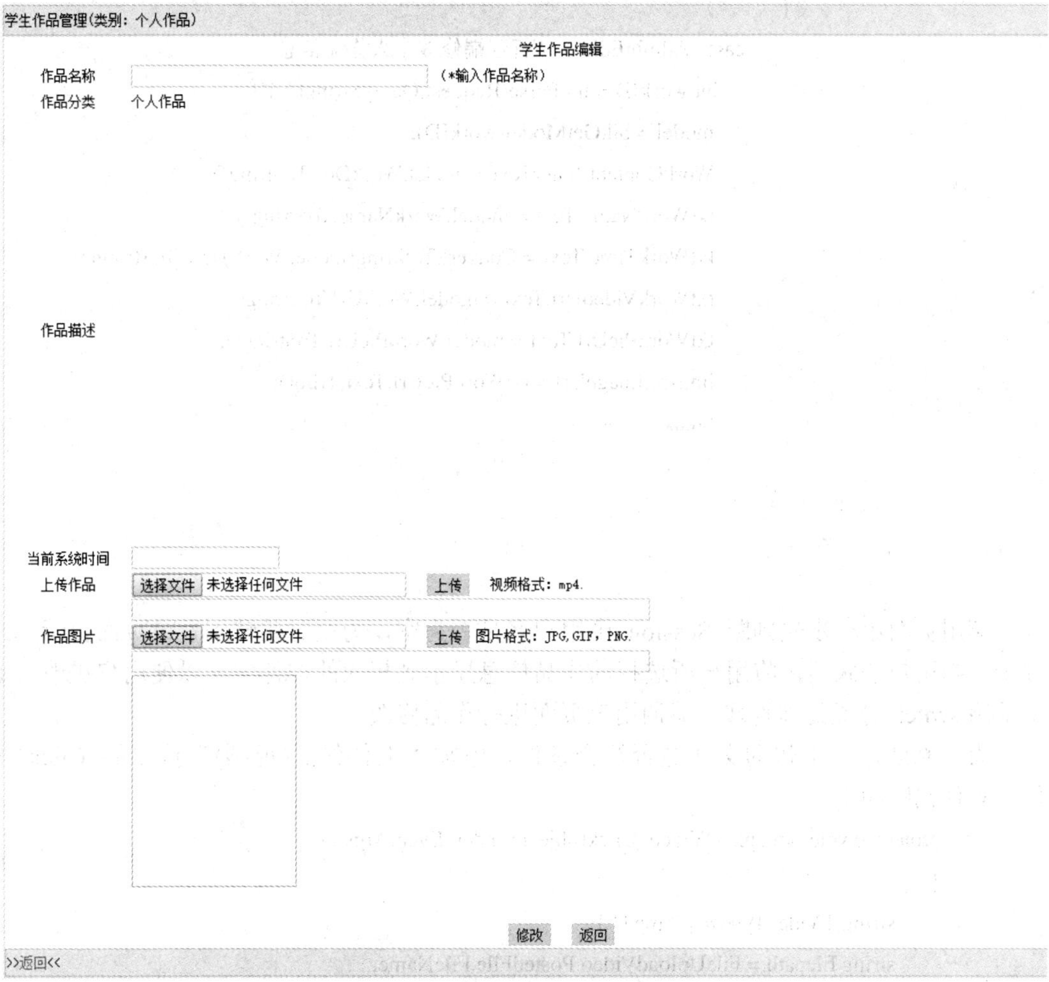

图 11-23　WorksInfo.aspx 页面设计

在 WorksInfo.aspx.cs 的 Page_Load 事件中添加如下核心代码：

```
public SDM.BLL.WorksInfo bll = new SDM.BLL.WorksInfo();
public SDM.Model.WorksInfo model = new SDM.Model.WorksInfo();
protected void Page_Load(object sender, EventArgs e)
{
    if (!IsPostBack)
    {
```

```
                    if (Session["username"] == null || Session["username"].ToString() == "")
                    {
                            SDM.DAL.ShowInfo.AlertAndRedirect("请登录！", "../login.aspx", this.Page);
                    }
                    else
                    {
                            switch (Request.QueryString["action"].ToString().Trim())
                            {
                                    case "AdminEdit":    //管理端修改个人作品信息
                                        int workID = int.Parse(Request.QueryString["id"]);
                                        model = bll.GetModel(workID);
                                        WorkContent.InnerText = model.WorkDes.ToString();
                                        txtWorkName.Text = model.WorkName.ToString();
                                        txtWorkTime.Text = Convert.ToString(model.WorkTime.ToString());
                                        txtWorkVideoUrl.Text = model.WorkUrl.ToString();
                                        txtWorkPicUrl.Text = model.WorkPicUrl.ToString();
                                        imgsrc.ImageUrl = txtWorkPicUrl.Text.Trim();
                                        break;
                            }
                    }
            }
```

调用页面第一步先判断 Session 中用户名是否为空，为空时跳转到登录页面提示用户登录。当用户登录后，将用户所选择的作品信息显示到相应的控件中，以便用户更改。这里采用 switch 分类处理管理员端调用该页面进行作品修改。

为了判断用户上传的文件是否符合条件，添加"上传作品(视频)"按钮的 Click 事件，具体代码如下：

```
        protected void btnUploadVideo_Click(object sender, EventArgs e)
        {
        string[] VideoType = { ".mp4" };
        string filepath = FileUploadVideo.PostedFile.FileName;
        try
        {
        if (filepath == "")
        {
                SDM.DAL.ShowInfo.Alert("请选择文件!! ", this.Page);
                return;
        }
        else
```

```
        {
            if (IsAllowedExtension(filepath, VideoType) == true)
            {
                string filename = filepath.Substring(filepath.LastIndexOf("\\") + 1);
                //获取文件名称，不含文件路径
                string serverpath = Server.MapPath("~/uploadfiles/zuoye/") +
                System.DateTime.Now.ToString("yyyMMddhhmmss") + filename;
                    FileUploadVideo.PostedFile.SaveAs(serverpath);
                    SDM.DAL.ShowInfo.Alert("上传成功！", this.Page);
                this.txtWorkVideoUrl.Text = "~/uploadfiles/zuoye/" +
                System.DateTime.Now.ToString("yyyMMddhhmmss") + filename;
            }
            else
            {
                SDM.DAL.ShowInfo.Alert("视频文件格式错误，只能上传：mp4 格式！！",
                this.Page);
            }
        }
    }
    catch
    {
        SDM.DAL.ShowInfo.Alert("上传发生错误，请检查文件类型是否正确！！！", this.Page);
    }
}
//检查扩展名是否正确的方法
private static bool IsAllowedExtension(string upFilePath, string[] arrExtension)
{
    string strExtension = "";
    if (upFilePath != string.Empty)
    {
        //获得文件的扩展名，如：.jpg
        strExtension = upFilePath.Substring(upFilePath.LastIndexOf("."));
        for (int i = 0; i < arrExtension.Length; i++)
        {
            if (strExtension.Equals(arrExtension[i]))
            {
                return true;
            }
        }
    }
```

```
            return false;
        }
作品图片上传按钮的 Click 事件代码如下：
    protected void btnUploadPic_Click(object sender, EventArgs e)
    {
        string[] PicType = { ".jpg", ".gif", ".png" };
        string filepath = FileUploadPic.PostedFile.FileName;
        try
        {
            if (filepath == "")
            {
                SDM.DAL.ShowInfo.Alert("请选择文件！！ ", this.Page);
                return;
            }
            else
            {
                if (IsAllowedExtension(filepath, PicType) == true)
                {
                    string filename = filepath.Substring(filepath.LastIndexOf("\\") + 1);   //获取文件
                    名称，不含文件路径
                    string serverpath = Server.MapPath("~/uploadfiles/pic/") +
                            System.DateTime.Now.ToString("yyyyMMddhhmmss") + filename;
                    FileUploadPic.PostedFile.SaveAs(serverpath);
                    SDM.DAL.ShowInfo.Alert("上传成功！ ", this.Page);
                    this.txtWorkPicUrl.Text = "~/uploadfiles/pic/" +
                            System.DateTime.Now.ToString("yyyyMMddhhmmss") + filename;
                    imgsrc.ImageUrl = txtWorkPicUrl.Text;
                }
                else
                {
                    SDM.DAL.ShowInfo.Alert("视频文件格式错误，只能上传：jpg、gif 或者
                    png 格式！！ ", this.Page);
                }
            }
        }
        catch
        {
            SDM.DAL.ShowInfo.Alert("上传发生错误，请检查文件类型是否正确！！！ ", this.Page);
        }
    }
```

使用 CreateModel 方法创建个人作品数据模型对象，并赋予相关数据。

```
public SDM.Model.WorksInfo CreateModel()
{
    model.UserID = int.Parse(Session["userid"].ToString());
    model.WorkID = int.Parse(Request.QueryString["id"]);
    model.WorkCate = "个人作品";
    model.WorkDes = WorkContent.Value.Trim();
    model.WorkName = txtWorkName.Text.Trim();
    model.WorkTime = Convert.ToString(DateTime.Now.ToString());
    model.WorkUrl = txtWorkVideoUrl.Text.Trim();
    model.WorkPicUrl = txtWorkPicUrl.Text.Trim();
    return model;
}
```

"修改" 按钮的 Click 事件代码如下：

```
protected void btnEdit_Click(object sender, EventArgs e)
{
    try
    {
        bool result = bll.Update(CreateModel());
        if(result)
            SDM.DAL.ShowInfo.AlertAndRedirect("修改成功！", "WorkPersonList.aspx", this.Page);
        else
            SDM.DAL.ShowInfo.Alert("修改未成功，请重试！！！", this.Page);
    }
    catch
    {
        SDM.DAL.ShowInfo.Alert("修改未成功，请重试！！！", this.Page);
    }
}
```

"返回" 按钮的 Click 事件代码如下：

```
protected void btnReturn_Click(object sender, EventArgs e)
{
    //返回作品列表
    Response.Redirect("./WorkPersonList.aspx");
}
```

8．团队作品管理页面

与个人作品管理页面类似，团队作品管理页面除了团队作品列表页面 (WorkTuanDuiList.aspx)外，还有团队作品详情页面(WorkTuanDuiInfo.aspx)。因与个人作品管理页面相似，故相关页面设计在这里略过。

WorkTuanDuiList.aspx 的页面设计如图 11-24 所示。

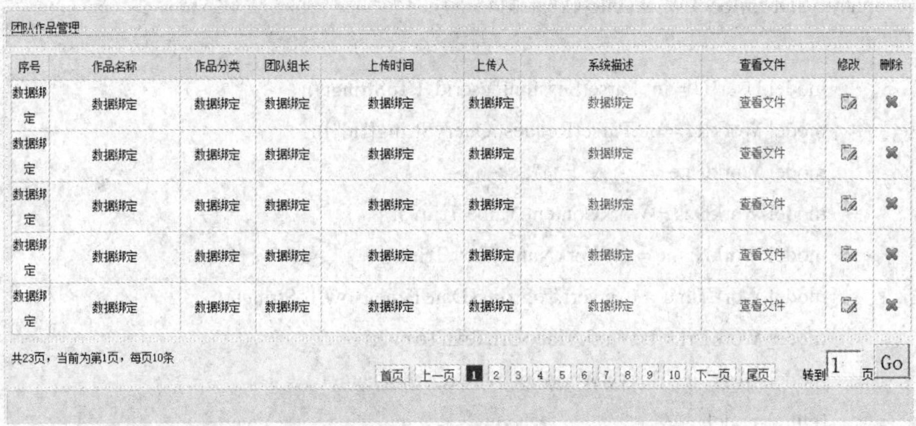

图 11-24　WorkTuanDuiList.aspx 页面设计

WorkTuanDuiList.aspx.cs 的核心代码如下：

```
public SDM.BLL.WorkTuanDui bll = new SDM.BLL.WorkTuanDui();
protected void Page_Load(object sender, EventArgs e)
{
    if (!IsPostBack)
    {
        BindLoad(); //首次访问绑定数据
    }
}
//按分页方式绑定数据
public void BindLoad()
{
    rpTuanDui.DataSource = bll.GetListByPage("1=1", "WorkID desc", AspNetPager1.PageSize *
(AspNetPager1.CurrentPageIndex - 1) + 1, AspNetPager1.PageSize * AspNetPager1.CurrentPageIndex);
    rpTuanDui.DataBind();
    AspNetPager1.RecordCount = bll.GetRecordCount("1=1");
}
//切换页面时更新数据
protected void AspNetPager1_PageChanging(object src, Wuqi.Webdiyer.PageChangingEventArgs e)
{
    AspNetPager1.CurrentPageIndex = e.NewPageIndex;
    BindLoad();
}
```

9. 团队作品修改页面

与个人作品修改页面类似，团队作品修改页面(WorkTuanDuiInfo.aspx)的设计如图 11-25
所示。

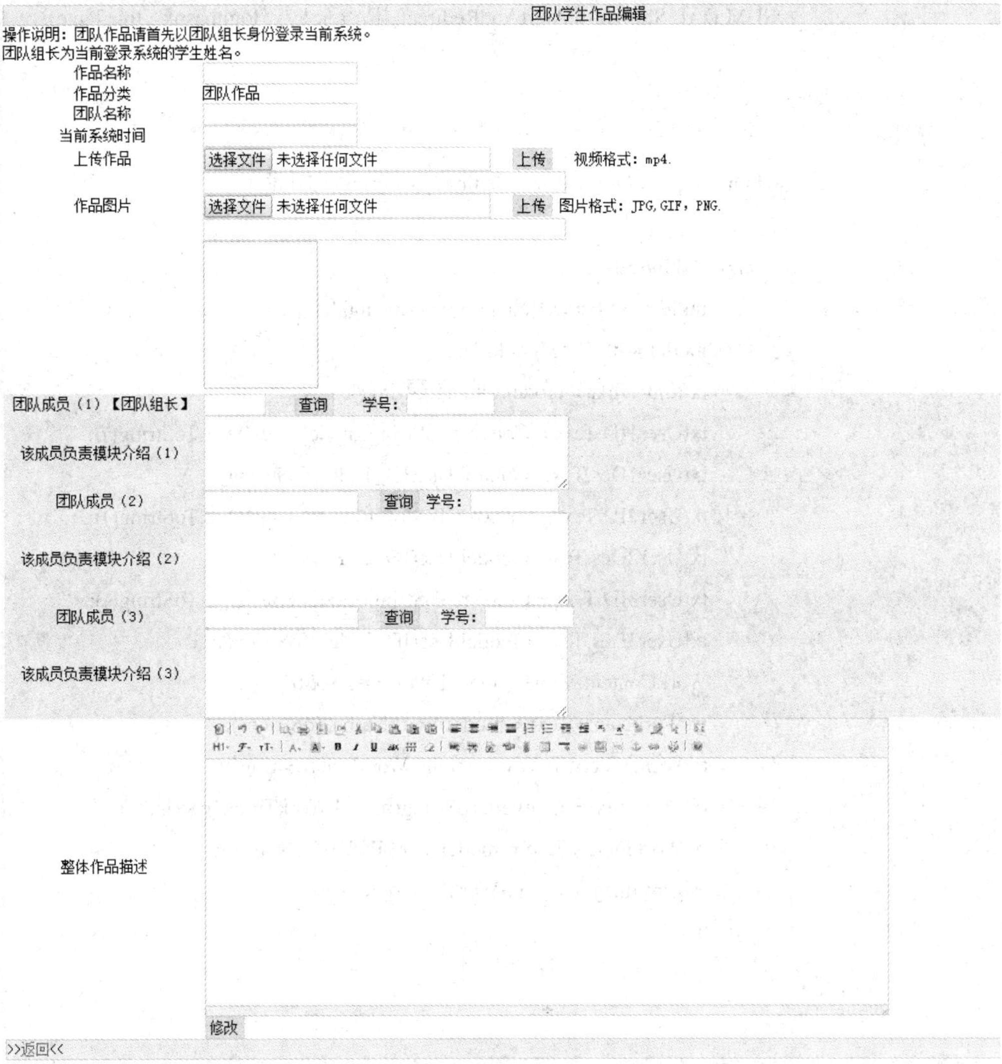

团队学生作品编辑

操作说明：团队作品请首先以团队组长身份登录当前系统。
团队组长为当前登录系统的学生姓名。

作品名称

作品分类　　团队作品

团队名称

当前系统时间

上传作品　　选择文件　未选择任何文件　　　　　上传　视频格式：mp4.

作品图片　　选择文件　未选择任何文件　　　　　上传　图片格式：JPG, GIF, PNG.

团队成员（1）【团队组长】　　查询　学号：

该成员负责模块介绍（1）

团队成员（2）　　　　　　查询　学号：

该成员负责模块介绍（2）

团队成员（3）　　　　　　查询　学号：

该成员负责模块介绍（3）

整体作品描述

修改

>>返回<<

图 11-25　WorkTuanDuiInfo.aspx 页面设计

WorkTuanDuiInfo.aspx.cs 的核心代码如下：

```
public SDM.BLL.WorkTuanDui bll = new SDM.BLL.WorkTuanDui();
public SDM.Model.WorkTuanDui model = new SDM.Model.WorkTuanDui();
//页面首次加载时，判断是否已经登录。如果没有登录，则调转到登录页面；如果已经登录，
判断是否需要修改。如果需要修改，则将数据从数据库中读取到控件上，方便修改。
protected void Page_Load(object sender, EventArgs e)
{
    if (!IsPostBack)
    {
        if (Session["username"] == null || Session["username"].ToString() == "")
        {
```

```
                        SDM.DAL.ShowInfo.AlertAndRedirect("请登录！", "login.aspx", this.Page);
            }
            else
            {
                switch (Request.QueryString["action"].ToString().Trim())
                {
                    case"AdminEdit":
                        int id = int.Parse(Request.QueryString["id"]);
                        model = bll.GetModel(id);
                        txttdmc.Text = model.tdmc.ToString();
                        txtUser1ID.Text = Convert.ToString(model.UserID_1.ToString());
                        txtUser1Des.Text = model.UserID_1_des.ToString();
                        txtUser2ID.Text = Convert.ToString(model.UserID_2.ToString());
                        txtUser2Des.Text = model.UserID_2_des.ToString();
                        txtUser3ID.Text = Convert.ToString(model.UserID_3.ToString());
                        txtUser3Des.Text = model.UserID_3_des.ToString();
                        WorkContent.Value = model.WorkDes.ToString();
                        txtWorkName.Text = model.WorkName.ToString();
                        txtWorkVideoUrl.Text = model.WorkUrl.ToString();
                        txtTime.Text = Convert.ToString(model.WorkTime.ToString());
                        txtWorkPicUrl.Text = model.WorkPicUrl.ToString();
                        imgsrc.ImageUrl = txtWorkPicUrl.Text;
                        break;
                }
            }
        }
    }
    //checkmodel 方法用于构建团队作品数据模型对象，并赋予相关数据
    public SDM.Model.WorkTuanDui CreateModel()
    {
        int id = int.Parse(Request.QueryString["id"]);
        model.tdmc = txttdmc.Text.Trim();
        model.WorkID = id;
        model.WorkName = txtWorkName.Text.Trim();
        model.WorkTime = Convert.ToString(DateTime.Now.ToString());
        model.WorkUrl = txtWorkVideoUrl.Text.Trim();
        model.UserID_1 = Convert.ToInt32(txtUser1ID.Text.Trim());
        model.UserID_1_des = txtUser1Des.Text.Trim();
        model.UserID_2 = Convert.ToInt32(txtUser2ID.Text.Trim());
```

```
        model.UserID_2_des = txtUser2Des.Text.Trim();

        model.UserID_3 = Convert.ToInt32(txtUser3ID.Text.Trim());

        model.UserID_3_des = txtUser3Des.Text.Trim();

        model.WorkCate = "团队作品";

        model.WorkDes = WorkContent.Value.Replace("/", "").Replace("'", "").Trim();

        model.WorkPicUrl = txtWorkPicUrl.Text.Trim();

        return model;

    }


    //修改按钮的 Click 事件代码
    protectedvoid BtnEdit_Click(object sender, EventArgs e)
    {
        if (txttdmc.Text == "" || txtUser1ID.Text == "" || txtUser2ID.Text == "" || WorkContent.Value ==
                        "" || txtWorkName.Text == "" || txtWorkVideoUrl.Text == "")
        {
            SDM.DAL.ShowInfo.Alert("团队名称，团队成员 ID，作品描述，作品名称必填！！ ",
            this.Page);
            return;
        }
        else
        {
            try
            {
                bool result = bll.Update(CreateModel());
                if (result)     //result 为 true，表示修改数据成功
                {
                    //修改成功，跳转到作品列表页
                    SDM.DAL.ShowInfo.AlertAndRedirect("修改作品信息成功！ ",
                    "WorkTuanDuiList.aspx", this.Page);
                }
                else    //未发生异常，但数据也未修改成功
                {
                    SDM.DAL.ShowInfo.Alert("修改作品信息失败！ ", this.Page);
                }

            }
            catch   //操作数据库时发生异常
            {
                SDM.DAL.ShowInfo.Alert("修改作品信息发生异常！ ", this.Page);
```

```csharp
            }
        }
    }

//团队成员 1 查找按钮的 Click 事件代码
protected void BtnSearch1_Click(object sender, EventArgs e)
{
    if (txtUser1.Text.Trim()== "")
    {
        SDM.DAL.ShowInfo.Alert("请输入团队成员姓名！", this.Page);
        return;
    }
    elseif (bll.Exists(txtUser1.Text.Trim()))
    {
        txtUser1ID.Text =
            Convert.ToString(bll.GetUserIDByUserName(txtUser1.Text.Trim()).Tables
                ["ds"].Rows[0][3].ToString());
    }
    else
    {
        SDM.DAL.ShowInfo.Alert("当前成员不存在，请联系管理员添加此成员！！",
        this.Page);
        //获取团队成员 1 的 UserID 值
        return;
    }
}

//团队成员 2 查找按钮的 Click 事件代码
protected void BtnSearch2_Click(object sender, EventArgs e)
{
    if (txtUser2.Text.Trim() == "")
    {
        SDM.DAL.ShowInfo.Alert("请输入团队成员姓名！", this.Page);
        return;
    }
    elseif (bll.Exists(txtUser2.Text.Trim()))
    {
        txtUser2ID.Text = Convert.ToString(bll.GetUserIDByUserName
        (txtUser2.Text.Trim()).Tables["ds"].Rows[0][3].ToString());
```

```
        }
        else
        {
            SDM.DAL.ShowInfo.Alert("当前成员不存在，请联系管理员添加此成员!!",this.Page);
            //获取团队成员 1 的 UserID 值
            return;
        }
    }


//团队成员 3 查找按钮的 Click 事件代码
protected void BtnSearch3_Click(object sender, EventArgs e)
{
    if (txtUser3.Text.Trim() == "")
    {
        SDM.DAL.ShowInfo.Alert("请输入团队成员姓名！ ", this.Page);
        return;
    }
    elseif (bll.Exists(txtUser3.Text.Trim()))
    {
        txtUser3ID.Text =
        Convert.ToString(bll.GetUserIDByUserName(txtUser3.Text.Trim()).Tables
        ["ds"].Rows[0][3].ToString());
    }
    else
    {
        SDM.DAL.ShowInfo.Alert("当前成员不存在，请联系管理员添加此成员!!", this.Page);
        //获取团队成员 1 的 UserID 值
        return;
    }
}
```

　　与 WorkInfo.aspx 页面中的两个上传视频和图片按钮功能相同，在 WorkTuandui-Info.aspx.cs 中添加相同的 IsAllowedExtension 方法、btnUploadPic_ClickClick 和 btnUploadVideo_Click 事件代码。

11.5.4　学生端相关页面设计与功能实现

　　在 studis 网站的目录下新建一个 stu 文件夹，用于存放学生端相关页面与文件。与管理员端页面设计一样，添加一个 login.aspx 文件，作为学生端登录页面，页面布局和功能设计与管理员登录页面相似，这里不再介绍。

1. 母版页设计

学生端主页采用与管理员端不同的母版页技术。在 stu 文件夹中添加一个母版页"MasterPage.master"，页面设计如图 11-26 所示。

图 11-26　MasterPage.master 页面设计

切换到 MasterPage.master 的"源"视图，上方的提示信息和左侧菜单栏对应的代码为：

```
<table width="980" border="0"cellspacing="2" cellpadding="5" class="admin_top" align="center">
    <tr>
        <td>学生科技作品展示平台学生端</td>
    </tr>
    <tr>
        <td style="text-align:left;">欢迎您：<%=strusername %> 登录成功！您的学号：
        <%=strusernumber %> <a href ="loginout.aspx" onclick="javascript:return confirm('确
        定退出吗？')" class="blue">退出</a></td>
    </tr>
</table>
<table width="980" border="0" cellspacing="2" cellpadding="5" style="text-align:center;">
    <tr>
        <td width="200" valign="top" class="admin_top">
            <a href ="index.aspx" class="blue">后台首页</a><br />
            <a href ="../admin/WorksInfo.aspx?action=add" class="blue">添加个人学生作品
            </a><br />
            <a href="Person.aspx" class="blue">个人信息管理</a><br />
            <a href ="WorkPersonList.aspx" class="blue">查看个人作品</a><br />
            <a href ="WorkTuanDuiInfo.aspx?action=add" class="blue">添加团队学生作品</a>
            <br />
            <a href ="WorkTuanDuiList.aspx" class="blue">查看团队学生作品</a><br />
        </td>
        <td width="755" valign="top">
        <asp:ContentPlaceHolder id="ContentPlaceHolder1" runat="server">
        </asp:ContentPlaceHolder></td>
    </tr>
```

```
</table>
<table width="980" border="0" cellspacing="2" cellpadding="5" class="admin_top" align="center">
    <tr><td>网上作业网上展示平台学生端</td></tr>
    <tr><td style="text-align:left;">版权所有&copy;CopyRight2016</td></tr>
</table>
```

同时在 MasterPage.master.cs 中添加以下代码：

```
publicstring strusername = "";
publicstring strusernumber = "";
protected void Page_Load(object sender, EventArgs e)
{
    if (Session["userid"] == null || Session["userid"].ToString() == ""||Session["username"]==null
||Session["username"].ToString ()=="")
    {
        SDM.DAL.ShowInfo.AlertAndRedirect("请登录！", "login.aspx", this.Page);
    }
    else
    {
        strusername = Session["username"].ToString();
        strusernumber = Session["usernumber"].ToString();
    }
}
```

2. 个人信息管理页面

个人信息管理页面(Person.aspx)可以查看当前学生账户的个人相关信息，包括用户名、学号、密码、所在院系、所在班级、账户添加时间等。当然，除了密码外的其他信息学生是不被允许修改的。

页面设计与管理员端的 StudentInfoAdd.aspx 相似，如图 11-27 所示。

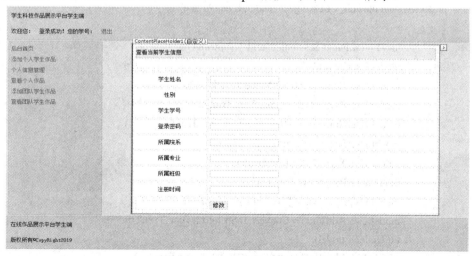

图 11-27　个人信息管理页面设计

Person.aspx.cs 中核心代码如下：

```
private SDM.BLL.StudentsInfo bll = new SDM.BLL.StudentsInfo();
private SDM.Model.StudentsInfo model = new SDM.Model.StudentsInfo();
protected void Page_Load(object sender, EventArgs e)
{
    if (!IsPostBack)
    {
        int id = int.Parse(Session["userid"].ToString());
        model = bll.GetModel(id);
        txtBj.Text = model.UserBj.ToString();
        txtBj.Enabled = false;
        txtXy.Text = model.UserXy.ToString();
        txtXy.Enabled = false;
        txtZy.Text = model.UserZy.ToString();
        txtZy.Enabled = false;
        txtUserSex.Text = model.UserSex.ToString();
        txtUserSex.Enabled = false;
        txtUserPass.Text = model.UserPass.ToString();
        txtUserNumber.Text = model.UserNumber.ToString();
        txtUserNumber.Enabled = false;
        txtUserName.Text = model.UserName.ToString();
        txtUserName.Enabled = false;
        txtTime.Text = model.UserAddTime.ToString();
        txtTime.Enabled = false;
    }
}
// "修改" 按钮的 click 事件代码
protected void btnEdit_Click(object sender, EventArgs e)
{
    int id = int.Parse(Session["userid"].ToString());
    model.UserID = id;
    model.UserName = txtUserName.Text.Trim();
    model.UserPass = txtUserPass.Text.Trim();
    model.UserNumber = txtUserNumber.Text.Trim();
    model.UserSex = txtUserSex.Text.Trim();
    model.UserXy = txtXy.Text.Trim();
    model.UserBj = txtBj.Text.Trim();
    model.UserZy = txtZy.Text.Trim();
    model.UserAddTime = Convert.ToString(txtTime.Text.Trim());
    bll.Update(model);
    SDM.DAL.ShowInfo.Alert("修改成功！", this.Page);
}
```

Person.aspx 页面运行后的效果如图 11-28 所示。

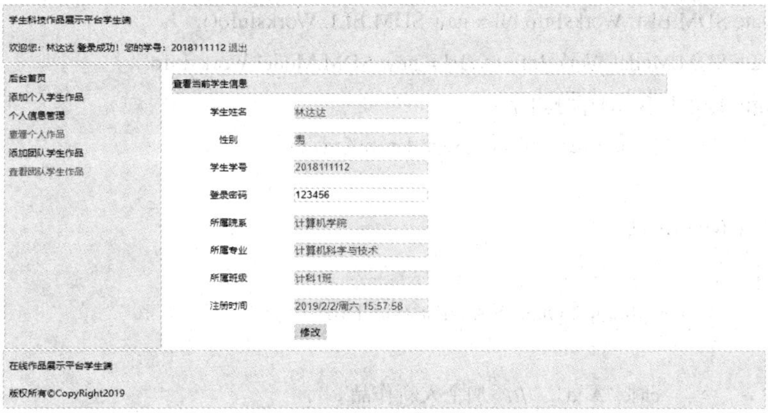

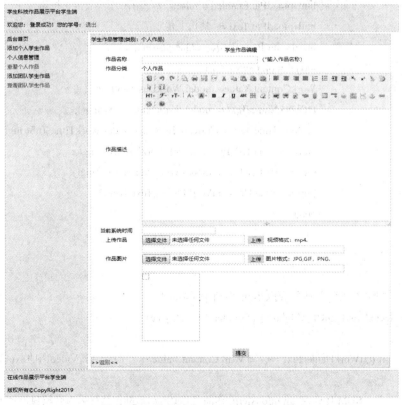

图 11-28　Person.aspx 页面运行效果

3．添加/查看个人作品详情页面

添加/查看个人作品详情页面的设计与管理员端的 WorksInfo.aspx 页面相似。在 stu 文件夹中新建一个 Web 窗体，取名为 "WorkInfo.aspx"，并选择母版页 "Master-Page.master"。该页面的前端代码可以从 admin 文件夹下的 WorksInfo.aspx 页面中拷贝过来后稍做修改。该页面主要完成添加个人作品和查看个人作品详情的功能。因此，最下面的按钮为 "提交" 按钮，不是 "修改" 按钮。页面设计如图 11-29 所示。

图 11-29　学生端的 WorksInfo.aspx 页面

首先，在 WorkInfo.aspx.cs 类中添加两个私有成员：

```
private SDM.BLL.WorksInfo bll = new SDM.BLL.WorksInfo();

private SDM.Model.WorksInfo model = new SDM.Model.WorksInfo();
```

添加 Page_Load 事件代码如下：

```
protected void Page_Load(object sender, EventArgs e)
{
    if (!IsPostBack)
    {
        switch (Request.QueryString["action"].ToString())
        {
            case "Add":  //添加个人新作品
                txtWorkTime.Text = Convert.ToString(DateTime.Now.ToString());
                break;
            case "Check":  //查看个人作品详情
                btnOk.Text = "作品上传成功，只能查看，不能修改！！ ";
                btnOk.Enabled = false;  //禁用"提交"按钮
                btnUploadVideo.Enabled = false;  //禁用视频"上传"按钮
                btnUploadVideo.Text = "禁止上传";
                btnUploadPic.Enabled = false;  //禁用图片"上传"按钮
                btnUploadPic.Text = "禁止上传";
                int id = int.Parse(Request.QueryString["id"]);
                model = bll.GetModel(id);
                WorkContent.Value= model.WorkDes.ToString();
                txtWorkName.Text = model.WorkName.ToString();
                txtWorkTime.Text = Convert.ToString(model.WorkTime.ToString());
                txtWorkVideoUrl.Text = model.WorkUrl.ToString();
                txtWorkPicUrl.Text = model.WorkPicUrl.ToString();
                imgsrc.ImageUrl = txtWorkPicUrl.Text.Trim();
                break;
        }
    }
}
```

最后，添加"提交"按钮的 Click 事件代码如下：

```
protected void btnOk_Click(object sender, EventArgs e)
{
    if (txtWorkName.Text == "" || WorkContent.Value== "" || txtWorkVideoUrl.Text == "")
    {
        SDM.DAL.ShowInfo.Alert("作品名称||作品描述||作品视频为必填项！！ ", this.Page);
        return;
```

```
        }
        else
        {
            try
            {
                int result = bll.Add(CreateModel());
                if(result != 0)     //result 不为 0，表示数据库中插入一行记录
                {
                    SDM.DAL.ShowInfo.Alert("操作成功！ ", this.Page);
                    //作品添加成功后，清空所有输入框，方便继续添加新作品
                    txtWorkVideoUrl.Text = "";
                    txtWorkName.Text = "";
                    WorkContent.Value = "";
                    txtWorkPicUrl.Text = "";
                    txtWorkVideoUrl.Text = "";
                    imgsrc.ImageUrl = null;
                }
                else //未发生异常，但数据也未插入成功
                {
                    SDM.DAL.ShowInfo.Alert("操作失败，添加作品失败！ ", this.Page);
                }
            }
            catch   //操作数据库时发生异常
            {
                SDM.DAL.ShowInfo.Alert("插入数据库失败！ ", this.Page);
            }
        }
    }

//创建个人作品数据模型对象
public SDM.Model.WorksInfo CreateModel()
{
    model.UserID = int.Parse(Session["userid"].ToString());
    model.WorkCate = "个人作品";
    model.WorkDes = WorkContent.Value.Trim();
    model.WorkName = txtWorkName.Text.Trim();
    model.WorkTime = Convert.ToString(DateTime.Now.ToString());
    model.WorkUrl = txtWorkVideoUrl.Text.Trim();
    model.WorkPicUrl = txtWorkPicUrl.Text.Trim();
```

```
        return model;
    }
```

判断上传文件扩展名是否符合要求的函数(IsAllowedExtension)、上传按钮的事件代码 (btnUploadVideo_Click 和 btnUploadPic_Click)与 Admin 目录下 WorkInfo.aspx.cs 中的相应 代码相同。

以上代码是在学生访问此页面添加或查看个人作品详情时起作用的,同样根据传入的 查询字符串区分操作。Add 表示添加个人作品,Check 表示查看个人作品详情。

4. 查看个人作品列表页面

查看个人作品列表页面(WorkPersonList.aspx)主要作用是让学生可以查看自己上传的 作品,具有下载、查看作品具体信息、在线观看相关视频等功能。页面包括一个 GridView 控件,设计类似于管理员端个人作品列表页面(Admin 文件夹下的 WorkPersonList.aspx)。页面设计如图 11-30 所示。

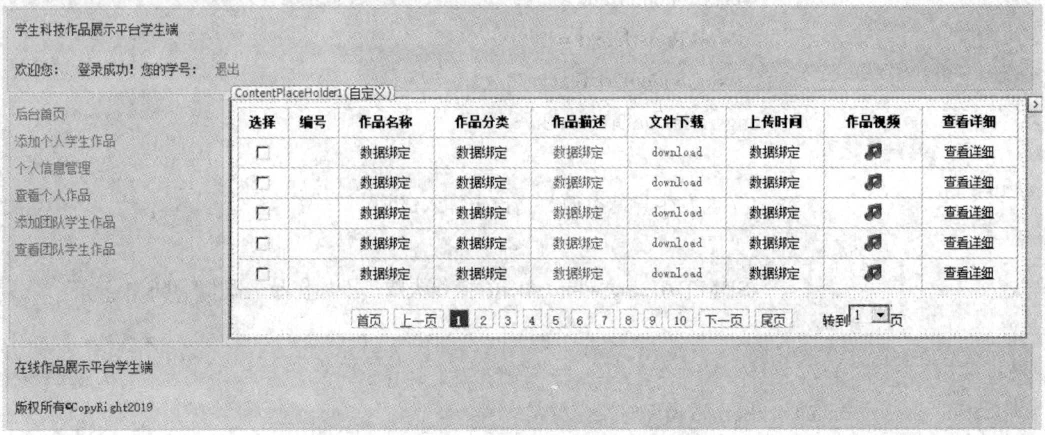

图 11-30　WorkPersonList.aspx 页面设计

切换到 WorkPersonlist.aspx 页面的"源"视图,GridView 控件部分代码为:

```
<asp:GridView ID ="gdvWishList" runat ="server" AutoGenerateColumns="False"
Width="100%" onrowdatabound="gdvWishList_RowDataBound">
    <Columns>
        <asp:TemplateField HeaderText="选择">
            <ItemTemplate>
                <asp:CheckBox ID="ChkSelected" runat="server" />
            </ItemTemplate>
        </asp:TemplateField>
        <asp:BoundField HeaderText="编号" ReadOnly="True" />
        <asp:BoundField DataField="WorkName" HeaderText="作品名称" />
        <asp:BoundField DataField="WorkCate" HeaderText="作品分类" />
        <asp:TemplateField HeaderText="作品描述">
            <ItemTemplate>
```

```
            <a href="#" title='<%#Eval("WorkDes")%>' class="blue"><%#DAL.cutString
            (Eval("WorkDes").ToString (),20) %></a>
        </ItemTemplate>
    </asp:TemplateField>
    <asp:TemplateField HeaderText="文件下载">
        <ItemTemplate>
            <a href ='../admin/DownloadFile.aspx?id=<%#Eval("WorkID")%>&action=
                WorkPerson' title="下载上传文件" class="blue">download</a>
        </ItemTemplate>
        <EditItemTemplate>
            <asp:TextBox ID="TextBox1" runat="server"></asp:TextBox>
        </EditItemTemplate>
    </asp:TemplateField>
    <asp:BoundField DataField="WorkTime" HeaderText="上传时间"></asp:BoundField>
    <asp:TemplateField HeaderText="作品视频"><ItemTemplate><ahref
    ='../admin/PlayOnline.aspx?id=<%#Eval("WorkID")%>&action=WorkPerson' title="播放作
        品视频"></a><img src="66.gif"border="0px" /></ItemTemplate></asp:TemplateField>
    <asp:TemplateField HeaderText="查看详细"><ItemTemplate>
    <a href='WorkInfo.aspx?id=<%#Eval("WorkID") %>&action=StuEdit' title ="查看详细">
        查看详细</a></ItemTemplate>
    </asp:TemplateField>
    </Columns>
</asp:GridView>
```

同样 GridView 的分页功能使用 AspNetPager 控件实现，使用方法见第 11.5.3 节第(4)
点学生列表页面。

WorkPersonList.aspx.cs 中数据绑定与分页的实现代码与 StudentInfo.aspx.cs 中的代码
相似，这里不再赘述。

5．添加/查看团队作品详情页面

添加/查看团队作品详情页面(WorkTuanDuiInfo.aspx)的实现方法与管理员端的
WorkTuanDuiInfo.aspx 相似，但需要把"修改"按钮改为"提交"按钮。

WorkTuanDuiInfo.aspx.cs 中核心代码如下：

```
public SDM.BLL.WorkTuanDui bll = new SDM.BLL.WorkTuanDui();
public SDM.Model.WorkTuanDui model = new SDM.Model.WorkTuanDui();
protected void Page_Load(object sender, EventArgs e)
{
    if (Session["username"] == null || Session["username"].ToString() == "")
    {
        SDM.DAL.ShowInfo.AlertAndRedirect("请登录！", "login.aspx", this.Page);
    }
```

```
        else
        {
            switch (Request.QueryString["action"].ToString().Trim())
            {
                case "Add":
                    txtTime.Text = Convert.ToString(DateTime.Now.ToString());
                    txtUser1.Text = Session["username"].ToString().Trim();
                    txtUser1ID.Text = Session["usernumber"].ToString().Trim();
                    break;
                case "Check":
                    int id = int.Parse(Request.QueryString["id"]);
                    model = bll.GetModel(id);
                    txttdmc.Text = model.tdmc.ToString();
                    txtUser1ID.Text = Convert.ToString(model.UserID_1.ToString());
                    txtUser1Des.Text = model.UserID_1_des.ToString();
                    txtUser2ID.Text = Convert.ToString(model.UserID_2.ToString());
                    txtUser2Des.Text = model.UserID_2_des.ToString();
                    txtUser3ID.Text = Convert.ToString(model.UserID_3.ToString());
                    txtUser3Des.Text = model.UserID_3_des.ToString();
                    WorkContent.Value = model.WorkDes.ToString();
                    txtWorkName.Text = model.WorkName.ToString();
                    txtWorkVideoUrl.Text = model.WorkUrl.ToString();
                    txtTime.Text = Convert.ToString(model.WorkTime.ToString());
                    imgsrc.ImageUrl = txtWorkPicUrl.Text;
                    BtnOk.Enabled = false;
                    BtnOk.Text = "您无权限提交信息";
                    btnUploadVideo.Enabled = false;
                    btnUploadVideo.Text = "禁止上传";
                    btnUploadPic.Enabled = false;
                    btnUploadPic.Text = "禁止上传";
                    break;
            }
        }
    }

    // "提交" 按钮的 Click 事件代码
    protected void BtnOk_Click(object sender, EventArgs e)
    {
        if (txttdmc.Text == "" || txtUser1ID.Text == "" || txtUser2ID.Text == "" || WorkContent.Value ==
                "" || txtWorkName.Text == "" || txtWorkVideoUrl.Text == "")
```

```
    {
        SDM.DAL.ShowInfo.Alert("团队名称，团队成员 ID，作品描述，作品名称必填!!", this.Page);
        return;
    }
    else
    {
        try
        {
            int result = bll.Add(CreateModel());
            if (result != 0)    //result 不为 0，表示数据库中插入一行记录
            {
                SDM.DAL.ShowInfo.Alert("添加作品成功!! ", this.Page);
                //作品添加成功后，清空所有输入框，方便继续添加新作品
                txttdmc.Text = "";
                txtWorkVideoUrl.Text = "";
                txtWorkName.Text = "";
                WorkContent.Value = "";
                txtWorkPicUrl.Text = "";
                txtWorkVideoUrl.Text = "";
                txtUser2.Text = "";
                txtUser2ID.Text = "";
                txtUser2Des.Text = "";
                txtUser3.Text = "";
                txtUser3ID.Text = "";
                txtUser3Des.Text = "";
            }
            else//未发生异常，但数据也未插入成功
            {
                SDM.DAL.ShowInfo.Alert("添加作品失败！ ", this.Page);
            }
        }
        catch//操作数据库时发生异常
        {
            SDM.DAL.ShowInfo.Alert("添加作品发生异常！ ", this.Page);
        }
    }
}


//创建团队作品对象，并添加团队作品信息
```

```
public SDM.Model.WorkTuanDui CreateModel()
{
        model.tdmc = txttdmc.Text.Trim();
        model.UserID_1 = Convert.ToInt32(txtUser1ID.Text.Trim());
        model.UserID_1_des = txtUser1Des.Text.Trim();
        model.UserID_2 = Convert.ToInt32(txtUser2ID.Text.Trim());
        model.UserID_2_des = txtUser2Des.Text.Trim();
        model.UserID_3 = Convert.ToInt32(txtUser3ID.Text.Trim());
        model.UserID_3_des = txtUser3Des.Text.Trim();
        model.WorkCate = "团队作品";
        model.WorkDes = WorkContent.Value.Trim();
        model.WorkName = txtWorkName.Text.Trim();
        model.WorkTime = Convert.ToString(DateTime.Now.ToString());
        model.WorkUrl = txtWorkVideoUrl.Text.Trim();
        model.WorkPicUrl = txtWorkPicUrl.Text.Trim();
        return model;
}
```

判断上传文件扩展名是否符合要求的函数(IsAllowedExtension)、上传按钮的事件代码(btnUploadPic_Click 和 btnUploadVideo_Click)和查找按钮的事件代码(BtnSearch2_Click 和 BtnSearch3_Click)都与 Admin 目录下 WorkTuanDuiInfo.aspx.cs 中的相应代码相同。

这里只提供了团队作品添加和查看功能，没有提供团队作品修改功能。如果需要修改，请读者自行编写相关代码实现。

6. 查看团队作品列表页面

查看团队作品列表页面(WorkTuanDuiList.aspx)的实现方法与查看个人作品页面(WorkPersonList.aspx)相似，也可以参考管理员端的查看团队作品页面(WorkTuanDuiList.aspx)的实现方法。这里不再赘述。

11.5.5 网站错误页面

网站在后期上线运行过程中难免会出错。当用户访问的页面不存在或数据不存在时，如果没有设置网站的错误页面，系统会将错误直接显示给用户，不仅用户体验会变差，还可能出现一些泄漏网站内部重要信息的错误提示，让恶意用户有了攻击系统的可能。例如，当应用程序试图连接数据库不成功时，显示出的错误信息里包含了正在使用的用户名、服务器名等敏感信息。因此，需要设置一个错误页面，当系统出现错误时，将用户指引到该页面。

添加错误页面的方法：在网站根目录下添加一个 HTML 静态页面，取名"404.html"，然后设计该页面的 HTML 代码如下：

```
<html xmlns="http://www.w3.org/1999/xhtml">
    <head>
```

```
<title>404 错误页面，友情提醒。</title>
    </head>
    <body>
    <div>
    <a href="javascript:history.back(-1)"><img src="images/404.jpg" style="height:100%;width:100%" /></a>
    </div>
    </body>
    </html>
```

设计完 404.html 页面后，需要对网站进行配置。打开 web.config 配置文件，在 <system.web>配置节中添加如下代码：

```
<customErrors mode="On" defaultRedirect="404.htm">
    <error statusCode="403" redirect="404.htm"/>
    <error statusCode="404" redirect="404.htm"/>
</customErrors>
```

当出现错误时会转到如图 11-31 的页面。点击该页面跳转到网站主页。

图 11-31　404.html 页面运行效果

注意：编码调试过程中，由于错误页面会屏蔽代码内部的错误信息，从而增加了调试难度。因此，在程序调试过程中，将配置文件中<customErrors>的 mode 属性设置为 Off。等调试全部完成后，再将 mode 属性设置为 On。

11.6　单 元 测 试

项目开发过程中，需要测试来找出项目或功能存在的缺陷，以便开发人员能够尽早发现并解决这些问题。本书篇幅有限，简单介绍一下单元测试。单元测试是开发者编写的一小段代码，用于检验被测代码的一个很小的、很明确的功能是否正确。通常而言，一个单元测试是用于判断某个特定条件(或者场景)下某个特定函数的行为。单元测试由程序员自己来完成，最终受益的也是程序员自己。可以这么说，程序员有责任编写功能代码，同时也就有责任为自己的代码编写单元测试。执行单元测试，就是为了证明这段代码的行为和期望的一致。

在项目开发过程中，可能有许多功能模块，而每个模块又由许多函数组成。当系统出现错误时，开发人员必须准确定位出现错误的模块，然后找出模块中具体出错的函数，而这项工作又非常耗时。系统越复杂，那么定位错误的成本就越高。因此，在每个函数集成进模块时，必须通过严格的单元测试来验证。在 Visual Studio 中可以为模块中的函数自动生成单元测试。所有用于单元测试的类和函数都被定义在 Microsoft.VisualStudio.TestTools.UnitTesting 命名空间中。

当需要测试一个函数功能时，具体方法如下：

(1) 切换页面到函数实现页面，在函数名上右键点击"创建单元测试"(这里以测试 SDM.BLL 程序集中的 StudentsInfo 类中的 GetMaxId 函数为例)，如图 11-32 所示。Visual Studio 会为 SDM.BLL 自动生成一个测试集，名字默认为"SDM.BLLTests"，里面自动生成一个 StudentsInfo 类对应的测试文件，名字默认为"StudentsInfoTests.cs"，如图 11-33 所示。

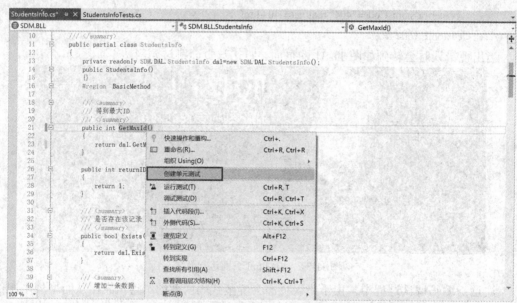

图 11-32　为需要测试的函数创建单元测试

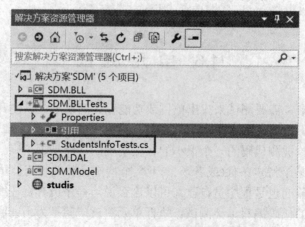

图 11-33　自动生成的测试文件

(2) 打开 StudentsInfoTests.cs，可以看到系统已经自动生成了测试代码框架：

```
[TestMethod()]
public void GetMaxIdTest()
{
    Assert.Fail();
}
```

接下来在 GetMaxIdTest() 中添加测试代码：

```
[TestMethod()]
public void GetMaxIdTest()
{
    SDM.BLL.StudentsInfo bll = new StudentsInfo();
    int expected = 9;    //期望值
    int actual = bll.GetMaxId();    //函数返回值
    //比较两个值是否相等，如果相等则返回 pass，否则返回 fail
    Assert.AreEqual(expected,actual);
}
```

Assert 语句用来比较从方法返回来的值和期望值，然后返回 pass 或 fail 的结果。如果在一个测试方法中有多个 Assert 的话，那么，这个测试方法要通过测试，必须让所有的 Assert 方法通过，否则其中有一个 fail，那么这个单元测试就会 fail。当然，如果在单元测试中没有任何的 Assert 语句，那么它的结果始终是 pass 的。

(3) 完成代码编写后，在 StudentsInfoTests.cs 文件的空白处右击鼠标，选择“运行测试”，如图 11-34 所示。

图 11-34　运行测试

(4) 接着在 Visual Studio 工具栏上选择"测试"→"窗口"→"测试资源管理器",就能看到测试是否通过,如图 11-35 所示。

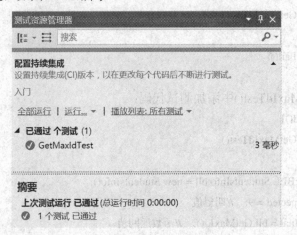

图 11-35　测试资源管理器

11.7　系统部署与发布

学生作品管理平台设计完成后,需要进行部署发布才能供用户访问。Visual Studio 提供了强大的网站部署和发布工具,通过此工具可以轻松地将网站部署到本地或网上服务器上。下面介绍将学生作品管理平台部署到本地 IIS 服务器的方法。

将网站部署在本地 IIS 服务器上的具体步骤如下:

(1) 在解决方案资源管理器中右键单击网站名称"studis",选择"生成网站",如图 11-36 所示。

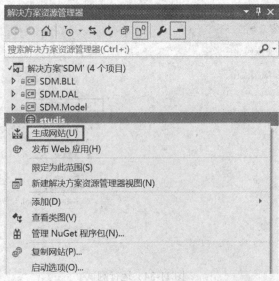

图 11-36　生成网站

(2) 如果生成网站成功，输出窗口中会显示"成功"。然后再次右键单击网站名称，在图 11-36 中选择"发布 Web 应用"，会出现"发布 Web"对话框，如图 11-37 所示。

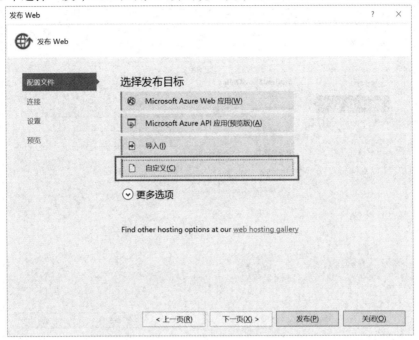

图 11-37　"发布 Web"对话框

(3) 单击图 11-37 中的"自定义"，填入任意文件名，如图 11-38 所示。

图 11-38　自定义配置文件

(4) 接下来的"连接"中,在"发布方法"下拉框中选择"文件系统",再选择一个文件地址用于网站的发布,如图 11-39 所示,然后单击"下一页"。

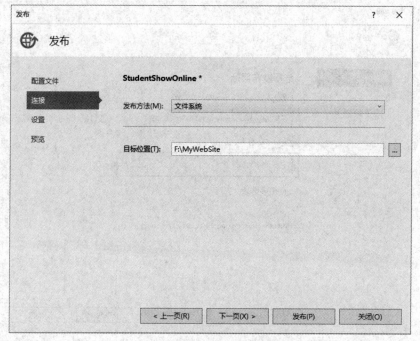

图 11-39　发布网站到本地文件系统

(5) 在"设置"界面中打开"文件发布选项",勾选"在发布期间预编译",这是为了在发布结果中不含源代码,如图 11-40 所示,最后单击"发布"按钮。

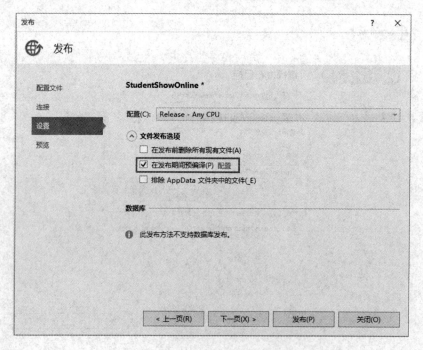

图 11-40　文件发布选项设置

（6）当网站发布到本地文件夹后，需要对本地 IIS 进行配置。首先需要开启 IIS，方法是：进入"控制面板"，选择"程序"，再选择"程序与功能"，最后选择"启用或关闭 Windows 功能"，如图 11-41 所示。在出现的 Windows 功能对话框中选中 Internet Information Services，选中应用程序开发功能下的 ASP.NET，如图 11-42 所示，最后单击"确定"按钮。

图 11-41　启用或关闭 Windows 功能　　　　图 11-42　Windows 功能对话框

（7）在"所有应用"→"Windows 管理工具"中找到"Internet Information Services (IIS)管理器"，打开进入。在左侧计算机名上单击右键，选择"添加网站"，如图 11-43 所示。

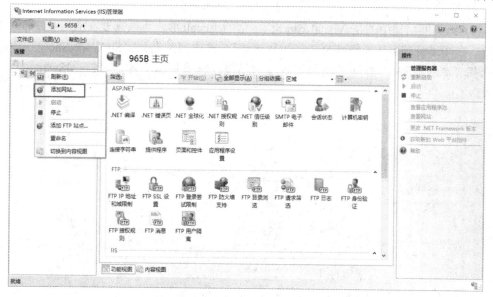

图 11-43　IIS 管理器

（8）在弹出的"添加网站"对话框中配置网站，输入网站名字、物理路径，物理路径是用于存放网页的文件夹。如果希望别的计算机也能访问网站，IP 地址选择自己本机 IP，如果只希望在本地浏览，则不用设置 IP，端口选择除 80 以外的端口，注意最大为 65535，如图 11-44 所示，最后单击"确定"按钮。

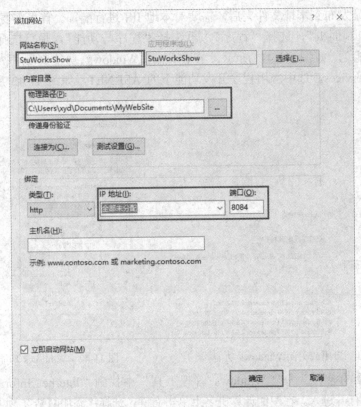

图 11-44　添加网站对话框

(9) 因为网站使用的是 Visual Studio 自带的 LocalDB，所以需要在应用程序池中进行设置。在 IIS 管理器的左侧选择"应用程序池"，选中网站名称"StuWorksShow"，再在右边选择"高级设置"，打开"高级设置"对话框，将"标识"改成"LocalSystem"，如图 11-45 所示。

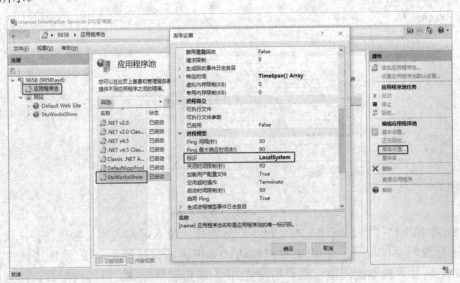

图 11-45　"高级设置"对话框

（10）在右侧操作栏内选择要浏览的网站，连续单击下方的"浏览网站"，将弹出列表，右键单击后弹出菜单，选择"浏览"，如图 11-46 所示。网页的运行效果如图 11-47。

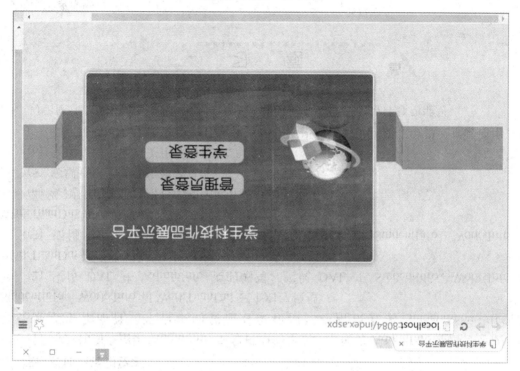

图 11-46　浏览网站

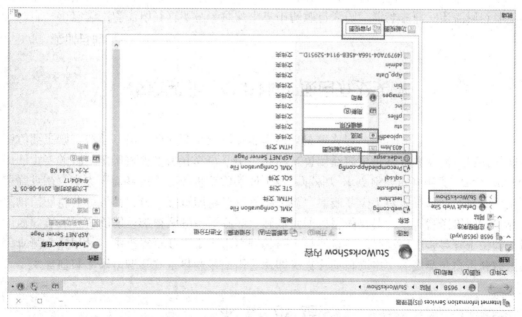

图 11-47　网站运行效果

至此，网站在本地 IIS 部署完毕。如果网络配置中的 IP 设置成了本机的 IP 地址，那么其他电脑片要输入图 11-47 中浏览栏中的 localhost 改成本机的路由器的 IP，就能对网站进行访问。

本 章 小 结

本章通过学生作品管理平台综合应用了前面各章节所讲知识，使读者可以更好地理解与掌握本书内容。本章重点介绍了学生作品管理平台的设计与开发。该平台基于三层架构实现，从项目最初的系统概述和模块划分，到数据库与模型设计，再到数据访问层、业务逻辑层的设计与实现，最后到页面设计与功能实现，详细介绍了该平台的开发过程。因为篇幅有限，本章主要介绍了几个重点功能的实现。此外，本章还简单介绍了 Visual Studio 中的单元测试，因为这是系统开发过程中，开发人员需要通过单元测试确保自己书写的代码功能正确。最后介绍了如何部署和发布学生作品管理平台。

本章实训 ASP.NET 项目开发实例

1．实训目的

进一步熟悉三层架构开发流程，理解本章中的项目案例。熟练掌握三层架构设计，包括数据库和模型。

2．实训内容和要求

(1) 本章详细介绍了 AdminInfo 对象模型的建立，请模仿 AdminInfo 的建立方法，继续完善学生作品管理平台中的其他对象模型。在解决方案 StudentShow 中实现 StudentInfo、WorksInfo 和 WorkTuanDui 三个对象模型。

(2) 模仿 DAL 中 AdminInfo 类的编写，实现 DAL 中 StudentInfo、WorksInfo 和 WorkTuanDui 四个类的实现。

(3) 模仿 BLL 中 AdminInfo 类的编写，实现 BLL 中 StudentInfo、WorksInfo 和 WorkTuanDui 四个类的实现。

(4) 实现团队作品展示页面和团队作品修改页面。

(5) 实现查看团队学生作品页面。

(6) 合理布局页面，美化界面设计。

(7) 调研项目实际需求，完善其他各类功能，让项目可以在实际中投入正常使用。例如，为学生作品管理系统设计一个展示作品功能，并实现评论与评分功能等。

习 题

一、单选题

1．在单元测试中，(   )语句用来比较从方法返回来的值和期望值。

    A．Bssert　　　　B．Assert　　　　C．Dessert　　　　D．Assurt

2．在发布网站时，如果不想将源代码发布，在"发布 Web"设置中的"File Publish Options"中应该勾选(　　)。

A．Delete all existing files prior to publish
B．Precompile during publishing
C．Exclude files from the App_Data folder
D．Compiling during publishing

二、问答题

1．为什么要建立对象模型？

2．简述测试的重要性。

3．简述将网站部署在本地 IIS 的过程。

参 考 文 献

[1] 林菲，刘杨，许宇迪，等. ASP.NET 案例教程[M]. 2 版. 北京：清华大学出版社，北京交通大学出版社，2016.